# HANDBUCH · DER WISSENSCHAFTLICHEN UND ANGEWANDTEN PHOTOGRAPHIE

HERAUSGEGEBEN VON

ALFRED HAY

BAND VII

## PHOTOGRAMMETRIE UND LUFTBILDWESEN

WIEN

VERLAG VON JULIUS SPRINGER

1930

# PHOTOGRAMMETRIE UND LUFTBILDWESEN

BEARBEITET VON

## R. HUGERSHOFF

MIT 271 ABBILDUNGEN

WIEN

VERLAG VON JULIUS SPRINGER

1930

ISBN 978-3-7091-5219-5          ISBN 978-3-7091-5367-3 (eBook)
DOI 10.1007/978-3-7091-5367-3

# Inhaltsverzeichnis

Seite

# Vorwort

Das vorliegende Handbuch soll über den heutigen Stand der wissenschaftlichen und angewandten Photographie unterrichten. Durch zweckmäßige Unterteilung des Stoffes, durch Heranziehung erster Fachleute auf den in Betracht kommenden Einzelgebieten, durch Beschaffung einwandfreien Bild- und Tabellenmaterials wurde eine zeitgemäße umfassende Darstellung der wissenschaftlichen und angewandten Photographie unter besonderer Hervorhebung alles Wesentlichen angestrebt.

Das Handbuch ist nicht nur für den Forscher auf dem Gebiete der Photographie (als besondere Wissenschaft), sondern auch für alle jene bestimmt, die sich der Photographie als Hilfsmittel oder Hilfswissenschaft bedienen; auch dem in der photographischen Industrie Tätigen soll das Handbuch von Nutzen sein.

Wien, im April 1930
Graphische Lehr- und Versuchsanstalt

**Der Herausgeber**

# Photogrammetrie und Luftbildwesen

Von

**R. Hugershoff,** Dresden

Mit 271 Abbildungen

## I. Geschichtliche Entwicklung des Verfahrens[1]

Die Photogrammetrie (Bildmeßkunst, Bildmessung) beschäftigt sich im wesentlichen mit der Aufgabe, aus den in photographischen Aufnahmen (Photogrammen, Meßbildern) festgelegten Zentralprojektionen eines räumlichen Gebildes bestimmte orthogonale Projektionen desselben, insbesondere Grund- und Aufriß, oder auch nur einzelne Abmessungen des Gebildes zu ermitteln.

Das Verfahren hierzu ist verhältnismäßig einfach, wenn die Aufnahmen auf festen Standpunkten vorgenommen werden (terrestrische Photogrammetrie), da hier die Aufnahmekammer (Meßkammer) in eine spezielle Lage zur Lotlinie gebracht und im übrigen ihre Stellung im Raum durch unmittelbare Messungen bestimmt werden kann. Bei Aufnahmen von bewegten Standpunkten aus (Aerophotogrammetrie, Luftbildmessung) wird die Rekonstruktion des Objektes schwieriger, da hier eine spezielle, das Rekonstruktionsverfahren vereinfachende Orientierung der Kammer zur Lotlinie nicht eingehalten werden kann und die somit zufällige Orientierung sowie der Standpunkt der Aufnahmen im allgemeinen nicht durch unmittelbare Messungen bestimmbar sind.

Da die Meßbilder unter gewissen Voraussetzungen exakte Perspektiven des dargestellten Gebildes sind, so leiten sich die Grundregeln ihrer Auswertung aus den Gesetzen der Perspektive ab. Diese Grundregeln sind im gewissen Sinne eine Umkehrung der Perspektive und, wenn auch nur vereinzelt, bereits lange vor Erfindung der Photographie zur Anwendung gekommen. So hat z. B. der Schweizer M. A. CAPPELER[2] im Jahre 1726 eine Karte des Pilatusstockes am Vierwaldstättersee konstruiert und dazu berichtet, daß er „solche Carte durch hilff zweyer prospectus, die in gar wenig Zeit können gemacht werden, zu wegen gebracht".

Die Regeln von der Umkehrung der Perspektive erstmalig zusammenhängend dargestellt und begründet zu haben, ist das Verdienst J. H. LAMBERTS[3] (1759), von dessen Theorien der französische Hydrograph BEAUTEMPS-BEAUPRÉ Gebrauch machte zur Rekonstruktion seiner ebenfalls freihändig aufgenommenen

---

[1] Vgl. auch E. DOLEŽAL, Int. Arch. f. Photogramm. 4, 1913/14, S. 165.

[2] Mitt. z. Gesch. d. Med. u. Naturwiss., 7, 1908, S. 142 und Int. Arch. f. Photogramm. 3, 1913, S. 289.

[3] J. H. LAMBERT, Freye Perspektive, 8. Abschnitt, Bd. 1, S. 176 bis 206, Zürich 1759.

perspektivischen Skizzen der Ufer von Vandiemensland (Tasmanien) und Insel Santa Cruz (1791). Eine ausgedehnte praktische Verwertung derarti Freihandskizzen wurde allerdings verhindert durch die mit ihrer Herstellung notwendig verbundene Ungenauigkeit; die bereits von Dürer[1] um 1525 zur genaueren Zeichnung von Perspektiven angegebenen Hilfsmittel (s. Abb. 1) waren anscheinend in Vergessenheit geraten. Dagegen bediente sich eines solchen Hilfsmittels in neuerer Form, nämlich des Wollastonschen Prismas (der „Camera lucida"), zuerst der französische Offizier Aimé Laussedat, 1851. Er war auch der erste, der um die gleiche Zeit praktische Versuche machte, die in der Camera obscura von seinen beiden berühmten Landsleuten Niepce und Daguerrn erzeugten photographischen Bilder insbesondere der topographischen Ver wendung zuzuführen. Mit ungewöhnlicher Energie arbeitete Laussedat, der mit Recht als der Begründer der Photogrammetrie[2] im eigentlichen Sinne an gesehen wird, an dem Ausbau der neuen Methode; er baute 1859 die erste Spezian

kammer für die topographische Photogrammetrie und bewies die Eignung der Methode durch eine Reihe recht genauer Pläne,[3] deren ersten er 1861 herstellte. Seit 1866 bemühte er sich auch um die topographische Verwertung von Luftbildern, deren erstes 1858 von G. F. Tournachon, genannt Nadar, vom Fesselballon aus aufgenommen wurde.

Laussedats Arbeiten wirkten überaus anregend. So wurden 1862 im amerikanischen Bürgerkrieg zum ersten Male an Hand von Photographien vom Ballon aus Operationen gegen den Feind geleitet[4] und 1865

Abb. 1. Hilfsmittel zum Entwerfen einer Perspektive nach A. Dürer

verwendeten Pujo und Fourcade erstmalig in Frankreich Aufnahmen mit geneigter Kammer.

Zunächst unabhängig von Laussedat beschäftigte sich in Deutschland seit 1858 A. Meydenbauer, der spätere Begründer (1883) der Preußischen Meßbildanstalt, mit photogrammetrischen Problemen, allerdings fast ausschließlich und mit besonderem Erfolge mit ihrer Anwendung auf Architekturaufnahmen. 1873 konstruierte W. Jordan, Professor an der Technischen Hochschule Hannover, auf Grund eigener photogrammetrischer Aufnahmen einen

---

[1] A. Dürer, Underweysung der Messung mit Zirkel und Richtscheÿt usw., Nürnberg 1525; vgl. auch M. v. Rohr, ZS. f. I. 25, 1905, S. 61.

[2] Die Bezeichnung „Photogrammetrie" wurde zuerst öffentlich angewandt von W. Jordan, ZS. f. Verm., 5, 1876, S. 17. Laussedat selbst gebrauchte das Wort Metrophotographie.

[3] E. Doležal, Int. Arch. f. Photogramm. 1, 1908, S. 4ff; J. M. Torroja, Int. Arch. f. Photogramm. 2, 1911, S. 249.

[4] Pizzighelli, Hdb. d. Phot., Bd. 3, Halle a. S. 1892, S. 212ff.

Plan der Oase Dachel[1] und wenig später (1875) begann in Italien, begünstigt durch das für die topographische Anwendung der Photogrammetrie besonders geeignete Gebirgsgelände, der Oberleutnant M. Manzi mit der Herstellung der ersten Gletscherkarte[2] (Bartgletscher am Mont Cenis); zu besonderer Blüte wurde hier das Verfahren, dessen Anwendung im Gebirgsland durch die zunächst gebrauchten nassen Kollodiumplatten bisher sehr erschwert war, seit 1879 durch den Ingenieurgeographen P. Paganini gebracht, der schon in der Lage war, Trockenplatten zu benutzen. Paganini konstruierte (1884) den ersten eigentlichen Phototheodolit (mit neigbarer Kammer) und gab die ersten mechanischen Hilfsmittel[3] an zur Vereinfachung der Rekonstruktion. 1877 führte in Schweden H. Hildebrandsson die erste photogrammetrische Bestimmung von Wolkenhöhen und Luftströmungen aus; Professor G. de Geer machte 1882 in Spitzbergen ebenfalls Gletscheraufnahmen, deren sich dann bald darauf (1888) in Deutschland S. Finsterwalder besonders annahm.

1883 gab G. Hauck in einer wertvollen Abhandlung[4] einen Satz an, nach dem sich aus zwei beliebigen Projektionen eines Gegenstandes irgend eine dritte Projektion desselben ableiten läßt; der Satz läßt sich also auch auf die Aufgabe der Photogrammetrie anwenden und ergibt aus zwei Meßbildern eine orthogonale Projektion (Grundriß oder Aufriß) des betreffenden Objekts. Im Anschluß hieran entwickelte Hauck sogar das Prinzip eines Apparates, der seinen Satz mechanisch realisierte.[5] Wenn dieser Apparat aus verschiedenen Gründen eine praktische Bedeutung auch nicht erlangen konnte, so stellt er doch das erste Gerät dar, mit dem man unter gewissen Bedingungen aus zwei Photogrammen der Oberfläche eines beliebigen Körpers beliebige Kurven auf dieser Oberfläche unmittelbar und kontinuierlich ermitteln kann. Diesem von ihm wenigstens theoretisch erreichten Ziel legte Hauck mit Recht größte Bedeutung bei: „Erst hierdurch dürfte die Photogrammetrie volle Leistungsfähigkeit gewinnen.“

C. Koppe, Professor an der Technischen Hochschule Braunschweig, der sich seit 1888 mit der Photogrammetrie beschäftigte, ist neben einer Reihe von Formelentwicklungen vor allem eine besondere Methode[6] der Winkelentnahme aus Meßbildern, unabhängig von den Verzeichnungsfehlern des Aufnahmeobjektivs, zu verdanken. Die Methode entstand in Anlehnung an ein von C. F. Gauss angewandtes Verfahren zur Messung von Fadendistanzen durch das Objektiv des Fernrohres hindurch.[7] Koppe hat auch anregend auf die Entwicklung der photogrammetrischen Methode zur geographischen Orts- und Zeitbestimmung gewirkt; er schrieb 1889 das erste deutsche Lehrbuch[8] der Photogrammetrie, dem 1892 der österreichische Professor Fr. Schiffner,[9] 1893 Professor Fr. Steiner[10] in Prag und endlich 1896 der durch seine publizistische Tätigkeit und

---

[1] Eggert-Jordan, Hdb. d. Vermessungskde., Bd. 2, Stuttgart 1914, S. 840 ff.

[2] M. Weiss, Die geschichtliche Entwicklung d. Photogrammetrie und die Begründung ihrer Verwendbarkeit f. Meß- und Konstruktionszwecke, Stuttgart 1913, S. 8.

[3] F. Schiffner, Die photographische Meßkunst, Halle a. S. 1892, S. 103 ff.

[4] G. Hauck, Journ. f. d. reine u. angewandte Math. 95, 1883, S. 13.

[5] G. Hauck, Mein perspektivischer Apparat in Festschrift der Kgl. Techn. Hochschule in Berlin 1884.

[6] C. Koppe, Photogrammetrie u. intern. Wolkenmessung. Braunschweig 1896.

[7] Einen ähnlichen, inzwischen aber in Vergessenheit geratenen Vorschlag hatte der italienische Professor Porro gemacht, vgl. E. Doležal, Der Mechaniker 10, 1902, Nr. 6 und 7.

[8] E. Koppe, Die Photogrammetrie oder Bildmeßkunst, Weimar 1889.

[9] Fr. Schiffner, Die photographische Meßkunst oder Photogrammetrie, Bildmeßkunst, Phototopographie, Halle a. S. 1892.

[10] Fr. Steiner, Die Photographie im Dienste des Ingenieurs, Wien 1893.

als Begründer (1905) der Internationalen Gesellschaft für Photogrammetrie hochverdiente Professor E. Doležal[1] in Wien weitere wertvolle Einführungen folgen ließen.

Nachdem der Ingenieur V. Pollack bereits seit 1890 der Photogrammetrie in Österreich und besonders in dem unter Leitung des damaligen Obersten v. Hübl stehenden Militärgeographischen Institut Eingang verschafft hatte, fand sie dort zunächst in dem ideenreichen Hauptmann Th. Scheimpflug einen verdienstvollen Vertreter, dem insbesondere die Photogrammetrie von bewegten Standpunkten aus wertvollste Anregungen verdankt. Bereits 1897 veröffentlichte er das vollständige Konstruktionsprinzip eines sehr originellen Kartierungsgerätes, des Doppelprojektors,[2] der für einen Spezialfall der Photogrammetrie, nämlich den mit senkrecht nach unten gerichteter Kammer, eine kontinuierliche Rekonstruktion des Objekts, und zwar auf rein optischem Wege ermöglichte. Verschiedene spätere Konstruktionen zeigen engste Anlehnung an diese Scheimpflugsche Erfindung.[3] Gewisse Mängel bei dieser Lösung des Problems gaben Scheimpflug den Anlaß zur Konstruktion seines „Perspektographen",[4] der die Grundlage bildet für sämtliche heute verwendeten sogenannten Entzerrungsgeräte zur photographischen Transformation einer Perspektive in eine andere. Das Gerät sollte vor allem zur Umformung der mit Mehrfachkammern erhaltenen Aufnahmen dienen, wie solche seit 1900 von dem russischen Ingenieur R. Thiele gebaut und zunächst an Drachen, später an kleinen Fesselballonen hochgebracht wurden. Scheimpflug hat auch als erster ein brauchbares Verfahren zur luftphotogrammetrischen Verdichtung eines weitmaschigen Triangulationsnetzes, die sogenannte „Nadirpunkttriangulation" angegeben.[5] Um die gleiche Zeit (1909) stellte der italienische Genieoffizier C. Tardivo den ersten Luftbildplan aus Flugzeug-Senkrechtaufnahmen her.[6]

Inzwischen hatten auch Nordamerikanische Vermessungsbehörden Versuche mit dem photogrammetrischen Verfahren angestellt. Der kanadische Topograph E. Deville veröffentlichte 1895 seine Erfahrungen in einem ausgezeichneten Lehrbuch,[7] in dem er auch wertvolle Hilfsmittel für die graphische Auswertung der Meßbilder angab; er war einer der ersten (1902), die sich mit der stereoskopischen Auswertung von Meßbildpaaren beschäftigten.[8] Sein diesbezüglicher Vorschlag ist grundlegend gewesen für die meisten der heute verwendeten Geräte zur Ausmessung von stereoskopischen Röntgenaufnahmen.

Die überhaupt erste Anregung zur stereoskopischen Ausmessung von Bildpaaren gab F. Stolze[9] 1893. Auf seinem von ihm vorgeschlagenen, zunächst

---

[1] E. Doležal, Die Anwendung der Photographie in d. prakt. Meßkunst, Halle a. S. 1896 (und 1900).

[2] Th. Scheimpflug, Phot. Corr. 1898, S. 114ff. (Vortrag, geh. a. d. Naturforscherversammlung zu Braunschweig 1897).

[3] M. Gasser, D. R. P. Nr. 306384 u. 306385 (1915); ferner Nistris (Rom) Photokartograph, Boykows (Berlin) Triangulator. Vgl. auch Winterbotham, The Royal Eng. Journ., London, März 1924. In Verbindung mit binokularer Betrachtung verwenden das Scheimpflugsche Prinzip auch Bauersfelds Stereoplanigraph und Hugershoffs Aerosimplex.

[4] Th. Scheimpflug, Phot. Korr. 1906, S. 516.

[5] Th. Scheimpflug, D. R. P. Nr. 228590 vom 14. Aug. 1909.

[6] C. Tardivo, Topofotografia Aerea, Int. Arch. f. Photogramm. 4, 1913/14, S. 180, und Taf. VI.

[7] E. Deville, Photographic Surveying including the elements of descriptive Geometry and Perspective, Ottawa 1895.

[8] Derselbe, Transact. of the Royal Soc. of Canada, 1902/03.

[9] F. Stolze, Die photographische Ortsbestimmung ohne Chronometer und d.

primitiven Stereomikrometer beruht die Konstruktion der heutigen Stereokomparatoren, in denen die gleichzeitige Betrachtung bzw. Ausmessung der Teilbilder eines Paares mittels binokularer Mikroskope vorgenommen wird.

Solche Geräte konstruierten fast gleichzeitig (1901) und unabhängig voneinander H. G. FOURCADE[1] in Kapstadt und C. PULFRICH[2] in Jena. Die für diese Geräte besonders geeignete Aufnahmemethode wurde in Deutschland von PULFRICH[3] in Gemeinschaft mit dem Vermessungsdirigenten SELIGER, in Österreich von dem Leiter des militärgeographischen Institutes v. HÜBL[4] ausgebildet. Unter den Mitarbeitern v. HÜBLS erwarb sich der damalige Oberleutnant E. v. OREL ein außerordentliches Verdienst dadurch, daß er (1908) einen Apparat[5] konstruierte, der in Verbindung mit dem Stereokomparator die in diesem eingestellten Punkte mechanisch und selbsttätig nach ihrer Orthogonalprojektion auf ein Zeichenblatt übertrug. Ein ähnliches Gerät hatte zwar bereits 1907 der englische Leutnant V. THOMPSON[6] gebaut; während dieses aber nur eine punktweise Übertragung ermöglichte, ließen sich bereits mit dem zweiten 1909 von der Firma CARL ZEISS gebauten Modell des v. ORELschen Gerätes beliebige Situationslinien und insbesondere Schichtenlinien automatisch-kontinuierlich zeichnen. Um die Weiterentwicklung dieses Gerätes, das das von HAUCK angestrebte Ziel zuerst praktisch erreichte, hat sich C. PULFRICH besondere Verdienste erworben.

Während der v. ORELsche „Stereoautograph" im wesentlichen nur zur Rekonstruktion des Objektes aus Normalstereogrammen, also paarweisen Aufnahmen von festen Standpunkten aus, geeignet ist, löst der 1918 von R. HUGERSHOFF[7] angegebene Autokartograph zuerst das allgemeine Problem der Photogrammetrie auf mechanisch-automatischem Wege. Dieses Instrument und die 1926 erschienene neue Ausführungsform[8] desselben, der Aerokartograph, beide von G. HEYDE in Dresden gebaut, gestatten daher die selbsttätig-kontinuierliche Kartierung nach beliebig im Raum orientierten Meßbildern, also insbesondere auch nach Luftmeßbildern. Die gleiche Aufgabe löste 1923 C. BAUERSFELD auf anderem Wege mit dem bei CARL ZEISS in Jena gebauten Stereoplanigraphen.[9]

Die bei Luftmeßbildern im allgemeinen nur mittelbar mögliche Bestimmung der äußeren Orientierung der Meßbilder kann auf graphischem, rechnerischem oder — bei Verwendung der zuletzt genannten Instrumente — rein mechanisch-optischem Wege geschehen. Für diese Verfahren haben S. FINSTERWALDER,[10]

---

Verbindung d. dadurch bestimmten Punkte untereinander. Photogr. Bibliothek, Bd. 1, Berlin 1893.

[1] H. G. FOURCADE, Transact. of the South African Phil. Soc. 14, 1903, Part 1.

[2] C. PULFRICH, ZS. f. I. 22, 1902, S. 43.

[3] C. PULFRICH, ZS. f. I. 23, 1903, S. 65ff.; ferner ebenda, 24, 1904, S. 53.

[4] A. v. HÜBL, Mitt. d. Militärgeogr. Inst., Wien, 22; 1903, 23, 1904; 24, 1905.

[5] E. v. OREL, Mitt. d. Militärgeogr. Inst., Wien, 30, 1911.

[6] V. THOMPSON, The Geogr. Journ., London, Mai 1908. Vgl. auch Int. Arch. f. Photogramm. 3, 1912, S. 130ff.

[7] R. HUGERSHOFF, Geogr. Anz. 21, 1920, S. 1; H. KREBS, ZS. f. Feinmech. 30, 1922, S. 37.

[8] R. HUGERSHOFF, Vorträge, gehalten a. d. Hauptvers. (1926) d. Int. Gesellschaft f. Photogrammetrie, Berlin 1927, S. 199.

[9] O. v. GRUBER, ZS. f. I. 43, 1923, S. 1.

[10] S. FINSTERWALDER, Jahresber. d. Deutsch. Math. Vereinig. 6, 1897, 2, S. 22.

K. Fuchs,[1] R. Hugershoff[2] und O. v. Gruber[3] grundlegende Vorarbeiten geleistet. Mit Hilfe der zuletzt erwähnten photogrammetrischen Universalinstrumente ist eine rationelle Verwertung beliebig gerichteter Aufnahmen auch in der terrestrischen Photogrammetrie möglich geworden. Die Notwendigkeit zur Einhaltung spezieller Aufnahmebedingungen ist also entfallen, eine Notwendigkeit, durch welche die Feldarbeit oft wesentlich vermehrt und damit die Wirtschaftlichkeit der Methode nicht selten in Frage gestellt wurde. Mit dieser Einführung des allgemeinen Falles in die terrestrische Photogrammetrie ist aber auch die bisher gebräuchliche Gliederung der Bildmessung in terrestrische Photogrammetrie und Luftbildmessung hinfällig geworden.

# II. Anwendungsgebiete und Vorzüge des photogrammetrischen Verfahrens

Die Photogrammetrie dient zunächst und vorwiegend einem geodätischen Zwecke, nämlich der Herstellung von Schichtenplänen und topographischen Karten, wobei die erforderlichen Aufnahmen für große und mittlere Planmaßstäbe (1 : 250 bis 1 : 5000, technische Pläne) meist von festen Standpunkten, bisweilen aber mit Vorteil auch von Luftstandpunkten aus vorgenommen werden, während für mittlere und kleine Kartenmaßstäbe (1 : 5000 bis 1 : 50000, von der allgemeinen Wirtschaftskarte bis zu kolonialtopographischen Kartierungen) heute im allgemeinen fast nur Aufnahmen von Luftstandpunkten aus in Frage kommen.[4]

Ein besonderer Vorzug des photogrammetrischen Verfahrens ganz allgemein und der Luftbildmessung im besonderen gegenüber den üblichen topographischen Aufnahmemethoden liegt in der wesentlichen Verkürzung der für die Feldarbeiten aufzuwendenden Zeit. Dieser Vorzug wirkt sich zunächst — trotz der erforderlichen verhältnismäßig teueren instrumentellen Hilfsmittel — wenigstens bei umfangreichen Vermessungsaufgaben in einer Steigerung der Wirtschaftlichkeit[5] der Kartenherstellung aus, zumal phototopographische Arbeiten im allgemeinen auch mit einem geringeren Personalbestand als bisher durchgeführt werden können. Der Umstand, daß ein großes Gebiet insbesondere von Luftstandpunkten aus in sehr kurzer Zeit aufgenommen werden kann, hat den weiteren Vorteil, daß ein aus solchem Material gewonnenes topographisches Kartenwerk den Zustand eines Landes geradezu in einem bestimmten Zeitpunkt wiedergibt. Das ist von unmittelbarer Bedeutung für Gebiete, in denen gewisse Einzelheiten raschen Veränderungen unterworfen sind, sei es als Folge wirtschaftlicher Maßnahmen, wie in Industriegebieten, oder physikalischer Vorgänge, wie etwa in Flußniederungen. Aber auch die Dauer der zur Ausarbeitung der Bilder benötigten Zimmerarbeiten wird bei der heute praktisch allein noch in Betracht kommenden automatischen Kartierung wesentlich eingeschränkt. Dabei gewährt die automatische Methode, und das ist ein weiterer besonderer Vorzug, nicht nur eine hohe allgemeine Genauigkeit[6] wegen der in ihr liegenden

---

[1] K. Fuchs, Int. Arch. f. Photogramm. 1908/10, S. 112, 201, 250.

[2] R. Hugershoff und H. Cranz, Grundlagen d. Photogrammetrie aus Luftfahrzeugen, Stuttgart 1919.

[3] O. v. Gruber, Einfache und Doppelpunkteinschaltung im Raum. Jena 1924.

[4] R. Hugershoff, Düsseldorfer Geogr. Vorträge u. Erörterungen, Breslau 1927, S. 15.

[5] Fr. Seidel, Mitt. d. Reichsamts f. Landesaufn., Sonderheft 7, Berlin 1928.

[6] Vgl. S. 211 ff.

weitgehenden Ausschaltung persönlicher Fehler, sondern sie gestattet auch die Schichtendarstellung mit einer Formentreue,[1] wie sie mit dem bei der üblichen terrestrischen Topographie gebräuchlichen Interpolationsverfahren praktisch niemals zu erreichen ist. Außerdem aber macht die maschinelle Kartierung in hohem Maße unabhängig von der zufälligen persönlichen Geschicklichkeit des jeweiligen Zeichners, so daß das Gesamtresultat einen völlig einheitlichen Charakter trägt. Zu all dem kommt noch der Vorteil, daß die Plandarstellung an Hand der Originalaufnahmen jederzeit einer Nachprüfung bzw. gegebenenfalls einer Neubearbeitung unterzogen werden kann.[2]

Es unterliegt heute keinem Zweifel mehr, daß die photogrammetrische Methode zum mindesten eine wesentliche Ergänzung der bisher vorhandenen topographischen Aufnahmemethoden darstellt; in vielen Fällen erweist sie sich diesen Methoden gegenüber als überlegen und sie ist sogar völlig unentbehrlich, wenn es sich um die topographische Darstellung eines Geländes handelt, das wegen seiner Beschaffenheit (z. B. Steilküsten, vgl. S. 147), seines Klimas oder aus militärischen Gründen unzugänglich ist.

Im einzelnen hat sich das phototopographische Verfahren bereits hervorragend bewährt zur Kartenkontrolle und Kartenergänzung,[3] bei der Beschaffung der vermessungstechnischen Grundlagen (für Vorarbeiten in kleineren und für die endgültige Durchführung in größeren Maßstäben) zu bautechnischen Maßnahmen verschiedenster Art[4], z. B. Eisenbahn-[5] und Straßenbauten, vor allem in Kolonialgebieten,[6] Kanalanlagen, Talsperrenprojekten, Flußregulierungen, Uferschutzbauten und Wildbachverbauungen.[7] Die Methode fand weiter vorteilhafte Verwendung zur Grundbuchvermessung (Katasteraufnahme),[8] bei der Herstellung der allgemeinen (deutschen) Wirtschaftskarte (topographische Grundkarte),[9] von Stadterweiterungsplänen,[10] zur Vermessung von Gruben im Tagbau[11] und von Steinbrüchen, insbesondere zum Zwecke der fortlaufenden Feststellung der geförderten Massen. Auch in der Landwirtschaft[12] (Beschaffung der Unterlagen zu Bewässerungs- und Entwässerungsanlagen auf Grund von Luftbildaufnahmen in Verbindung mit terrestrischen Einwägungen[13]) und in der Forst-

---

[1] E. v. OREL, Mitt. d. k. u. k. Militärgeogr. Inst. Wien, 31, 1911, S. 152. — K. KORZER, ebenda 33, 1914, S. 103.

[2] P. CORBIN, Rev. générale des Scienc. 25, 1914, Paris, S. 223.

[3] FR. v. GÖSSNITZ, Ill. Flugwoche 5, 1923, S. 56. FR. SEIDEL, Mitt. d. Reichsamts f. Landesaufn. 3, 1928/29, S. 130.

[4] S. FINSTERWALDER, Vorträge, geh. a. d. 2. Hauptvers. d. Intern. Ges. f. Phot. 1926, Berlin 1927, S. 10; K. KETTER, Vermessungstechn. Rundsch. 4, 1927, Berlin.

[5] S. TRUCK, ZS. f. Verm. 35, 1906, S. 313.

[6] K. SLAWIK, Allg. Verm. Nachr. 40, 1928, S. 553.

[7] O. v. GRUBER, ZS. d. Ver. deutsch. Ing. 67, 1923, S. 893; H. LÜSCHER, Die Wasserkraft 1925, S. 390.

[8] J. BALTENSPERGER, Die Phot. als Aufnahmeverfahren d. schweiz. Grundbuchvermess., Sammlung v. Ref. Brugg, Effingerhof A.-G., 1926; M. SCHOBER, Bildmess. u. Luftbildwes. 3, 1928, S. 39; P. GORLT, Allg. Vermess. Nachr. 41, 1929, S. 225.

[9] FR. SEIDEL, Mitt. d. Reichsamts f. Landesaufn., Sonderh. 7, Berlin 1928.

[10] E. EWALD, Das Luftbild im Dienste d. Städtebaues u. Siedlungswesens. Berlin 1922; N. LÖRKE, Bildmess. u. Luftbildwes. 1, 1926, S. 16; K. GÜRTLER, Mitt. d. Luftbild G. m. b. H.-Stereographik G. m. b. H. 1, 1925, S. 1; K. SLAWIK, ZS. f. Baupolitik, München 1927/28, H. 7, S. 152; DERSELBE, „Luftwacht" 1928, Ausstellungsheft.

[11] O. v. GRUBER, „Die Braunkohle", Halle 1925, S. 294.

[12] W. BASSE, ZS. d. deutsch. kulturtechn. Gesellsch. 30, 1927, S. 116.

[13] H. LÜSCHER, ZS. f. Verm. 55, 1926, S. 193.

wirtschaft[1] findet die Planbeschaffung auf photogrammetrischem Wege immer mehr Eingang. In der Forstwirtschaft im besonderen wurde das luftphotogrammetrische Verfahren erfolgreich nicht nur zur Herstellung von Bestandes- und Wirtschaftskarten und Festlegung von Schädengrenzen, sondern versuchsweise auch zur Bestimmung der Holzmassen benutzt.[2] Das hierbei angewandte aussichtsreiche Verfahren hat große Bedeutung für die wirtschaftliche Erschließung forstlichen Neulandes.

In das Gebiet der technischen Topographie gehört noch die anders als luftphotogrammetrisch praktisch kaum durchführbare Aufnahme der Grenzen des Hoch- und Niedrigwassers an Staubecken, Seen und Flußläufen und die kartographische Festlegung von Untiefen und sonstigen Schiffahrtshindernissen unterhalb des Wasserspiegels. Darauf, daß die Photogrammetrie dem Forschungsreisenden ein wertvolles Hilfsmittel bietet, wurde schon oben (S. 3 und S. 7) hingewiesen; über derartige Arbeiten ist auch später wiederholt berichtet worden.[3]

Außer für Geländeaufnahmen, zu denen die Spezialaufnahmen von Gletschern (s. S. 3) und Kratern[4] gezählt werden können, findet die photogrammetrische Methode (und zwar hier im allgemeinen von festen Standpunkten aus) Verwendung zur geographischen Ortsbestimmung (s. S. 34), bei Architekturaufnahmen (s. S. 10 und S. 26) insbesondere zur Denkmalpflege,[5] zu kriminalpolizeilichen Tatbestandsaufnahmen (s. S. 16), zur Ausmessung von Röntgenstereogrammen (S. 62), zu Modellaufnahmen, z. B. von Maschinen, Schiffen und Versuchen in Flußbaulaboratorien[6] (vgl. auch S. 30). Besonders interessante und durch andere Methoden nicht erreichbare Ergebnisse brachte die Anwendung der Photogrammetrie auf Messungen an bewegten oder rasch veränderlichen Objekten. Hierher gehören die Körpermessungen an lebenden Wesen,[7] die Messung von Schwingungen und Deformationen von Bauwerken unter wechselnder Belastung,[8] die Darstellung räumlicher Strömungserscheinungen,[9] die Lösung ballistischer Aufgaben (Anfangsgeschwindigkeiten, Bahn, Schußweite, Rohrrücklauf)[10] (vgl. auch S. 132 und S. 141), endlich Messungen an Nordlichtern,[11] Wolken[12] (vgl. auch S. 47 und S. 132 ff. und 139) und Wellen.[13]

---

[1] K. Slawik, Luftbild u. Luftbildmess. als Hilfsmittel f. d. Forsteinrichtung. Aerokart. Institut Breslau, o. J. 1927; Derselbe, Allg. Verm. Nachr. 41, 1929, S. 198.

[2] H. Krutzsch, Forstl. Jahrb. Tharandt, 76, 1925, S. 97; A. Weissker, Allg. Forst- u. Jagd-Zeitung, Frankfurt 1927, S. 335; E. Zieger, Mitt. a. d. Sächs. forstl. Versuchsanstalt zu Tharandt, 3, 1928, S. 97.

[3] I. Tschamler, Mitt. d. k. k. Geogr. Gesellsch., Wien, 1911; M. Weiss, Verh. d. deutsch. Kolonialkongr. 1910, S. 52; O. v. Gruber, Int. Arch. f. Photogrammetrie 6, 1919/23, S. 156.

[4] Aufnahme d. Kraters vom Tang Koeban Prahoe auf Java durch H. Lüscher. Vgl. Jaarverlag v. d. topogr. Dienst in Nederlandsch-Indie 19, 1924, S. 81.

[5] E. Doležal, Int. Arch. f. Photogramm. 1, 1908, S. 45; Derselbe, Int. Arch. f. Photogramm. 2, 1911, S. 286.

[6] O. Lacmann, Zentralbl. d. Bauverwaltung, Berlin 1919.

[7] E. Liebenau, Mitt. d. deutschen landwirtsch. Gesellsch. 20, 1905, S. 130; K. Gürtler, Bildmess. u. Luftbildwes. 3, 1928, S. 18.

[8] Fr. Steiner, Die Photographie im Dienste d. Ingenieurs. Wien 1893; A. Buchholtz, Bildmess. u. Luftbildwes. 1, 1926, S. 12.

[9] R. Katzmayr, Arch. f. Photogramm. 4, 1913/14, S. 42.

[10] C. Cranz, Lehrb. d. Ballistik. Bd. III, herausgeg. von C. Cranz u. K. Becker, Leipzig 1913; L. Günther, Verh. d. Ver. f. Beförd. d. Gewerbefleiß., Berlin, 1913; H. v. Cles, Int. Arch. f. Photogramm. 6, 1915, S. 7; K. Becker, Heerestechn. 2, 1924, S. 93; A. Buchholtz, Bildmess. u. Luftbildwes. 1, 1926, S. 61.

[11] K. Störmer, Int. Arch. f. Photogramm. 3, 1912, S. 32.

[12] K. Störmer, Meteor. ZS. 45, 1928, S. 156.

[13] E. Kohlschütter, Stereoph. Arbeiten, Wellen- u. Küstenaufn., in Forschungs-

Über die spezielle Verwendung photogrammetrischer Verfahren im Kriege sind — neben einer Reihe von Aufsätzen in Fachzeitschriften — umfassende Darstellungen erschienen.[1] Auch auf die Bedeutung der Photogrammetrie als Hilfsmittel für den Unterricht[2] darf hier hingewiesen werden.

# III. Rekonstruktion des Objektes aus einer Aufnahme

## A. Aufnahme ebener und ebenflächiger Gebilde

**1. Linienweise Rekonstruktion auf Grund perspektiver Beziehungen.** Allgemeines. Unter der Voraussetzung, daß das Objektiv der Aufnahmekammer perspektivisch richtig abbildet, d. h. frei ist von Verzeichnungsfehlern,[3] ist das auf der Platte erhaltene Bild eine exakte Perspektive des dargestellten Objekts. Der Abstand des perspektivischen Zentrums — des hinteren (bildseitigen) Hauptpunktes des Objektivs — von der bildauffangenden Fläche wird Bildweite genannt. Der Fußpunkt des vom Objektivhauptpunkte auf die Bildebene gefällten Lotes heißt (Bild-)Hauptpunkt, das Lot selbst Achse der Perspektive oder optische Achse der Kammer. Im folgenden wird im allgemeinen die Verwendung von Meßbildern vorausgesetzt, das sind solche Aufnahmen, auf denen die Lage des Bildhauptpunktes irgendwie ersichtlich oder einwandfrei rekonstruierbar ist und bei denen die Bildweite bekannt sein soll. Lage des Bildhauptpunktes und Bildweite bestimmen theoretisch die „innere Orientierung" einer Aufnahme.[4] Eine durch die Kammerachse gelegte vertikale Ebene schneidet aus dem Meßbild die Hauptvertikale, eine durch den (hinteren) Hauptpunkt des Objektivs gelegte horizontale Ebene den Bildhorizont aus. Die durch den Bildhauptpunkt gezogene Parallele zum Bildhorizont heißt Haupthorizontale. Bei horizontaler Lage der Kammerachse fallen somit Bildhorizont und Haupthorizontale zusammen. Die Lage der letzteren bestimmt — gemeinsam mit der Neigung und Richtung der Kammerachse und der Lage des vorderen (objektseitigen) Objektivhauptpunktes im Raum — die „äußere Orientierung"[5] eines Meßbildes. Ebenso wie die Kenntnis der inneren Orientierung wird im folgenden zunächst auch die Kenntnis der äußeren Orientierung vorausgesetzt. Eine Behandlung des Problems ohne diese Voraussetzungen ist zwar theoretisch möglich,[6] doch kommt ihr keine praktische Bedeutung zu.[7] Zur leichteren Veranschaulichung soll weiter im allgemeinen statt der eigentlichen Bildebene (Negativebene) eine Ersatzbildebene (Positivebene) benutzt werden, die in bezug auf die Hauptebenen des Objektivs symmetrisch zur Negativebene liegt. Ferner soll im allgemeinen angenommen werden, daß die beiden Objektivhauptpunkte in einem

---

reise S. M. S. „Planet" 1906/07, Bd. 3, 1907; W. Laas, ZS. d. Ver. deutsch. Ing. 49, 1905, S. 1889 ff.

[1] L. P. Clerc, Applications de la photographie aérienne, Paris 1920; A. H. Carlier, La phot. aérienne pendant la guerre. Paris 1921.

[2] P. Riebesell, Photogrammetrie in d. Schule, Leipzig 1914; K. Krause, Geogr. Anz. 20, 1919, S. 17; E. Ewald, Verh. d. 21. Deutsch. Geographentages Breslau, Berlin 1925, S. 212.

[3] Vgl. hiezu S. 108.

[4] Näheres hierüber s. S. 103.

[5] Vgl. hiezu S. 104 und S. 164.

[6] Vgl. z. B. F. Steiner, Die Photographie im Dienste d. Ingenieurs, Wien 1893.

[7] S. Finsterwalder, Jahresber. d. Deutsch. Math. Vereinig. 6, 1897, 2, S. 15 u. 40.

Punkt, dem optischen „Mittelpunkt" des Objektivs zusammenfallen. Abb. 2 zeigt die Negativ- und Positivebene für den Spezialfall der wagrechten Kammerachse. Der Bildhauptpunkt der Aufnahme wird mit $H$, der Objektivmittelpunkt mit $O$ und die Bildweite mit $f$ bezeichnet. Mit $h$—$h$ bzw. mit $v$—$v$ sind die Abbildungen der in der Kammer angebrachten sogenannten „Meß-" oder besser „Bildmarken"[1] bezeichnet. Der Schnittpunkt ihrer in der Abbildung angedeuteten winkelrecht aufeinander stehenden Verbindungslinien definiert den Bildhauptpunkt.[2] Wird durch besondere Einrichtungen (Libellen) an der Kammer dafür gesorgt, daß $h$—$h$ wagrecht ist, so ist diese letztere Linie die Haupthorizontale, $v$—$v$ aber die Hauptvertikale des Meßbildes. Eine Objektstrecke $S$ ergibt auf der Negativ- bzw. der Positivebene die Bildstrecke $s$.

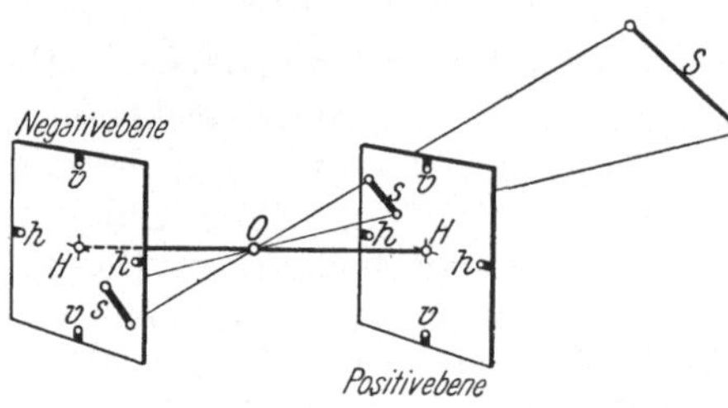

Abb. 2. Beziehung zwischen Negativ und Positiv

**Beispiel einer Rekonstruktion.** Die Rekonstruktion eines Objektes nach Grund- und Aufriß wird besonders einfach, wenn es sich um ebenflächige Gebilde, also etwa um Architekturen, handelt. Hier genügt gewöhnlich schon ein einziges Meßbild zur Rekonstruktion, im Gegensatz zu Objekten mit beliebiger Oberflächenform, für deren Rekonstruktion, wie auf S. 35 gezeigt wird, im allgemeinen mindestens zwei Meßbilder notwendig sind. Die Vereinfachungen ergeben sich aus den im wesentlichen senkrechten und wagrechten Begrenzungslinien der Körperflächen und aus dem Umstand, daß stets mehrere der Wagrechten winkelrecht zueinander stehen.

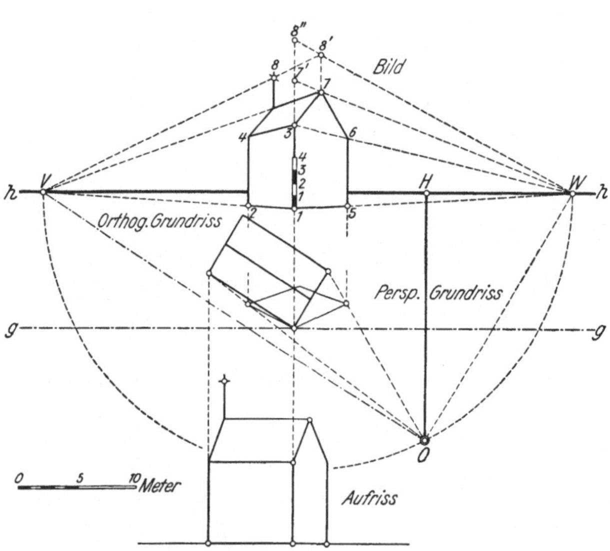

Abb. 3. Rekonstruktion einer Architektur auf Grund perspektiver Beziehungen

Von den Elementen der äußeren Orientierung bedarf man, falls auf die Kenntnis des Maßstabes der Rekonstruktion verzichtet wird, grundsätzlich nur der Lage des Bildhorizontes, den man, wie das zweckmäßig ist, durch Vertikalstellung der Bildebene durch deren Hauptpunkt gehen läßt.

Das hiernach anzuwendende Verfahren zeigt Abb. 3, in der $h$—$h$ die Haupthorizontale und damit zugleich der Horizont der gegebenen Perspektive des Hauses ist. $H$ sei der Bildhauptpunkt. Denkt man sich die Horizontalebene durch den Objektivmittelpunkt $O$ durch Drehung um $h$—$h$ in die Bildebene umgelegt, so zeigt sich hier $O$ selbst, wobei $HO$ winkelrecht auf $h$—$h$ steht und gleich der Bildweite $f$ der Aufnahmekammer ist.

---

[1] Vgl. S. 104.

[2] Diese Definition gilt nur unter gewissen Voraussetzungen, vgl. S. 157.

Irgendwelche parallele Geraden im Objektraum schneiden sich in einem unendlich fernen Punkt, dem Verschwindungspunkt des Parallelenbüschels; waren die Parallelen horizontal, so liegt der Verschwindungspunkt im Horizont, sein Bild also auf der Linie $h$—$h$. Verlängert man daher im Bild die horizontalen Hauskanten 1—2 und 3—4, so werden sie sich in einem Punkte $V$ schneiden, der auf $h$—$h$ liegen muß (Zeichenkontrolle). Die im Raum ebenfalls parallelen und horizontalen Hauskanten 1—5 und 3—6 ergeben in gleicher Weise als Perspektive ihres Verschwindungspunktes den Punkt $W$ auf $h$—$h$. Denkt man sich jetzt durch das Zentrum $O$ der Perspektive eine Parallele z. B. zu der Dachkante 3—4 gezogen, so muß diese ebenfalls durch den Verschwindungspunkt $V$ gehen; entsprechend muß auch eine durch $O$ gezogene Parallele zu der Hauskante 1—5 den Punkt $W$ passieren. Da nun $OV$ bzw. $OW$ die Grundrisse der Richtungen jener Hauskanten darstellen, diese aber erfahrungsgemäß winkelrecht zueinander stehen, so muß der Winkel $VOW$ ein rechter Winkel sein (Zeichenkontrolle).

Zur Entwicklung des Grundrisses wählt man eine Horizontalebene, die zweckmäßig ziemlich tief unter dem Aufnahmehorizont angenommen wird. Die Schnittgerade (Spur) dieser Grundrißebene mit der Bildebene sei $g$—$g$. Als Aufrißebene kann jede beliebige Vertikalebene parallel zur Bildebene Verwendung finden, beispielsweise diejenige, die durch die Hauskante 1—3 geht.

Die Eckpunkte der Perspektive des Grundrisses in der gewählten Grundrißebene liegen offenbar in der Verlängerung der vertikalen Hauskanten. Die Seiten der perspektiven Grundrißfigur müssen mit ihren Verlängerungen wieder notwendig durch die entsprechenden Verschwindungspunkte gehen. Der perspektive Grundriß ist also ohne weiteres zu zeichnen. Der eigentliche orthogonale Grundriß wird sichtbar durch Umklappen der Grundrißebene in die Bildebene um die Spur $g$—$g$. Die Eckpunkte der Grundrißfigur müssen dabei auf den von $O$ aus durch die Ecken des perspektiven Grundrisses gehenden Bildstrahlen liegen, im übrigen aber müssen die Seiten der Grundrißfigur parallel zu den Zielstrahlen $OV$ bzw. $OW$ nach den entsprechenden Verschwindungspunkten sein.

Für den Aufriß ergibt sich die Lage der vertikalen Hauskanten ohne weiteres. Hinsichtlich ihrer Länge erkennt man folgendes: Da die Aufrißebene durch die vertikale Hauskante 1—3 selbst gelegt wurde, so ist für diese Kante die Größe im Aufriß gleich der Größe im Bilde. Dabei ist allerdings der Maßstab, in dem diese Hauskante (und natürlich auch der Grundriß) gezeichnet wurde, noch unbekannt. Man findet ihn in der Praxis zweckmäßig dadurch, daß man während der Aufnahme an der Hauskante 1—3 einen geeigneten Maßstab anhalten läßt. Die Höhe eines beliebigen anderen Punktes des Bauwerkes über dem als Nullpunkt angenommenen Punkt 1 findet man, indem man auf der Verlängerung der Kante 1—3 denjenigen Punkt aufsucht, der mit dem gesuchten Punkt in gleicher Höhe, also auf einer horizontalen Geraden liegt. Denkt man sich beispielsweise durch den Punkt 7, die Firstspitze, eine Wagrechte parallel zur Grundkante 1—5 gezogen, so geht diese Wagrechte im Bild durch den Verschwindungspunkt $W$. Die Verlängerung der Linie $W$—7 schneidet auf der Verlängerung der Kante 1—3 den Punkt 7′ aus, dessen Entfernung von 1, mit dem Hilfsmaßstab gemessen, die Höhe der Firstspitze 7 ergibt. Die Blitzableiterspitze 8 liegt in einer Vertikalebene durch die Firstspitze 7. Es stellt sonach 8′ einen Punkt dar, der die gleiche Höhe über 1 hat wie die Blitzableiterspitze selbst. Der Punkt 8′ aber liegt wiederum in einer Vertikalebene durch die Hauskante 1—3, so daß auch 8″ ebenso hoch über 1 liegt, wie die Blitzableiterspitze;

diese Höhe aber kann nach dem oben Gesagten mit Hilfe des Maßstabes unmittelbar abgelesen werden.[1]

**2. Punktweise Rekonstruktion auf Grund perspektiver Beziehungen. Allgemeines.** Falls das photographisch dargestellte Objekt aus ebenen Linienzügen besteht — in der Praxis wird es sich zumeist[2] um Uferlinien stehender Gewässer oder um sonstige Situationslinien in völlig oder nahezu ebenem und wagrechtem Gelände handeln — ergeben sich aus der perspektivischen Zuordnung der Objektebene zur Bildebene besonders einfache Verfahren zur Rekonstruktion der Objektlinien. In dem (praktisch allerdings nur zufällig eintretenden) Sonderfall, daß die Bildebene streng parallel zur Objektebene ist

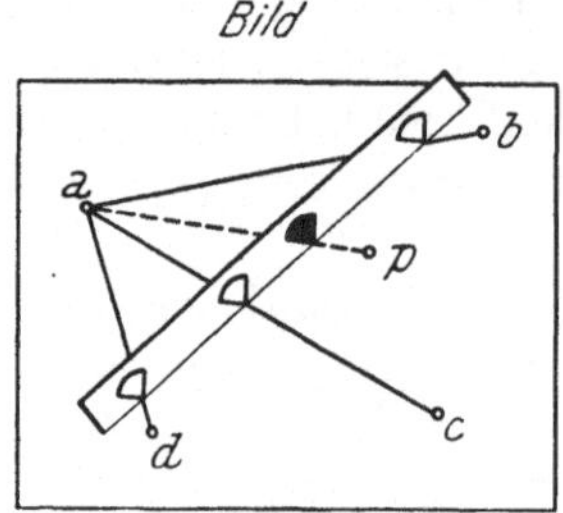


Abb. 4. Richtungsentnahme

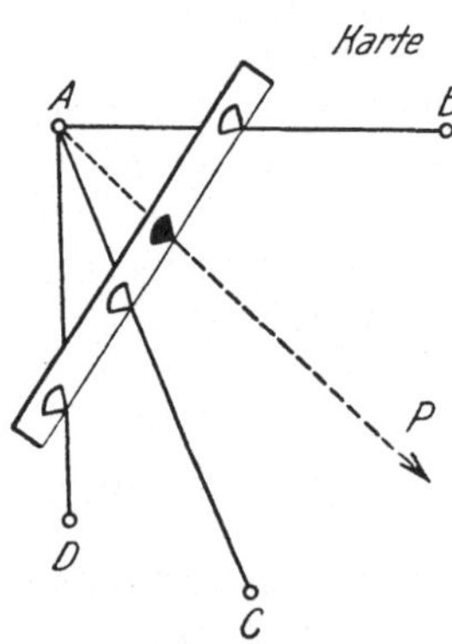


Abb. 5. Richtungsübertragung

(z. B. Luftaufnahmen mit vertikaler Kammerachse und wagrechtem Gelände) ist das Bild dem Objekt sogar geometrisch ähnlich, ergibt also unmittelbar das Objekt (die „Karte"), wobei der Objektmaßstab — auch ohne Kenntnis der inneren Orientierung der Kammer — aus dem Abstand zweier im Bilde wieder erkennbarer Objektpunkte folgt. Im allgemeinen Falle (Bildebene beliebig geneigt gegen die Objektebene) kommt man, ebenfalls ohne Kenntnis der inneren Orientierung und auch ohne Kenntnis der äußeren Orientierung, zu einer zunächst punktweisen, maßstäblichen Rekonstruktion, wenn in der Objektebene (Abb. 5) vier Punkte $ABCD$ ihrer Lage nach bekannt und die ihnen entsprechenden (identischen) Punkte $abcd$ (Abb. 4) sich im Bilde angeben lassen.

Vierpunktverfahren. Für zwei perspektiv aufeinander bezogene Ebenen gilt nämlich der Satz, daß das Doppelverhältnis von vier Strahlen einer Ebene gleich dem Doppelverhältnis der entsprechenden Strahlen in der anderen Ebene ist.[3] Es schneiden also auch die vier Bildstrahlen (Abb. 4) und die ihnen entsprechenden Objektstrahlen aus beliebigen Schnittgeraden je vier Punkte aus, denen je das gleiche Doppelverhältnis zukommt. Auf Grund dieses Satzes kann man mittels eines Papierstreifens das Doppelverhältnis für einen von der Bildebene in die Objektebene (Karte) einzuzeichnenden Strahl $ap$ gegen drei gegebene Strahlen $ab$, $ac$, $ad$ in die Karte übertragen. Man markiert hierzu (Abb. 4) die Schnittpunkte dieser vier Strahlen an dem geradlinigen Rand des Streifens und paßt diesen dann so in die Strahlen $AB$, $AC$, $AD$ ein, daß entsprechende Schnittpunkte auf entsprechende Strahlen zu liegen kommen. Der Strahl $A(p)$

---


[1] Weiteres über die Rekonstruktion von Architekturaufnahmen geben F. Steiner, Die Photographie im Dienste des Ingenieurs, Wien 1893; F. Schilling, Über die Anwendung d. darstellenden Geometrie, insbes. über die Photogrammetrie. Leipzig und Berlin 1904; E. Feyer, Axonometrische Photogrammetrie, Festschrift d. Techn. Hochsch. Breslau. Breslau 1927. Über die Praxis speziell der von d. Preuß. Meßbildanstalt ausgef. Architekturaufnahmen unterrichtet A. Meydenbauer, Handbuch d. Meßbildkunst in Anwendung auf Baudenkmäler- und Reiseaufnahmen. Halle a. S. 1912.

[2] Über die künstliche Herstellung ebener Linienzüge an beliebig ausgeformten Objekten s. S. 28ff.

[3] Vgl. z. B. E. Feyer, Bildmess. u. Luftbildwes. 2, 1927, S. 160.

ergibt dann einen geometrischen Ort für den Punkt $P$. Abb. 6 und Abb. 7 zeigen, wie man hiernach auf Grund einer Wiederholung des Vorganges, etwa von der Ecke $d$ bzw. $D$ aus, den Punkt $P$ selbst durch eine Art „Vorwärtseinschneiden" aus dem Bild in die Karte übertragen kann.

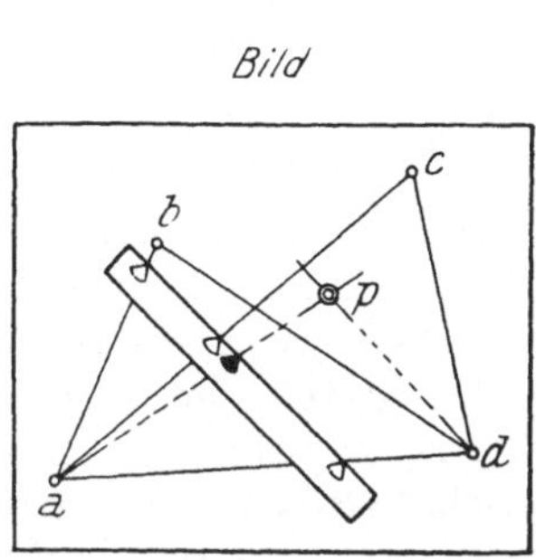

Abb. 6. Punktfestlegung durch
Richtungen

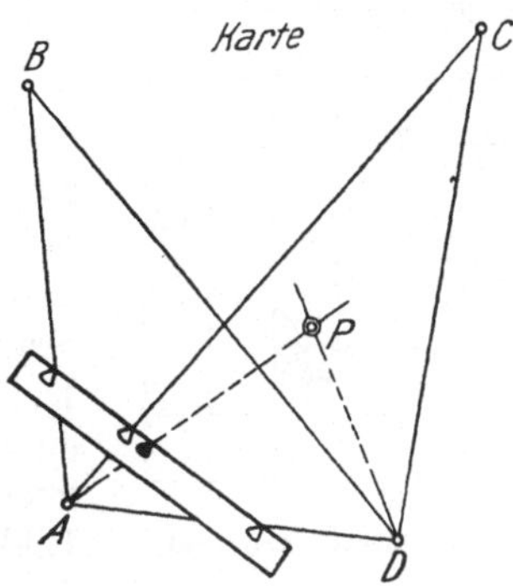

Abb. 7. Punktübertragung durch Vorwärtseinschneiden

Allgemeines Bezugsnetz (MOEBIUS-Netz). Sind sehr viele Punkte aus der Bildebene in die Kartenebene zu übertragen, so ergänzt man zweckmäßig das Bildviereck $abcd$ (Abb. 8) zunächst durch Ziehen der Diagonalen $ac$ und $bd$, die den Schnittpunkt $m$ ergeben, und durch Ziehen der beliebigen Geraden $xm$ und $ym$ zu einem einfachen Netz. Dem Diagonalenschnittpunkt $m$ im Bild entspricht der Diagonalenschnittpunkt $M$ in der Karte (Abb. 9). In ihr wird der Punkt $X$ nach dem in den Abb. 4 und 5 dargestellten Verfahren durch Übertragung der Strahlenrichtung $ax$ aus dem Bild in die Karte gefunden. Ebenso ergibt sich der Kartenpunkt $Y$ aus dem Bildpunkt $y$. Mit Hilfe dieser Punkte lassen sich dann die Maschen der beiden Netze, ähnlich wie es die Abb. 9a zeigt, beliebig verklei-

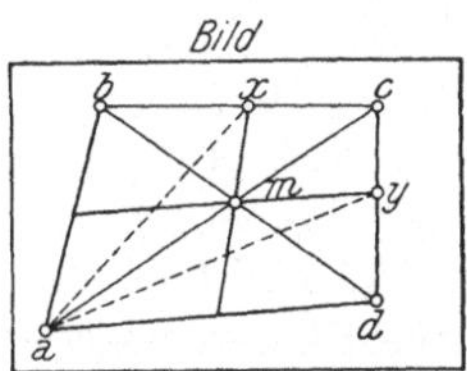

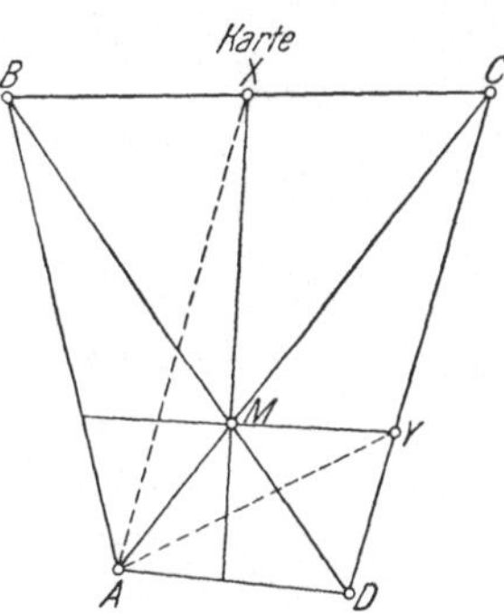

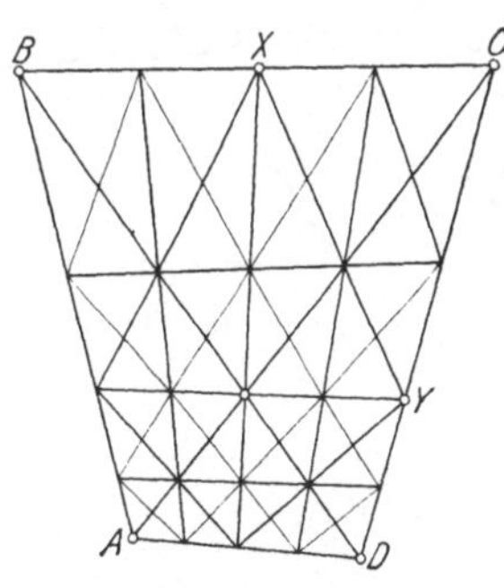

Abb. 8. Allgemeines Bezugsnetz im Bild

Abb. 9. Übertragung des Netzes
in die Karte

Abb. 9a. Netzverdichtung

nern, so daß schließlich einzelne Punkte oder Linienelemente einfach nach Augenmaß aus dem Bild in die Karte übertragen werden können.

Reguläre Bezugsnetze. Falls innere und äußere Orientierung der Aufnahme bekannt sind, wie wir das im allgemeinen ja zunächst voraussetzen, so ist die Rekonstruktion der Objektlinien in vorgeschriebenem Maßstab ohne Kenntnis der gegenseitigen Lage einzelner Objektpunkte möglich. Die Rekonstruktion erfolgt zweckmäßig wieder mit Hilfe von Netzen, denen man aber hier eine regelmäßige Form geben kann.

Im allgemeinen denkt man sich hierzu die (gewöhnlich wagrechte) Objektebene, z. B. den Spiegel eines Sees (Abb. 10) mit einem Quadratnetz, dessen Seiten etwa 100 m lang sein sollen, überdeckt und zwar so, daß die Quadratseiten parallel zur Haupthorizontalen $h$—$h$ des Meßbildes (Abb. 11) bzw. parallel zur Richtung der Kammerachse sind. Bei einer Aufnahme des Sees in einer beliebigen Höhe über dem Spiegel desselben würden bei horizontaler Kammerachse alle Quadratseiten, die parallel zu dieser Achse sind, aus perspektiven Gründen auf den Hauptpunkt $H$ konvergieren (Abb. 11), während die Abstände der der Haupthorizontalen parallelen Quadratseiten gegen $H$ zu immer geringer werden. Diese Perspektive des Quadratnetzes ist an Hand eines Vertikalschnittes durch die Kammerachse leicht zu konstruieren. In Abb. 12 ist $OH$ die Bildweite in natürlicher Größe, $v$—$v$ die Bildspur bzw. die Hauptvertikale. $OO_0$ sei (im gewünschten Maßstab des Lageplanes) die Höhe des Kammerobjektivs über dem Seespiegel $O_0S$. Teilt man nun von $S$ aus, dem Schnittpunkt von Hauptvertikale und Seespiegel, die Spur des Spiegels in gleiche Teile von z. B. 100 m Länge (wieder im gewünschten Maßstab des Lageplanes), so schneiden die Verbindungslinien von $O$ mit den Teilpunkten $d\,c\,b\,a\,S\,\alpha\,\beta\,\gamma\,\delta$ die entsprechenden Punkte $d'\,c'\,b'\,a'\,S\,\alpha'\,\beta'\,\gamma'\,\delta'$ auf der Hauptvertikalen $v$—$v$ aus. Die Abstände dieser letzteren Punkte vom Hauptpunkt $H$ überträgt man auf die Hauptvertikale im Meßbild (Abb. 11) und zieht durch die so erhaltenen Punkte Parallele zu $h$—$h$. Die Konstruktion der konvergierenden Linien ergibt sich aus dem Umstand, daß die durch $S$ gezogene Parallele zu $h$—$h$ sowohl der Bildebene als der Kartenebene angehört. Die auf dieser Parallelen liegenden Quadratseiten haben also die angenommene Länge von 100 m im gewählten Zeichnungsmaßstab. Durch Verbindung der so gefundenen Punkte I, II …

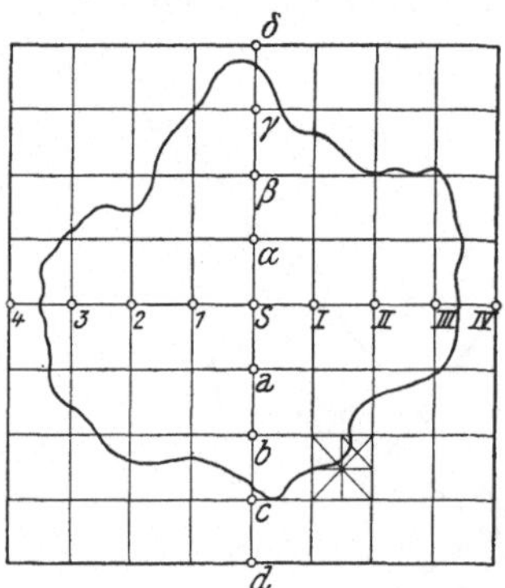

Abb. 10. Reguläres Kartennetz

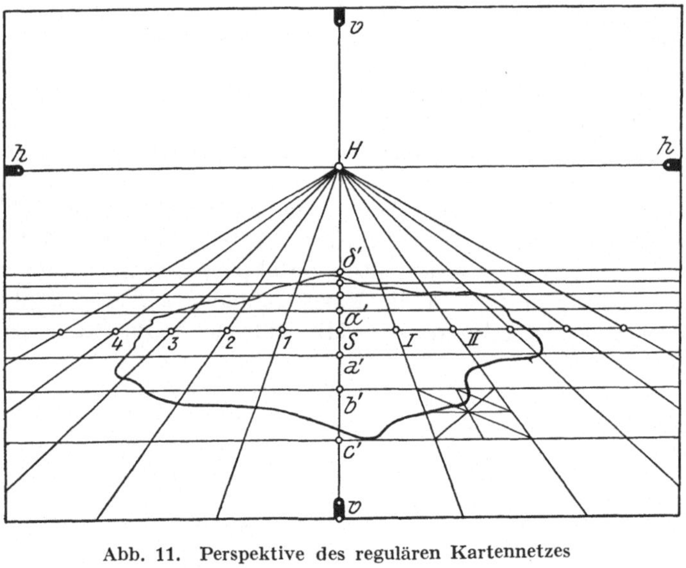

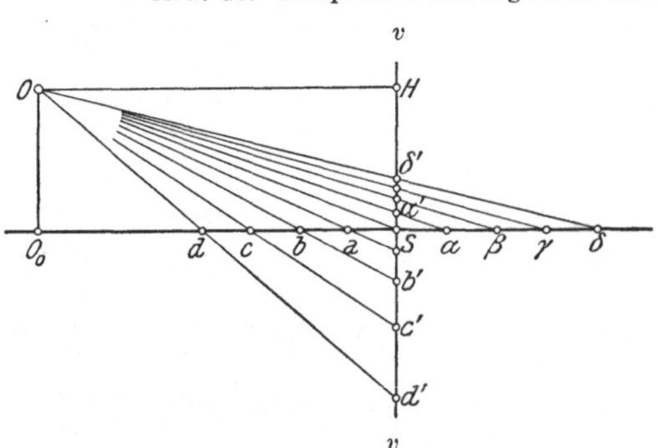

Abb. 11.  Perspektive des regulären Kartennetzes

Abb. 12.  Konstruktion der Perspektive

bzw. 1, 2 ... mit $H$ wird somit das perspektive Netz fertiggestellt; aus diesem überträgt man die Umrißlinien in die entsprechenden Maschen des im gewählten Maßstab gezeichneten Quadratnetzes der Objektebene (Abb. 10) im allgemeinen schätzungsweise, erforderlichen Falles mit Benutzung der schon besprochenen

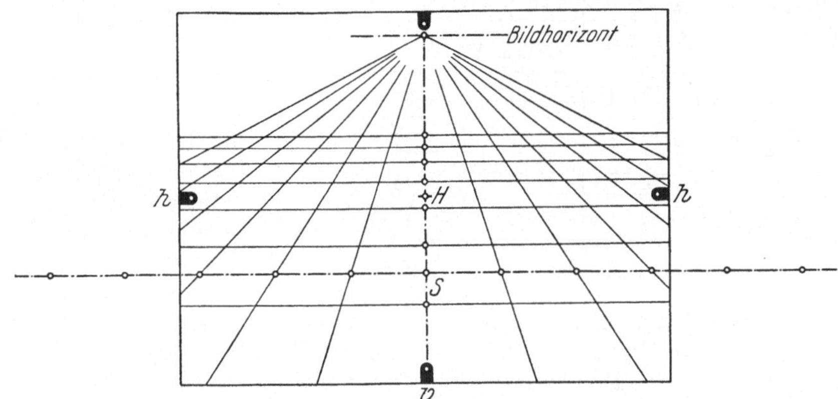


Abb. 13.  Reguläres Bildnetz bei geneigter Aufnahme

(Abb. 9 a) Hilfskonstruktionen. An Stelle der Standpunktshöhe $OO_0$ kann zur (nachträglichen) Maßstabsbestimmung die Entfernung zweier im Bild identifizierbaren Geländepunkte dienen.

Bei Aufnahmen mit geneigter Kammerachse erfolgt die Konstruktion der Perspektive der Geländequadrate (Abb. 13) im wesentlichen in der gleichen Weise, nur liegt hier der Konvergenzpunkt (Fluchtpunkt) der zur Aufnahmerichtung parallelen Quadratseiten natürlich nicht mehr im Hauptpunkt $H$, sondern im Schnittpunkt des Bildhorizontes und der Hauptvertikalen $v$—$v$. Aus Abb. 14 sind alle notwendigen Konstruktionseinzelheiten zu ersehen. In Abb. 15, in der die Kartenebene durch Drehung um die gemeinsame Schnittgerade $s$—$s$ in die Bildebene umgeklappt er-

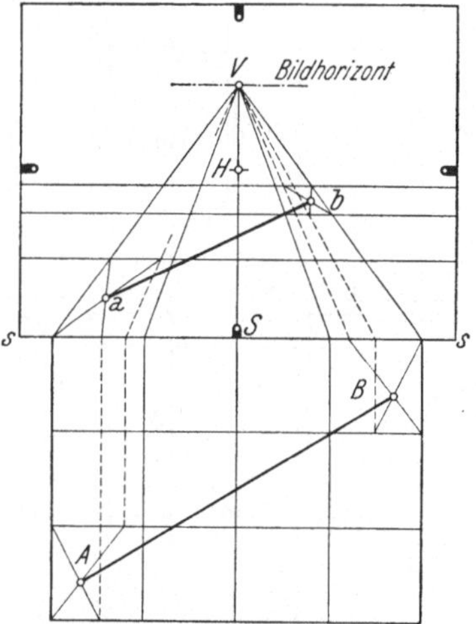


Abb. 15.  Rekonstruktion einzelner Punkte



Abb. 14.  Konstruktion des Netzes (vgl. Abb. 13)

scheint, ist ein ohne weiteres verständliches Verfahren zur direkten Übertragung eines Bildpunktes ($a$ oder $b$) in die Karte angedeutet.[1] Sind eine größere Anzahl von Aufnahmen auszuwerten, die unter einem bestimmten Neigungswinkel aufgenommen wurden, so wird man das entsprechende perspektivische Netz auf einen durchsichtigen Stoff (Celluloid, Diapositivplatte) auftragen und diese „Ausmeßplatte" (Abb. 16) zur Übertragung der Bilder in das Quadratnetz der Karte benutzen.

---

[1] Vgl. R. THIELE, Métrophotographie aérienne à l'aide de mon Auto-Panoramographe, Int. Arch. f. Photogramm. 1, 1908, S. 35.

Anstatt ein solches Netz nachträglich auf das Meßbild zu zeichnen oder aufzulegen, kann man es auch im Augenblick der Aufnahme unmittelbar auf diese übertragen, etwa dadurch, daß man in der Kammer dicht vor der lichtemp-

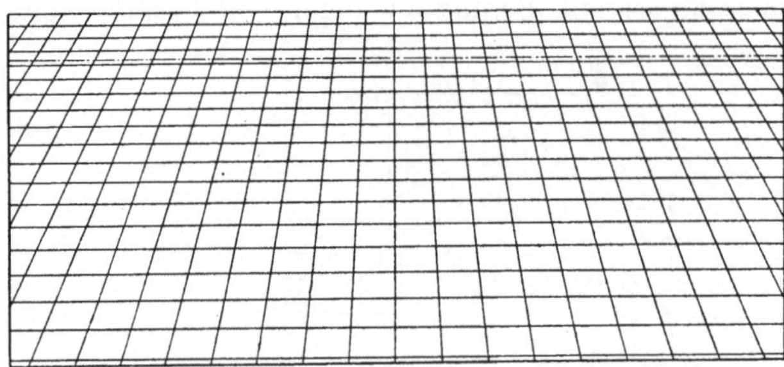
Abb. 16. Teil einer Ausmeßplatte für Schrägaufnahmen

findlichen Schicht eine mit dem Netz versehene feste Glasplatte anbringt. In dieser Form ist das Netzverfahren durch Fr. Eichberg[1] in Wien in die kriminalistische Tat-bestandsaufnahme ein-geführt worden. Eich-berg verwendet ein von dem oben besprochenen Netz abweichendes, und zwar das von A. Bertillon angegebene Bildnetz (Abb. 17), das aus einer Schar von Parallelen zur Haupthorizontalen bzw. zur Hauptvertikalen besteht. Das Netz stellt somit die Perspektive eines mit horizontaler Kammerachse aufge-nommenen, in einer wagrechten Objektebene (Fußboden) liegenden Netzes von Paralleltrapezen (Abb. 18) dar, deren parallele Seiten (Di-stanzlinien) parallel zur Bildebene liegen und deren andere Seiten

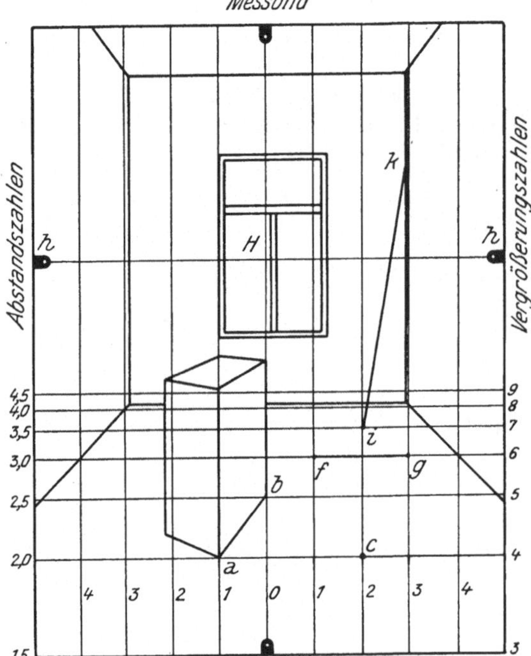

Abb. 17. Bildnetz nach Fr. Eichberg

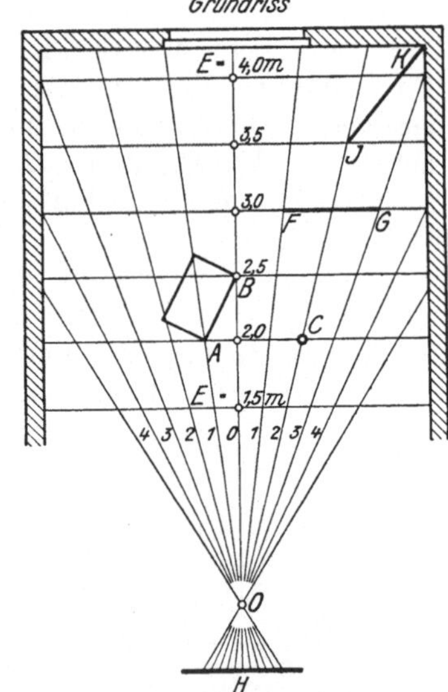

Abb. 18. Rekonstruktion des Grund-risses nach Fr. Eichberg

auf die Horizontalprojektion des Aufnahmeortes $O$ konvergieren, wobei die Aufnahmerichtung $OH$ die Symmetrieachse des Netzes ist. Die parallelen Seiten des Kartennetzes haben gleiche Abstände voneinander und werden von den konvergenten Seiten je in gleich große Abschnitte zerlegt, deren wahre Größen sich aus den entsprechenden Bildgrößen durch Multiplikation

[1] Th. Dokulil, ZS. f. Feinmech. 1916, S. 61.

mit der „Vergrößerungszahl" ergeben, die den Distanzlinien im Bildnetz rechts beigeschrieben sind. So ist z. B. die Strecke $FG$ (vgl. Abb. 18) 6mal größer als im Bild. Diese Vergrößerungszahl, die gleich dem Verhältnis des Abstandes der betreffenden Distanzlinie (Abb. 17, linker Bildrand) von $O_0$ zur Bildweite $f$ ist, gilt selbstverständlich für alle Strecken, die in der Vertikalebene durch die betreffende Abstandslinie liegen, weil ja diese „Abstandsebenen" (vgl. die gestrichelten Linien in Abb. 19) parallel zur Bildebene sind. Die Vergrößerungszahlen gestatten also auch die Berechnung der Höhen einzelner Objektpunkte über dem Fußboden. So ist z. B. die vertikale Kante des kastenförmigen Körpers 4 mal größer als die im Bild über $a$ gemessene Kante. Für die Kartierung des Grundrisses werden fertige Bezugsnetze im Maßstab 1 : 25 verwendet, die zweckmäßig auf Pauspapier gedruckt sind, um Aufnahmen desselben Objekts von verschiedenen Seiten leicht zusammen-

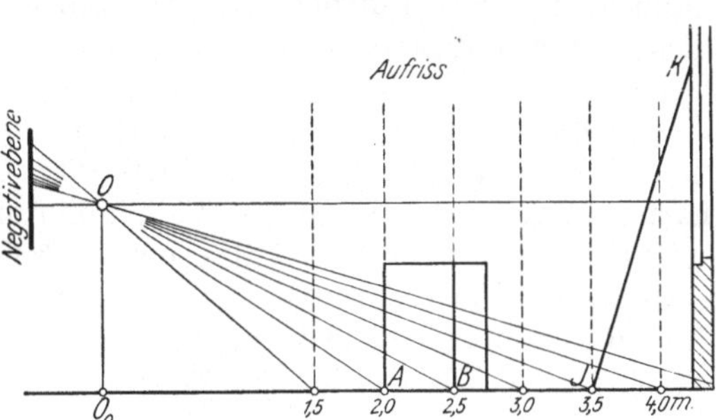


Abb. 19. Rekonstruktion des Aufrisses nach Fr. Eichberg

passen zu können. Das Verfahren erfordert natürlich eine unveränderliche Höhe des Objektivmittelpunktes $O$ über dem Fußboden und eine unveränderliche Bildweite $f$ der Aufnahmekammer (vgl. S. 134).

Ein anderes Verfahren für Tatbestandsaufnahmen wurde von P. Heindl[1] in Dresden vorgeschlagen. Hier wird eine quadratische Platte von bekannter Seitenlänge und mit eingezeichneten Diagonalen auf den Fußboden gelegt und mitphotographiert, nachdem sie zuvor mit Hilfe der Mattscheibe so ausgerichtet wurde, daß eine ihrer Kanten parallel der Haupthorizontalen wird. Die in der Aufnahme enthaltene Perspektive des Quadrates läßt sich zu einem (regulären) Bezugsnetz erweitern, mit dessen Hilfe Grund- und Aufriß des Objektes leicht gefunden werden können. Das Heindlsche Verfahren erfordert mehr Konstruktionsarbeit als das Eichbergsche, kann aber dafür mit jeder beliebigen Kammer durchgeführt werden, deren Bildebene auch geneigt sein darf.

**3. Flächenweise Rekonstruktion auf Grund perspektiver Beziehungen (Entzerrung).** Allgemeines. Das eben geschilderte Vierpunkt- bzw. Netzverfahren ist zwar bei jeder beliebigen Neigung der Kammerachse zur Objektebene zwischen $0^0$ und $90^0$ anwendbar, erfordert aber, wie die auf S. 24 beschriebene Methode, eine immerhin mühsame punktweise Rekonstruktion. Handelt es sich darum, eine größere Anzahl von Bildpunkten oder gar den gesamten Bildinhalt zu rekonstruieren, so wird zweckmäßiger ein optisches Verfahren angewandt, das man als „(photographische) Umbildung" oder „Entzerrung" bezeichnet. Die Anwendbarkeit dieses photomechanischen Verfahrens ist allerdings aus Gründen, die in der Konstruktion der zu verwendenden Geräte liegen, praktisch beschränkt[2] auf Neigungswinkel zwischen $45^0$ und $90^0$; seine rationellste und wichtigste Verwendung findet es bei Neigungswinkeln, die wenig von $90^0$ abweichen, bei denen also das Bild nahezu parallel der Objektebene ist.

Das Entzerrungsverfahren wird außer zur Umbildung von schräg auf-

---

[1] P. Heindl, Photogrammetrie, Leipzig 1915.

[2] Ohne Einschränkung hinsichtlich des Neigungswinkels sind für eine linienweise mechanisch-automatische Umbildung oder Entzerrung anwendbar die auf S. 86 beschriebenen Universal-Ausmeßgeräte.

genommenen Architekturbildern[1] vor allem verwandt zur Rekonstruktion von mehr oder weniger steil aufgenommenen Luftbildern. Hier ist die (zunächst als eben angenommene) Geländefläche die Objektebene. Dabei kann, wie im folgenden, für die Praxis[2] stets angenommen werden, daß die ebene Geländefläche horizontal ist.

Theoretische Grundlagen. Bei ebenem, horizontalem Gelände ist die Karte, d. h. die Parallelprojektion des Geländeobjektes, diesem geometrisch ähnlich und das Luftbild ist als Zentralprojektion (Perspektive) der Karte dieser unmittelbar perspektiv zugeordnet. Für eine optische Transformation des Bildes in die Karte ist es nun notwendig, beide in eine perspektive Lage zueinander zu bringen; das kann zunächst offenbar dadurch geschehen, daß man dem Bild die gleiche Lage zur Karte gibt, die es im Augenblick der Aufnahme hatte. In diesem Falle besteht die Umbildung in einer einfachen Umkehrung des Aufnahmevorganges mit Hilfe eines Projektionsapparates. In der Abb. 20 wird das von der Lichtquelle $L$ unter Verwendung des Kondensors $K$ beleuchtete Bild $B$ durch das Objektiv $O$ auf die Projektions- (Karten-) Ebene $P$ abgebildet. Dabei muß die Haupthorizontale des Bildes parallel zur Projektionsebene, der

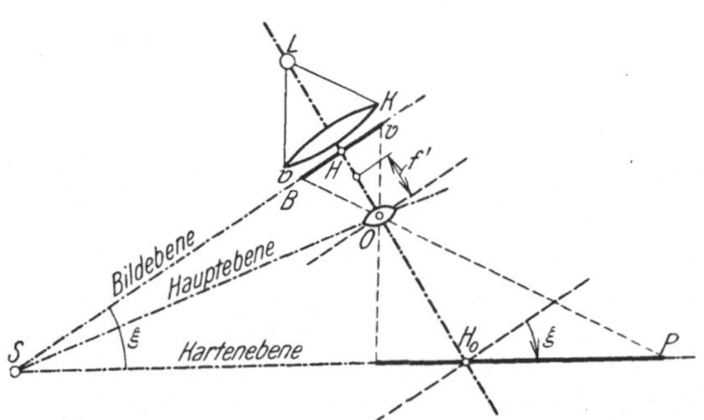


Abb. 20. Umbildung mit winkeltreuem Strahlenbüschel

Abstand $OH$ des Objektivs vom Bild gleich der Bildweite $f$ der Aufnahmekammer und der Neigungswinkel $\xi$ zwischen Bild- und Projektionsebene gleich dem Komplement des Neigungswinkels der Kammerachse im Augenblick der Aufnahme sein. Da nun die Bildweite der Aufnahmekammer immer nahezu gleich der Brennweite des Aufnahmeobjektivs ist, so ist mit einem Projektionsobjektiv von gleicher Brennweite eine scharfe Abbildung auf die in geringem Abstand liegende Projektionsebene $P$ nicht zu erzielen. Man muß deshalb als Projektionsobjektiv ein solches mit einer Brennweite $f'$ verwenden, wobei $f' < f$ ist. Aus $OH = f$ ergibt sich mit der Brennweite $f'$ des Projektionsobjektivs $O$ der Abstand $OH_0$, in dem bei paralleler Lage der Projektionsebene zum Bild dieses in seiner Gesamtheit scharf abgebildet würde. Da aber die Ebene $P$ um den Winkel $\xi$ aus der Normallage herausgedreht wurde, wobei die Drehung um eine Parallele zur Haupthorizontalen des Bildes erfolgte, so wird zunächst nur die Haupthorizontale des Bildes in der Ebene $P$ scharf abgebildet sein. Zur scharfen Abbildung des gesamten Bildes ist jetzt nach einer von Th. Scheimpflug[3] selbständig aufgefundenen und gewöhnlich nach ihm benannten Bedingung die Hauptebene des Objektivs $O$ so um eine Parallele zur Haupthorizontalen des Bildes zu drehen, daß sie durch die Schnittgerade $S$ der Bild- und Kartenebene geht. Das Ergebnis einer derartigen Umbildung entspricht völlig einer von $O$ aus genau senkrecht zur Geländeebene vorgenommenen Aufnahme, deren Bildweite gleich dem Abstand des Objektivs $O$ von der Kartenebene $P$ ist.

---

[1] G. Kammerer, Int. Arch. f. Photogramm. 3, 1912, S. 196 (dazu Tafel III ebendort).

[2] Vgl. z. B. Cl. Aschenbrenner, ZS. f. I. 46, 1927, S. 578.

[3] Th. Scheimpflug, Phot. Korr. 1898. Die Bedingung ist schon früher von E. Abbe angegeben worden (vgl. S. Czapski, Theorie d. opt. Instr. nach Abbe, Breslau 1893, S. 27).

Die geschilderte Anordnung der Projektionseinrichtung liefert die Rekonstruktion des Objekts, d. h. also die Karte, in einem nicht willkürlich zu wählenden Maßstab. In Abb. 21 sind die der Abb. 20 zugrundeliegenden Verhältnisse zunächst noch einmal dargestellt; dabei ist $OO_0 = h$ die Flughöhe im zufälligen Umbildungsmaßstab, der sich aus dem Verhältnis von $h$ zur tatsächlichen Flughöhe ergibt. Ein bestimmter, vorgeschriebener Maßstab ließe sich nur durch eine ähnliche Vergrößerung oder Verkleinerung der Umbildung, also etwa durch eine photographische Reproduktion, erzielen.

Die Umbildung kann aber auch unmittelbar auf einen vorgeschriebenen Maßstab gebracht werden, wenn man, was im vorliegenden Fall ohne Bedeutung ist,[1] darauf verzichtet, daß das aus dem Projektionsobjektiv austretende Strahlenbüschel dem das Meßbild erzeugenden ursprünglichen Strahlenbüschel winkeltreu ist. Bild und Karte sind nämlich nicht nur dann einander perspektiv zugeordnet, wenn sie die gleiche Orientierung gegeneinander haben wie im Augenblick der Aufnahme, es gibt vielmehr unendlich viele Möglichkeiten, Bild und Karte in eine richtige perspektive Lage zu bringen. Dreht man z. B. die Kartenebene $P$ um ihre Schnittgerade $S$ mit der Bildebene $B$ um einen beliebigen Winkel (Abb. 21) in eine neue Lage (Projektionsebene $P'$), so bleiben Bild und Projektionsebene einander perspektiv zugeordnet, wenn gleichzeitig das Projektionszentrum $O$ in die Lage $O'$ kommt, wobei $FO'$ parallel der Projektionsebene $P'$ und gleich dem Abstand des Objektivs $O$ vom Fluchtpunkt $F$ ist. Ganz allgemein gelten als „Perspektivbedingungen“:

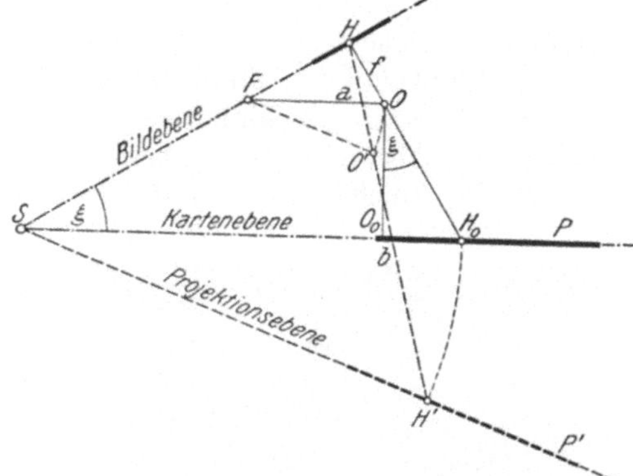


Abb. 21. Umbildung auf vorgeschriebenen Maßstab

Abb. 22. Entzerrungsgerät nach Cl. Aschenbrenner der Photogrammetrie G. m. b. H. in München

---

[1] Vgl. S. 77, Doppelprojektionsgeräte nach Scheimpflug.

2*

1. Allen möglichen perspektiven Lagen von Bild- und Projektionsebene ist die Schnittgerade $S$ gemeinsam.

2. Hauptpunkt $H$ und seine jeweilige Perspektive (Projektion) $H_0$ bzw. $H'$, auf deren Verbindungslinie das Projektionszentrum $O$ bzw. $O'$ liegen muß, behalten ihre Abstände von $S$ bei.

3. Die Fluchtlinie $F$, d. h. die Abbildung aller unendlich fernen Kartenpunkte, bleibt Fluchtlinie für jeden beliebigen Neigungswinkel der Projektionsebene gegen die Bildebene.

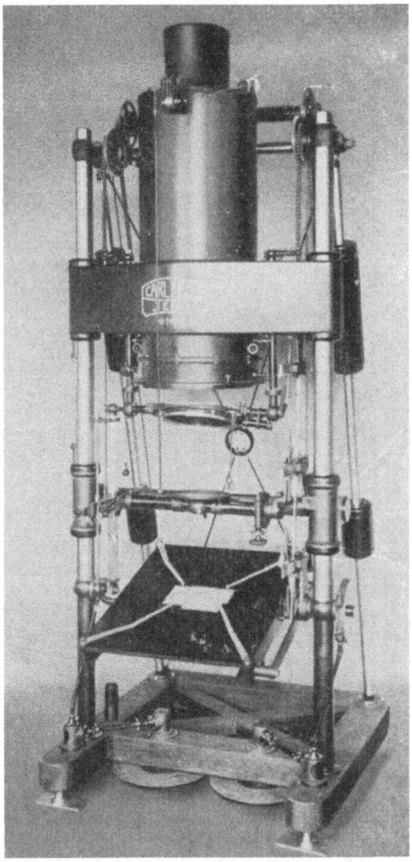

Man wird also stets den Winkel zwischen Bild- und Projektionsebene so wählen können, daß die Abstände $HO' = a$ bzw. $O'H' = b$ unter Berücksichtigung der Brennweite $f'$ des Projektionsobjektivs die Linsengleichung erfüllen und ein bestimmtes vorgeschriebenes Maßstabsverhältnis ergeben.[1]

In der Praxis der Luftbildmessung werden aus aufnahmetechnischen Gründen und zur möglichsten Vermeidung derjenigen Fehler, die durch Abweichung des Geländes von der vorausgesetzten ebenen Form hervorgerufen werden — siehe unten — die Meßbilder möglichst genau senkrecht nach unten aufgenommen. Damit wird also der Winkel $\xi$ (Abb. 21) nahe gleich Null. Infolgedessen wird der Abstand des Punktes $H$ von $F$ bzw. von der Schnittgeraden $S$ und der Abstand des Punktes $O'$ von $F$ so groß, daß etwaige Fehler in diesen Abständen mit Rücksicht auf die Größe der Abstände selbst vernachlässigt werden können; mit anderen Worten: Bei der Umbildung von Aufnahmen, die nahezu parallel zur Kartenebene sind, kann auf die strenge Einhaltung der Perspektivbedingungen verzichtet werden.

Abb. 23. Entzerrungsgerät von C. Zeiss, Jena

**Entzerrungsgeräte.** Projektionsapparate, die für die geschilderte Umbildung geeignet sind, nennt man Entzerrungsgeräte. Das erste derartige Gerät, der „Photoperspektograph", wurde von Scheimpflug angegeben und gebaut.[2] In der Praxis werden heute im wesentlichen drei verschiedene Konstruktionen angewandt, denen allen eine selbsttätige[3] Regulierung des gegenseitigen Abstandes von Bild-, Objektiv- und Projektionsebene entsprechend der Linsen-

---

[1] Über Einzelheiten s. z. B. O. v. Gruber, Bildmess. und Luftbildwes. 2, 1927, S. 10. Vgl. auch Fr. Schilling, ZS. f. Vermessungswes. 55, 1926, S. 289.

[2] Th. Scheimpflug, Phot. Korr. 1906, S. 516. — Derselbe, D. R. P. Nr. 64527 v. 15. April 1903.

[3] Von den früher verwendeten Entzerrungsgeräten ohne diese selbsttätige Regulierung sind am bekanntesten das Ica-Gerät und das Gerät von Ed. Liesegang, ZS. f. Verm. 55, 1926, H. 10 u. 11. Dem letzteren entspricht das in Frankreich gebräuchliche Gerät von M. H. Roussilhe, vgl. S. 40.

gleichung gemeinsam ist. Diese automatische Abstandsregulierung (Selbstfokussierung) wird durch sogenannte Inversoren[1] bewirkt, durch deren Betätigung zunächst die Haupthorizontale des Bildes dauernd scharf auf die Projektionsebene abgebildet wird, während man den Abbildungsmaßstab innerhalb gewisser Grenzen (etwa dem 0,5- bis 3fachen der Bildgröße) durch Drehen eines Handrades oder einer Fußscheibe kontinuierlich ändert.

Die von CL. ASCHENBRENNER (PHOTOGRAMMETRIE, G. m. b. H. in München) angegebene Konstruktion[2] (Abb. 22) ebenso wie die Konstruktion der Firma CARL ZEISS[3] in Jena (Abb. 23) verlangen, daß die durch Probieren aufzufindende Richtung der Haupthorizontalen durch entsprechende Drehung (Verkantung) der Platte parallel zur (festgelagerten) Kippachse des Projektionstisches gestellt wird. Im übrigen ist bei beiden Geräten je ein Handrad bzw. eine Fußscheibe zur Neigung des Projektionstisches vorgesehen. Letzterer betätigt dann seinerseits besondere Hebelsysteme, durch welche sowohl die SCHEIMPFLUG-Bedingung als auch die Perspektivbedingungen zwangläufig erfüllt werden.

Das dritte, von R. HUGERSHOFF angegebene Gerät (AEROTOPOGRAPH G. m. b. H. — GUSTAV HEYDE, G. m. b. H. in Dresden, Abb. 24) verzichtet auf Grund der oben angestellten Überlegungen auf eine strenge Erfüllung der Perspektivbedingungen und auf eine automatische Einstellung der Objektivhauptebene in die Schnittgerade $S$ der Bild- und Projektionsebene. Dadurch wird einfacher Aufbau und geringes Gewicht ohne Beeinträchtigung der praktischen Verwendbarkeit erzielt.

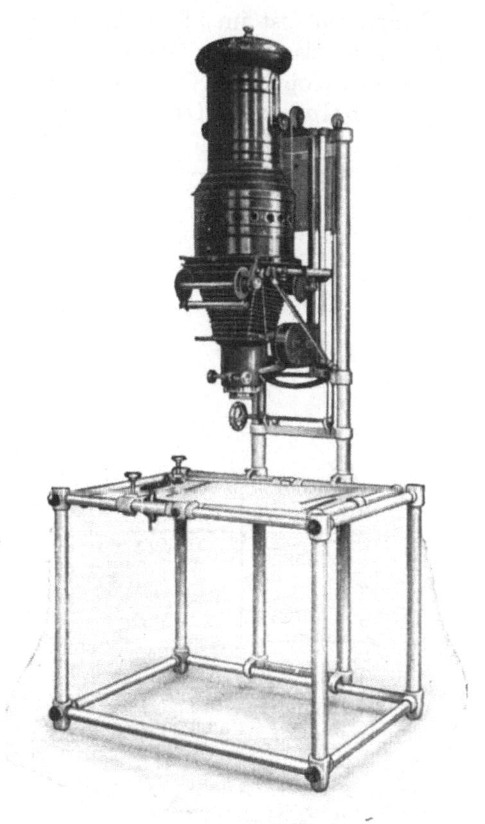

Abb. 24. Entzerrungsgerät nach R. HUGERSHOFF der AEROTOPOGRAPH G. m. b. H. in Dresden

Da der Projektionstisch um zwei winkelrecht zueinander angeordnete Achsen neigbar ist, also in beliebiger Richtung geneigt werden kann, so ist eine Verkantung der Platte nicht erforderlich. Die zur Erfüllung der SCHEIMPFLUG-Bedingung notwendige Kippung der Objektivhauptebene geschieht von Hand aus und kann, entsprechend der zufälligen Lage der Haupthorizontalen, ebenfalls in beliebiger Richtung vorgenommen werden. Die richtige Kippung zeigt sich unmittelbar durch den Eintritt einer gleichmäßigen Schärfe des gesamten Projektionsbildes.

---

[1] O. v. GRUBER, ZS. f. I. 45, 1925, S. 561 bis 573.

[2] CL. ASCHENBRENNER, Mitt. d. Photogrammetrie G. m. b. H., 2, 1926, Nr. 6. Wegen konstruktiver Einzelheiten dieses Gerätes vgl. D. R. P. Nr. 448166 und D. R. P. Nr. 448167.

[3] O. v. GRUBER, Bildmess. u. Luftbildwes., 2, 1927, S. 10.

Das Aufsuchen der richtigen Neigung des Projektionstisches bzw. die Einstellung des gewünschten Maßstabes geschieht bei allen erwähnten Entzerrungsgeräten durch probierendes Neigen des Tisches und entsprechende Änderung des Bildabstandes, bis die auf einem Zeichenblatt im vorgeschriebenen Kartenmaßstab aufgetragenen, ihrer Lage nach bekannten Geländepunkte bei geeigneter Verschiebung und Drehung des Zeichenblattes mit den entsprechenden Bildpunkten zur Koinzidenz gebracht sind.[1] Notwendige Voraussetzung für dieses „Einpassen" ist im allgemeinen die Kenntnis der gegenseitigen Lage von vier Punkten, also ganz ebenso wie bei dem Vierpunkt- oder dem Netzverfahren, dem diese optische Transformation dem Wesen nach ja gleich ist.[2]

Einfluß von Unebenheiten des Geländes. Da das Gelände nur in Ausnahmefällen völlig eben sein wird, so ist es wichtig, den Einfluß von Höhenunterschieden der abgebildeten Punkte auf deren Lage in der durch die Umbildung gewonnenen Karte festzustellen.

In Abb. 25 ist ein Vertikalschnitt durch die Aufnahmestandpunkte $O_1$

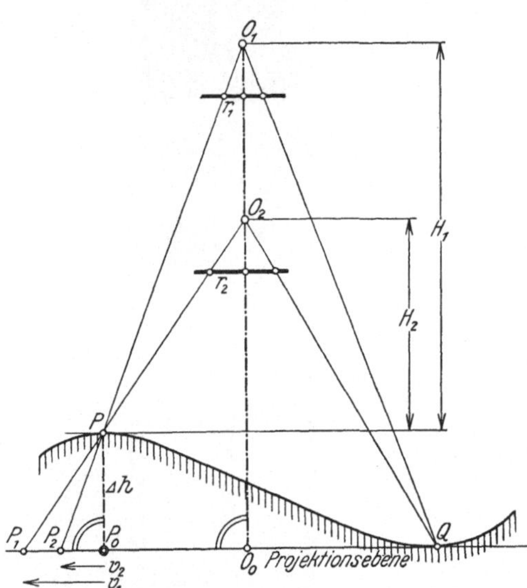

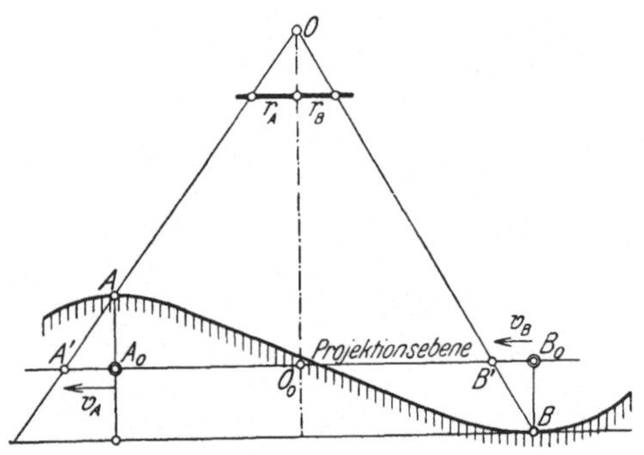

Abb. 25. Einfluß von Geländeunebenheiten auf die Umbildung

Abb. 26. Übertragung der Paßpunkte in die Projektionsebene

bzw. $O_2$ und das von den Aufnahmen überdeckte Gelände gezeichnet. Die der Einfachheit wegen genau vertikal gedachten Aufnahmen sollen die Bildweite $f$ haben. Die Projektions- bzw. Kartenebene sei durch den tiefsten Geländepunkt $Q$ gelegt, der sonach mit seiner Kartenprojektion bzw. mit seiner Umbildung zusammenfällt. Die Kartenprojektion des um $\Delta h$ höher als $Q$ gelegenen Geländepunktes $P$ sei $P_0$. Durch die Transformation (hier einfache Vergrößerung) des in $O_1$ bzw. $O_2$ aufgenommenen Bildes erhält nun $P$ die (fehlerhafte) Kartenlage $P_1$ bzw. $P_2$, welche Punkte gegen die richtige Kartenlage $P_0$ die linearen Verschiebungen $v_1$ bzw. $v_2$ aufweisen. An Hand der Abb. 25 ergeben sich folgende Beziehungen:

$$v_1 = \Delta h \cdot \frac{r_1}{f}$$

und

$$v_2 = \Delta h \cdot \frac{r_2}{f}$$

$$\left.\right\} \quad (1)$$

woraus mit

$$\frac{r_1}{r_2} = \frac{H_2}{H_1} \qquad (2)$$

folgt

$$v_2 = v_1 \cdot \frac{H_1}{H_2} \qquad (3)$$

[1] Vgl. hiezu z. B. O. v. Gruber, ZS. f. 1. 42, 1922, S. 161.
[2] Diese einfache empirische Methode der Bildorientierung ist nicht anwendbar

Aus (1) ergibt sich: Der Kartierungsfehler wächst mit zunehmender Höhe der betrachteten Punkte über der angenommenen Höhe der Kartenebene, mit zunehmendem Abstand seines Bildes von der Plattenmitte und mit abnehmender Bildweite.

Da $\dfrac{r}{f}$ die Tangente der Nadirdistanz des betrachteten Bildpunktes ist, so folgt aus (1) auch: Der Lagefehler wächst mit zunehmender Nadirdistanz, er wächst also, wie auch Formel (3) zeigt, mit abnehmender Flughöhe.

Man wird also die zu entzerrenden Aufnahmen aus möglichst großer Höhe und möglichst genau senkrecht vornehmen; die Verwendung einer sogenannten Koppelkammer (vgl. S. 198), einer Doppelkammer, bei der die beiden Kammerachsen bis zu $20^0$ gegen die Vertikale geneigt sind, ist also für den vorliegenden Zweck ungeeignet.

Die durch die unvermeidlichen Höhenunterschiede des Geländes bedingten unvermeidlichen Fehler kann man verringern, wenn man als Einpaßpunkte möglichst solche von mittlerer Höhenlage und geringem, gegenseitigem Höhenunterschied $\varDelta h$ auswählt. Dabei wird man die Aufnahme nicht auf die wirkliche Lage der gegebenen Punkte einpassen, sondern auf Ersatzpunkte, die in bezug auf den Nadirpunkt $O_0$ radial um die Strecken $v = \dfrac{\varDelta h}{M} \cdot \dfrac{r}{f}$ verschoben sind, wobei $M$ die vorgeschriebene Maßstabszahl der Karte ist. Läßt es sich nicht vermeiden, daß die Ausgangspunkte stark verschiedene oder in bezug auf die durchschnittliche Geländehöhe extreme Höhenlage haben, so wird man als Projektionsebene eine solche von mittlerer Höhenlage (vgl. Abb. 26)

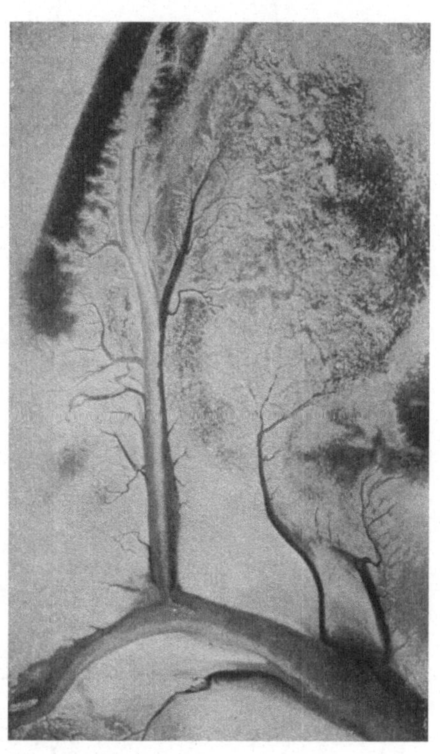

Abb. 27. Einzelaufnahme des Wattengebietes von Wangerooge (vgl. Abb. 28)

wählen und auch hier die Entzerrung auf Grund der radial verschobenen Ersatzpunkte vornehmen.

Anwendungen. Aus den in einheitlichem Maßstab vorgenommenen Umbildungen von anschließenden Einzelaufnahmen (Abb. 27 Teilbild für den Kartenausschnitt in Abb. 28), die zweckmäßig mit einem (Film-) Reihenbildner (vgl. S. 151) ausgeführt werden, wird ein „Bildplan" hergestellt. Die Einzelbilder werden dabei auf Zeichenpapier aufgeklebt, auf dem die für die Entzerrung verwendeten Paßpunkte aufgetragen sind. Durch geeignete Retusche werden die Bildränder unsichtbar gemacht. Bildpläne dieser Art finden vielfach Verwendung als Grundlage für Bebauungsprojekte. Legt man Gewicht auf die Darstellung der eigentlichen Situationslinien, so paust man diese Linien oder

---

bei einem von E. Jantzer gebauten Entzerrungsgerät, das als Integrator bezeichnet wird, da bei ihm die Umbildung durch eine Art photographischer Integration geschieht (D. R. P. Nr. 301 355 und Nr. 303 317).

überzeichnet sie im Bildplan mit Tusche und bleicht den übrigen Bildinhalt aus, wie im Beispiel der Abb. 28, das übrigens eine besonders zweckmäßige und durch andere Vermessungsmethoden nicht zu ersetzende Anwendung des Entzerrungsverfahrens zeigt.

Es ist selbstverständlich, daß das geschilderte photogrammetrische Verfahren immer nur einen Lageplan liefert, über dessen Ungenauigkeit[1] bei nicht völlig ebenem Gelände die oben angestellten Betrachtungen Auskunft

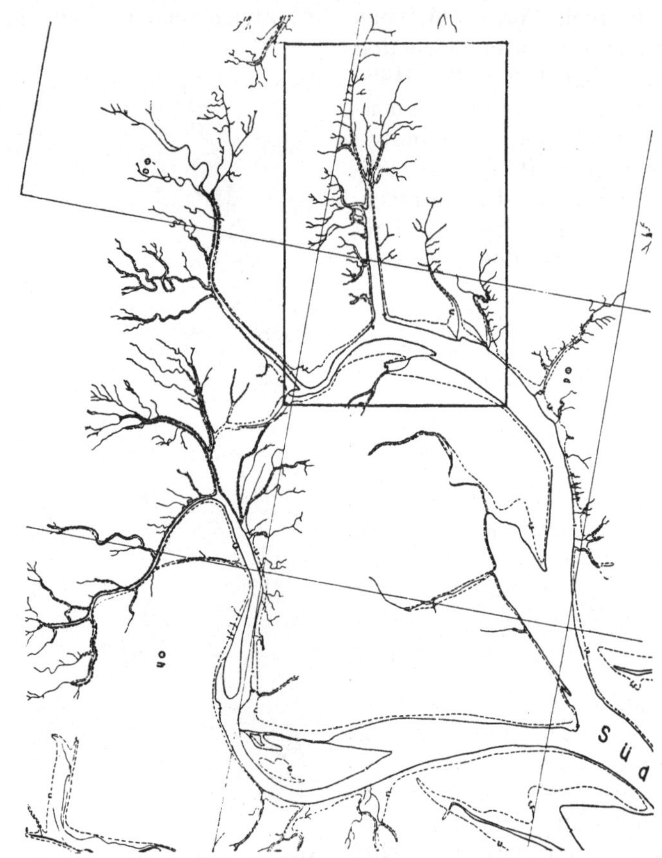


Abb. 28. Ausschnitt aus einer Aufnahme des Wattengebietes bei Wangerooge, ausgeführt durch das Reichsamt für Landesaufnahme in Berlin

geben. Der Verlauf von Höhenlinien an etwa vorhandenen geringen Bodenausformungen kann nur durch nachträgliche Messungen im Gelände und mit Hilfe der üblichen terrestrischen Methoden ermittelt werden. Ein Beispiel hiefür bietet Abb. 29.

**4. Rekonstruktion durch Vermittlung der Bildpunktkoordinaten.** Allgemeines. Bei der auf S. 18 geschilderten winkeltreuen Umbildung wird das (stets ebene) Objekt rekonstruiert durch Wiederherstellung des bilderzeugenden Strahlenbüschels. An Stelle des dort angewandten optischen (Projektions-)Verfahrens zur Rückgewinnung des Büschels kann auch eine graphische Methode Verwendung finden. Diese Methode, die sich späterhin als Grundlage der so-

---

[1] Von besonderem Einfluß sind selbstverständlich etwaige Fehler der Einpaßpunkte. Vgl. hiezu etwa K. Gürtler, Die Luftwacht, Berlin 1927, Heft 8.

genannten Meßtischphotogrammetrie (S. 35) als besonders wichtig erweisen wird, ist zwar umständlicher als die Projektionsmethode, ermöglicht aber dafür die Rekonstruktion auch von räumlichen Gebilden, soweit diese ebenflächig und regelmäßig sind. Ein beliebiger bilderzeugender Strahl $OP$ (Abb. 30) durchstößt die Bildebene im Bildpunkt $p$, dessen rechtwinklige Koordinaten in bezug

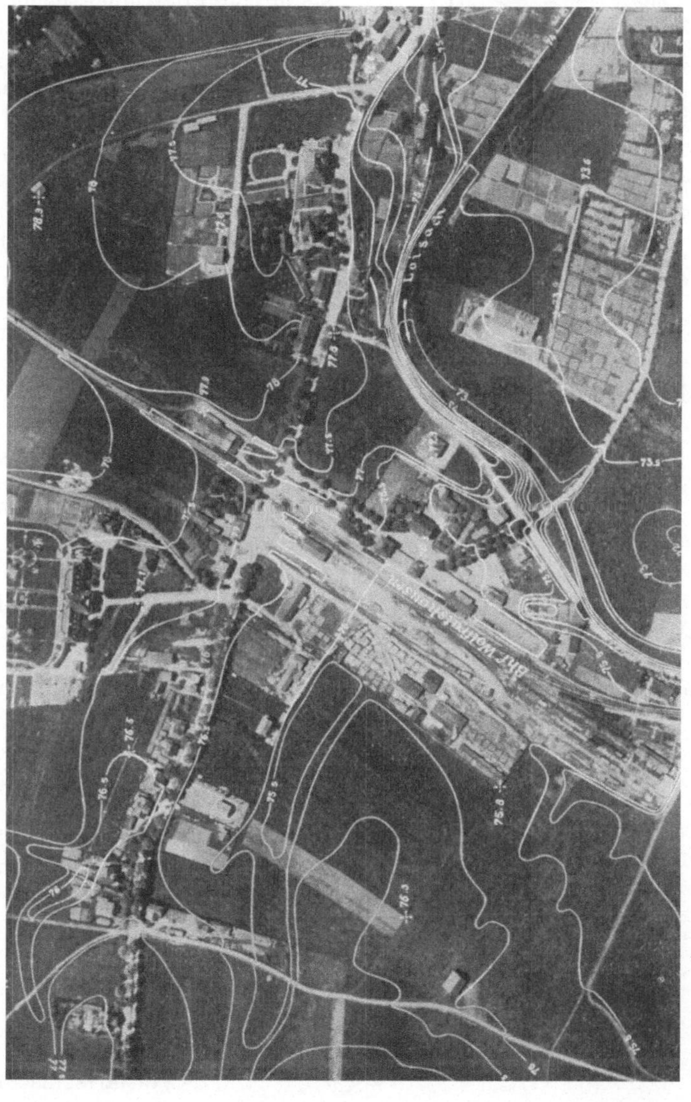

Abb. 29. Luftbildplan mit terrestrisch eingemessenen Schichtlinien (Photogrammetrie G. m. b. H. in München)

auf das durch die Bildmarken-Verbindungslinien gegebene Achsenkreuz $x$ und $y$ sind. Bei vertikaler Bildebene (wie in Abb. 30 angenommen) wird also durch die Abszisse $x$ der Grundriß $Op_0$ und durch die Ordinate $y$ der Aufriß $Op_{00}$ des Strahles $Op$ und damit dieser selbst bestimmt. Über die Rekonstruktion der Bildstrahlen bei geneigter Bildebene s. S. 37.

Anwendungen. In Abb. 31 ist rechts das vertikale Meßbild eines Gebäudes wiedergegeben. Links ist der Aufriß und darunter der Grundriß der

wichtigsten Bildstrahlen dargestellt, wobei der Zusammenhang der Bildpunktkoordinaten mit den Strahlenprojektionen für den Punkt $A'$ der Dachkante

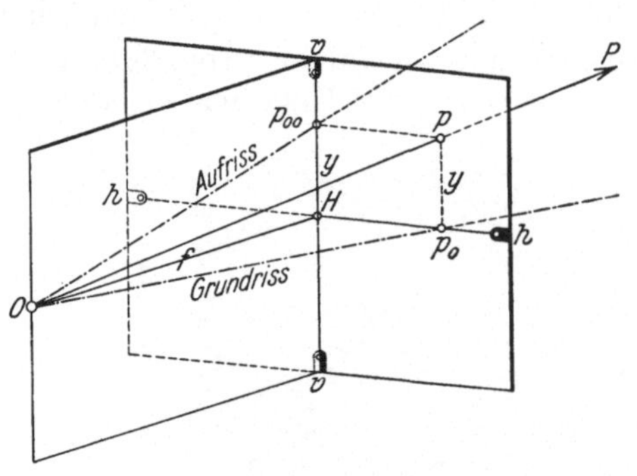

besonders hervorgehoben ist. Der Aufriß der in einer wagrechten Ebene
liegenden Eckpunkte $A'$ $B'$ und $C'$
der Dachkante ergibt sich aus den
Schnittpunkten einer beliebigen wagrechten, also zu $OH$ parallelen Geraden
mit den entsprechenden Aufrißstrah-
len. Der Grundriß $A_0$ des Punktes $A'$
liegt auf der Horizontalprojektion des
betreffenden Zielstrahls und in der
Verlängerung des Aufrisses der durch
$A'$ gehenden vertikalen Turmkante.
Ebenso findet man die Grundrißpunkte
$B_0$ und $C_0$ und schließlich auch die
Punkte $D_0$ und $E_0$, deren Kon-

Abb. 30. Rekonstruktion einer Richtung mit
Hilfe der Bildpunktkoordinaten

struktion in der Figur im einzelnen nicht mehr angedeutet ist. Der zunächst
unbekannte Maßstab der Rekonstruktion wäre durch nachträgliche Messung irgendeiner der rekonstruierten Objektstrecken zu ermitteln.

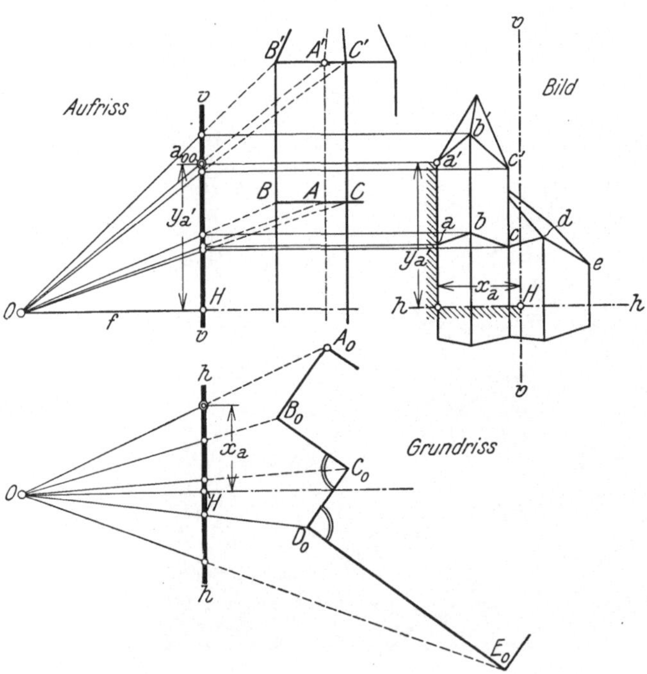

Besonders einfach ist
auch hier die Rekonstruk-
tion eines in einer (horizontalen) Ebene liegenden
Objektes, z. B. eines See-
ufers, aus einem verti-
kalen Meßbild (Abb. 32).

Ein beliebiger Punkt
$P_0$ des Ufers ergibt sich entweder durch Drehen des
Bildstrahles $OP_0$ um seine
Grundrißprojektion $O_0P_0$
in die Grundriß- (Karten-)
Ebene[1] oder aber durch
die in Abb. 32 bzw. 33 angedeutete Konstruktion,
die darauf beruht, daß

$$\frac{P_0 O_0}{P_0 p_0} = \frac{O O_0}{p\, p_0} = \frac{(O) O_0}{(p)\, p_0}$$

Beliebige Objekt-
punkte werden also durch
Vorwärtseinschneiden von
der Basis $O_0$ $(O)$ aus
bestimmt, deren Länge
gleich dem Höhenunter-

Abb. 31. Rekonstruktion eines Gebäudes mit Hilfe der
Bildpunktkoordinaten

schied zwischen Objektiv und Objektebene ist. Dabei sind die Richtungen
der Bestimmungsstrahlen $O_0 P_0$ bzw. $(O)\, P_0$ festgelegt durch die auf der Schnitt-

---

[1] R. HUGERSHOFF, Das Photogrammeter HEYDEscher Konstruktion usw.
Stuttgart 1912, S. 13; A. v. ODENCRANTZ, Bildmess. u. Luftbildwes. 3, 1928, S. 27ff.;
J. ARNEBERG, Int. Arch. f. Photogramm. 5, 1917, S. 169, und 6, 1919/23, S. 120.

geraden $g$—$g$ von Bild- und Objektebene liegenden Punkte $p_0$ bzw. $(p)$ mit den Abszissen $x$ bzw. $x + y$.

Für die mechanische und kontinuierliche Durchführung dieser Konstruktion hat H. Ritter[1] einen Apparat, den „Perspektographen" (Abb. 34) angegeben, dessen Aufbau sich eng an die Abb. 33 anlehnt. Er besteht aus einem Lineal $L_1$ mit einem Führungsschlitz, in dem der gleichschenklig-rechtwinklige

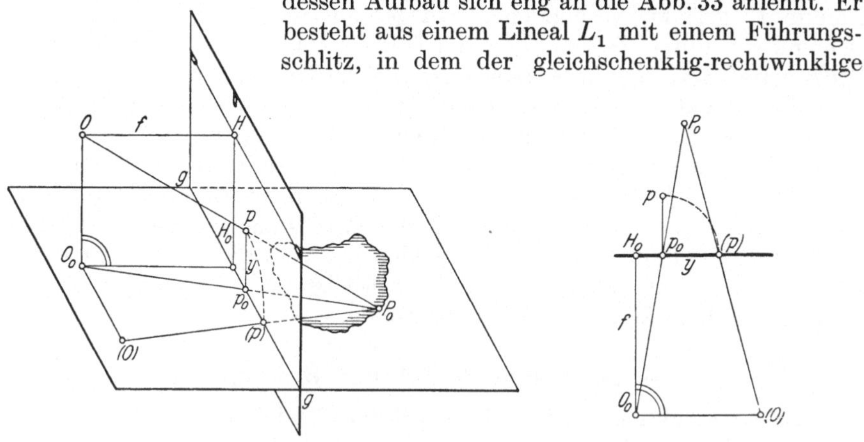

Abb. 32. Aufnahme einer Uferlinie

Abb. 33. Punktweise Rekonstruktion der Uferlinie

Winkelhebel $2\,p_0\,3$ mit dem Führungsstift $p_0$ gleiten und sich dabei um diesen Stift drehen kann. An den Enden des Winkelhebels sind die Hebel $3$-$(p)$ bzw. $1$-$P$

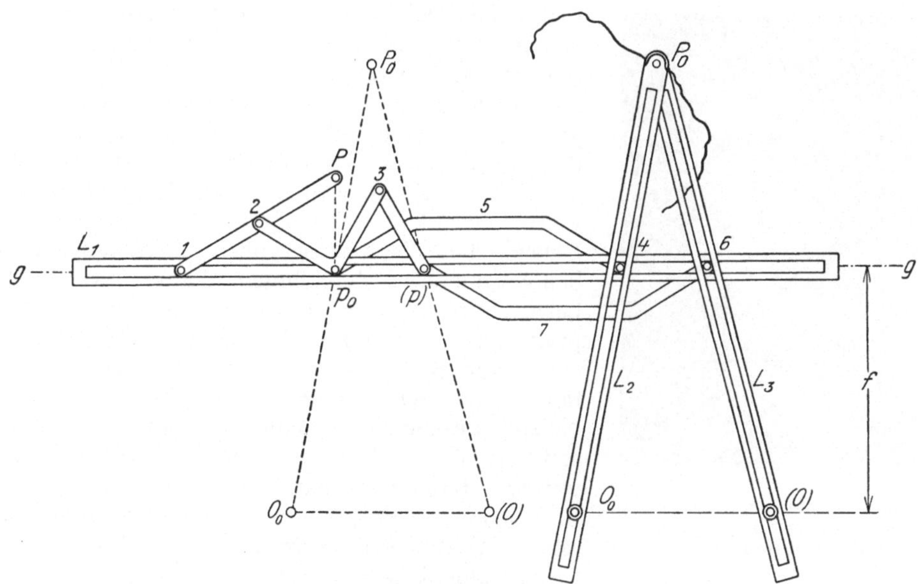

Abb. 34. Perspektograph nach H. Ritter

drehbar befestigt; ihre Enden gleiten mit den Führungsstiften $(p)$ bzw. $1$ ebenfalls im Schlitz des Lineals $L_1$. Da nun die Strecken $1$-$2$, $2$-$P$ und $3$-$(p)$ einander gleich sind und ebenso lang gemacht wurden wie die Schenkel des Winkelhebels, so muß die Verbindungslinie $P$-$p_0$ stets winkelrecht zum Schlitz des Lineals $L_1$ und stets gleich dem Abstand der Führungsstifte $(p)$-$p_0$ sein.

---

[1] D. R. P. 29002 vom 13. Okt. 1888.

An den Gleitstiften $p_0$ bzw. $(p)$ sind die Führungsstangen 5 bzw. 7 befestigt, deren Enden 4 bzw. 6 wiederum als Führungsstifte ausgebildet sind, die im Schlitz des Lineals $L_1$ gleiten. Da nun die Strecke 4-$p_0$ gleich der Strecke 6-$(p)$ gemacht wurde, so ist offenbar bei jeder beliebigen Hebelstellung der Abstand 4-6 gleich dem Abstand $Pp_0$. Die Stifte 4 und 6 nehmen die beiden im Punkte $P_0$ gelenkig verbundenen und geschlitzten Lineale $L_2$ und $L_3$ mit, die sich um die festen Zapfen $O_0$ und $(O)$ drehen können. Dabei ist die Strecke $O_0(O)$ parallel zu $L_1$; ihre Länge ist gleich dem Höhenunterschied zwischen Aufnahmeobjektiv und Objektebene im vorgeschriebenen Maßstab und ihr Abstand von $L_1$ ist gleich der Bildweite $f$ der Aufnahmekammer. Legt man also — ganz entsprechend der Abb. 33 — den Papierabzug (die Kopie) eines Meßbildes so unter das Lineal $L_1$, daß die Schnittgerade $g$-$g$ der Objektebene mit der Bildebene zusammenfällt mit der Mittellinie des Schlitzes von $L_1$ und umfährt man mit einem in $P$ zu denkenden Fahrstift die Umrißlinien des Objektbildes, so wird ein in $P_0$ angebrachter Zeichenstift die Orthogonalprojektion dieser Umrißlinie kontinuierlich aufzeichnen.

## B. Aufnahme beliebiger Raumgebilde

**5. Rekonstruktion auf Grund perspektiver Beziehungen mit Hilfe von Lichtebenen. Allgemeines.** Zur Wiedergabe von Geländeformen bedient man sich am zweckmäßigsten der Schichtlinien, d. h. der Spuren gleichabständiger, und zwar horizontaler Schnittebenen mit der Geländeoberfläche. Diese Schichtlinien werden in der Topographie im allgemeinen punktweise durch Interpolation zwischen beliebigen Punkten von bekannter Lage und Höhe, selten durch direkte Absteckung mit nachfolgender Kartierung gefunden. Die Kartierung solcher sichtbar abgesteckter Kurven ließe sich am einfachsten auf photogrammetrischem Wege durchführen; die Schnittlinien würden offenbar den oben behandelten Uferlinien entsprechen, deren Kartenprojektion aus dem Meßbild punktweise oder bei Verwendung des geschilderten Ritterschen Perspektographen auch kontinuierlich gewonnen werden können. Während die Sichtbarmachung des Schichtenverlaufes im Gelände praktisch nicht durchführbar ist, können nach einem von K. Zaar[1] zuerst veröffentlichten Verfahren die Schnittspuren paralleler Ebenen mit beliebig ausgeformten, nahe der Kammer aufgestellten Kleinkörpern leicht sichtbar gemacht werden. Läßt man nämlich aus einem in der Bildebene eines Projektionsapparates angebrachten schmalen, zunächst horizontalen Spalt ein ebenes Lichtstrahlenbüschel austreten und auf den im Dunkeln aufgestellten Körper fallen, so wird diese „Lichtebene" eine photographisch fixierbare Schichtlinie erzeugen. Durch eine parallele relative Verschiebung von Lichtebene und Körper bei feststehender oder ebenfalls parallel verschobener Kammer erhält man dann beliebig viele dieser Schichtlinien auf dem Meßbild, wobei selbstverständlich vor jeder Verschiebung das Objektiv der Kammer zu verschließen ist.

Abb. 35. Aufnahme eines Kleinkörpers mit den Spuren paralleler Lichtebenen nach K. Zaar

---

[1] K. Zaar, Int. Arch. f. Photogramm. 4, 1913/14, S. 64ff.

Die Umwandlung der photographisch erhaltenen Perspektive des Schichtenverlaufes in einen orthogonalen Plan wird offenbar am einfachsten, wenn das
Meßbild eine vertikale Stellung hatte, wie im
folgenden angenommen sei. Weiterhin zeigt sich,
daß die Verwendung von horizontalen Lichtebenen im allgemeinen unzweckmäßig ist. Wie
aus früheren Ausführungen (vgl. auch die
Abb. 12, 19 und 33) hervorgeht, hängt die
Sicherheit der Rekonstruktion von dem Höhenunterschied zwischen Objektiv und Schichtenebene ab; die Rekonstruktion wird unmöglich,
wenn die Schichtenebene mit dem Bildhorizont
zusammenfällt. Zaar schlug deshalb die Verwendung von vertikalen Lichtebenen vor, die am
besten parallel zur Bildebene anzuordnen sind.

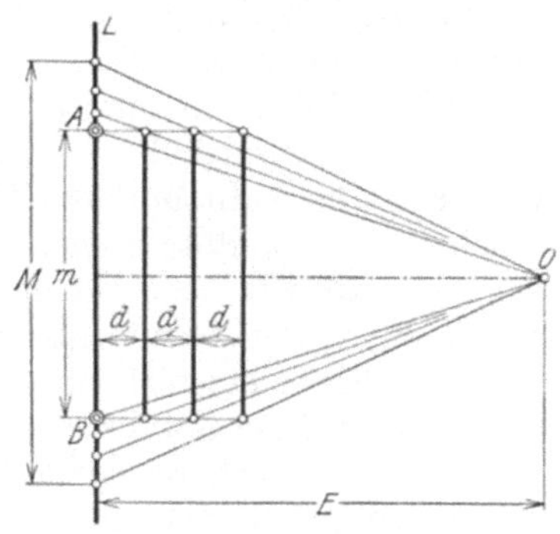



Abb. 36. Ableitung des Maßstabes
der Spurenbilder

 Anwendungen. Abb. 35 zeigt den auf
solche Weise gewonnenen Schichtenverlauf auf
einer Büste. Die hier nur einseitigen
Lichtspuren lassen sich um den ganzen Körper herumführen, wenn zwei
Projektionsapparate Verwendung
finden, die einander gegenüber und
so aufgestellt sind, daß die von ihnen
erzeugten beiden Lichtebenen zusammenfallen. Die Schichtlinien
wurden hier durch Parallelverschiebung der Lichtebene bei feststehender Kammer gewonnen. Demnach
sind die Abbildungen der Original-
schnittabbildungen den letzteren
ähnlich, haben aber verschiedenen
Maßstab, der um so größer ist, je
näher die schnitterzeugende Lichtebene dem Kammerobjektiv liegt.

 In Abb. 36 sei $O$ der optische
Mittelpunkt des Objektivs und $L$ die
Aufrißspur der Lichtebene in ihrem
großen Abstand $E$ vom optischen
Zentrum. Einer in ihr gelegenen
Strecke $AB$ komme der (aus dem
Verhältnis von $E$ zur Kammerbild-
weite $f$ sich ergebende) Bildmaßstab
$m$ zu. Demnach wird die gleiche
Strecke bei Annäherung der Licht-
ebene $L$ an $O$ um $n \cdot d$ einen Bild-
maßstab $M$ zeigen, der sich ergibt aus



$$M = m \frac{E}{E - n\,d}$$

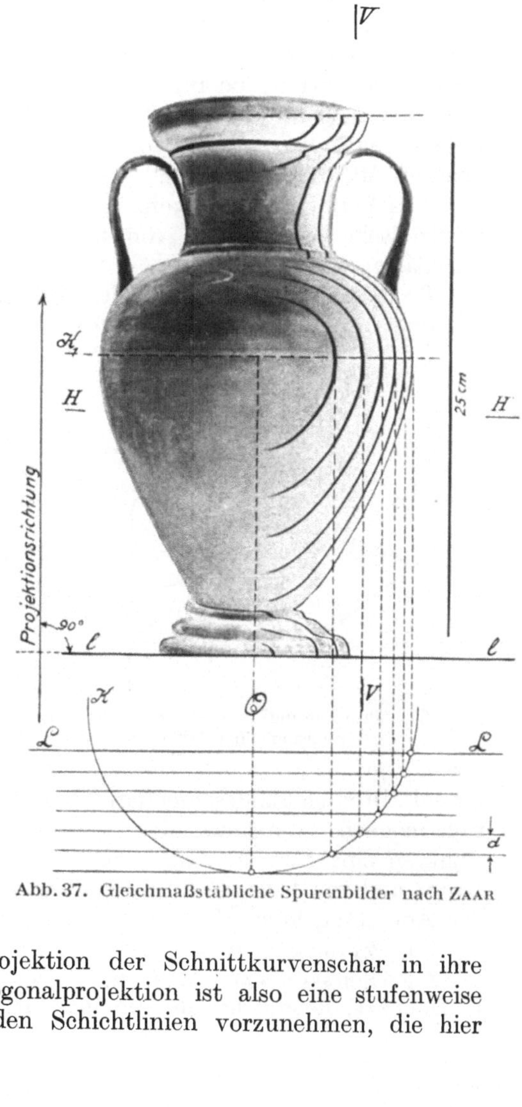

Abb. 37. Gleichmaßstäbliche Spurenbilder nach Zaar

 Zur Umwandlung der Zentralprojektion der Schnittkurvenschar in ihre
auf den Abstand $E$ bezogene Orthogonalprojektion ist also eine stufenweise
Verkleinerung der aufeinanderfolgenden Schichtlinien vorzunehmen, die hier

zweckmäßig auf graphisch-mechanischem Wege mittels Pantographen erfolgt.

Beläßt man die Lichtebene in einem unveränderlichen Abstand vom Objektiv
und verschiebt dafür das Aufnahmeobjekt parallel zu sich selbst in Richtung
auf die Kammer, so erhält man eine Schar von Lichtkurven, denen ein einheit-
licher Maßstab zukommt; es ergibt sich hier also die Orthogonalprojektion der
Schnittlinien unmittelbar. In Abb. 37 ist ein Beispiel[1] für dieses Verfahren wiedergegeben. Die Aufnahme der Vase selbst geschah dabei gleichzeitig mit der des
scheinbar am weitesten entfernten Schnittes, der als einziger auf dem Umriß
des Vasenkörpers liegt, da ja alle Schnitte ein und derselben vertikalen Ebene
angehören, deren Grundrißspur $L$ ist. In der Abbildung ist die Konstruktion
des Grundrisses eines Horizontalschnittes $K$ angedeutet; hierin ist $d$ die Strecke,
um die der Körper jeweils verschoben wurde, und zwar im Maßstab der Schichten-
projektion, der sich aus der mit abgebildeten, in der Lichtebene liegenden Strecke
von bekannter Länge (25 cm) ergibt.

F. Schaffernak von der Versuchsanstalt für Wasserbau in Wien hat dem
geschilderten Verfahren eine interessante Anwendung[2] auf die Aufnahme von
Versuchsgerinnen durch Querprofile gegeben. Er verwendet hiezu einen auf
Schienen in Richtung der Achse des Versuchsgerinnes fahrbaren Projektions-
apparat („Lichtwagen"), der in der oben geschilderten Weise eine vertikale
Lichtebene erzeugt, die auf dem Sande des Versuchsgerinnes das jeweilige Quer-
profil als helle Linie zeigt. Die Aufnahmekammer kann dabei mit dem Lichtwagen unmittelbar verbunden werden, so daß die Profile auch hier sämtlich den
gleichen Maßstab haben und unmittelbar Verwendung finden können.

Das Verfahren ist sowohl von K. Zaar als von F. Schaffernak auch für
medizinische Zwecke und von E. Doležal für Propelleruntersuchungen vorgeschlagen worden.

**6. Rekonstruktion unter Vermittlung der Bildpunktkoordinaten mit Be-
nutzung von Hilfsbasen.** Allgemeines. Die bisher betrachteten räumlichen Ge-
bilde, die nach ihrer Perspektive rekonstruiert wurden, waren dadurch gekennzeichnet, daß ihre Oberfläche entweder durch eine Schar von horizontalen und vertikalen Geraden oder durch eine Schar von (künstlich auf die Körper übertragenen) ebenen Kurven bestimmt wurde. In beiden Fällen reichte ein Meßbild aus zur Ableitung der orthogonalen Projektionen. Für Körper, denen diese Kennzeichen fehlen, wie z. B. für einen Geländeabschnitt von beliebiger Bodenausformung, ist auf

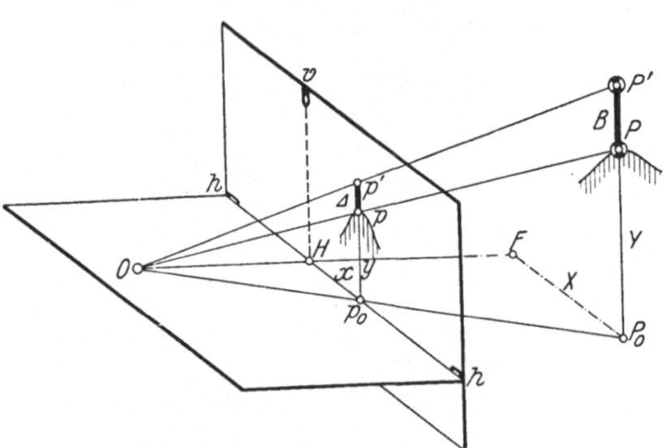

Abb. 38.  Bestimmung eines Raumpunktes mit Benutzung einer Hilfsbasis

Grund eines Meßbildes nur dann eine — und zwar punktweise — Rekonstruktion möglich, wenn auf den ihrer räumlichen Lage nach zu bestimmenden
Punkten eine Strecke (Hilfsbasis) von bekannter (oder stets gleichbleibender)
Länge und von bekannter Orientierung zum Meßbild aufgestellt wurde und mit
zur Abbildung kam. Die relative Orientierung der Hilfsbasis ergibt sich von

---

[1] K. Zaar, a. a. O. S. 70.

[2] F. Schaffernak, Mitt. d. Techn. Versuchsamtes, Wien 1916; vgl. auch
E. Doležal, Referat hierüber im Int. Arch. f. Photogramm. 5, 1916, S. 157.

selbst, wenn bei vertikaler Bildebene eine vertikale Basis Verwendung findet.[1]

Anwendung. In Abb. 38 ist auf einem Geländepunkt $P$, dessen Kartenprojektion $P_0$ ist, eine solche vertikale Hilfsbasis $B$ aufgestellt. Ihren Endpunkten $P$ und $P'$ entsprechen die Bildpunkte $p$ und $p'$, denen die gemeinsame Abszisse $x$ zukommt und deren Ordinatendifferenz $\varDelta = y' - y$ das Bild der Hilfsbasis ist. Zur Rekonstruktion von $P_0$ denkt man sich die Vertikalebene durch $P$ um ihre Horizontalspur $Op_0$ in die Horizontalebene umgelegt (Abb. 39). Damit ergeben sich zunächst die Richtungen $O(p)$ und $O(p')$ nach den Basisendpunkten $(P)$ und $(P')$, deren letzteren man mit Hilfe einer Parallelen zu $O(p)$ durch den Punkt $m$ findet, wobei $(p)\,m = B$ im geforderten Maßstab der Rekonstruktion ist. Der Fußpunkt des von $(P')$ auf die Richtung $Op_0$ gefällten Lotes ist die gesuchte Kartenprojektion $P_0$ des Geländepunktes $P$, dessen Höhe $Y$ über dem Aufnahmehorizont sich ergibt aus

$$Y = P_0\,(P') - B$$

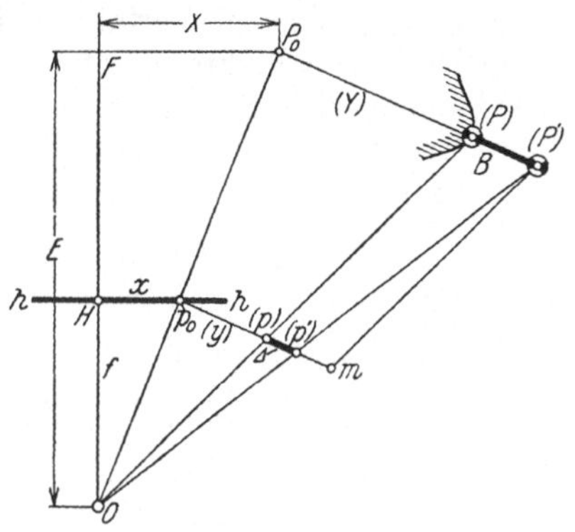

Abb. 39. Ableitung der Raumkoordinaten (vgl. Abb. 38)

Es ist gebräuchlich, die Lage eines photogrammetrisch bestimmten Kartenpunktes $P_0$ durch seine rechtwinkeligen Koordinaten $X$ und $E$ in bezug auf ein rechtwinkliges Koordinatensystem anzugeben, dessen Ursprung im Aufnahmestandpunkt $O$ liegt und dessen $E$-Achse mit der Aufnahmerichtung $OH$ zusammenfällt. Demnach ist also $P_0F = X$ und $OF = E$. Diese Koordinaten lassen sich, ebenso wie die Höhe $Y$, an Hand der Abb. 39 leicht auf rechnerischem Wege finden. Es gibt

$$\frac{B}{\varDelta} = \frac{(P)\,O}{(p)\,O} = \frac{P_0\,O}{p_0\,O} = \frac{F\,O}{H\,O} = \frac{E}{f},$$

woraus folgt

$$E = f \cdot \frac{B}{\varDelta} \tag{1}$$

Ebenso findet man

$$X = x \cdot \frac{B}{\varDelta} \tag{2}$$

und

$$Y = y \cdot \frac{B}{\varDelta} \tag{3}$$

Diesen Gleichungen, die uns gestatten, die Raumkoordinaten eines Zielpunktes aus einem Einzelbild zu berechnen, wenn sich eine Basis am Zielpunkt befindet, werden wir erneut begegnen bei der Bestimmung eines Zielpunktes aus Bildpaaren, in welchem Falle die Basis am Standpunkt liegt.

Das geschilderte Verfahren läßt sich beispielsweise[2] anwenden zur Aufnahme eines Straßenzuges, den eine Reihe von Telegraphenstangen kenntlich macht. Ist deren (gleich groß angenommene) Länge $B$ nicht bekannt, so fehlt der Kartierung der Maßstab. Die Messung der Bildpunktskoordinaten $x$ und $y$ und der Ordinatendifferenz $\varDelta$ erfolgt zweckmäßig am Originalnegativ. Geeignete Geräte hiezu sind im Abschnitt IV (S. 41) angegeben.

<hr>

[1] E. Doležal, ZS. f. Verm., 36, 1907, S. 209ff. Über die Verwendung einer horizontalen Basis vgl. P. Werkmeister, Int. Arch. f. Photogramm. 6, 1919/23, S. 67.

[2] Das Verfahren ist von B. Spieweck mit Erfolg auch benutzt worden zu Start- und Landungsmessungen v. Flugzeugen. Vgl. 60. Ber. d. Deutsch. Versuchsanstalt f. Luftfahrt, Berlin-Adlershof, 1929.

**7. Rekonstruktion unter Vermittlung der Bildpunktkoordinaten mit Benutzung von einem oder mehreren Spiegeln.** Allgemeines. Besitzt das zu rekonstruierende Objekt eine Symmetrieebene, so ist einleuchtend, daß mit einer Aufnahme dieses Objektes von einem beliebigen Standpunkt aus zugleich auch eine zweite Aufnahme des Objekts von einem zweiten Standpunkt aus gegeben ist, wobei der zweite Standpunkt ebenso wie das zweite Bild symmetrisch zum ersten Standpunkt bzw. zum ersten Bild in bezug auf die Symmetrieebene des Objekts liegt. Dabei ist das zweite Bild einfach symmetrisch zum ersten Bild.[1] Da sowohl die wirkliche als auch die abgeleitete symmetrische Aufnahme für jeden beliebigen Objektpunkt einen Bestimmungsstrahl, z. B. nach dem in der Abb. 30 angegebenen Verfahren, liefert, so genügt zur Rekonstruktion solcher symmetrischer Objekte ebenfalls ein einzelnes Meßbild.

Es läßt sich nun jedes beliebig ausgeformte Objekt künstlich zu einem symmetrischen machen, dadurch, daß man es gemeinsam mit seinem Spiegelbild betrachtet bzw. photographiert. In der Praxis wird es sich dabei natürlich im

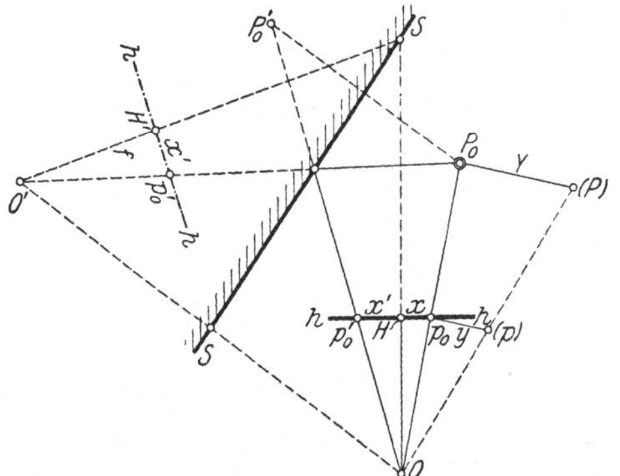

Abb. 40. Aufnahme eines Raumpunktes und seines Spiegelbildes nach K. Zaar

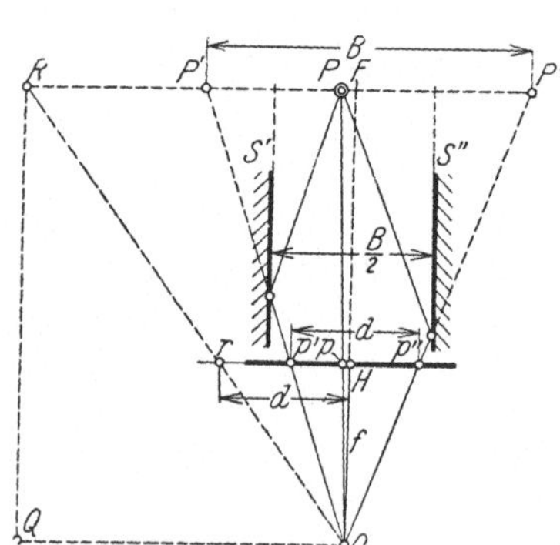

Abb. 41.   Benutzung zweier Spiegel nach K. Zaar

allgemeinen um Nahaufnahmen kleiner Körper handeln.[2] Zur Erhöhung der Genauigkeit der Rekonstruktion kann man statt eines auch zwei und mehr Spiegel verwenden.

Anwendung.[3] In Abb. 40 ist $SS$ die Spur des vertikal angenommenen Spiegels im Horizont der ebenfalls vertikalen Aufnahme, deren Zentrum $O$ und deren Richtung $OH$ ist. $P_0$ ist die Grundrißprojektion eines (in der Abb. 40 in die Horizontalebene umgelegten) Raumpunktes $P$. $O'$ ist das Zentrum der symmetrischen Aufnahme, für die sich die Aufnahmerichtung $O'H'$ in bezug auf den Spiegel ohne weiteres aus der irgendwie gegenüber dem Spiegel gemessenen Richtung $OH$ der eigentlichen Aufnahme ergibt. Für den Grundriß $P_0$ des Punktes $P$ finden sich nun die aus den Bildabszissen $x$ bzw. $x'$ folgenden Bestimmungsstrahlen $Op_0$ bzw. $O'p'_0$. Eine Zeichenkontrolle ergibt sich aus der Bedingung, daß der zu $P_0$ in bezug auf $SS$ symmetrisch gelegene Punkt $P'_0$ auf dem Strahl $Op'_0$ liegen muß. Die Höhe $Y$ von $P$ über dem Bildhorizont wird

---

[1] S. Finsterwalder, Jahresber. d. Deutsch. Mathem.-Vereinigung, 6, 2, 1897, S. 18ff.

[2] Vgl. aber auch: E. Doležal, Akad. d. Wiss. in Wien, Math.-naturw. Kl., Bd. 111, Abt. IIa, 1909. Hier sei (als weiteres Beispiel für die Einbild-Photogrammmetrie) auch erwähnt: H. Löschner, Österr. Wochenschr. f. den öffentl. Baudienst 18, S. 205ff.

[3] K. Zaar, Int. Arch. f. Photogramm. 3, 1912, S. 96ff.

durch Umklappung des Zielstrahles $Op$ um seine Horizontalprojektion $Op_0$ in den Bildhorizont gefunden.

Hinsichtlich der Rekonstruktion ergeben sich besondere Vorteile,[1] wenn die Bildebene winkelrecht zur Spiegelebene steht. Ein Beispiel hiefür, bei dem außerdem zwei zueinander parallele Spiegel $S'$ und $S''$ Verwendung finden, zeigt die Abb. 41 im Grundriß. Der Objektpunkt $P$ ist der Einfachheit wegen als im Aufnahmehorizont liegend angenommen. Zur Feststellung seiner Lage, für die man selbstverständlich auch hier die zu den Spiegelflächen $S'$ und $S''$ symmetrischen Aufnahmezentren heranziehen könnte, kommt man auf Grund folgender Überlegung: Die (verlängert zu denkenden) Spiegelflächen $S'$ und $S''$ halbieren die Entfernung zwischen $P'$ und $P$ und zwischen $P$ und $P''$, es ist somit die Entfernung zwischen $P'$ und $P''$ gleich dem doppelten Spiegelabstand $\dfrac{B}{2}$, also konstant für jeden beliebigen Objektpunkt.

Da $P'P'' = B$ winkelrecht zu den Spiegelflächen, also parallel zur Bildspur verläuft, so ergibt sich der Abstand $OF = E$ der Strecke $P'P''$ von $O$ aus der Proportion

$$\frac{OF}{OH} = \frac{P'P''}{p'p''}$$

oder, wenn $p'p''$ mit $d$ bezeichnet wird,

$$\frac{E}{f} = \frac{B}{d}$$

$$E = f \cdot \frac{B}{d}$$

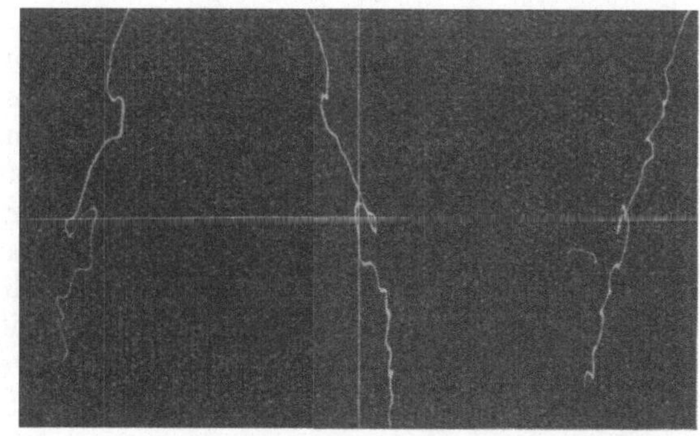

Abb. 42. Aufnahme einer Funkenbahn und ihrer Spiegelbilder (nach K. Zaar)

Diese Beziehung entspricht vollkommen der Gleichung (1) auf S. 31; $B$ ist auch hier die zur Punktfestlegung erforderliche Basis und $d$ das Bild derselben.

Der Punkt $P$ ist also bestimmt durch die Richtung $Op$ und durch eine Parallele zur Bildspur im Abstand $E$ von $O$. Dieser Abstand läßt sich ebenso leicht durch Rechnung wie durch Konstruktion finden. Für die letztere zieht man eine Parallele zur Bildspur durch $O$, trägt auf ihr die Strecke $OQ = B$ ab und zeichnet in $Q$ die Winkelrechte zu $QO$. Ein von $O$ durch den Punkt $r$, dessen Abstand von $H$ gleich $d$ ist, gezogener Strahl schneidet dann auf der Winkelrechten eine Strecke $QR$ ab, die gleich $E$ ist. Für die mechanische Durchführung dieser Konstruktion hat K. Zaar einen besonderen Apparat angegeben.[2]

Ein charakteristisches Beispiel für die Verwendungsmöglichkeit der Spiegelphotogrammetrie zeigt Abb. 42, die eine Aufnahme einer Funkenbahn und ihrer beiden Spiegelbilder wiedergibt.

---

[1] K. Zaar, a. a. O., S. 269ff. Über d. Spezialfall, daß die Spiegelebene winkelrecht zur Bildebene steht vgl. auch C. Pulfrich, ZS. f. I. 25, 1905, S. 93ff.

[2] Derselbe, Int. Arch. f. Photogramm. 4, 1913/14, S. 200ff.

## C. Aufnahmen des Himmelsgewölbes

**Allgemeines.** Eine bemerkenswerte Anwendung findet die „Einbild-Photogrammetrie" schließlich noch in Form von Aufnahmen des Himmelsgewölbes zur Bestimmung der geographischen Koordinaten des Aufnahmestandpunktes.[1] Auf einer solchen Perspektive, die in der Kartographie als „gnomonische" Projektion bekannt ist, werden die (den Erdmeridianen entsprechenden) Stundenkreise als Gerade wiedergegeben, die das Bild des Poles als Konvergenzpunkt haben; die (den Breitenparallelen entsprechenden) Deklinationsparallelen bilden sich im allgemeinen als Kegelschnitte ab, beispielsweise als konzentrische Kreise, wenn die Aufnahmerichtung nach dem Himmelspol zeigt. Auf einer Zeitaufnahme des Nachthimmels hinterläßt jeder zur Abbildung kommende Stern eine Spur, die unmittelbar einen Teil seines Deklinationsparallels darstellt. Aus den gegenseitigen Versetzungen und Abständen dieser Spuren lassen sich die sphärischen Koordinaten eines beliebigen mit abgebildeten terrestrischen Punktes ableiten. Beobachtet man dann noch dessen Zenitdistanz, so hat man alle Daten, um bei bekannter geographischer Breite des Beobachtungsortes die Korrektur der bei Beginn und beim Abschluß der Belichtung gemachten Uhrablesung und das Azimut des betreffenden Punktes nach bekannten Formeln zu berechnen. Ist die geographische Breite unbekannt, so läßt sich auch diese finden, wenn man eine weitere Aufnahme zu Hilfe nimmt, deren Azimut um etwa 90° vom Azimut der ersten Aufnahme verschieden ist.

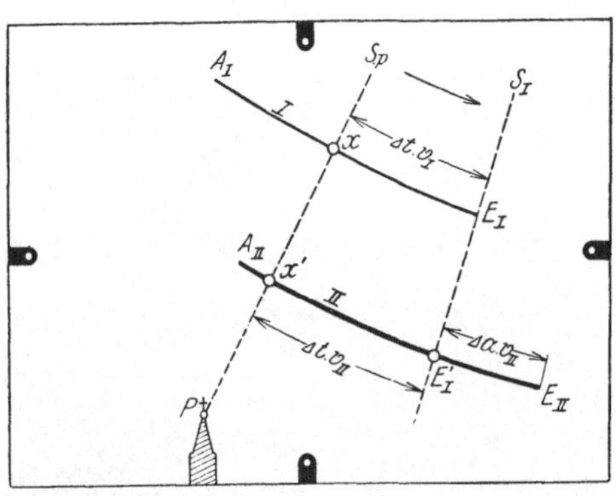

Abb. 43. Aufnahme von Sternspuren

**Anwendung.** Abb. 43 zeigt ein Meßbild mit den Spuren $I$ und $II$ zweier Sterne. Die in Millimetern ausgedrückten Längen $A_I E_I = l_I$ und $A_{II} E_{II} = l_{II}$ dieser Spuren entsprechen der Dauer $t$ der Belichtung. Daher ergibt sich die scheinbare lineare Geschwindigkeit $v$ der Sternbilder in Millimetern aus

$$\left. \begin{aligned} v_I &= \frac{l_I}{t} \\ v_{II} &= \frac{l_{II}}{t} \end{aligned} \right\} \tag{1}$$

Denkt man sich jetzt durch den Endpunkt $E_I$ der Spur des Sternes $I$ den Stundenkreis $S_I$ gelegt, so muß dieser die Spur des Sternes $II$ in einem Punkt $E'_I$ schneiden, wobei die Strecke $E'_I E_{II}$ gleich der bekannten Rektaszensionsdifferenz $\Delta \alpha$ der beiden Sterne im Maßstab des Bildes ist, d. h. es ist in Millimetern

$$E'_I E_{II} = \Delta \alpha \cdot v_{II} \tag{2}$$

Man erhält nun beliebig viele Stundenkreise, indem man von $E_I$ bzw. $E'_I$ aus auf den Spuren $I$ und $II$ für gleiche Zeitdifferenzen $\Delta t$ die ihnen entsprechenden Wegstrecken, nämlich $\Delta t \cdot v_I$ bzw. $\Delta t \cdot v_{II}$ abträgt. Insbesondere kann man so den Stundenkreis $S_p$ zeichnen, der durch einen mit abgebildeten irdischen Punkt $P$ geht. Die Entfernung zwischen den Schnittpunkten $x$ und $x'$ des

---

[1] K. Schwarzschild, Eders Jahrb. f. Phot. u. Reprod., 1903, S. 207; R. Hugershoff, Kartographische Aufnahmen und geographische Ortsbestimmung auf Reisen, Sammlung Göschen, Bd. 607, Berlin und Leipzig, 1912.

Stundenkreises $S_p$ mit den Spuren $I$ und $II$ in Millimetern entspricht offenbar der bekannten Deklinationsdifferenz $\Delta\,\delta$ (in Graden) der beiden Sterne. Demnach entspricht in Richtung des Stundenkreises $S_p$ ein Millimeter einem Winkelwert von $\dfrac{\Delta\,\delta^0}{x\,x'}$, womit sich aus der Strecke $x'\,P$ auch die Deklination $\delta_p$ des Objektpunktes $P$ findet. Da nun weiter allen Punkten eines Stundenkreises die gleiche Rektaszension $\alpha$ zukommt, so ist die Rektaszension $\alpha_p$ des Punktes $P$ gleich der Rektaszension, z. B. des Punktes $x'$. Dessen Rektaszension $\alpha_{x'}$ weicht aber nach den oben gemachten Ausführungen um $\dfrac{A_{II}\,x'}{v_{II}}$ von der Rektaszension $\alpha_{II}$ des Sternes $II$ ab.

Hinsichtlich der Einzelheiten des geschilderten Verfahrens, ebenso wie hinsichtlich der nachfolgenden Berechnung der Uhrkorrektion, des Azimutes von $P$ und — nach Wiederholung der Aufnahme in anderer Himmelsrichtung — auch der geographischen Breite des Beobachtungsortes muß auf die einschlägige Literatur verwiesen werden.[1] Dort sind auch Methoden angegeben, um aus Sternaufnahmen in Verbindung mit Aufnahmen des Mondes die geographische Länge des Beobachtungsortes zu ermitteln.[2]

Für das besprochene Verfahren ist weder die Kenntnis der inneren noch die Kenntnis der äußeren Orientierung der Aufnahme erforderlich. Kennt man aber diese Orientierungselemente, so lassen sich dem Meßbild nach dem in der Abb. 30 bereits angedeuteten und auf S. 41 weiter ausgeführten Verfahren die Horizontal- und Vertikalwinkel für die Endpunkte der Spuren bekannter Sterne entnehmen und damit unmittelbar die geographischen Koordinaten des Aufnahmeortes berechnen.[3]

# IV. Punktweise Rekonstruktion eines beliebigen Objektes aus einem Bildpaar

## A. Meßtischphotogrammetrie: Getrennte Bearbeitung der Einzelbilder

**8. Rein graphisches Vorwärtseinschneiden mit Richtungsbüscheln. Allgemeines.** Zur Rekonstruktion eines beliebigen Körpers sind (mit den im Vorstehenden geschilderten Ausnahmen) mindestens zwei Aufnahmen desselben von verschiedenen Standpunkten aus erforderlich. Das Rekonstruktionsverfahren entspricht im wesentlichen dem in der Vermessungskunde gebräuchlichen Verfahren des „Vorwärtseinschneidens" einzelner Raumpunkte $P$ (Abb. 44) von den Endpunkten einer beliebig im Raum gelegenen Basis $I\,II$ aus. Zur Punktbestimmung bedient man sich hierbei der von den

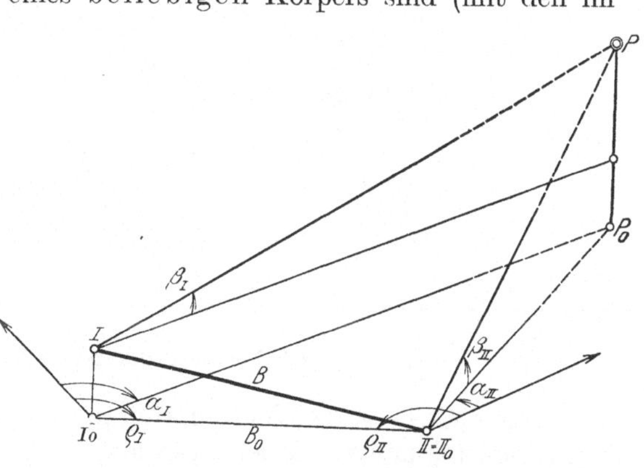

Abb. 44. Prinzip des Vorwärtseinschneidens

„Standpunkten" (Basisendpunkten) nach den Raumpunkten $P$ zielenden Strahlen,

---

[1] R. Hugershoff a. a. O.

[2] O. Runge, ZS. f. Verm. 22, 1893, S. 304.

[3] C. Koppe, Photogrammetrie und internationale Wolkenmessung, Braunschweig 1896.

von denen jeder einzelne durch seine Horizontalprojektion und seinen Neigungswinkel bestimmt ist. Die Horizontalprojektion wird entweder unmittelbar graphisch (mittels Meßtisch und Kippregel) oder durch Messung des Horizontalwinkels
gegen eine beliebige durch den Winkel $\varrho$ gegen die Basis festgelegte Nullrichtung

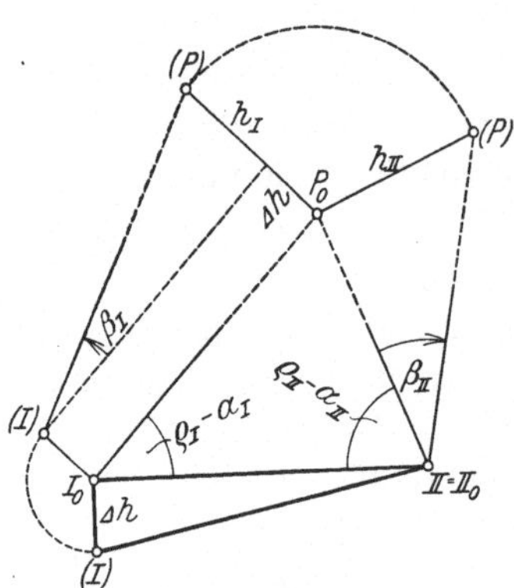

(mittels Theodolits) bestimmt. Die Schnittpunkte $P_0$
zusammengehöriger Horizontalprojektionen ergeben
den Grundriß der betreffenden Raumpunkte $P$,
deren Höhen $P P_0$ über der Grundrißebene aus
den Neigungswinkeln $\beta_I$ bzw. $\beta_{II}$ und den eben gefundenen Strecken $I_0 P_0$ bzw. $II_0 P_0$ gewöhnlich
durch Rechnung gefunden werden. Die Unterlagen
dafür ergeben sich aus Abb. 45, in der sowohl die
Zielstrahlen, als auch die Raumbasis in die Grundrißebene umgelegt sind. In der Photogrammetrie
erfolgt die Festlegung eines Zielstrahles im allgemeinen ebenfalls durch seine Grundrißprojektion
und seinen Neigungswinkel; bisweilen aber tritt
an die Stelle des letzteren die Aufrißprojektion
des Zielstrahles (Abb. 30, S. 26). Die Höhenlage
der Zielpunkte kann ebenfalls rechnerisch oder

Abb. 45. Grundlagen des rechnerischen räumlichen Vorwärtseinschneidens

aber, was meist vorteilhafter ist, auch graphisch bestimmt werden.

Anwendungen. Das Wesen der rein graphischen Rekonstruktion eines
Objektes aus zwei Aufnahmen ist für beliebig gerichtete aber zunächst horizontale
Kammerachsen in Abb. 46 dargestellt. Der Raumpunkt $P$ ist auf den Meß-

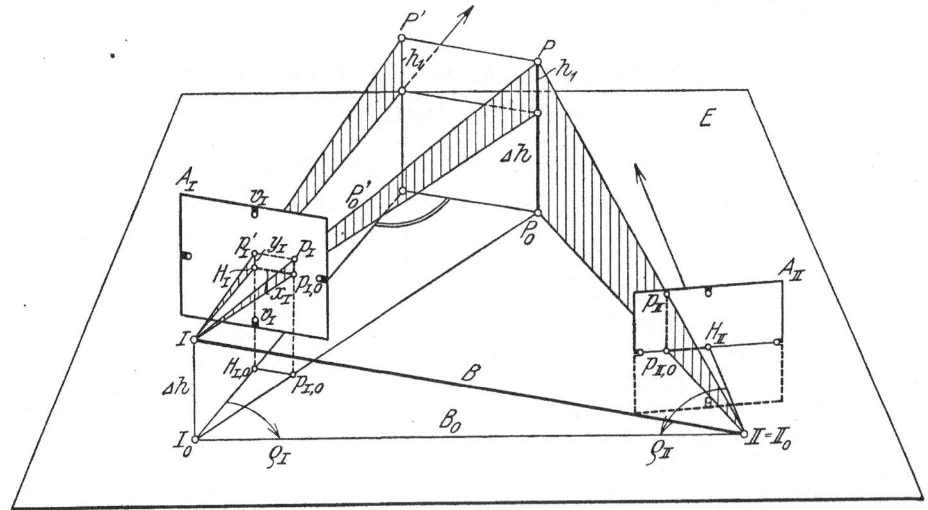

Abb. 46. Schematische Darstellung des photogrammetrischen Vorwärtseinschneidens

bildern $A_I$ und $A_{II}$ in den Bildpunkten $p_I$ und $p_{II}$ abgebildet. Die entsprechenden
Objektivmittelpunkte, die als „Standpunkte" gelten, sind $I$ und $II$; ihre Entfernung $B$ bestimmt die Basis der Doppelaufnahmen. Die in beliebiger Höhe
anzunehmende Grundrißebene $E$ sei durch den Standpunkt $II$ gelegt. Die Grundrißprojektionen der Aufnahmerichtungen, nämlich $I_0 H_{I,0}$ und $II H_{II}$, seien durch
Messung der Winkel $\varrho_I$ und $\varrho_{II}$ bestimmt. Die Grundrißprojektionen der Zielstrahlen $IP$ und $IIP$ finden sich mit Hilfe der Projektionen der Bildpunkte $p_I$
bzw. $p_{II}$ auf die Grundrißebene, wobei der Abstand der Bildpunkte $p_0$ im Grund-

riß von dem Grundriß der entsprechenden Aufnahmerichtung offenbar gleich der entsprechenden Bildabszisse $x$ ist. Die Höhe $PP_0 = h_{II}$ des Punktes $P$ über $E$ erscheint in gleicher Größe $P'P'_0$ in einer durch die Aufnahmerichtung $I_0H_{I,0}$ gelegten Aufrißebene, deren Spur in der Bildebene $A_I$ die Hauptvertikale $v_I\,v_I$ ist. Die Höhenunterschiede zwischen $P$ bzw. $P'$ und den Standpunkten sind

proportional den entsprechenden Bildordinaten. Abb. 47 zeigt das Schema der Rekonstruktion von Grund- und Aufriß für zwei beliebig gerichtete und geneigte Aufnahmen $A_I$ und $A_{II}$. Die Grundrißprojektionen der Standpunkte sind $I_0$ und $II_0$; diesmal seien durch beide Aufnahmerichtungen $I_0H_I$ und $II_0H_{II}$, die durch Abtragen der gemessenen Winkel $\varrho_I$ und $\varrho_{II}$ gefunden wurden,

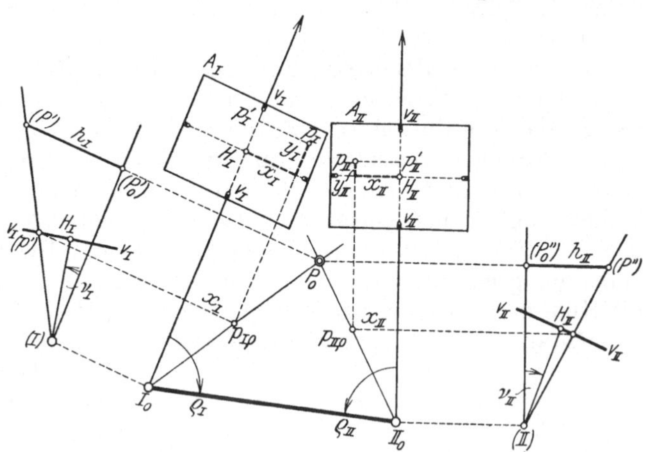

Abb. 47. Graphisches Vorwärtseinschneiden aus geneigten Aufnahmen

vertikale Aufrißebenen gelegt und in die Grundrißebene umgeklappt. Diese Aufrißebenen enthalten die Hauptvertikalen $vv$ und zeigen die Bildweite $f$ und die Neigungswinkel $v$ der (hier nach oben gerichteten) Kammern. Aufriß und Grundriß der den Punkt $P$ bestimmenden Zielstrahlen ergeben sich mit Hilfe der Aufrißfiguren aus dem Aufriß $(p')$ und dem Grundriß $p_0$ der Bildpunkte in leicht ersichtlicher Weise. Der Schnittpunkt $P_0$ der Grundrißprojektionen der Strahlen entspricht der Kartenlage des Raumpunktes $P$ in dem gewählten Maßstab; aus ihr findet man, wieder mit Hilfe der Aufrißfiguren, die Höhen $h_I$ bzw. $h_{II}$ von $P$ über den Bildhorizonten der Standpunkte. Die Differenz $\varDelta h$ dieser Höhen muß für alle Objektpunkte gleich sein, sie entspricht (Abb. 45 und 46) der Höhendifferenz der Standpunkte und liefert eine wertvolle Arbeits- und Genauigkeitskontrolle (S. 210). Für eine bequeme, wenn auch wenig genaue Durchführung der Rekonstruktion kann man, wie Abb. 47 zeigt, Papierabzüge der Aufnahmen so auf die Zeichenfläche aufheften, daß die Bildvertikalen $vv$ mit der Aufnahmerichtung zusammenfallen.

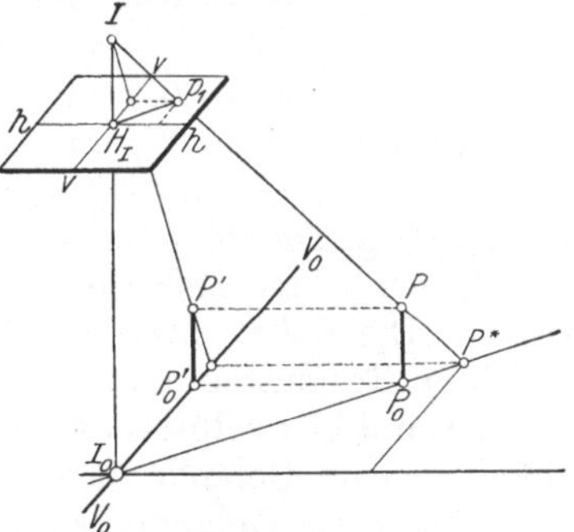

Abb. 48. Senkrechtaufnahme eines Raumpunktes

Das angegebene Verfahren ist für beliebig geneigte Aufnahmen — also auch für Schräg- und Senkrechtaufnahmen aus Luftfahrzeugen — anwendbar; es vereinfacht sich wesentlich, wenn genau senkrechte Aufnahmen vorliegen, da hier der Bildhauptpunkt mit dem Bilde der Standpunktsprojektion (dem Nadirpunkt der Aufnahme) zusammenfällt und (Abb. 48) die Verbindungslinie des Hauptpunktes mit einem beliebigen Bildpunkt der Richtung der Horizontalprojektion des Zielstrahls nach dem betreffenden Objektpunkt unmittelbar entspricht. Zur Rekonstruktion der Kartenlage der abgebildeten Punkte wird man also die beiden Bilder, auf denen die gegenseitigen Nadirpunkte erkennbar sein müssen, so auf die Endpunkte der zunächst beliebig angenommenen Horizontalprojektion der Basis auflegen (Abb. 49), daß sich Hauptpunkt und Standpunktsprojektionen decken und das Bild des jeweils anderen Standpunkts in die Basisprojektion fällt. Die Verbindungslinien entsprechender Bildpunkte mit den zugehörigen Hauptpunkten ergeben dann in ihren Schnittpunkten unmittelbar die Kartenpunkte $P_0$ der betreffenden Objektpunkte $P$. Auch hier kann man die Höhen $P_0 P$ der Objektpunkte über der Kartenebene mit Hilfe einer beliebigen, beispielsweise durch die $vv$-Linie gelegten Seitenrißebene ableiten (Abb. 48). Die so erhaltene Rekonstruktion hat einen zunächst unbekannten Maßstab; zur Feststellung desselben genügt, immer genau senkrechte Aufnahmen vorausgesetzt, die Kenntnis einer Aufnahmehöhe z. B. $I\,I_0$ oder aber die (gegebenenfalls nachträglich bestimmte )Entfernung zweier der kartierten Punkte. Gewöhnlich wird statt einer einfachen Doppelaufnahme eine ganze Serie von Senkrechtaufnahmen gemacht, wobei jedes Bild das jeweils vorhergehende zu mehr als 50% überdeckt (Reihenbildaufnahme). Die Orientierung der dritten Aufnahme gegen die zweite, der vierten gegen die dritte usw. erfolgt auch hier mit Hilfe der gegenseitigen Nadirpunktbilder (Abb. 49). Dabei kann aber jetzt der Abstand der Nadirpunkte, z. B. der zweiten und dritten Aufnahme, nicht

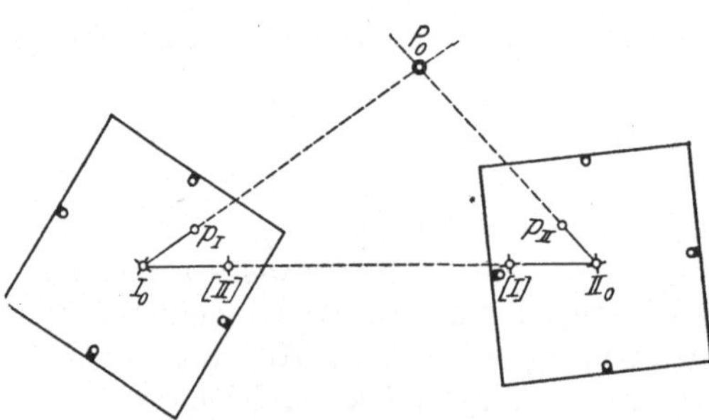

Abb. 49. Ebenes Vorwärtseinschneiden mit Hilfe von Senkrechtaufnahmen

mehr beliebig angenommen werden; er ergibt sich vielmehr zwangläufig aus der Lage von (mindestens) einem Punkt, der durch das erste Bildpaar bereits festgelegt und auf der dritten Aufnahme abgebildet ist. Die Ausarbeitung einer solchen Bildserie ergibt ein ganzes Netz von Objektpunkten in einem einheitlichen Maßstab, zu dessen Ermittlung auch hier eine einzige Flughöhe oder die Entfernung zweier der kartierten Punkte ausreicht. (Näheres s. S. 195.)

Von diesem Verfahren — das man in Amerika „Method of Intersection“ oder „Radial-Method“, in England „Arundel-Method“ und in Deutschland „Nadirpunkttriangulation“[1] nennt, wird verschiedentlich auch dann Gebrauch gemacht, wenn die Aufnahmen nur näherungsweise[2] senkrecht und die Elemente der äußeren — oft auch der inneren — Orientierung unbekannt waren. Die dabei unvermeidlich auftretenden Fehler[3] geben den unmittelbar erzielten Resultaten meist nur den Wert einer Approximation. Höhenunterschiede sind hier selbstverständlich nur durch nachträgliche, etwa barometrische, Messungen im Gelände zu gewinnen. Zur (natürlich nur rohen) Zeichnung von Formlinien des Geländes kann man sich der stereoskopischen Betrachtung der Bildabzüge bedienen.[4]

---

[1] Das Verfahren, das immer von neuem erfunden und teilweise sogar (Amerika 1916 für Brock & Weymouth) von neuem patentiert wurde, ist lange bekannt. Vgl. vor allem Th. Scheimpflugs D. R. P. Nr. 228590.

[2] O. v. Gruber, Vermessungstechn. Rundsch., 6, 1929, S. 2ff. Die hier gemachte Angabe, daß die Grundlagen des Verfahrens von Finsterwalder herrühren, trifft nicht zu. Die Grundlagen sind vielmehr in der zitierten Patentschrift Scheimpflugs vollständig enthalten. Vgl. auch S. 197, Anm. 1 dieses Bandes.

[3] Vgl. z. B. P. Werkmeister, Bildmess. u. Luftbildwes. 2, 1927, S. 49.

[4] Vgl. z. B. M. Hottine, Simple methods of Surveying from Air Photographs, London (War Office), 1927, und S. 76 dieses Bandes; O. Koerner, ZS. f. Verm. 54, 1925, S. 329ff.

Bei terrestrischen Aufnahmen zeigen die Abbildungen des Objekts besonders im Vordergrund oft so große Unterschiede, daß das Aufsuchen zusammengehöriger (identischer) Bildpunkte schwierig wird. Ein wertvolles Hilfsmittel zur Beseitigung dieser Schwierigkeit bietet die von G. HAUCK[1] vorgeschlagene Verwendung der „gegnerischen Kernpunkte" $K_I$ und $K_{II}$ (Abb. 50), womit die gegenseitigen Abbildungen der Standpunkte bzw. die Durchstoßpunkte der Basis durch die Bildebenen bezeichnet werden. Ein beliebiger Objektpunkt $P$ und die Basis $I\,II$ bestimmen eine Ebene („Kernebene"), welche die Bildebenen in den Geraden $p_I K_I$ bzw. $p_{II} K_{II}$, den „Kernstrahlen", und die Schnittgerade $SS$ der beiden Bildebenen in dem Punkt $P_s$ schneidet. Ist also die Lage der Kernpunkte bekannt, so läßt sich zu dem Kernstrahl $k_I$ durch den Bildpunkt $p_I$ im anderen Bilde der zugehörige Kernstrahl $k_{II}$ konstruieren, auf dem der Bildpunkt $p_{II}$ liegen muß. Bei der hier vorausgesetzten Kenntnis der

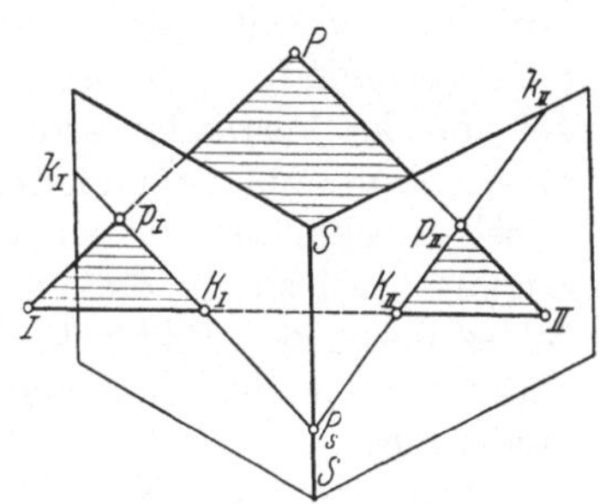

Abb. 50. Kernpunkte und Kernebene

inneren und äußeren Orientierung der Aufnahmen ist die Konstruktion der Kernpunkte leicht durchzuführen. Ein Beispiel für eine solche Konstruktion — für horizontale Kammerachsen — zeigt Abb. 51 im Grund- und Aufriß und in einer Ansicht der um ihre Schnittlinie $SS$ in eine gemeinsame Ebene geklappten Meßbilder. Bei den auf ihnen dargestellten, völlig einförmig gedachten Linien-

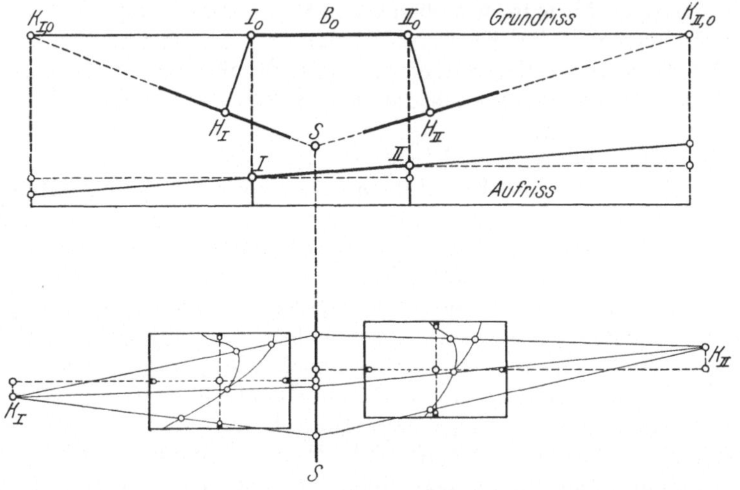

Abb. 51. Konstruktion der Kernpunkte und Aufsuchen identischer Punkte mit Hilfe der Kernstrahlen

zügen (Wegen, Wiesenrändern, Gletscherspalten oder ähnlichen) wäre die unmittelbare Bezeichnung identischer Bildpunkte ohne Benutzung der Kernstrahlen unmöglich.[2] Es ist übrigens leicht einzusehen, daß bei achsenparallelen Aufnahmen die Kernstrahlen parallele Geraden werden, deren Neigungswinkel gegen den Bildhorizont bei Aufnahmen im „Normalfall" (S. 47) gleich dem Neigungswinkel der Basis ist. Der bereits in der Einleitung (S. 3) erwähnte HAUCKsche „Trikolograph" beruht im wesentlichen auf einer mechanischen Dar-

---

[1] Journ. f. Math. 95, 1883, S. 11.
[2] A. v. HÜBL, Mitt. d. Mil.-Geogr. Inst., Wien, 19, 1899, S. 115.

stellung der Kernstrahlen durch zwei Lineale, die sich um die festen Kernpunkte gleitend drehen und deren Endpunkte, entsprechend dem Punkt $P_s$ (Abb. 50), durch einen gemeinsamen Führungsstift bewegt werden, der in einer der Schnittgeraden $SS$ entsprechenden Führungsnut gleitet.[1]

**9. Graphisch-optisches Vorwärtseinschneiden mit Richtungsbüscheln. Allgemeines.** Von den Vereinfachungen, die sich bei der Rekonstruktion von genau senkrecht nach unten aufgenommenen Luftmeßbildern ergeben, kann man vorteilhaft auch bei Aufnahmen Gebrauch machen, deren Achse bis zu $45^0$ von der Vertikalen abweicht, wenn man diese Aufnahmen zuvor nach dem im Abschnitt III behandelten Entzerrungsverfahren umbildet. Man verwendet dabei zweckmäßig die winkeltreue Projektion (Abb. 20), stellt also das Entzerrungsgerät so ein, daß ein für allemal der Bildabstand $OH$ des zu entzerrenden Bildes gleich der Bildweite der Aufnahmekammer ist. Eine so erhaltene Umbildung entspricht völlig einer genau senkrechten Aufnahme vom gleichen Standpunkt aus.

Anwendung. Nachdem der Projektionstisch entsprechend der hier als bekannt (vgl. S. 22) vorausgesetzten Neigung und Richtung der Aufnahme eingestellt wurde, bestimmt der Fußpunkt des vom optischen Mittelpunkt des Projektionsobjektivs auf die Projektionsfläche gefällten Lotes den hier natürlich nicht mit dem Bildhauptpunkt zusammenfallenden Nadirpunkt der Aufnahme; die Länge dieses Lotes entspricht der Flughöhe über dem Kartenhorizont. Die Verbindungslinien des Nadirpunktes mit beliebigen Bildpunkten ergeben ein Büschel horizontaler Richtungen; trägt man die Richtungsbüschel, die sich aus zwei oder mehr einander überdeckender Bilder ergeben, in richtiger Orientierung auf (Abb. 49), so erhält man, wie oben gezeigt, in den Schnittpunkten zusammengehöriger Richtungen die Kartenprojektion $P_0$ der entsprechenden Objektpunkte. Mit Hilfe von beliebigen, etwa jeweils durch $P_0$ selbst gehenden Aufrißebenen (Abb. 48) finden sich auch die Höhen $PP_0$ der Objektpunkte über dem angenommenen Horizont.

Das besonders in Frankreich angewandte, durch M. H. Roussilhe[2] ausgebaute Verfahren gibt gute Resultate hinsichtlich der Lage der Objektpunkte; die Höhenbestimmung dagegen ist langwierig und wenig genau, entsprechend der Unsicherheit, mit der die (nachträgliche) Ermittlung vor allem der Neigung der einzelnen Aufnahmen behaftet ist.[3]

**10. Vorwärtseinschneiden mit rechnerisch bestimmten Richtungswinkeln.** Das photogrammetrische Vorwärtseinschneiden von Objektpunkten läßt sich ganz entsprechend dem in der Vermessungskunde gebräuchlichen Theodolitverfahren (S. 36) durchführen, wenn die Bildstrahlen nicht durch ihre Grund- und Aufrißprojektion (Abb. 47), sondern durch ihre Horizontalwinkel[4] $\alpha$ und Vertikalwinkel $\beta$ (Abb. 44) bestimmt sind. Diese Winkel lassen sich unmittelbar aus den Bildpunktkoordinaten berechnen. Hierzu denkt man sich (Abb. 52) durch die unter dem Winkel $\nu$ zum Horizont geneigte Kammerachse einen Vertikalschnitt gelegt, dessen Spur in der (hier positiven) Bildebene die Hauptvertikale ist. In ihr liegt die Aufrißprojektion $p'$ des Bildpunktes $p$, dessen Grundrißprojektion $p_0$ durch Umklappen der Grundrißebene in die Aufrißebene sicht-

---

[1] Fr. Schiffner, Die photographische Meßkunst, S. 55.

[2] M. H. Roussilhe, Ann. hydrogr. 3. Ser., Bd. 1, Paris 1917; Derselbe, Instruction provisoire pour l'emploi de l'appareil de redressement, etc., Paris 1926.

[3] Über Versuche zur kontinuierlichen Schichtenzeichnung auf Grund von transformierten Aufnahmen vgl. S. 77.

[4] Geeignete Auftragegeräte für diese Winkel beschreibt J. M. Torroja, Int. Arch. f. Photogramm. 2, 1911, S. 269.

bar gemacht wurde. Dementsprechend ist $O_0 p_0$ die Grundrißprojektion des Bildstrahles $Op$ und $\alpha$ dessen horizontaler Richtungswinkel gegen die Grundrißprojektion $O_0 p'_0$ der Kammerachse, d. h. gegen die Aufnahmerichtung. Da $Hp'$ gleich der Ordinate $y$ und $p'_0 p_0$ gleich der Abszisse $x$ des Bildpunktes $p$ ist, so ergeben sich leicht die folgenden, zuerst von C. KOPPE aufgestellten Beziehungen

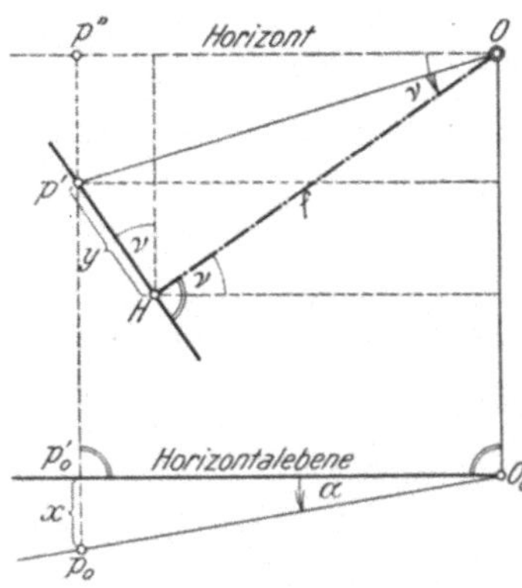

$$tg\,\alpha = \frac{x}{p'_0\,O_0} = \frac{x}{y \cdot \sin v + f \cdot \cos v} \tag{1}$$

$$tg\,\beta = \frac{p'\,p''}{p_0\,O_0} = \frac{f \cdot \sin v - y \cdot \cos v}{y \cdot \sin v + f \cdot \cos v} \cdot \cos \alpha \tag{2}$$

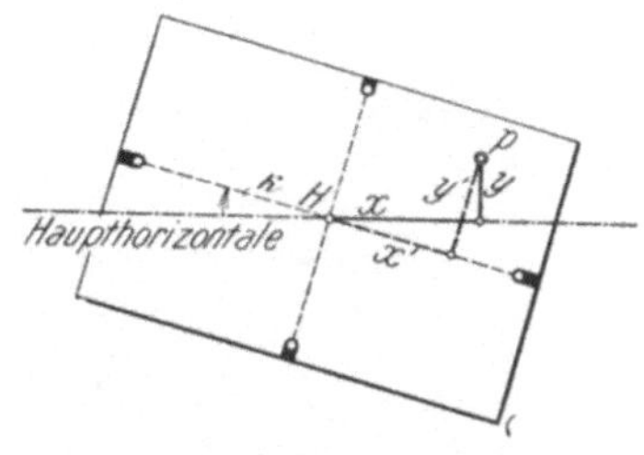

Abb. 52.  Ableitung der KOPPEschen Formeln

Abb. 53. Transformation der Bildpunktkoordinaten bei verkanteten Aufnahmen

Abb. 54.  Nonienkomparator nach R. HUGERSHOFF

welche Formeln für den Sonderfall der genau vertikalen Bildebene ($v = 0^0$) die vereinfachte Gestalt annehmen

$$tg\,\alpha = \frac{x}{f} \tag{1'}$$

$$tg\,\beta = \frac{y}{f} \cdot \cos \alpha = \frac{y}{\sqrt{f^2 + x^2}} \tag{2'}$$

Die Messung der Bildpunktkoordinaten erfolgt gewöhnlich in bezug auf das durch die Bildmarkenverbindungslinien definierte Achsenkreuz, wobei aber vorausgesetzt wird, daß diese Verbindungslinien mit der Hauptvertikalen

bzw. der Haupthorizontalen zusammenfallen. Das wird im allgemeinen nur bei
terrestrischen Aufnahmen (S. 104), nicht aber bei Luftaufnahmen der Fall sein.
Hier werden vielmehr (Abb. 53) infolge der unvermeidlichen Drehung („Verkantung") der Kammer um ihre Achse die Markenlinien mit den Hauptlinien
einen Winkel $\varkappa$ bilden. Demzufolge sind die in die Gleichungen (1) und (2) ein-
zusetzenden, auf die Hauptlinien bezogenen Bildpunktkoordinaten $x$ und $y$
zuvor aus den Bildpunktkoordinaten $x'$ und $y'$ im System der Markenlinien zu
berechnen nach den an Abb. 53 leicht abzuleitenden Beziehungen

$$\left. \begin{aligned} x &= x'\,.\,\cos\varkappa + y'\,.\,\sin\varkappa \\ y &= y'\,.\,\cos\varkappa - x'\,.\,\sin\varkappa \end{aligned} \right\} \quad (3)$$

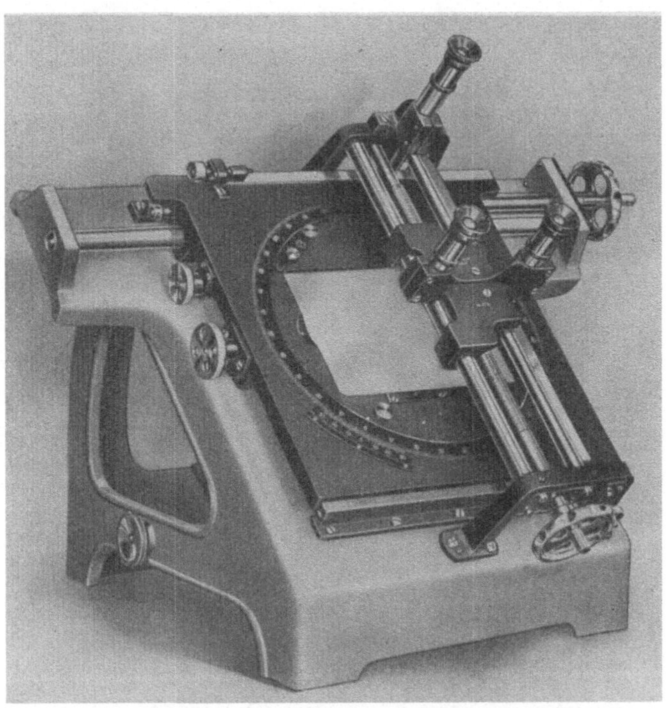

Abb. 55. Mikroskop-Komparator nach R. Hugershoff

Die umständliche Berechnung der Richtungswinkel nach den Formeln (1)
und (2) bzw. (3) kommt praktisch selbstverständlich nur dann in Frage, wenn
für sie eine besondere Genauigkeit verlangt wird. In diesem Falle sind die Bildpunktkoordinaten nicht den Bildabzügen, sondern unmittelbar den Originalaufnahmen mit Hilfe eines besonderen Instrumentes, eines Komparators, zu
entnehmen. Ein solcher Komparator besteht im wesentlichen aus einem Plattenhalter und einem Einstellmikroskop, das parallel zur Plattenebene nach zwei
zueinander winkelrechten Richtungen verschoben werden kann, wobei die Verschiebungen an zwei Millimeterteilungen (Abszissen- und Ordinatenteilung)
abzulesen sind. Abb. 54 zeigt einen für Platten im Format 9 × 12 cm bestimmten
Komparator mit Nonienablesung der Skalen, in den die auszumessende Platte
so eingelegt wird, daß die durch die Bildmarken festgelegte $hh$-Linie parallel
zu einer der Teilungen (Abszissenteilung) liegt. Abb. 55 stellt einen Komparator

für das Bildformat 13 × 18 cm mit Mikroskopablesung der Teilungen dar; die auszumessende Platte kann hier um den oben erwähnten Verkantungswinkel $\varkappa$ verdreht werden, so daß die Haupthorizontale parallel zur Abszissenteilung wird und die Ablesungen der Skalen somit unmittelbar die Bildpunktkoordinaten

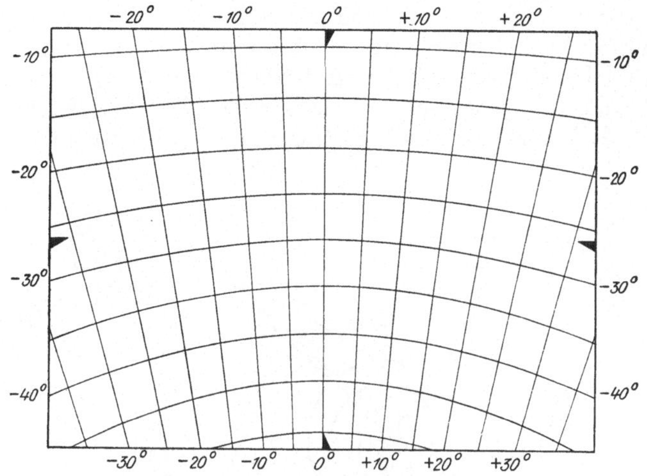

Abb. 56. Winkelgitter für geneigte Aufnahmen

im System der Hauptlinien ergeben.[1] Beide Instrumente werden nach Angaben von R. HUGERSHOFF von G. HEYDE-AËROTOPOGRAPH G. m. b. H. in Dresden gebaut.

**11. Vorwärtseinschneiden mit graphisch-mechanisch bestimmten Richtungswinkeln.** Die graphische Darstellung der oben angeführten Gleichung (1) er-

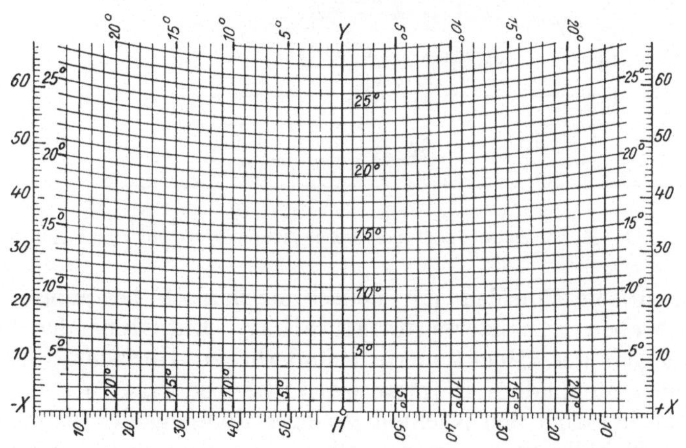

Abb. 57. Winkelgitter für wagrechte Aufnahmen

gibt für ein bestimmtes $f$ und $\nu$ eine Schar von im allgemeinen konvergenten Geraden, während die Gleichung (2) durch eine Schar von Hyperbeln wiedergegeben wird. Konstruiert man diese Kurven unter Verwendung der für die benutzte Aufnahmekammer gültigen Bildweite $f$ und der bei der Aufnahme eingehaltenen Kammerneigung auf durchsichtigem Stoff und legt dieses transparente

---

[1] R. HUGERSHOFF und H. CRANZ, Grundlagen der Photogrammetrie aus Luftfahrzeugen, Stuttgart 1919. — Über ähnliche Instrumente vgl. TH. DOKULIL, Int. Arch. f. Photogramm. 2, 1911, S. 169, und E. DOLEŽAL, ebenda 6, 1919/23, S. 279.

Diagramm in richtiger Orientierung gegen die Hauptlinien auf das Bild, so kann man an jedem Bildpunkt den diesem zukommenden Horizontal- und Vertikalwinkel unmittelbar ablesen. Für dieses von R. Hugershoff[1] eingeführte Hilfsmittel zur Winkelmessung hat A. Haerpfer-Prag die Bezeichnung „Winkelgitter" geprägt. Abb. 56 zeigt in verkleinerter Darstellung ein solches Winkelgitter, das für eine Bildweite von 165 mm und eine Kammerneigung von 30⁰ entworfen wurde; Abb. 57 wurde für $f = 120$ mm und den Sonderfall der genau vertikalen Bildebene (terrestrische Aufnahmen, $v = 0^0$) entsprechend den Formeln (1′) und (2′) gezeichnet. Einzelheiten über die Berechnung solcher Gitter haben A. Haerpfer[2] und E. Hammer[3] veröffentlicht.

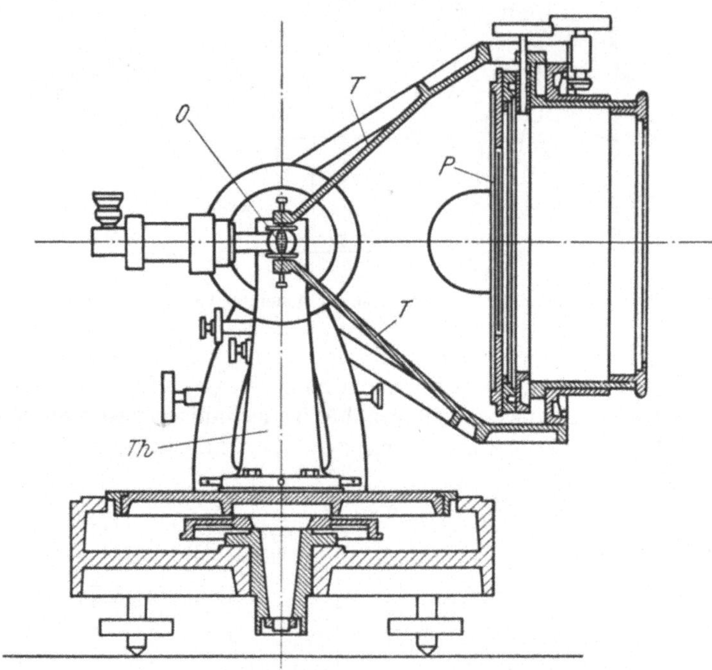



Abb. 58. Vertikalschnitt durch den Bildmeßtheodolit (vgl. Abb. 59)

**12. Vorwärtseinschneiden mit optisch-mechanisch bestimmten Richtungswinkeln.** Die eben geschilderte unmittelbare Entnahme der für das Vorwärtseinschneiden der Objektpunkte erforderlichen Horizontal- und Vertikalwinkel aus den Meßbildern ist zwar wesentlich bequemer als die Berechnung dieser Winkel, hat aber den Nachteil geringer Genauigkeit. Zu einer exakten Methode, den Meßbildern die erforderlichen Winkel unmittelbar zu entnehmen, führt der bereits auf S. 3 erwähnte Porro-Koppesche Vorschlag. Denkt man sich nämlich das Meßbild nach der Entwicklung und Fixierung wieder in die Kammer eingelegt und entsprechend beleuchtet, so wird ein von einem beliebigen Bildpunkt ausgehender Lichtstrahl das Objektiv unter der gleichen Richtung gegen die Kammerachse verlassen, unter der er eintrat. Hat hierbei die Kammer die gleiche Neigung bzw. Verkantung zum Horizont wie bei der

---


[1] R. Hugershoff, Einführung in die Photogrammetrie, Stuttgart 1912.
[2] A. Haerpfer, ZS. f. Verm. 52, 1923, S. 1.
[3] E. Hammer, ZS. f. Verm. 52, 1923, S. 361.

Aufnahme, so werden die austretenden Strahlen auch die gleichen horizontalen Richtungsdifferenzen und Neigungswinkel haben wie die bilderzeugenden Strahlen. Diese Winkel lassen sich unmittelbar mit einem vor der Kammer

Abb. 59.  Bildmeßtheodolit nach R. Hugershoff

aufzustellenden Theodolit messen, mit dessen Fernrohr man durch das Objektiv der Kammer hindurch auf die Bildpunkte einstellt. Dieses Verfahren ist allen anderen Methoden der Richtungsbestimmung aus Photogrammen weit über-

legen, weil es für beliebig im Raum gerichtete Aufnahmen ebenso leicht anwendbar ist wie für solche mit vertikaler Bildebene und unverkanteter
Kammer und weil es von den Verzeichnungsfehlern des Kammerobjektivs unabhängig ist.

In der Praxis verwendet man zur Bildausmessung an Stelle der eigentlichen Meßkammer, wie es noch C. Koppe tat, zweckmäßig einen besonderen Bildträger $T$ (Abb. 58). Dieser besteht im wesentlichen aus einem Objektiv $O$ vom Typus des Aufnahmeobjektivs und einem verkantbaren Plattenhalter $P$, dessen Abstand vom hinteren Hauptpunkt

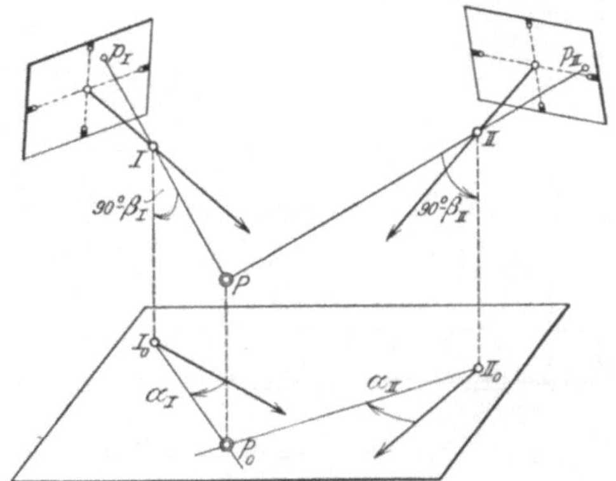

Abb. 60.  Schematische Darstellung der Rekonstruktion eines Punktes nach Richtungen

des Objektivs gleich der Bildweite der Aufnahmekammer ist. Vor dem Objektiv des beliebig neigbaren Bildträgers ist ein Theodolit $Th$ so angeordnet, daß sich seine drei Achsen nahezu im vorderen Hauptpunkt des Bildträgerobjektivs schneiden. Eines dieser als ,,Bildmeßtheodolite" bezeichneten Geräte (nach R. Hugershoff, Ausführung G. Heyde — Aërotopograph G. m. b. H., Dresden) ist in Abb. 59 dargestellt. Seine Kreise gestatten die

Richtungsablesung auf 6″. Er besitzt eine Sondereinrichtung[1] zur Anpassung insbesondere der Bildträgerbildweite an die Bildweite der Aufnahmekammer, die
unter thermischen und mechanischen Einflüssen nicht immer konstant ist (vgl.
S. 159 ff ). Bildmeßtheodolite ohne diese Einrichtung baut die Firma Carl Zeiss,

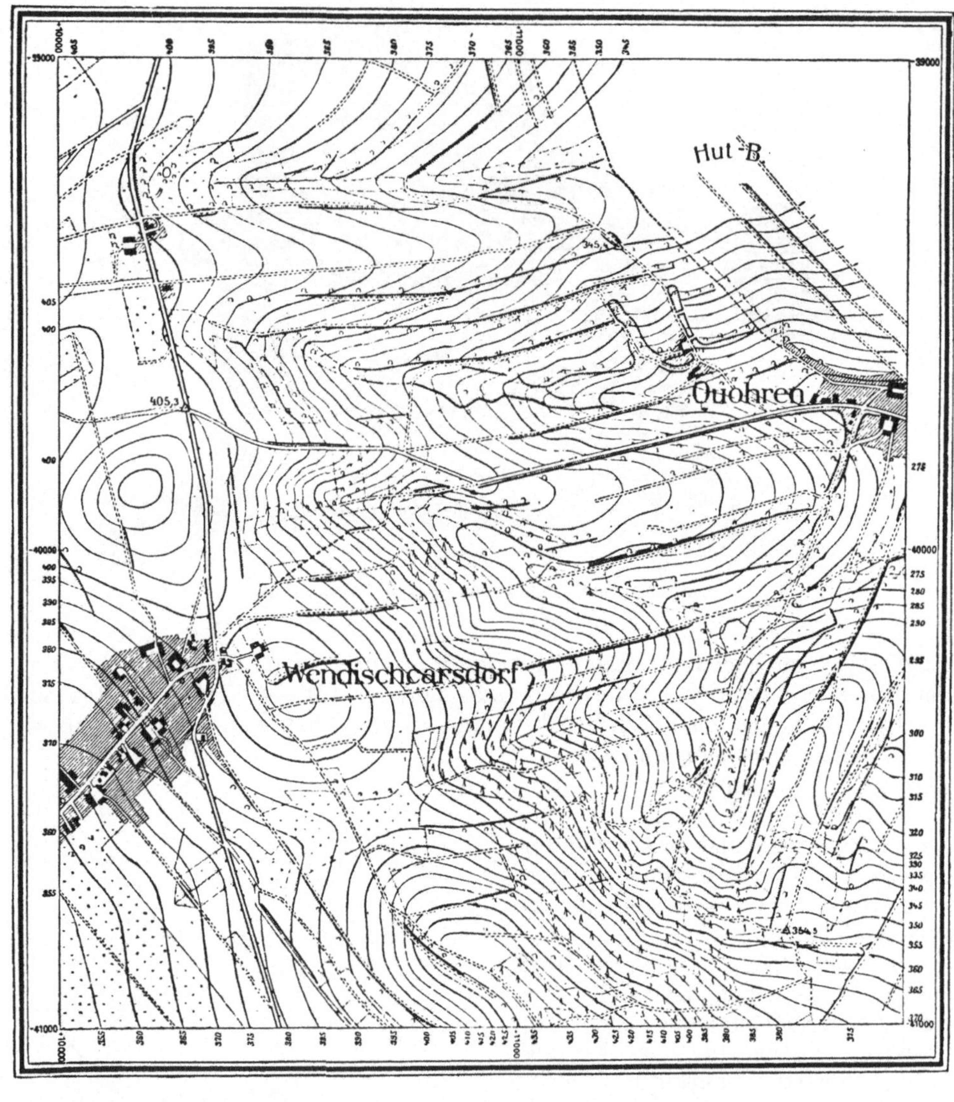


Abb. 61. Erste mit Benutzung des Bildmeßtheodolits aus Luftmeßbildern konstruierte Karte

Jena. Abb. 60 zeigt schematisch die Rekonstruktion eines Punktes aus Luftmeßbildern nach Richtungen, die im Bildmeßtheodolit bestimmt wurden. In Abb. 61
ist die erste nach diesem Verfahren hergestellte Karte[2] wiedergegeben.

---

[1] R. Hugershoff, ZS. f. Feinmech. 28, 1920, S. 55; P. Samel, Bildmess. u.
Luftbildwes. 4, 1929, S. 74.
[2] R. Hugershoff und H. Cranz, a. a. O.

**13. Berechnung der Objektpunktkoordinaten unmittelbar aus den Bildpunktkoordinate.** Bei den bisher beschriebenen Methoden des photogrammetrischen Vorwärtseinschneidens wurde — ganz wie bei dem in der praktischen Geodäsie gebräuchlichen Verfahren — der einzelne Raumpunkt durch Rekonstruktion des Schnittpunktes der bestimmenden Zielstrahlen ermittelt. Soweit diese Zielstrahlen, sei es graphisch oder rechnerisch (durch Vermittlung der Bildpunktkoordinaten), gefunden werden, bedeutet dieses Verfahren einen Umweg. Es läßt sich nämlich die räumliche Lage eines Objektpunktes in bezug auf die Grundlinie der Doppelaufnahme auch unmittelbar aus seinen Bildpunktkoordinaten herleiten.

Das Verfahren, auf das C. Koppe[1] zuerst hinwies, ist allerdings praktisch nur bei Doppelaufnahmen verwendbar, bei denen die Kammerachsen parallel eingestellt waren. Besondere Vorteile bietet es dabei, wenn die Kammerachsen normal zur Grundlinie und die Bildebenen genau vertikal (oder auch horizontal, wie bei Wolkenaufnahmen) waren. Diesen „Normalfall" — mit gleicher Höhe der Aufnahmestandpunkte — stellt Abb. 62 im Grund- und Seitenriß dar. In ihr sind die Raumkoordinaten $X_1$, $E_1$ und $Y_1$ des Punktes $Q$ bezogen auf ein rechtwinkliges Koordinatensystem, dessen Ursprung im (linken) Standpunkt $O_1$, dessen $X$-Achse mit der Basis, dessen $E$-Achse mit der wagrechten Normalen zur Grundlinie und dessen $Y$-Achse mit der Lotlinie durch den Standpunkt zusammenfällt. An Hand der Abb. 62 erkennt man leicht, daß

$$\frac{X_1}{x_1} = \frac{E_1}{f} \qquad (1)$$

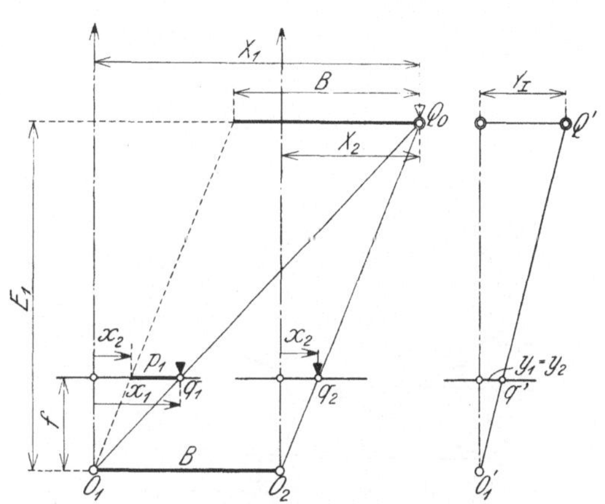

Abb. 62. Ableitung der Koppeschen Formeln für normale Aufnahmen

Zieht man durch $O_1$ eine Parallele zum Bestimmungsstrahl $O_2Q_0$, so schneidet diese mit dem Bildstrahl $O_1Q_0$ aus der Bildspur der linken Aufnahme die Strecke $x_2 - x_1$ und aus der Objektpunktabszisse $X_1$ die Strecke $B$ aus. Infolgedessen gilt

$$\frac{B}{x_2 - x_1} = \frac{E_1}{f} \qquad (2)$$

Aus (1) und (2) folgt

$$X_1 = \frac{B}{x_2 - x_1}\, x_1$$

oder

$$X_1 = \frac{B}{p_1}\, x_1 \qquad (3)$$

worin mit $p_1$ die Differenz der beiden Bildpunktabszissen (entsprechend dem Bilde der Basis, vgl. S. 31) bezeichnet ist. Aus (3) folgt in Verbindung mit (1)

$$E_1 = \frac{B}{p_1}\, f \qquad (4)$$

Aus dem Seitenriß in Abb. 62 ist unmittelbar abzulesen

$$Y_1 = \frac{E_1}{f}\, y_1 \qquad (5)$$

woraus wegen (4) folgt

$$Y_1 = \frac{B}{p_1}\, y_1 \qquad (5^*)$$

---

[1] C. Koppe, Photogrammetrie und internationale Wolkenmessung, Braunschweig 1896.

Die Beziehung (3) läßt sich mit Rücksicht auf (4) in folgender Form schreiben:

$$X_1 = \frac{E_1}{f}\, x_1 \qquad (3^*)$$

Bei einem Höhenunterschied der Standpunkte ist selbstverständlich in die Gleichungen (3), (4) und (5) die Horizontalprojektion $B_0$ der geneigten Basis $B$ einzuführen; in diesem Falle ergeben sich verschiedene Objektpunkthöhen in bezug auf die beiden Standpunkte. Für die Differenz dieser Höhe gilt

$$Y_1 - Y_2 = B_y,$$

worin $B_y$ die Projektion der Basis auf die $Y$-Achse, d. h. der Höhenunterschied der Standpunkte, ist. Die Differenz ist also konstant für alle Objektpunkte (Arbeits- bzw. Genauigkeitskontrolle, vgl. S. 210).

Ein allgemeinerer Fall, der „Verschwenkungsfall" mit horizontalen Achsen, ist in Abb. 63 im Grundriß dargestellt. Hier sind die Richtungen der Aufnahmen in $I$ und $II$ zwar parallel, aber gegen die Normale zur Basis um den Winkel $\varphi$ verschwenkt. Zur Aufstellung der entsprechenden Berechnungsformeln denkt man sich die Aufnahme $I$ durch eine solche im Punkte $(I)$ ersetzt, wobei diese Ersatzaufnahme gemeinsam mit der Aufnahme $II$ zu der parallel zur $X$-Achse liegenden Basiskomponente $B_x = B_0 . \cos \varphi$ normal steht. Bezeichnet man in dieser Ersatzaufnahme die Bildpunktkoordinaten des Raumpunktes $P$ mit $x_{(I)}$ bzw. $y_{(I)}$,

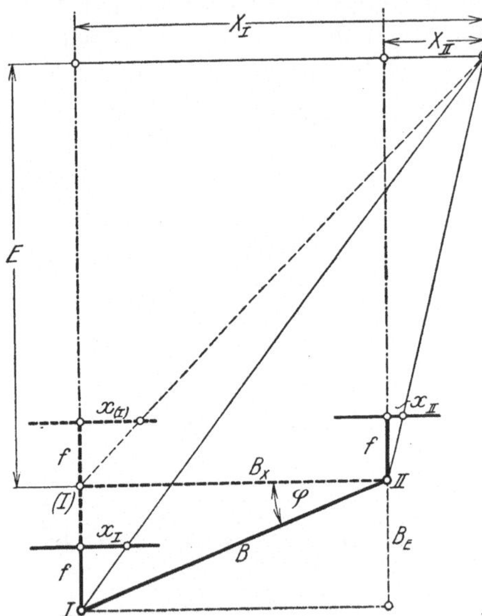

Abb. 63. Ableitung der Koppeschen Formeln für verschwenkte Aufnahmen

so gilt entsprechend den Gleichungen (3), (4) und (5)

$$X_I = \frac{B_x}{(p)} . x_{(I)} \qquad (3')$$

$$E = \frac{B_x}{(p)} . f \qquad (4')$$

$$Y_I = \frac{B_x}{(p)} . y_{(I)}, \qquad (5')$$

worin

$$(p) = x_{(I)} - x_{II} \qquad (6)$$

Für die Ersatzabszisse $x_{(I)}$ gilt folgende Proportion

$$\frac{x_{(I)}}{f} = \frac{X_I}{E} \qquad (7)$$

Da nun

$$\frac{x_I}{f} = \frac{X_I}{E + B_E} \qquad (8)$$

worin

$$B_E = I\,(I) = B . \sin \varphi,$$

so folgt aus (7) und (8)

$$x_{(I)} = x_I + x_I . \frac{B_E}{E} \qquad (9)$$

Ganz entsprechend gilt

$$y_{(I)} = y_I + y_I \cdot \frac{B_E}{E} \tag{10}$$

Mit Hilfe der Beziehungen (6) und (9) bzw. (10) lassen sich also aus den Gleichungen (3′), (4′) und (5′) die Raumkoordinaten des Objektpunktes auch bei verschwenkten Aufnahmen berechnen.

Mit Rücksicht auf die weiter unten zu besprechende direkte Bestimmung der „Parallaxe" $p$ aus den Originalaufnahmen empfiehlt es sich, die zur Reduktion des Verschwenkungsfalles auf den Normalfall nötige Korrektion nicht an den Bildpunktkoordinaten, sondern an dem mit dem unkorrigierten Wert von $x_I$ berechneten Wert von $E$ anzubringen. Aus (4′), (6) und (9) folgt nämlich

$$E = \frac{B_x}{x_I + x_I \cdot \dfrac{B_E}{E} - x_{II}} \cdot f,$$

woraus durch eine leichte Umformung gefunden wird

$$E = \frac{B_x}{p} \cdot f - \frac{x_I}{p} \cdot B_E \tag{4″}$$

Mit diesem Wert ergeben sich dann an Hand der Abb. 63 die Gleichungen

$$X_{II} = \frac{E}{f} \cdot x_{II} \tag{3″}$$

$$Y_{II} = \frac{E}{f} \cdot y_{II} \tag{5″}$$

Die unmittelbare Berechnung der Objektpunktslage aus den Bildkoordinaten auch bei beliebig im Raum orientierten Aufnahmen ist zwar theoretisch möglich,[1] das Verfahren ist aber wegen der Kompliziertheit der auftretenden Formeln ohne praktische Bedeutung.

## B. Stereophotogrammetrie:
## Gemeinsame Bearbeitung der Bildpaare

**14. Das Wesen des Verfahrens.** Genauigkeit[2] des Vorwärtseinschneidens und seine Abhängigkeit von der Identifizierung der Bildpunkte. Die Genauigkeit einer Lagebestimmung durch Vorwärtseinschneiden hängt wesentlich ab von der Unsicherheit $\delta$ der bestimmenden Richtungen $r_1$ und $r_2$ und der Größe des Winkels $\gamma$ an der Spitze $P$ des Bestimmungsdreiecks (Abb. 64). Da sich dieser Winkel aus der Differenz der Richtungen $r$ ergibt, so ist nach dem Fehlerfortpflanzungsgesetz[3] die dem Winkel an der Spitze des Bestimmungsdreiecks anhaftende Unsicherheit

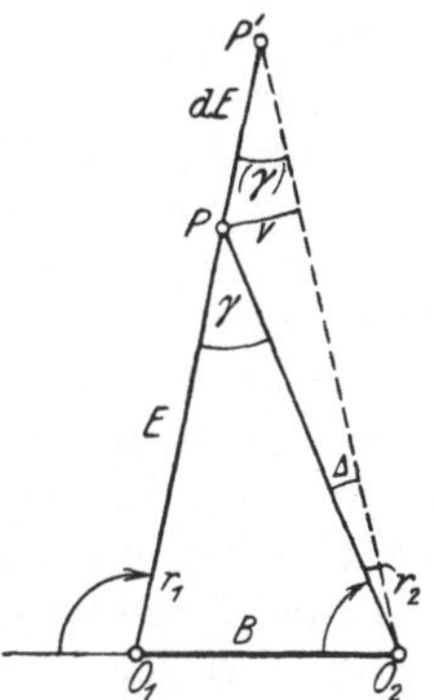

Abb. 64. Ableitung des Entfernungsfehlers beim Vorwärtseinschneiden

$$\varDelta = \delta \sqrt{2}$$

Aus ihr ergibt sich eine Querverschiebung $v$ des Punktes $P$

$$v = E \cdot \frac{\varDelta''}{\varrho''} \tag{1}$$

---

[1] K. HEUN, ZS. f. Math. u. Phys., 44, 1899, S. 18; A. W. SPRUNG, Meteorolog. ZS., 20, 1903, S. 414.

[2] Weiteres hiezu s. S. 202 ff.

[3] Vgl. z. B. P. WERKMEISTER, Einführung i. d. Ausgleichsrechnung, Stuttgart 1928.

und damit näherungsweise der Lagefehler $d\,E$ des Punktes $P$

$$dE = \frac{v}{\sin \gamma} = \frac{E}{\sin \gamma} \cdot \frac{\varDelta''}{\varrho''} \tag{2}$$

oder, da $E \cdot \sin \gamma \doteq B$ ist,

$$dE = \frac{E^2}{B} \cdot \frac{\varDelta''}{\varrho''}. \tag{3}$$

Der Entfernungsfehler $d\,E$ nimmt also ab mit wachsender Basis, für welche aus (3) folgt

$$B = \frac{E}{\dfrac{dE}{E}} \cdot \frac{\varDelta''}{\varrho''} \tag{4}$$

Diese Beziehung zeigt die Abhängigkeit der Basisgröße vom relativen Entfernungsfehler $\dfrac{dE}{E}$.

Aus der wiederholten Bestimmung der Richtung nach einem und demselben Bildpunkt fanden sich[1] sowohl bei Benutzung des Komparators als auch des Bildmeßtheodolits für $\delta$ etwa $25''$, so daß hienach die mittlere Unsicherheit $\varDelta$ des Winkels $\gamma$ theoretisch rund $35''$ beträgt. Bei einer vorgeschriebenen relativen Genauigkeit $\dfrac{dE}{E}$ der Entfernung von beispielsweise $\dfrac{1}{1000}$ ergibt sich also aus (4) als kleinste zulässige Basis

$$B_{\min} = \frac{E}{6} \tag{5}$$

Der angegebene Wert von $\varDelta$ gilt allerdings nur, wenn die auf den Einzelbildern angezielten beiden Punkte identisch sind, d. h. genau dem gleichen Objektpunkt entsprechen. Mit Rücksicht auf die unvermeidlichen Identifizierungsfehler wird man also stets mit einem wesentlich größeren (im allgemeinen etwa dem dreifachen) Fehler des Winkels an der Spitze des Bestimmungsdreiecks rechnen müssen, als er oben angegeben wurde. Eine Kompensierung dieses Fehlers durch Vergrößerung des Winkels an der Spitze des Bestimmungsdreiecks bzw. durch Vergrößerung der Basis entsprechend der Beziehung (2) bzw. (3) ist nicht möglich, da die Schwierigkeiten der Identifizierung der Bildpunkte mit dem Größerwerden der Basis wegen der hierbei zunehmenden Verschiedenheit im Aussehen und in der Beleuchtung der Objektpunkte wachsen. Dabei hängt die Genauigkeit der Identifizierung außerdem noch von der Beschaffenheit der Objektpunkte ab; in einförmigem Gelände, wie etwa einem Wiesenhang, hört die Möglichkeit der Identifizierung und damit einer Rekonstruktion sogar ganz auf.

Stereoskopisches Vorwärtseinschneiden und seine Genauigkeit. Zur Ausschaltung der Identifizierungsfehler gibt es nun offenbar zwei Möglichkeiten: erstens die Verkleinerung des Spitzenwinkels $\gamma$ durch Wahl eines kleineren „Basisverhältnisses" $\dfrac{B}{E}$ und zweitens die unmittelbare Vergleichung zusammengehöriger Bildpunkte. Hinsichtlich der ersteren Möglichkeit wird man das aus (5) unter Annahme fehlerfreier Identifizierung gefundene Verhältnis $\dfrac{B}{E} = \dfrac{1}{6}$ bei der vorgeschriebenen Streckengenauigkeit $1:1000$ freilich nur dann verringern dürfen, wenn sich Mittel angeben lassen, den Spitzenwinkel

---

[1] R. Hugershoff und H. Cranz, a. a. O. Der oben angegebene Wert von $\delta$ entspricht einem linearen Einstellfehler von 0,022 mm bei einer Bildweite von 180 mm.

genauer als auf 35″ zu bestimmen. Dagegen ist eine unmittelbare Bildvergleichung ohne weiteres durch binokulare Betrachtung der Bilder möglich, wobei diese zu einem „Raummodell" verschmelzen.[1] Mit dieser „stereoskopischen" Betrachtung der Bilder läßt sich nun ihre Ausmessung verbinden nach einem von STOLZE[2] angegebenen grundlegenden Verfahren. Man denkt sich hiezu ein Aufnahmepaar mit zunächst horizontalen und winkelrecht zur ebenfalls horizontalen Basis liegenden Achsen (Normalstereogramm) so in ein Stereoskop eingelegt, daß der Abstand der Hauptvertikalen gleich dem Abstand $B$ der optischen Achsen der Betrachtungslinsen $O_1$ und $O_2$ wird (Abb. 65). Dabei werden z. B. die beiden, bei der Betrachtung zu einem Punkt verschmelzenden Hauptpunkte $H_1$ und $H_2$, die Teilbilder des unendlich fernen Punktes in der Aufnahmerichtung, dem Beobachter als unendlich ferner Punkt erscheinen, da er die Teilbilder mit parallelen Augachsen sieht. Bringt man zwei Zielmarken $m_1$ und $m_2$ von genau gleicher Gestalt auf die Hauptpunkte $H_1$ und $H_2$, so werden auch diese Marken als eine im Fernpunkt liegende körperliche Marke $M$ erscheinen. Eine

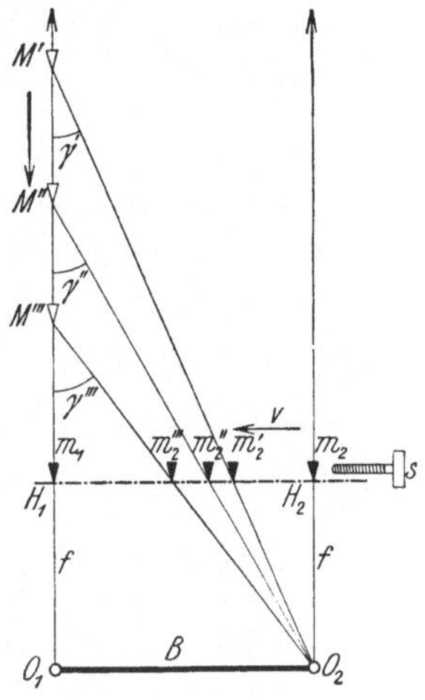

Abb. 65. Stereoskopisches Vorwärtseinschneiden

Verschiebung $v$ beispielsweise der rechten Marke $m_2$ längs der Haupthorizontalen in Richtung auf die Marke $m_1$ in die Stellungen $m_2{}'$, $m_2{}''$ oder $m_2{}'''$ zwingt die Achse des rechten Auges zu einer entsprechenden immer größer werdenden Konvergenz gegen die Achse des linken Auges, so daß der scheinbare Abstand $MO_1 = e$ der entsprechenden Verschmelzungsbilder („Raummarken") $M'$, $M''$ und $M'''$ vom Beobachter immer kleiner wird. Dabei wird dieser Abstand $e$ genau dem scheinbaren Abstand desjenigen Punktes des Raummodells[3]

---

[1] W. SCHEFFER, Anleitung zur Stereoskopie, Berlin 1914; R. DITTLER, Stereosk. Sehen und Messen, Leipzig 1919; A. HAY, Sehen und Messen, Kap. 8 und 9, Leipzig und Wien 1921.

[2] Vgl. S. 4.

[3] Über den Charakter dieses optischen Modells gibt Abb. 65* nähere Aufklärung. Die in dem großen Abstand $O_1O_2 = B$ aufgenommenen Teilbilder werden den beiden Augen $o_1$ und $o_2$ mit einem kleineren Abstand $b$ unmittelbar oder durch Vermittlung optischer Hilfsmittel (in der Abb. 65* durch eine HELMHOLTZsche Spiegelanordnung) dargeboten. Die dadurch parallel zusammengeschobenen Zielstrahlenbüschel liefern ein nähergerücktes und in allen seinen Dimensionen gleichmäßig verkleinertes räumliches Abbild des aufgenommenen Objekts. Die Annäherung (und damit auch die

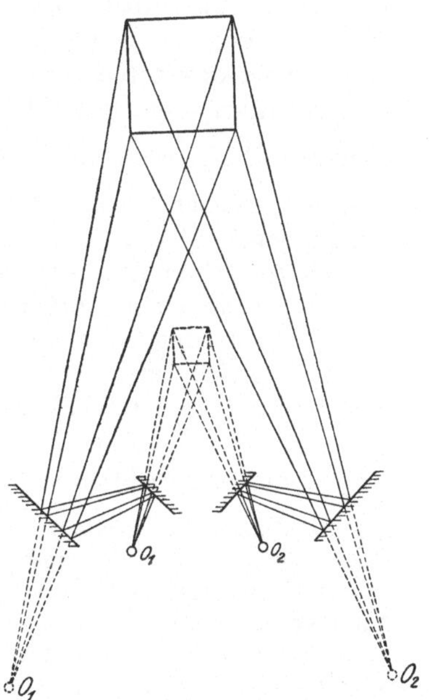

Abb. 65*. Objekt und Modell

allgemeine Verkleinerung) entspricht dem Verhältnis $\dfrac{B}{b}$, das man die „spezifische Plastik" nennt. Erfolgt jetzt die Betrachtung des Bildpaares durch ein Linsensystem, dem, wie z. B. am Stereokomparator (s. u.) eine Vergrößerung $v$ zukommt, so erscheint damit das Modell wiederum, und zwar $v$-mal, nähergerückt. Das Maß der totalen entsprechen, auf dessen beiden Teilbildern die beiden Einstellmarken zufällig stehen, und der Beobachter hat den Eindruck, als ob die „Raummarke" den Raumpunkt berührt.

Aus der Ähnlichkeit der Dreiecke $M'O_1O_2$ und $O_2H_2m_2'$ folgt

$$M'O_1 = e = \frac{B}{\operatorname{tg}\gamma'} = \frac{B \cdot f}{H_2 m_2'} = \frac{B \cdot f}{v}, \tag{6}$$

worin $f$ die Brennweite der Betrachtungslinsen ist. Ist diese Brennweite gleich der Bildweite der Aufnahmekammer, so stellt $e$ den tatsächlichen Abstand $E$ des eingestellten Raumpunktes von der Aufnahmebasis $B'$ im Maßstab $\frac{B}{B'}$ dar. Der Abstand $E$ und die Richtung $O_1m_1$ bestimmen nun eindeutig die Lage des Objektpunktes $M$ in bezug auf die Basis $B'$; das Verfahren der „Raumbildmessung" ist also eine besondere Art des Vorwärtseinschneidens, bei dem der Spitzenwinkel $\gamma$ nicht durch getrennte, nacheinander vorgenommene Richtungsmessungen, sondern unmittelbar aus einer einzigen Messung, nämlich der der Verschiebung $v$, gefunden wird.

Dabei ist — wie Gleichung (6) zeigt — diese Abstandsbestimmung unabhängig von einem etwaigen Fehler in der Richtung $Om_1$. Ein solcher Fehler würde die Raummarke nur seitlich neben dem Raumpunkt, aber in gleicher „Tiefe" mit diesem zeigen.

Für die Wahrnehmung von Unterschieden in der Tiefe der Raummarke und eines benachbarten Objektpunktes besitzt das Augenpaar im allgemeinen eine beträchtliche Empfindlichkeit. Eingehende, durch die Praxis bestätigte Versuche[1] haben ergeben, daß ein normalsichtiger Beobachter unter günstigen Umständen noch Abstandsdifferenzen $dE$ (vgl. Formel (3) S. 50), wahrzunehmen vermag, denen ein Fehler $\varDelta$ des Spitzenwinkels $\gamma$ von etwa $10''$ entspricht. Es gibt hienach das stereoskopische Meßverfahren — entsprechend der Beziehung (4) — gegenüber dem geodätischen Vorwärtseinschneiden die Möglichkeit, bei gleichem Basisverhältnis $\frac{B}{E}$ etwa die vierfache Genauigkeit $\frac{dE}{E}$ zu erreichen, oder bei gleicher Genauigkeit mit dem vierten Teil des Basisverhältnisses auszukommen.[2] Dabei sind diese überragenden Vorteile des stereoskopischen Vorwärtseinschneidens nicht wie beim geodätischen Vorwärtseinschneiden an die Voraussetzung einer vorhergehenden genauen Punktidentifizierung geknüpft: Mit der Verschmelzung zweier Teilbildpunkte zu einem Raumpunkt ist ihre Identität gleichsam automatisch festgestellt. Infolgedessen sind bei Anwendung des stereoskopischen Verfahrens auch völlig einförmige Oberflächenformen, wie

---

Annäherung entspricht jetzt dem Verhältnis $\frac{B}{b} \cdot v$, das man (nach S. Czapski) als „totale Plastik" bezeichnet. Mit dieser weiteren Annäherung des Objekts ist aber keine weitere Verkleinerung seines Modells verbunden. Die Vergrößerung des Betrachtungssystems bewirkt somit eine Deformation des Modells (Kulissenwirkung), die aber, da ja der Richtung nach der Zielmarke und nach dem eingestellten Bildpunkt die gleiche Deformation zukommt, ohne Einfluß auf das Messungsergebnis ist. Vgl. M. v. Rohr, Die opt. Instrumente, Samml. Aus Natur u. Geisteswelt, Nr. 88, Leipzig und Berlin 1911, und A. Hay, Sehen und Messen, Leipzig und Wien 1921.

[1] C. Pulfrich, Stereosk. Sehen und Messen, Jena 1911; Derselbe, ZS. f. I., 1901, S. 249.

[2] Eine Rechentafel, die bei gegebenem maximalen Punktabstand $E$ und dem hiefür zulässigen maximalen Fehler $dE$ die erforderliche Basislänge zu entnehmen gestattet, veröffentlichte z. B. H. Lüscher (Photogrammetrie, Samml. Aus Natur und Geisteswelt Nr. 612, Leipzig und Berlin 1920).

Wiesenhänge, Schneehalden, ja sogar Wolken und Wellen der Ausmessung zugänglich.

Konstruktionsgrundlagen und Gebrauch eines stereoskopischen Meßgerätes. Zur Demonstration des Stolzeschen Verfahrens ist von C. Zeiss in Jena ein „Stereomikrometer" (Abb. 66) gebaut worden,[1] das in Verbindung mit einem gewöhnlichen Linsenstereoskop zu verwenden ist. Das Instrument besteht aus einem Rahmen $R$, der so über ein im Stereoskop befindliches Bildpaar zu legen ist, daß die beiden Teilbilder in den Ausschnitten des Rahmens erscheinen. In diese Ausschnitte ragen die Zeiger $Z_1$ und $Z_2$, deren Spitzen $m_1$ und $m_2$ auf beliebige zusammengehörige Bildpunkte eingestellt werden können, und zwar durch gemeinsame Verschiebung des Zeigerträgers $T$ (Verschiebungsablesung an der $x$-Skala), durch (getrennte) Verschiebung der Zeiger winkelrecht zum Träger $T$ (Ablesung an der $y$-Skala) und endlich durch relative Verschiebung des Zeigers $Z_2$ gegen $Z_1$ mittels der Schraube $s$ (Ablesung an einer besonderen Teilung und an der Schraubentrommel). Da mit Hilfe dieser Skalen die Abstände der Bildpunkte sowohl von der Hauptvertikalen (die Abszissen) als auch von der Haupthorizontalen (die Ordinaten) gemessen werden

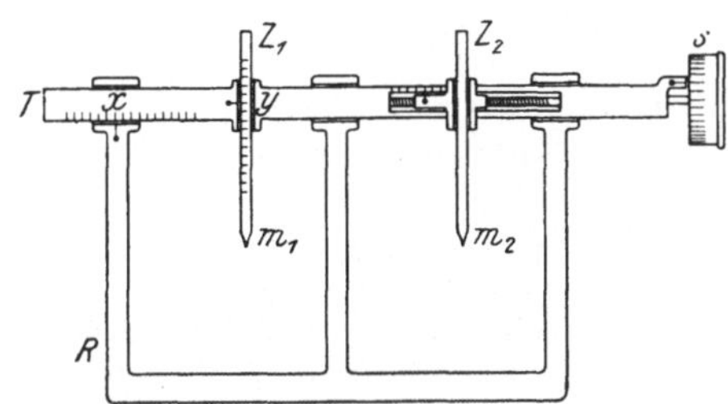

Abb. 66. Stereomikrometer von C. Zeiss

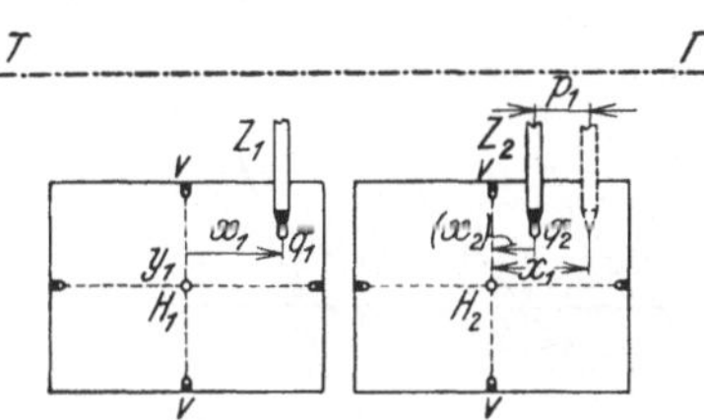

Abb. 67. Anwendung des Stereomikrometers

können, so ist das Stereomikrometer im Prinzip eine Vereinigung zweier Komparatoren (s. S. 41) zur gleichzeitigen Messung der Koordinaten zusammengehöriger Bildpunkte (Stereokomparator, s. S. 55).

Zum Gebrauch des Stereomikrometers sind die Teilbilder so in das Stereoskop zu bringen (Abb. 67), daß die Haupthorizontalen parallel dem Zeigerträger $T$ sind und die Bildhauptpunkte $H$ in die optischen Achsen der Betrachtungslinsen fallen (s. S. 57). Hierauf werden die Zeigerspitzen $m_1$ und $m_2$ mittels der angegebenen Verschiebungseinrichtungen auf die irgendwie markierten Hauptpunkte eingestellt (stereoskopische Prüfung der Einstellung: die Raummarke muß in gleicher Tiefe erscheinen wie das Raumbild des Hauptpunktes) und die entsprechenden Ablesungen $\xi_0, \eta_0, \pi_0$ an den drei Skalen gemacht. Bringt man nun die Zeigerspitzen auf die zusammengehörigen Bildpunkte $q_1$ und $q_2$, so ergeben sich zunächst aus den entsprechenden Ablesungen $\xi_1$ und $\eta_1$ am Träger und am linken Zeiger die Koordinaten des Bildpunktes

$$x_1 = \xi_0 - \xi_1 \tag{7}$$
$$y_1 = \eta_0 - \eta_1 \tag{8}$$

An der Teilung für die seitliche Verschiebung von $Z_2$ bzw. an der Trommel der Schraube $s$ liest man (wieder nach stereoskopischer Vergleichung der Raumtiefe des Objektpunktes $Q$ und der Raummarke) die Einstellung $\pi_1$ ab, aus der folgt

$$p_1 = \pi_0 - \pi_1 \tag{9}$$

---

[1] C. Pulfrich, Int. Arch. f. Photogramm. 2, 1911, S. 149.

wobei $p_1$, entsprechend dem $v$ in Abb. 65, gleich der Differenz $x_1 - x_2$ der Bildpunktabszissen ist.

Rekonstruktion des optischen Modells. Aus den angeführten Messungsergebnissen lassen sich, zunächst für den Fall, daß die Aufnahmen ein „Normalstereogramm" darstellen (s. oben), die auf den Standpunkt $O_1$ und die Basisrichtung bezogenen Raumkoordinaten $E_1 X_1$ und $Y_1$ jedes am „optischen Modell" eingestellten Objektpunktes mittels einfacher Proportionen ableiten. An der der Abb. 67 entsprechenden Grundrißfigur Abb. 68 erkennt man, nachdem durch die Kartenprojektion $Q_0$ des Objektpunktes $Q$ eine Parallele zur Basis $B$ und durch den Standpunkt $O_1$ eine Parallele zur Bildstrahlprojektion $O_1 Q_0$ gezogen wurde, daß

$$E_1 = \frac{B}{p_1} \cdot f, \tag{10}$$

worin die Verschiebung (Parallaxe) $p_1$ (vgl. auch S. 31 u. 33) das Bild der (hier wagrechten) Basis $B$ ist.

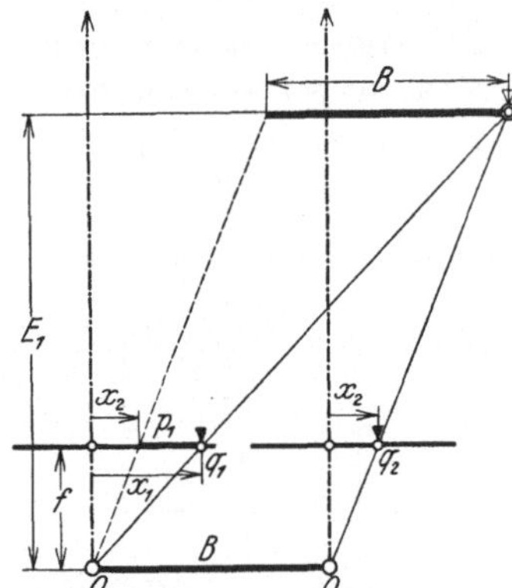


Abb. 68. Normalfall der Stereophotogrammetrie

Entsprechend folgt für die Abszisse $X_1$ des Punktes $Q$,

$$X_1 = \frac{B}{p_1} \cdot x_1 \tag{11}$$

und für die Höhendifferenz des Objektpunktes gegen den (linken) Aufnahmehorizont

$$Y_1 = \frac{B}{p_1} \cdot y_1 \tag{12}$$

Die Formeln (10) bis (12) entsprechen notwendig den auf S. 47 entwickelten Koppeschen Berechnungsformeln (3) bis (5) für den „Normalfall". Selbstverständlich sind auch die dort für den „Verschwenkungsfall" angegebenen Formeln (3″) bis (5″) für die Rekonstruktion stereoskopisch ausgemessener verschwenkter Aufnahmen unmittelbar verwendbar.

Aus diesen Formeln werden die Raumkoordinaten der Objektpunkte (meist genügend genau mit dem Rechenschieber) berechnet, worauf die Werte $E_1$ und $X_1$ zweckmäßig auf Millimeterpapier aufzutragen und die den so gefundenen Einzelpunkten entsprechenden Höhen $H_1$ über einem gemeinsamen Horizont — gewöhnlich über Normal-Null — beizuschreiben sind. Dabei ergibt sich $H_1$ aus der nach den üblichen Vermessungsmethoden zu bestimmenden Höhe $H'_{0,1}$ des (linken) Standpunktes (Objektivmittelpunktes) über $NN$ und der Raumkoordinate $Y_1$ nach der Beziehung

$$H_1 = H_{0,1} + Y_1 \tag{13}$$

Auf Grund dieser erforderlichenfalls wegen Erdkrümmung und Refraktion zu verbessernden[1] Höhenzahlen erfolgt die Konstruktion der Schichtlinien in bekannter Weise durch Interpolation, wobei der Vergleich der Kartierung mit dem Raummodell eine naturgetreue Wiedergabe der Oberflächenformen wesentlich erleichtert.

Die für Normalstereogramme gültige Berechnungsformel (10) läßt erkennen, daß die Horizontalprojektion aller Punkte des Raummodells, denen die gleiche Parallaxe $p_1$ zukommt, auf einer Parallelen zur Basis im Abstand $E_1$ liegen, so daß die Gesamtheit aller dieser Raumpunkte ein zur Basis paralleles

---

[1] Die Korrektion (in cm) ist näherungsweise $+7 \cdot E^2$ ($E$ in km).

Profil des Objektes darstellt. Die Feststellung beliebiger Punkte dieses Profils geschieht, nachdem eine passend gewählte Parallaxe $p_1$ an der Meßschraube $s$ (Abb. 66) eingestellt wurde, durch einfaches Seitwärtsverschieben des Trägerarmes $T$ (Ablesung $x$), worauf die Zeiger $Z_1$ bzw. $Z_2$ so lange vertikal zu verschieben sind, bis die Raummarke die Objektfläche scheinbar berührt (Ablesung $y$). Das Kartieren nach parallelen Profilen bietet natürlich auch hinsichtlich der Koordinatenberechnung besondere Vorteile, da für alle Punkte des Profils

[vgl. die Beziehungen (10) bis (12)] der Faktor $\dfrac{B}{p_1}$ konstant ist.[1]

Beim „Verschwenkungsfall" ist eine derartige Arbeitserleichterung nicht zu erzielen, da hier, wie eine Untersuchung der Gleichung (4″) auf S. 49 zeigt,[2] die Horizontalprojektionen der Punkte gleicher Parallaxe auf einem Kegelschnitt (Parabel) liegen. Aus diesem Grunde, wie auch mit Rücksicht auf die Kompliziertheit der entsprechenden Koordinatenformeln ist die punktweise Auswertung von verschwenkten Aufnahmen im allgemeinen wirtschaftlich nicht vorteilhaft. Noch ungünstiger sind die Verhältnisse bei konvergenten oder gar beliebig orientierten Aufnahmen (vgl. S. 49). Man beschränkt sich deshalb in der Praxis auf den Normalfall. Die hiefür erforderliche Einhaltung genau paralleler Aufnahmerichtungen macht besondere Einrichtungen an den Aufnahmegeräten notwendig (s. S. 128, 131).

**15. Stereokomparatoren.** Konstruktionsprinzip. Die oben angebene hohe Genauigkeit in der Wahrnehmung von Tiefenunterschieden kann durch Instrumente von der Art des Stereomikrometers nur in sehr geringem Maße ausgenutzt werden. Falls die Messung des Spitzenwinkels aus Photogrammen seiner möglichen Beobachtungsschärfe entsprechen soll, muß das verwendete Meßgerät bei einer Aufnahmebildweite von z. B. 200 mm die Wahrnehmung bzw. Messung einer linearen Differenz zwischen Meßmarke und Bildpunkt von mindestens $200 \dfrac{10''}{206\,265} = 0{,}01$ mm gestatten. Dazu ist zunächst erforderlich, daß Bild und Einstellmarke dem Auge in einer entsprechenden Vergrößerung dargeboten werden, die mit einem einfachen Betrachtungsstereoskop nicht zu erzielen ist. Außerdem müssen die entsprechend feinen Einstellmarken[3] mit der Bildebene genau zusammenfallen, um Einstellfehler zu vermeiden. Diese beiden Hauptforderungen werden erfüllt, wenn die Betrachtung der Meßbilder mittels

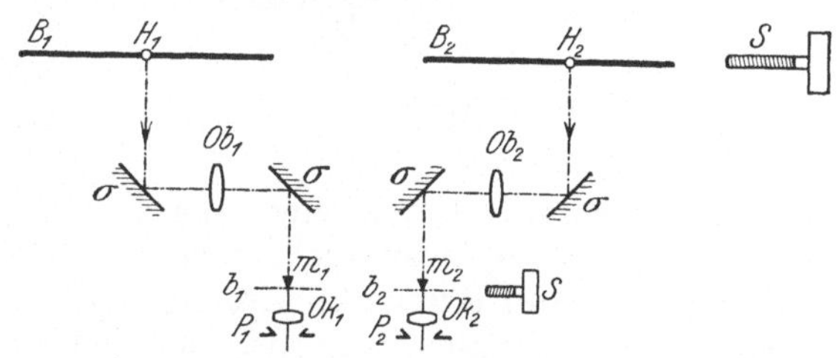

Abb. 69. Schematische Darstellung des PULFRICHschen Stereokomparators

eines binokularen Mikroskops erfolgt. Abb. 69 zeigt schematisch den Schnitt durch die optischen Achsen des Doppelmikroskops eines solchen „Stereokomparators", der im Prinzip eine Vereinigung zweier Mikroskopkomparatoren (s. Abb. 54 u. 55) darstellt und eine Sondereinrichtung zur unmittelbaren Messung

---

[1] H. DOCK, Bildmess. u. Luftbildwes. 2, 1927, S. 65.

[2] Vgl. z. B. H. DOCK, Photogrammetrie und Stereophotogrammetrie, Samml. Göschen, Bd. 699, Berlin und Leipzig 1923.

[3] Verwendet werden zumeist keilförmige Marken, deren Spitze zur Einstellung dient, oder einfache Punkte. Bisweilen erweist es sich als vorteilhaft, beiden Marken eine solche Gestalt zu geben (z. B. je ein gleich großer Kreis mit exzentrischem Punkt), daß die Raummarke selbst als ein Objekt mit Tiefenausdehnung erscheint.

der Abszissendifferenzen (Parallaxen) besitzt. Von den Meßbildern (Original-
negativen oder Diapositiven) *B*, die in geeigneter Weise von rückwärts her beleuchtet sind, werden durch die Objektive *Ob* unter Vermittlung der Spiegel $\sigma$
reelle Bilder in den „Bildfeldebenen" *b* entworfen. In den gleichen Ebenen sind
die Einstellmarken *m* angebracht. Die Betrachtung erfolgt durch die Okulare *Ok*,
deren Vergrößerung, beschränkt durch die Größe des Plattenkornes (S. 119),
etwa fünffach ist. Zur Einstellung beliebiger Bildpunkte sind beide Meßbilder
auf einem gemeinsamen Schlitten gelagert, der eine gleichzeitige Verschiebung
beider Bilder in Richtung der Haupthorizontalen gestattet. Außerdem läßt sich
entweder dieser Schlitten oder das Doppelmikroskop in Richtung der Hauptvertikalen verschieben. Die jeweilige Stellung der Schlitten wird an entsprechenden Skalen auf 0,1 mm abgelesen. Durch diese Verschiebungseinrichtungen kann

Abb. 70. Stereokomparator nach C. Pulfrich

im allgemeinen jeweils nur einer der beiden zusammengehörigen Bildpunkte
(gewöhnlich der linke) an die entsprechende Einstellmarke gebracht werden.
Der andere (rechte) Bildpunkt wird gegen die entsprechende Einstellmarke eine
Verschiebung aufweisen, die bei horizontaler Basis der Abszissendifferenz
(Horizontalparallaxe) beider Bildpunkte entspricht. Ihre Messung kann entweder durch Verschiebung der (rechten) Einstellmarke mittels der Schraube *s* oder
aber durch relative Verschiebung des rechten Meßbildes gegen das linke mittels
der Schraube *S* erfolgen. Das erste Verfahren entspricht ganz dem Einstell-
vorgang am Stereomikrometer, ist aber unzweckmäßig, da es die gesuchte
Abszissendifferenz hier nicht unmittelbar liefert und auch nur bei geringen Werten
der Parallaxe anwendbar ist. Bei dem im allgemeinen stets benutzten zweiten
Verfahren bleiben beide Einstellmarken unveränderlich fest. Das hat u. a. den Vorteil, daß der Beobachter, ganz unabhängig von der Größe des Spitzenwinkels,
immer mit der gleichen Stellung der Augachsen beobachtet, während beim
ersten Verfahren mit abnehmender Raumpunktentfernung eine immer größer
werdende Konvergenz der Augachsen eintritt. Mit der Zunahme des Konvergenzwinkels ist aber eine empfindliche Verminderung der Genauigkeit der Tiefen-

wahrnehmung verbunden. Der optische Effekt einer relativen Verschiebung der Einstellmarken oder der Meßbilder ist übrigens für den Beobachter der gleiche: er hat in beiden Fällen den Eindruck, als ob die Raummarke sich nähert oder entfernt („wandernde Marke").

Komparator nach C. Pulfrich. Die erste allgemein bekannt gewordene Konstruktion eines Stereokomparators (Abb. 70) rührt von C. Pulfrich[1] her. Die Meßbilder $P_1$ und $P_2$ werden hier mittels der Schrauben $D_1$ und $D_2$ so ausgerichtet, daß die Haupthorizontalen beider Bilder parallel der Verschiebungsrichtung des Hauptschlittens bzw. parallel der Abszissenskala werden. Nach Einstellung der beiden oberen (oder unteren) Bildmarken der Hauptvertikalen mittels des Handrades $H$ und der Parallaxenschraube $Z$ (mit stereoskopischer Prüfung der genauen Einstellung) und einer der linken (oder rechten) Bildmarken der Haupthorizontalen durch Verschiebung des Mikroskopschlittens (Handrad $V$) (Hauptpunkteinstellung) werden die $x$-, $y$- und $p$-Skalen so verschoben, daß an jeder dieser Skalen 0,0 mm, bei Einstellung eines beliebigen Raumpunktes also unmittelbar dessen Bildpunktkoordinaten $x_1\,y_1$ und dessen

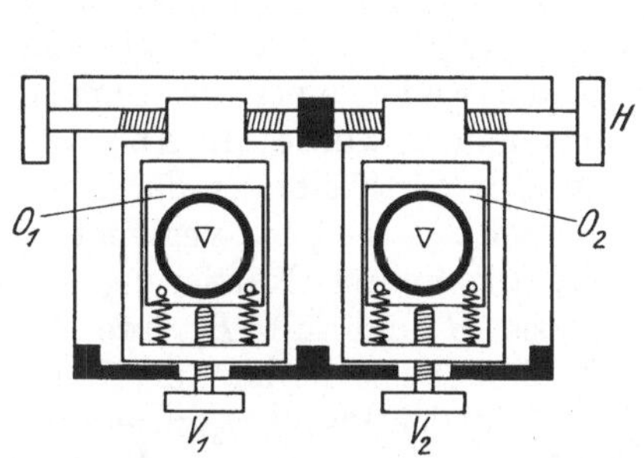

Abb. 71. Doppelokular nach
R. Hugershoff

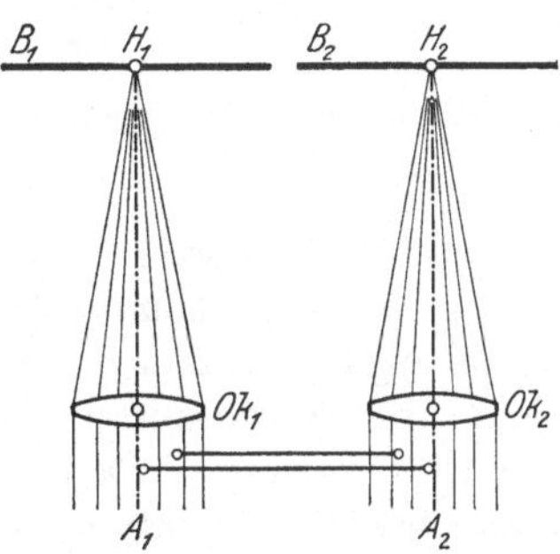

Abb. 72. Strahlengang im einfachen
Linsenstereoskop

Parallaxe $p_1$ abgelesen werden. Mit diesem Pulfrichschen Stereokomparator wurde die erste stereophotogrammetrische Geländeaufnahme[2] durchgeführt.[3]

Optische Voraussetzungen für das stereoskopische Messen. Die Verschmelzung der beiden im Doppelmikroskop gesehenen Teilbilder zu einem optischen Modell ist selbstverständlich nur dann möglich, wenn beide Augen das gemeinsame Bildfeld gleichzeitig überblicken können. Das setzt voraus, daß sich die Pupillen der Augen an der Stelle der Austrittspupillen der entsprechenden Mikroskope befinden. Die Austrittspupillen $P$ (Abb. 69), d. s. die von den Okularen $Ok$ entworfenen reellen Bilder der Objektive $Ob$, lassen sich durch seitliche Verschiebung der Okulare verlagern und somit dem individuellen Augenabstand des Beobachters anpassen. Diese Anpassung geschah an stereoskopischen Meßgeräten bisher nur hinsichtlich des wagrechten Augenabstandes. Da aber die Augen bei gerader Kopfhaltung sehr häufig auch einen Höhenunterschied aufweisen, so müssen die Okulare notwendig auch vertikal verschiebbar sein. Die hiezu erforderliche, von R. Hugershoff[4] angegebene Einrichtung

---

[1] C. Pulfrich, ZS. f. I. 22, 1902, S. 65, 133, 178, 229.

[2] Derselbe, ZS. f. I. 23, 1903, S. 317; vgl. auch A. v. Hübl, Mitt. d. k. u. k. Mil.-Geogr. Inst., Wien, 22, 1902, S. 139; ebenda 23, 1903, S. 182, und ebenda 24, 1904, S. 143.

[3] Außer dem abgebildeten Pulfrichschen Stereokomparator baut die Firma C. Zeiss in Jena auch einen Spezialkomparator (Stereometer) für Nahaufnahmen mit einer Doppelkammer. Vgl. S. 143.

[4] D. R. P. Nr. 484059.

ist in Abb. 71 dargestellt. Die auf den Schlitten $O$ befestigt zu denkenden Okulare können durch den Trieb $H$ gemeinsam in horizontaler und durch die Schrauben $V$ einzeln in vertikaler Richtung verschoben werden.[1]

Anders als bei binokularen Mikroskopen liegen die Verhältnisse bei einfachen Betrachtungsstereoskopen (Abb. 72). Hier sind die Okulare (vgl. S. 53) so einzustellen, daß ihre parallelen optischen Achsen durch die Hauptpunkte (Fernpunkte) gehen. Der Forderung, die Teilbilder gleichzeitig überblicken zu können, wird Rechnung getragen durch Wahl eines genügend großen Linsendurchmessers, so daß die Augen $A$ auch bei verschieden großem horizontalen und vertikalen Abstand noch innerhalb des austretenden Strahlenbündels bleiben.

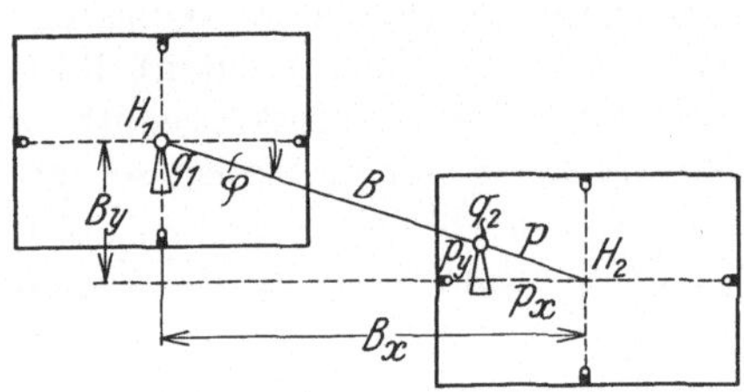

Abb. 73. Stereogramm mit geneigter Basis, natürliche Lage

Zu einer Verschmelzung der beiden Teilbilder ist es noch notwendig, daß die durch die beiden Augachsen bestimmte Ebene zusammenfällt mit der Ebene des Bestimmungsdreiecks, der „Kernebene" (vgl. S. 39) des jeweils betrachteten Raumpunktes. Das ist von Bedeutung für den noch nicht behandelten Fall der Ausmessung eines Stereogramms, das von den Enden einer geneigten Basis aufgenommen wurde. In Abb. 73 ist ein solches Normal-Stereogramm in natürlicher Lage der Teilbilder dargestellt. Die Entfernung der Hauptpunkte entspricht dabei der (beliebig verjüngten) Basis $B$, deren Neigungswinkel $\varphi$ sei. Mit $B_x$ ist die für die Kartierung in Frage kommende Horizontalkomponente der Basis $B$ und mit $B_y$ ihre Vertikalkomponente bezeichnet. Dem linken, der Einfachheit halber im Hauptpunkt angenommenen Bildpunkte $q_1$ ist im rechten Bild der Punkt $q_2$ zugeordnet. Die

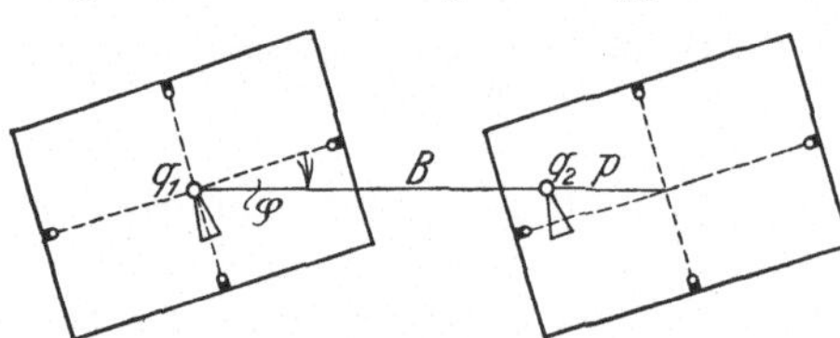

Abb. 74. Stereogramm nach Abb. 73; nach einer Drehung entsprechend der Basisneigung

Differenz der Abszissen dieser Punkte entspricht der Horizontalkomponente $p_x$ der „totalen" Parallaxe $p$. Für die Berechnung der Raumkoordinaten des Punktes $Q$ kommt offenbar nur diese „Horizontalparallaxe" in Betracht.

Die stereoskopische Betrachtung des vorliegenden Bildpaares in seiner „natürlichen" Lage ist nur im einfachen Betrachtungsstereoskop und (entsprechend der obigen Forderung) nur bei einer Rechtsneigung des Kopfes um den Winkel $\varphi$ möglich. Im Stereokomparator ist die Kopfhaltung durch die unveränderlich wagrechte Lage der Einstellmarken-Verbindungslinie vorgeschrieben, dementsprechend wäre zur Erzielung eines Verschmelzungsbildes die Basis um den Winkel $\varphi$ in die wagrechte Lage zu drehen, d. h. die Meßbilder wären (Abb. 74) um den Winkel $\varphi$ verkantet in die Bildschlitten einzulegen.[2] Diese Bildlage, bei der das Raummodell um den Winkel $\varphi$ nach links geneigt erscheint, ist für die Ausmessung ungeeignet, da man jetzt die für die Kartierung erforderlichen Bildpunktkoordinaten und Horizontalparallaxen nicht unmittelbar ablesen kann.

Man legt deshalb in der Praxis ganz allgemein die Meßbilder auch bei Höhenunterschieden der Standorte in der üblichen Weise in den Stereokomparator

---

[1] Die Okulare sind außerdem noch mit Drehkeil-Paaren ausgerüstet, durch welche die aus den Okularen austretenden Strahlenbündel in die Richtung der Augachsen gelenkt werden.

[2] E. Doležal, Int. Arch. f. Photogramm. 1, 1908, S. 116.

(Abb. 75). Da die zusammengehörigen Bildpunkte verschiedene Ordinaten haben, deren Differenz der Vertikalkomponente der Totalparallaxe entspricht (Abb. 73), ist zur Einstellung der Bildpunkte eine gesonderte Ver-

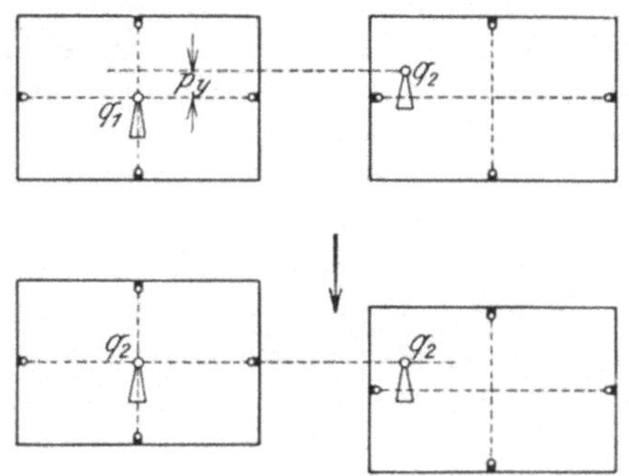

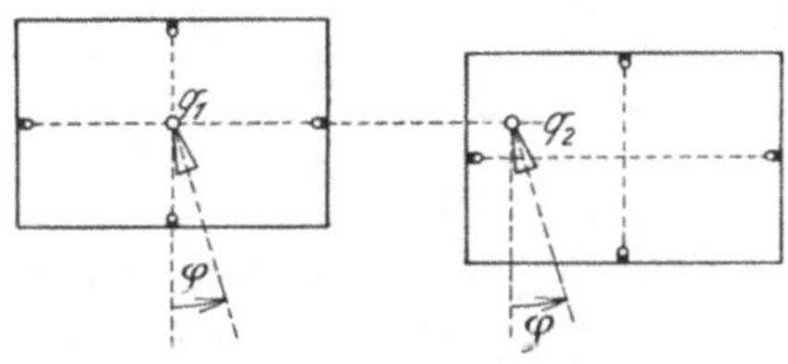

Abb. 75 und 76. Lage des Stereogramms im Komparator vor und nach Beseitigung der Vertikalparallaxe

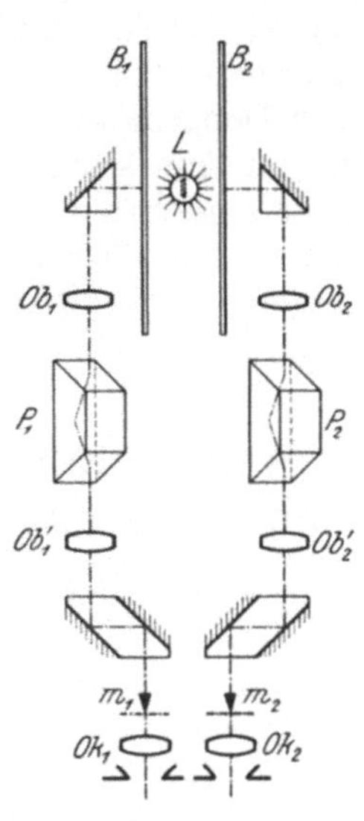

Abb. 77. Optische Drehung des Raummodells gemäß Abb. 74

Abb. 78. Optisches Betrachtungssystem des Stereokomparators nach R. HUGERSHOFF

schiebung (Abb. 76) des rechten Bildes gegen das linke in der $y$-Richtung (Schraube $C$ in Abb. 70) erforderlich. Damit ist nun auch hier, wie in Abb. 74, die Ebene des Meßdreiecks in die Ebene der Mikroskopzielachsen gebracht worden; eine Verschmelzung zum Raumbild ist aber trotzdem nur unvollkommen und nur in unmittelbarer Nähe des Raumpunktes $Q$ eingetreten, da hier die zur Verschmelzung innerhalb des gesamten Bildfeldes nötige Schiefstellung des Raummodells fehlt. Diese Schiefstellung läßt sich nach einem Vorschlag von R. HUGERSHOFF einfach dadurch erzielen, daß man nicht die Originalmeßbilder, sondern deren von den Mikroskopobjektiven erzeugte optische Bilder dreht[1] (Abb. 77).

Komparator nach R. HUGERSHOFF. Zum Zwecke dieser Drehung wird in den Strahlengang eines jeden Mikroskopobjektivs (Abb. 78) ein Umkehr-

Abb. 79. Stereokomparator nach R. HUGERSHOFF

___
[1] D. R. P. Nr. 358 255.

prisma[1] (Dovesches Prisma) $P$ eingeschaltet, dessen Drehung um seine Längsachse um den Winkel $\frac{\varphi}{2}$ eine Drehung des Bildes um den Winkel $\varphi$ bewirkt. Das Instrument unterscheidet sich auch äußerlich (Abb. 79) wesentlich von dem Pulfrichschen Stereokomparator. Die Meßbilder $B$ liegen hier parallel nebeneinander; sie können sowohl in der $x$-Richtung als auch in der $y$-Richtung verschoben werden. Dementsprechend erfolgt die Betrachtung durch ein feststehendes Doppelmikroskop, dessen Okulare $Ok$ die in Abb. 71 dargestellte Einrichtung zur Anpassung der Austrittspupillen an die individuelle Augenlage des Beobachters gestatten. Die Beleuchtung des gemeinsamen Bildfeldes geschieht durch eine kleine, fest gelagerte 4 Volt-Lampe $L$. Die Ablesung der Bildpunktkoordinaten kann sowohl an Skalen wie auch an Zählwerken vorgenommen werden.

## V. Kontinuierlich-automatische Rekonstruktion des Objektes aus einem Bildpaar (Autogrammetrie)

Zu einer kontinuierlichen Übertragung von Linienelementen einer beliebigen auf zwei Meßbildern dargestellten Oberfläche in ihre Orthogonalprojektionen sind besondere Apparate angegeben worden, von denen im folgenden nur diejenigen eingehende Erwähnung finden können, die über einen — zumeist in Patentschriften niedergelegten — Entwurf hinausgekommen sind und zur Zeit praktische Verwendung finden.

Alle diese Instrumente mechanisieren im wesentlichen das bereits geschilderte Verfahren des Vorwärtseinschneidens. Jeder der beiden den Objektpunkt bestimmenden Strahlen wird dabei — entsprechend dem Aufnahmevorgang — festgelegt durch den entsprechenden Bildpunkt und das zugehörige Zentrum der photographischen Perspektive (Bildstrahl). Der zum Schnitt zu bringende, also außerhalb der Aufnahmekammer gelegene Teil des Zielstrahls (Objektstrahl) kann dann durch diesen Zielstrahl selbst oder aber durch eine Verkörperung desselben (mittels Hebel) dargestellt werden.

Im ersteren Falle wird der Strahlenschnittpunkt während der Rekonstruktion im allgemeinen unmittelbar beobachtet und durch eine körperliche Raummarke fixiert. Die unmittelbare Beobachtung kann erfolgen unter stereoskopischer Betrachtung der Bildpaare (Stereoplanigraph von Deville) oder unter gleichzeitiger oder sukzessiv-intermittierender Projektion der Meßbilder (Doppelprojektoren nach Scheimpflug in den Ausführungsformen von Gasser, Nistri und Ferber).

Im zweiten Falle, dem der Verkörperung der Strahlen, zeigt stets eine virtuelle Raummarke (Prinzip von Stolze) die jeweilige Stellung des Hebelschnittpunktes gegenüber dem virtuellen Raummodell an. Die verschiedenen konstruktiven Durchführungen dieses Gedankens (Stereoautograph von v. Orel, Autokartograph und Aerokartograph von Hugershoff, Autograph von Wild) unterscheiden sich im wesentlichen durch die Art der mechanisch-optischen Kupplung zwischen Bildstrahl und Übertragungshebel.

Die virtuelle Raummarke kann aber auch bei den Verfahren des ersten Falles zweckmäßig Verwendung finden. So ist das Stereotopometer von Prédhumeau eine derartige Umbildung des Devilleschen Stereoplanigraphen, während sich der Stereoplanigraph von Bauersfeld und der Aerosimplex von Hugershoff aus der entsprechenden Umbildung des Doppelprojektors von Scheimpflug ergeben.

---

[1] Chr. v. Hofe, Fernoptik, Leipzig 1921.

Eine Sonderstellung nimmt das ebenfalls von Scheimpflug angegebene Verfahren der Zonentransformation ein, das allerdings nur eine Approximationslösung für einen Spezialfall der Aufgabe darstellt. Auch von den anderen obenerwähnten Instrumenten löst übrigens praktisch nur ein Teil das allgemeine Problem der Photogrammetrie.

## A. Spezielle Lösungen der Aufgabe

**16. Der Stereoplanigraph nach Deville. Die Konstruktionen von Pulfrich, Trendelenburg, Beyerlen und Prédhumeau.** Das von E. Deville vorgeschlagene[1] Instrument, für das C. Pulfrich[2] den Namen Stereoplanigraph einführte, ist in Abb. 80 dargestellt. Es ist im wesentlichen ein Wheatstonesches Spiegelstereoskop, dessen Spiegel schwach versilbert und infolgedessen halb durchsichtig sind. Die vor den Blendenöffnungen $D$ zu denkenden Augen des Beobachters erblicken durch Vermittlung der Spiegel ein vir-

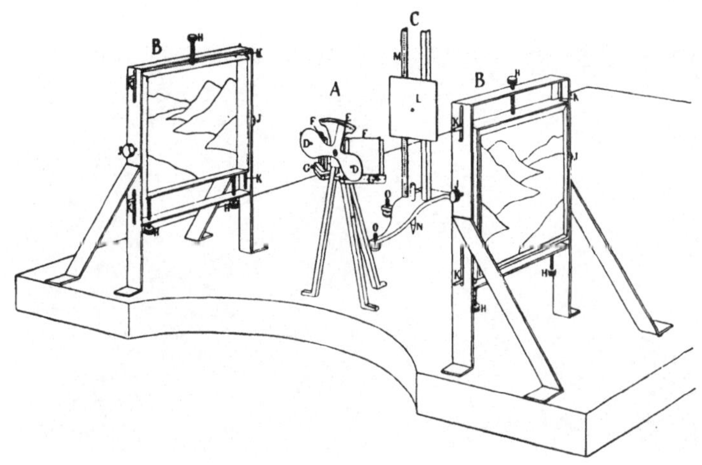

Abb. 80. Stereoplanigraph nach E. Deville

tuelles Modell des durch die Meßbilder $B$ abgebildeten Objekts. In dieses virtuelle Raummodell hinein stellt nun Deville eine körperliche Marke, nämlich einen leuchtenden Punkt $L$, der mittels des Gestells $C$ horizontal und vertikal beliebig verschoben und somit scheinbar mit jedem beliebigen Punkt des Objektmodells zur Deckung gebracht werden kann. Ein am Gestell $C$ angebrachter Bleistift $N$ markiert dann die Horizontalprojektion des jeweils eingestellten Objektpunktes. Beläßt man die Raummarke $L$ in einer bestimmten konstanten Höhe über der Zeichenfläche und verschiebt das Gestell $C$ so, daß $L$ ununterbrochen in scheinbarer Berührung mit der Oberfläche des Objektmodelles bleibt, so wird $N$ eine Schichtlinie aufzeichnen. Das virtuelle Modell des Objekts ist diesem selbst natürlich nur dann ähnlich, wenn die Länge des gespiegelten Strahles vom Hauptpunkt bis zur Blendenöffnung gleich der Bildweite der Aufnahmekammer ist und wenn die Meßbilder $B$ (abgesehen von der konstanten, durch die Spiegelung bedingten Verschwenkung) im Zeichengerät die gleiche Orientierung gegeneinander und zum Zeichenbrett (Horizont) erhalten, die sie bei der Aufnahme hatten. Hinsichtlich der äußeren Orientierung läßt das Gerät praktisch nur die Ausarbeitung von Normalstereogrammen zu, d. h. von

---

[1] Vgl. S. 40, Fußnote 8.
[2] C. Pulfrich, ZS. f. I. 23, 1903, S. 133.

Aufnahmepaaren, die in einer gemeinsamen Ebene liegen, welche bei der dargestellten Ausführungsform des Instruments notwendig senkrecht sein muß (terrestrische Normalstereogramme mit horizontalen Achsen). Bei einem Höhenunterschied der Aufnahmestandpunkte wären hier, wie in der Abb. 80 angedeutet ist, die Meßbilder in ihrer Ebene entsprechend vertikal zu verschieben und mit schiefer Kopfhaltung zu betrachten; die Meßbilder könnten aber auch bei normaler Kopfhaltung betrachtet werden, wenn sie entsprechend der Abb. 74 auf S. 58 um den Neigungswinkel der Basis verkantet eingelegt würden und wenn die Zeichnung auf einer besonderen um den gleichen Winkel seitlich geneigten Fläche erfolgte. Das Gerät läßt sich mit geringen Abänderungen auch für solche Normalstereogramme verwenden, deren gemeinsame Bildebene beliebig geneigt ist. In einem solchen Falle wäre offenbar die Zeichenfläche in der Blickrichtung entsprechend dem Neigungswinkel der Aufnahmeachsen ebenfalls zu neigen. In Weiterführung dieses Gedankens könnte das Gerät, falls es praktisch möglich wäre, Normalstereogramme mit genau vertikalen Achsen von

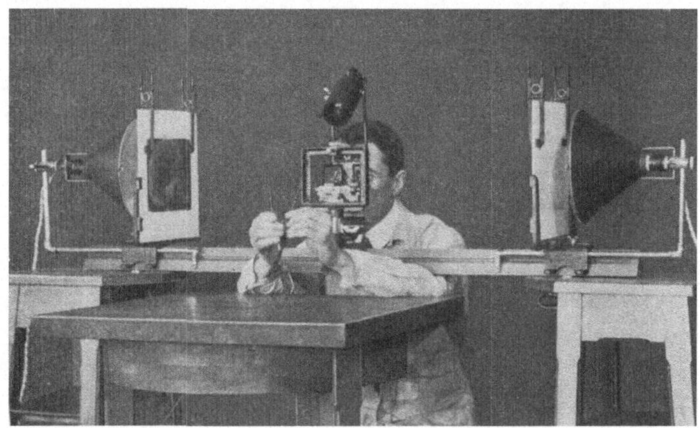

Abb. 81.　Auswertegerät für Röntgenstereogramme nach W. Trendelenburg

Luftfahrzeugen aus herzustellen, auch zur Auswertung solcher Aufnahmen benutzt werden, nur müßte hier eine vertikale Zeichenfläche verwendet und die Raummarke parallel bzw. winkelrecht zu dieser Vertikalebene verschoben werden.

In die topographische Praxis hat sich das Devillesche Instrument in seiner ursprünglichen Form nicht einführen können. Das liegt zunächst daran, daß der Maßstab des virtuellen Modells, der sich aus dem Verhältnis des Abstandes der Okularblenden zur Länge der Aufnahmebasis ergibt, nicht beliebig vorgeschrieben werden kann und bei terrestrischen topographischen Aufnahmen im allgemeinen so groß wird, daß das Auge nicht gleichzeitig auf den nahen Bildpunkt und die ferne Raummarke zu akkommodieren vermag.

Dagegen hat sich das Devillesche Prinzip unmittelbar als äußerst nützlich erwiesen für die exakte Ausmessung von Röntgen-Stereogrammen.[1] Hier kann im allgemeinen die Aufnahmebasis der Apparatebasis gleich gemacht werden, so daß das virtuelle Modell des Objekts in unmittelbarer Nähe des Beobachters, und zwar in Originalgröße, entsteht. Infolgedessen treten Akkommodations-

---

[1] W. Trendelenburg, Stereoskopische Raummessung an Röntgenaufnahmen. Berlin, J. Springer, 1917; A. P. F. Richter, Bildmess. u. Luftbildwes. 2, 1927, S. 51; H. Wendt, Techn. Mitt. für Röntgenbetriebe, 1919, C. H. F. Müller A.-G., Hamburg; C. Beyerlen, Bildmess. u. Luftbildwes. 4, 1929, S. 67.

schwierigkeiten nicht auf und die Messungen lassen sich mit großer Genauigkeit durchführen. Den Bedürfnissen der speziellen Aufgabe besonders angepaßt sind die Konstruktionen von Trendelenburg und Beyerlen. Die erstere Konstruktion (Abb. 81) zeigt die gleiche Anordnung der Meßbilder wie beim Devilleschen Vorschlag; dem zwischen Stereogramm und Beschauer erscheinenden virtuellen Modell können durch Verschiebung einer Devilleschen Raummarke oder auch unmittelbar mit Hilfe eines Zirkels Maße entnommen werden. Im Gerät von Beyerlen, dem „Stereoorthodiagraphen" (Abb. 82), sind beide

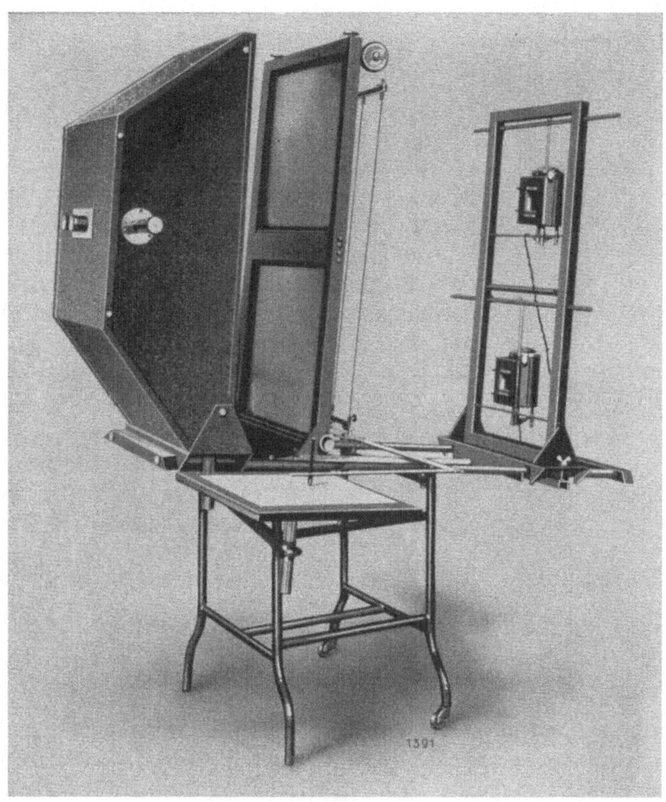

Abb. 82. Stereoorthodiagraph nach C. Beyerlen

Aufnahmen in einer gemeinsamen Vertikalebene übereinander angeordnet, wobei ein eigenartiges Betrachtungsokular die Teilbilder des Stereogramms den entsprechenden Augen zuführt. Die Messungen am Modell erfolgen mittels der Schattenbilder einer seitlich und dem Abstand nach beliebig einstellbaren Raummarke in Form eines vertikalen Drahtes und einer an diesem verschiebbaren Höhenmarke. Auch Pulfrich[1] hat eine zur Ausmessung von Röntgenstereogrammen geeignete einfache Vorrichtung angegeben, deren wesentlicher Teil ein Doppelokular ist, bei dem mit Hilfe von verschiebbaren einfachen Spiegelprismen oder drehbaren Rhombenprismen eine Anpassung an den individuellen Augenabstand des Beobachters ohne Veränderung der Apparatebasis erzielt wird.

Eine praktisch beachtenswerte Abänderung erfuhr das Devillesche Prinzip

---

[1] C. Pulfrich, ZS. f. I. 38, 1918, S. 17.

durch J. Prédhumeau. Das Wesentliche der Konstruktion seines „Stereotopometers"[1] zeigt Abb. 83. Die Teilbilder $B_1$ und $B_2$ eines Normalstereogramms werden entsprechend dem Aufnahmevorgang in der gleichen Ebene, aber in einem unveränderlichen Abstand $a$ nebeneinander gelagert. Ihre Betrachtung erfolgt von rückwärts her durch ein Helmholtzsches Spiegelstereoskop, das aus den Spiegeln $s''$ und dem Okular $Ok_1$ bzw. den Spiegeln $s'$ und dem Okular $Ok_2$ besteht. Jenseits der Meßbilder sind die Objektive $Ob_1$ und $Ob_2$ so angebracht, daß ihr Abstand von den Hauptpunkten $H_1$ und $H_2$ gleich der Bildweite der Aufnahmekammer ist. Einem im Objektraum liegenden Punkt $Q$ entsprechen die Bildpunkte $q_1$ bzw. $q_2$. Bewegt man im Objektraum eine geeignet beleuchtete Raummarke $M$ so, daß ihre durch die Objektive $Ob_1$ und $Ob_2$ auf den Meßbildern erzeugten Abbildungen $m_1$ und $m_2$ mit den Bildpunkten $q_1$ und $q_2$ zusammenfallen, so gibt die Stellung der Raummarke $M$ die räumliche Lage des Objektpunktes $Q$ an. Ein mit der Raummarke $M$ verbundener Bleistift zeichnet somit, ganz entsprechend dem Devilleschen Vorschlag, beim Entlangführen der Raummarke an der Oberfläche des Raummodells Situations- bzw. Schichtlinien auf, wobei der Maßstab der Kartierung gleich dem Verhältnis des Abstandes $a$ zur Horizontalprojektion der Aufnahmebasis ist. Die Brennweite der Objektive $Ob_1$ und $Ob_2$ ist so bemessen, daß sich die Raummarke bei mittlerer Lage im Objekt- bzw. Kartenraum scharf auf den Meßbildern abbildet. Bei anderer Markenstellung ergeben sich notwendig Einstellfehler, die aber dadurch einigermaßen unschädlich gemacht werden, daß das Betrachtungsstereoskop (das bei der praktischen Ausführung des Gerätes als Doppelfernrohr ausgebildet ist) mit der Raummarke mechanisch so gekuppelt wird, daß die Blickrichtung immer nahezu in die Richtung der Bestimmungsstrahlen $q_1Q$ bzw. $q_2Q$ fällt.

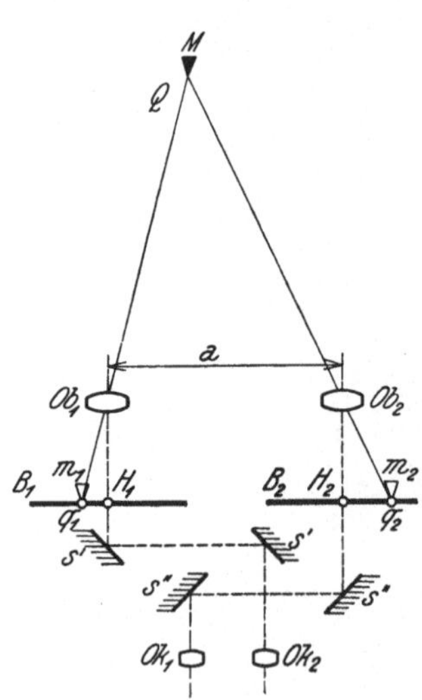

Abb. 83. Wirkungsweise des Stereotopometers von J. Prédhumeau

Die Raummarke ist (vgl. Abb. 84) in einem vertikalen Rahmen mittels zweier Handräder vor und zurück und hoch und tief verschiebbar; der Rahmen selbst kann mittels einer Fußscheibe verschwenkt werden. Der Bleistift ist am Markenträger nicht unmittelbar, sondern unter Zwischenschaltung eines Pantographen befestigt, mit dessen Hilfe die horizontalen Komponenten der zunächst in einem „wilden" Maßstab vor sich gehenden Markenbewegung auf einen vorgeschriebenen Maßstab gebracht werden können. Die Originalaufnahmen haben ein Format von etwa $5 \times 5$ cm; sie werden in einer Doppelkammer nacheinander auf einer Platte vom Format $6 \times 13$ cm gemacht. Die Kammer dient gleichzeitig als Plattenhalter für das beschriebene Auswertegerät. Das Stereogramm kommt nach seiner Entwicklung wieder in die Kammer; dabei werden zwischen Platte und Betrachtungssystem Kollektivlinsen angebracht, um die austretenden Strahlen in die Blickrichtung zu lenken, während vor die Aufnahmeobjektive besondere Vorsatzlinsen gesetzt werden, durch welche die Brennweite dieser Objektive die zwecks Abbildung der nahen Raummarke erforderliche Verkürzung erfährt.

---

[1] F. P. Nr. 519,841; O. Koerner, Centralztg. f. Opt. u. Mech. 43, 1922, S. 457; J. Prédhumeau, C. r. 179, 1924.

Das Gerät ist in der vorliegenden Form nur für die Auswertung von Normalstereogrammen mit horizontalen Achsen brauchbar, obwohl das Devillesche Prinzip, wie oben gezeigt wurde, grundsätzlich auch für Normalstereogramme mit beliebig geneigten Achsen anwendbar ist. Ein Höhenunterschied der Standorte wird dadurch berücksichtigt, daß man die Doppelkammer sowohl bei der Aufnahme als auch bei der Montage im Auswertegerät um eine Parallele zu den optischen Achsen der Objektive entsprechend dem Neigungswinkel der Basis seitlich neigt. In diesem Fall ist allerdings die auf S. 58 ausgesprochene Forderung, daß die Ebene des Bestimmungsdreiecks mit der durch die Ziellinien des Betrachtungsstereoskops gebildeten Ebene zusammenfällt, nicht erfüllt.

Abb. 84. Stereotopometer nach J. Prédhumeau

Aus den zur Verfügung stehenden Abbildungen ist nicht ersichtlich, ob Mittel zur Erfüllung dieser Bedingung vorgesehen sind und worin diese Mittel bestehen.

**17. Der Stereoautograph nach E. v. Orel.** Der Stereoautograph, dessen erste Ausführung 1908[1] von dem damaligen österreichischen Oberleutnant E. v. Orel angegeben wurde, ist heute[2] im wesentlichen (vgl. die schematische Abb. 85) eine Verbindung des Pulfrichschen Stereokomparators (s. S. 56) mit einem Höhenlineal $L_1'$ und zwei Horizontallinealen $L_1$ und $L_2$, welch letztere

---

[1] Vgl. Int. Arch. f. Photogramm. 1, 1908, S. 135; ferner E. v. Orel, Mitt. d. Militärgeogr. Inst. 30, 1910, S. 62.

[2] H. Lüscher, ZS. f. I. 39, 1919, S. 2, 55, 83. Einzelheiten über den Gebrauch des Instrumentes sind angegeben in H. Dock, Photogrammetrie u. Stereophotogrammetrie Leipzig u. Berlin, 1923 und H. Lüscher, Photogrammetrie, Leipzig u. Berlin 1920.

sich um zwei festgelagerte, die Aufnahmestandpunkte darstellende vertikale Achsen $O_1$ und $O_2$ drehen. Der Stereokomparator ist dabei so eingerichtet, daß seine beiden Bildhalter mit den Meßbildern $B_1$ und $B_2$ unabhängig voneinander längs der Führung $F_x$ beliebig seitlich verschoben werden können (Abszisseneinstellung). Das Doppelmikroskop läßt sich in der zur Führung $F_x$ winkelrecht angebrachten Führung $F_y$ verschieben (Ordinateneinstellung). Die Horizontallineale sind mit den entsprechenden Bildhaltern durch je einen an letzteren fest angebrachten Zapfen $Z$ gelenkig verbunden, so daß jede seitliche Verschiebung der Bildhalter eine bestimmte Drehung der entsprechenden Lineale bewirkt. Die Einrichtung ist zunächst so justiert, daß bei Einstellung der beiden Bildhauptpunkte im Doppelmikroskop die beiden Lineale parallel und winkelrecht zur Grundlinie $O_1\,O_2$ stehen, entsprechend der Lage der Aufnahmerichtungen bei Normalstereogrammen. Ferner ist der Abstand der Bahn, längs deren sich die Zapfen $Z$ bewegen, von den Standpunkten $O_1$ bzw. $O_2$ gleich der Bildweite $f$ der Aufnahmekammer. Demnach bewirkt die Einstellung eines Bildpunktes mit der Abszisse $x$ eine Drehung des entsprechenden Lineals um einen Winkel $\alpha$, für den gilt

$$\mathrm{tg}\,\alpha = \frac{x}{f}$$

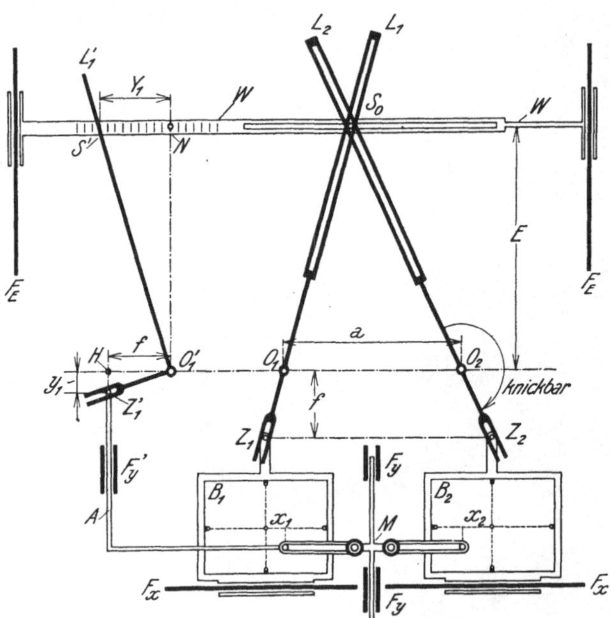


Abb. 85. Konstruktionsschema des Stereoautographen nach E. v. Orel

Dieser Winkel ist (vgl. S. 41) die Horizontalprojektion des Richtungsunterschiedes zwischen Zielstrahl und Aufnahmerichtung. Da letztere durch das Horizontallineal bei $x = 0$ dargestellt wird, so gibt jedes Lineal die gegenüber der Grundlinie orientierte Bestimmungsrichtung, der Schnittpunkt $S_0$ beider Lineale also unmittelbar die Horizontalprojektion des Objektpunktes an.

Wenn die rechte Aufnahmerichtung nicht normal zur Aufnahmebasis war, die Aufnahmerichtungen also eine Konvergenz oder Divergenz aufweisen, so kann diesem Umstand nach einem Vorschlag von K. Fuchs[1] leicht dadurch Rechnung getragen werden, daß man dem Horizontallineal $L_2$ nach Einstellung der rechten Meßmarke auf den rechten Hauptpunkt im Drehpunkt $O_2$ gegenüber der rückwärtigen Linealverländerung $O_2Z_2$ eine entsprechende Knickung gibt.

Die Einstellung beliebiger Bildpunktpaare erfolgt zweckmäßig nicht durch Verschiebung der Bildhalter, sondern durch Verschiebung des Schnittpunktes $S_0$ der beiden Horizontallineale bzw. des in ihm angebracht zu denkenden Zeichenstiftes. Die Verschiebung geschieht dabei durch eine ebene Kreuzschlittenführung, die aus der längs der Führung $F_E$ gleitenden Querwange $W$ und einem in letzterer angebrachten Schlitz besteht.

---

[1] K. Fuchs, Int. Arch. f. Photogramm. 3, 1912, S. 184.

Die mechanische Bestimmung des Höhenunterschiedes $Y_1$ zwischen Objektpunkt und (linkem) Standpunkt erfolgt unter Zuhilfenahme der Aufrißprojektion des Zielstrahles auf eine feste, durch die linke Aufnahmerichtung, also winkelrecht zur Grundlinie $O_1O_2$ gedachte Vertikalebene. Für diesen Höhenunterschied gilt (vgl. auch S. 47), unter Vernachlässigung der Erdkrümmung und Refraktion,[1]

$$Y_1 = \frac{E}{f} \cdot y_1,$$

worin $E$ der Abstand der Horizontalprojektion des Objektpunktes, hier also der Abstand der Querwange $W$ von der Grundlinie ist. Die mechanische Auflösung dieser Beziehung geschieht mittels des oben erwähnten Höhenlineals $L'_1$, dessen Drehpunkt $O_1'$ in der Verlängerung der Grundlinie $O_1O_2$ liegt und dessen rückwärtige Verlängerung um konstant $90^0$ gegen das Lineal selbst geknickt ist. Das Höhenlineal ist mit dem Doppelmikroskop $M$ durch den Zapfen $Z'_1$ gelenkig verbunden, so daß eine Verschiebung des Mikroskops unter Vermittelung des in $F_y'$ geführten Armes $A$ eine bestimmte Drehung von $L'_1$ bewirkt. Die Einrichtung ist so justiert, daß bei Einstellung des (linken) Hauptpunktes im Doppelmikroskop ($y_1 = 0$) das Lineal $L'_1$ winkelrecht zur Grundlinie bzw. zur Querwange $W$ steht und letztere im Punkte $N$, dem Nullpunkt einer auf $W$ angebrachten Skala, schneidet. Ferner ist dafür gesorgt, daß der Abstand des Armes $A$ von der Drehachse $O'_1$ gleich der Bildweite der Aufnahmekammer ist. Dementsprechend wird also (Abb. 85) nach Einstellung eines Bildpunktes mit der Ordinate $y_1$ am Höhenlineal bei $S'$ auf der im Abstand $E$ von $O_1'$ befindlichen Skala der gesuchte Höhenunterschied $Y_1$ abgelesen, denn aus der Ähnlichkeit der Dreiecke $O'_1HZ'_1$ und $O'_1NS'$ folgt

$$Y_1 = \frac{E}{f} \cdot y_1$$

Auch bei der Höhenmeßeinrichtung wird zweckmäßig nicht das Lineal $L'_1$ durch das Doppelmikroskop $M$ in Tätigkeit gesetzt, sondern umgekehrt die Mikroskopverschiebung durch eine Drehung des Lineals bewirkt.

Bei der praktischen Ausführung des Instruments (Abb. 90) erfolgt sowohl die Abstandsänderung der Querwange als auch die seitliche Verschiebung des Bleistiftes in dieser durch Spindeln, die von zwei Handrädern angetrieben werden; die Antriebsspindel für die Drehung des Höhenlineals wird durch eine Fußscheibe betätigt. Durch gleichzeitigen Gebrauch dieser Antriebsmittel ist man in der Lage, die im Doppelmikroskop gesehene Raummarke bei dauernder Berührung mit der Modelloberfläche entlang beliebigen Situationslinien zu führen, deren Orthogonalprojektion dann vom Zeichenstift kontinuierlich aufgetragen wird. Verklemmt man das Höhenlineal mittels einer besonderen Vorrichtung mit der Querwange so, daß es unbeschadet seiner Beweglichkeit im Punkte $S'$ stets den gleichen Abschnitt $Y_1$ auf der Höhenskala abschneidet, wird sich bei beliebiger Verschiebung des ebenen Kreuzschlittens die Raummarke zwangläufig in einer horizontalen Ebene bewegen, die um $Y_1$ höher (oder tiefer) liegt als der (linke) Aufnahmestandpunkt. Bewegt man jetzt mit den beiden Handrädern die Raummarke so, daß sie dauernd in Berührung mit der Modelloberfläche bleibt, so wird der Bleistift eine Schichtlinie[2] aufzeichnen.

---

[1] Cl. Aschenbrenner, ZS. f. I. 45, 1925, S. 203.

[2] Diese automatisch erhaltenen Schichtlinien unterscheiden sich von den durch Interpolation gewonnenen meist übermäßig schematisierten Schichtlinien durch ihren bis dahin ungewohnten Reichtum an Feinheiten, der — allerdings für kleinmaßstäbliche Karten — eine nachträgliche Glättung erforderlich macht. Vgl. hierzu E. v. Orel, K. u. K. Militärgeogr. Inst. Wien 31, 1911 und K. Korzer, ebenda 33, 1914.

Bei einem Höhenunterschied der Standorte treten die früher (S. 58) besprochenen störenden Vertikalparallaxen auf; sie müssen bei dem vorliegenden Instrument durch entsprechende, fortlaufend von Hand auszuführende Verschiebungen des rechten Meßbildes in der $y$-Richtung (vgl. Abb. 76, S. 59) beseitigt werden.

Der Maßstab einer Kartierung mit einer Apparatur gemäß der obigen schematischen Zeichnung ergibt sich aus dem Verhältnis des Abstandes $a$ der Drehachse $O_1$ von der Drehachse $O_2$ zur Horizontalprojektion $B_0$ der Aufnahmebasis. Um einen bestimmten vorgeschriebenen Maßstab des Bestimmungsdreiecks $O_1 O_2 S_0$ zu erzielen, wäre, was allerdings aus konstruktiven Gründen praktisch nicht möglich ist, beispielsweise (vgl. Abb. 86) das Lineal $L_2$ parallel mit sich selbst in die Lage $L'_2$ zu verschieben, so daß der Abstand der beiden Linealdrehachsen $O_1 O_2$ gleich der Horizontalprojektion $B_0$ der Aufnahmebasis im vorgeschriebenen Maßstab würde. Dabei käme die Querwange $W$ in die durch den neuen Linealschnittpunkt $S'_0$ gehende Lage $W'$, die vom Lineal $L_2$ im Punkte $S''_0$ geschnitten wird. Denkt man sich jetzt durch den tatsächlichen Linealdrehpunkt $O_2$ eine Parallele $L'_1$ zum Lineal $L_1$ gezogen, so ergibt deren

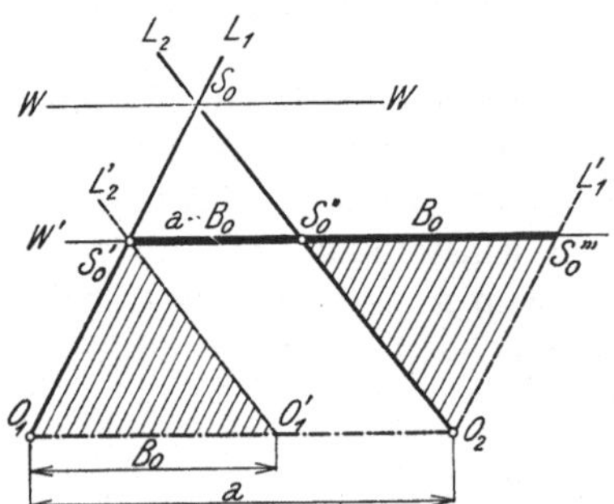
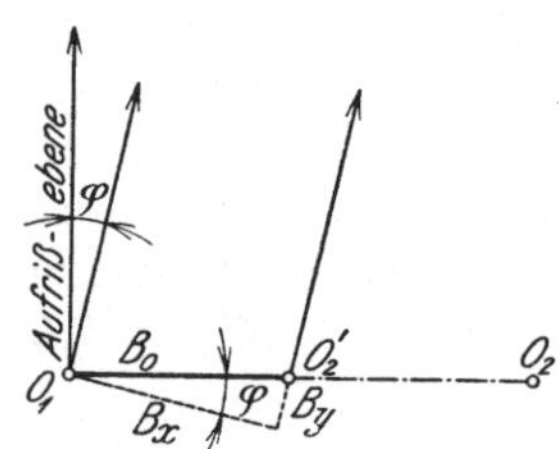

Abb. 86. Das Fuchssche Parallelogramm        Abb. 87. Rechts verschwenkte Aufnahmen; natürliche Lage

Schnittpunkt $S'''_0$ mit der Querwange $W$ ein Parallelogramm (Parallelogramm von Fuchs[1]), an dem sich zeigt, daß

$$S_0' \, S_0'' = a - B_0$$

sein muß, wenn die Kartierung mit der maßstäblich vorgeschriebenen Basis $B_0$ erfolgen soll.

Man hat also jedem Lineal eine gesonderte Führung $S'_0$ bzw. $S''_0$ zu geben; beide Führungen sitzen auf einem längs der Querwange gleitenden Verbindungsglied (Basisschlitten) von regulierbarer, dem Kartierungsmaßstab entsprechend einzustellender Länge. Ist diese Länge gleich dem Abstand $a$ der Linealdrehachsen, so sind beide Lineale einander parallel und die Basis ist Null (Angriffspunkt des Lineals $L_2$ im „Basisnullpunkt" $S_0'''$). Da sich der Basisschlitten während der Zeichnung stets parallel zu sich selbst verschiebt, so genügt es, wenn der Bleistift an irgendeiner Stelle starr mit diesem Schlitten verbunden ist.[2]

Mit der Einführung des Fuchsschen Basisschlittens ergibt sich nun auch eine besonders vorteilhafte, ebenfalls von Fuchs[3] angegebene Möglichkeit zur

---

[1] K. Fuchs, Int. Arch. f. Photogramm. 3, 1912, S. 184. Die Einrichtung wird häufig fälschlich als „Parallelogramm von Bauersfeld-Pfeiffer" bezeichnet.

[2] Da der Zeichenstift also gleichsam mit der Basis $S_0'' \, S_0'''$ verbunden ist, durch deren ebene Parallelverschiebung die Kartierung vor sich geht, so kann man letztere auch als ein „Rückwärtseinschneiden mit orientierten Richtungen" auffassen.

[3] K. Fuchs, Int. Arch. f. Photogramm. 3, 1912, S. 184.

Ausarbeitung von verschwenkten Aufnahmen. Ein z. B. rechts verschwenktes Aufnahmepaar hätte die in Abb. 87 dargestellte Lage zur Grundlinie $O_1O_2$. Der Bedingung, daß die linke Aufnahmerichtung winkelrecht zur Apparategrundlinie $O_1O_2$ stehen muß, kann man dadurch genügen, daß man die Auf-

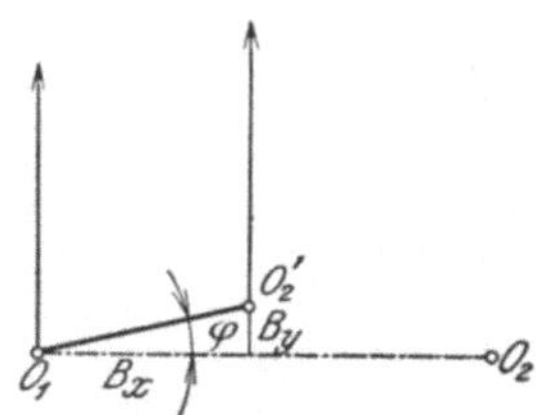

Abb. 88. Rechts verschwenkte Aufnahmen. Lage im Auswertegerät

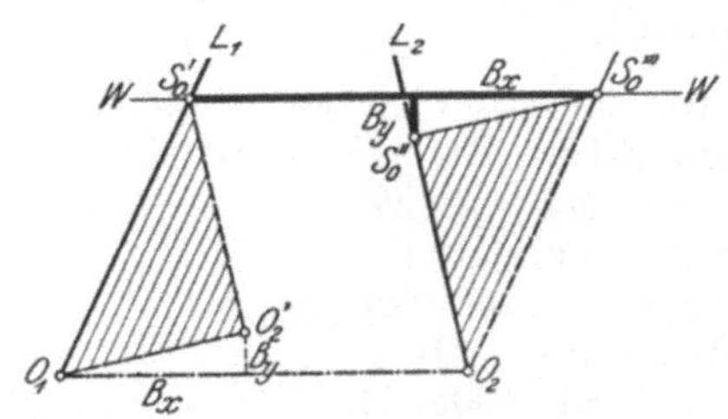

Abb. 89. Basisausrückung bei verschwenkten
Aufnahmen nach K. FUCHS

nahmebasis $O_1O'_2$ um $O_1$ schwenkt, und zwar um den Winkel $\varphi$. Damit kommen (Abb. 88) die Aufnahmerichtungen in die vorgeschriebene winkelrechte Lage zur Apparategrundlinie $O_1O_2$. Zur Erzielung dieser Verschwenkung ist es nicht notwendig, den Linealdrehpunkt $O_2$ selbst zu verlagern, was übrigens aus kon-

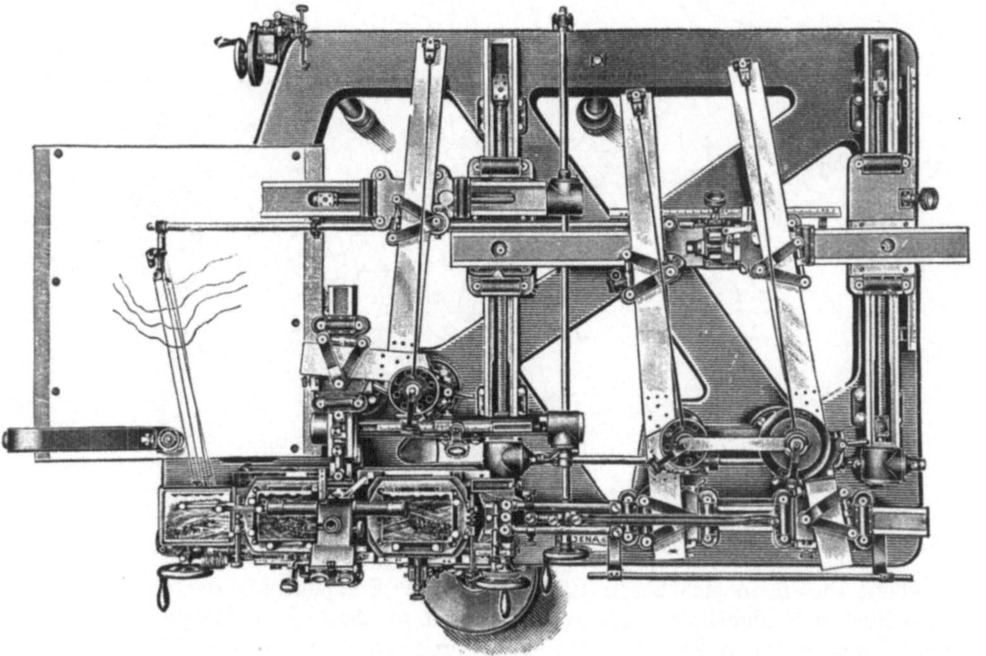

Abb. 90. Stereoautograph nach E. v. OREL (Draufsicht)

struktiven Gründen hier undurchführbar wäre, es genügt vielmehr, entsprechend der Abb. 89, den Angriffspunkt $S''_0$ am Basisschlitten in eine solche Lage zu bringen, daß die einzustellenden „Basiskomponenten" $B_x$ (Basisstamm) und $B_y$ (Basisausrückung) als Katheten den Bedingungen genügen

$$B_x = B_0 \cdot \cos\varphi \qquad B_y = B_0 \cdot \sin\varphi$$

Diese Vorrichtung zur Ausarbeitung von parallel verschwenkten Aufnahmen ergibt in Verbindung mit der Knickbarkeit des rechten Lineals die Möglichkeit zur Ausarbeitung von beliebig gerichteten Aufnahmen, sofern nur die Aufnahme-achsen horizontal waren.[1] Zu dem Zwecke ist die Basis entsprechend dem Ver-schwenkungswinkel der linken Aufnahme einzustellen, so daß die linke Auf-nahmerichtung winkelrecht zur Apparatebasis $O_1 O_2$ wird, während das rechte Lineal um den Konvergenz- oder Divergenzwinkel beider Aufnahmen zu knicken ist.

Abb. 90 zeigt den von C. Zeiss in Jena gebauten Stereoautographen[2] in der Draufsicht. In Abb. 91 ist ein Teil des überhaupt ersten in kontinuierlich-automatischer Zeich-nung erhaltenen Schich-tenplanes dargestellt, der mit dem v. Orel-schen Gerät 1909 im Militär-Geographischen Institut in Wien gezeich-net wurde. In Abb. 92 ist das Teilbild eines Stereogrammes wieder-

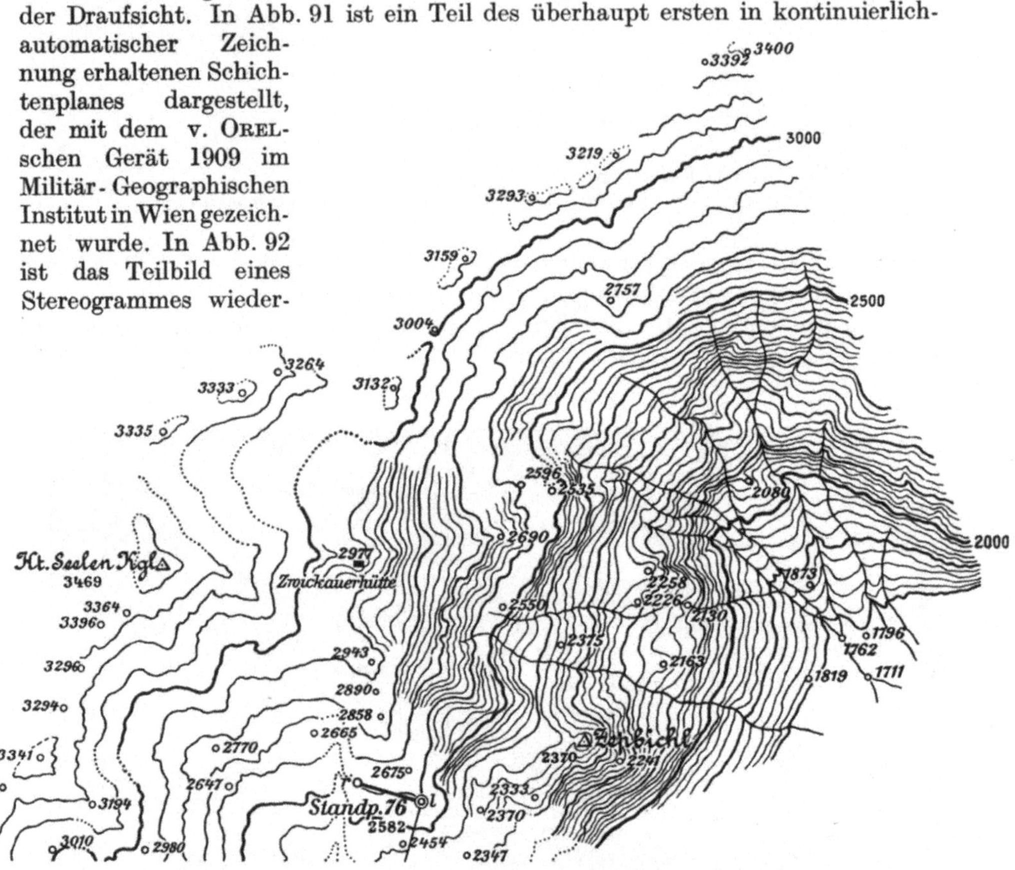

Abb. 91.   Ausschnitt aus dem ersten kontinuierlich-automatisch gezeichneten Schichtenplan

gegeben; die darin sichtbaren Linien sind die Perspektiven der automatisch gezeichneten Schichtlinien. Diese Linien entsprechen dem Wege der linken Einstellmarke im linken Meßbild und werden dementsprechend durch einen

---

[1] Falls das Gerät mit einem Koordinatographen (vgl. S. 74 u. S. 91) oder einer ähnlichen Einrichtung (zylindrische Zeichenfläche am Autokartographen, S. 86ff.) verbunden wird, können mit ihm auch solche Aufnahmepaare kontinuierlich ausgewertet werden, deren Aufnahmeachsen einer vertikalen Ebene angehören. Weitere Zusatzeinrichtungen, durch welche die kontinuierliche Ausarbeitung von ungefähr senkrechten Aufnahmen ermöglicht wird, wurden 1919 von E. Wolf ange-geben und praktisch durchgeführt. Vgl. auch W. Sander, ZS. f. I. 42, 1922, S. 6.

[2] Ein für Unterrichtszwecke sehr geeignetes Modell dieses Gerätes wird von der Photogrammetrie G. m. b. H. in München gebaut.

am Doppelmikroskop befestigten Zeichenstift auf einem seitlich vom Bildhalter des linken Meßbildes angebrachten Papierabzug der Aufnahme (vgl. Abb. 90) selbsttätig aufgezeichnet.

Abb. 92. Teilbild eines Stereogramms mit automatisch gewonnenen perspektiven Schichtenlinien (Aufnahme der PHOTOGRAMMETRIE G. m. b. H., München)

**18. Der Autograph nach Wild.** Die im v. ORELschen Stereoautographen angewandte Methode der indirekten Richtungsgewinnung durch mechanische Auflösung der zwischen Objektstrahl und Bildpunktkoordinaten bestehenden Beziehungen (vgl. S. 41) ist praktisch nur für die einfachste Form dieser Beziehungen anwendbar, nämlich für den Sonderfall, daß der Neigungswinkel der Aufnahmen gegen die Horizontale (bzw. die Grundebene des Instrumentes) Null ist.[1] Es liegt deshalb der Gedanke nahe, die Kartierungseinrichtung nicht an einen Doppelkomparator, sondern an ein Paar der gebräuchlichen Bildmeßtheodolite anzuschließen, die, wie auf S. 44 dargestellt wurde, die Richtungswinkel den Meßbildern bei jeder beliebigen Neigung derselben unmittelbar entnehmen lassen.[2]

Verwirklicht wurde dieser Gedanke erstmalig 1919 im Autokartographen nach R. HUGERSHOFF (vgl. S. 86), der seiner Konstruktion die Normalform eines KOPPEschen Bild-

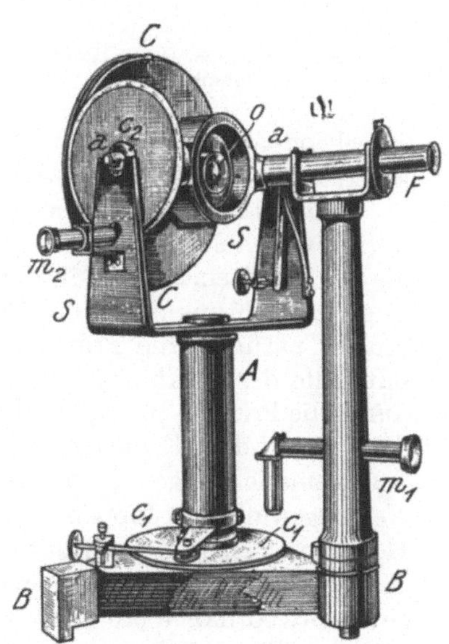

Abb. 93. Bildmeßtheodolit nach PORRO

meßtheodoliten zugrunde legte, in dem das Meßbild während der Winkelentnahme seine Orientierung zum Horizont beibehält.

Im Gegensatz hierzu wählte der Schweizer Ingenieur H. WILD für seinen

---

[1] Man vergleiche hierzu: W. SANDER, ZS. f. I. 41, 1921, S. 1, 33, 65.

[2] P. SAMEL, Centralztg. f. Opt. u. Mech. 47, 1926, S. 138, 152, 166, 184.

1926 erstmalig gezeigten Autographen[1] die in Abb. 93 dargestellte, von Porro 1871 angegebene Konstruktion eines Bildmeßtheodolits, die aber den Vorteil der unmittelbaren Richtungsentnahme nicht bietet. Bei dem Porroschen Instrument ist nämlich das zur Bildpunkteinstellung dienende Fernrohr $F$ während der Messung fest gelagert;[2] dementsprechend muß die Einstellung der Bildpunkte durch Drehung des Plattenhalters $C$ um seine horizontale Achse $a$ und seine vertikale Achse $A$ vorgenommen werden. Bei dieser Art der Punkteinstellung wird die Orientierung des aus dem Objektiv $O$ austretenden Strahlenbüschels gegen den Horizont zerstört, so daß die an den Kreisen $c_1$ bzw. $c_2$ gemachten Ablesungen mit Richtungsfehlern behaftet sind. Die Kreisablesungen ergeben nur die jeweilige Neigung und Richtung der optischen Achse des Bildträgers; wären diese Richtungswerte identisch mit den Richtungswinkeln des gerade eingestellten Bildstrahles, so würde (Abb. 94) ein am Bildträger $C$ parallel zu dessen optischer Achse angebrachter Hebel $L$ („räumlicher Lenker") den Objektstrahl unmittelbar verkörpern. Bei Benutzung von zwei in der richtigen Orientierung zueinander und zum Horizont aufgestellten derartigen Bildmeßtheodoliten würde also der Schnittpunkt der beiden Raumlenker den Objektpunkt selbst darstellen. Wegen der Korrektion der Richtungsfehler siehe S. 75.

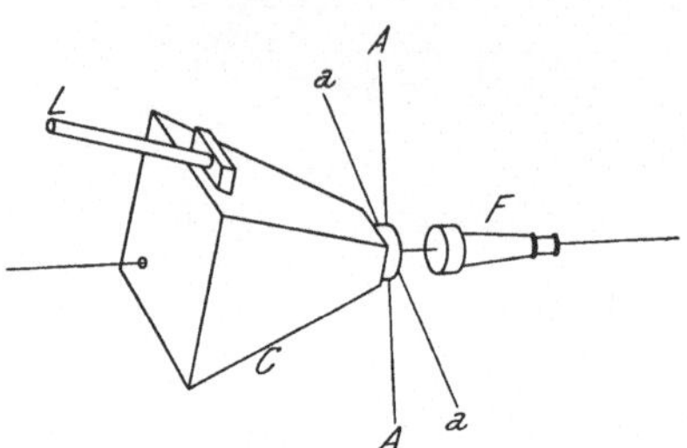

Abb. 94. Bildträger nach Porro mit Raumlenker

Auf Grund dieser Überlegung konstruierte Wild seinen Autographen, der schematisch in Abb. 95 wiedergegeben ist. Die Bildträger $C_1$ bzw. $C_2$ sind hier aus konstruktiven Gründen um konstant 90° gegen ihre ursprüngliche Richtung geneigt, so daß bei horizontaler Aufnahmerichtung die Meßbilder wagrecht liegen. Dementsprechend ist zwischen den Objektiven jedes Bildträgers und des entsprechenden Fernrohres je ein Spiegelprisma $P_1$ bzw. $P_2$ angeordnet, das die austretenden Strahlen wieder in die ursprüngliche Richtung zurückführt.

Die Bildträger können, wie bei dem Porroschen Instrument, um je eine horizontale Achse gekippt und um eine Stehachse gedreht werden. Dabei wird die Bildpunkteinstellung in der $y$-Richtung durch die Kippung, die Einstellung in der $x$-Richtung durch die Drehung der Bildträger bewirkt; an dieser Drehung müssen natürlich die Prismen $P_1$ und $P_2$ teilnehmen. Die Beobachtung erfolgt mit Hilfe des in Abb. 95 durch die Prismen $p_1'$, $p''_1$ und das Okular $Ok_1$ bzw. durch die Prismen $p_2'$, $p_2''$ und das Okular $Ok_2$ gekennzeichneten Doppelfernrohrs, das fest auf dem Kipplager $K$ befestigt ist. Das letztere ist bei parallel geneigten Aufnahmerichtungen (geneigten Normalstereogrammen) um den gemeinsamen Neigungswinkel zu kippen. Unter Verzicht auf die Möglichkeit zur Messung der Horizontalrichtung der Bildträger hat Wild aus konstruktiven Gründen die Stehachsen der Bildträger ebenfalls in feste Verbindung mit dem Kipplager gebracht, so daß diese Stehachsen und die auf ihnen befestigten Ablenkungsprismen $P_1$ und $P_2$ an der Fernrohrkippung teilnehmen. Diese Kippung ist

---

[1] H. Härry, Referatensammlung, Brugg (Schweiz) 1926; E. Berchtold, Schweiz. ZS. f. Verm. u. Kulturtechn. 27, 1929, S. 49; E. Baeschlin, ebenda, S. 110, 123; Haerpfer A., ebenda, S. 179; E. Berchtold, Bildmess. u. Luftbildwes. 4, 1929, S. 97.

[2] Das Fernrohr muß dabei vor Beginn der Messung entsprechend dem Neigungswinkel der Aufnahme gekippt werden; das Originalinstrument Porros war, wie Abb. 93 zeigt, nur für wagrechte Aufnahmen brauchbar.

allerdings aus mechanischen Gründen nur innerhalb gewisser Grenzen ausführbar.

Zur Bearbeitung von parallel verschwenkten terrestrischen Aufnahmen und von genau senkrecht aufgenommenen Luftmeßbildern mit Höhenunterschieden der Standpunkte wird am Wildschen Gerät die Verbindungslinie der beiden, die Aufnahmestandpunkte wiedergebenden Mittelpunkte der Bildträgerobjektive selbst verschwenkt, und zwar durch eine Verschwenkung des Kipplagers $K$ um die Achse $V$ längs der Gleitbahn $V'$. Da diese Verschwenkung, die eine wesentliche Komplikation des Geräts darstellt, nicht zentrisch um einen der Standpunkte geschieht, hat sie mancherlei Nachteile, besonders hinsichtlich der Orientierungsbestimmung der Meßbilder.[1] Etwaige Differenzen in den Neigungen und

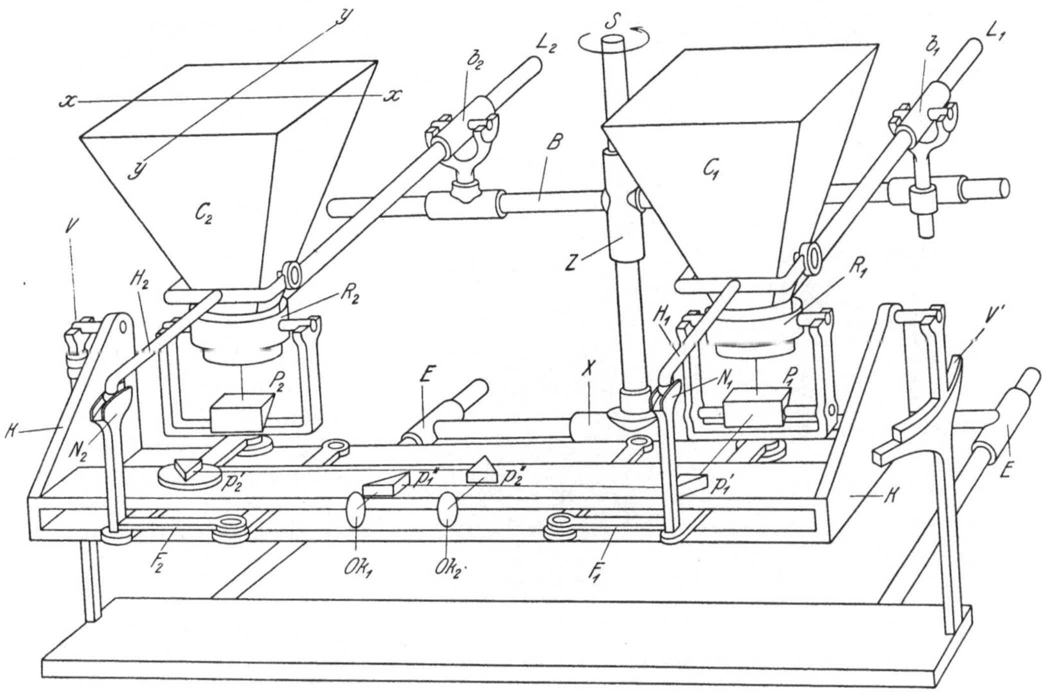

Abb. 95. Konstruktionsschema des Autographen nach H. Wild

Richtungen der Aufnahmeachsen können durch entsprechende Nachstellung der Prismen $P_1$ oder $p'_2$ berücksichtigt werden. Aber auch hier sind Abweichungen der Aufnahmerichtung von der Normallage aus optischen Gründen nur in beschränktem Maße zulässig.

Die zur Bildpunkteinstellung erforderliche Drehung und Neigung der Bildträger wird diesen durch die mit ihnen verbundenen Raumlenker $L_1$ und $L_2$ erteilt, denen zu diesem Zwecke beliebige Richtungen im Raume gegeben werden können. Die Richtungsänderungen werden durch einen räumlichen Kreuzschlitten bewirkt, der aus dem Höhenschlitten $Z$, dem Abszissenschlitten $X$ und dem Abstandsschlitten $E$, besteht, wovon der erstere (vgl. Abb. 96) durch eine Fußscheibe, die beiden letzteren aber durch Handräder angetrieben werden. Am Höhenschlitten $Z$ (s. Abb. 95) sitzt die Basisbrücke $B$,[2] mit der die Raumlenker

---

[1] Vgl. auch O. v. Gruber, Vermessungstechn. Rundsch. 3, 1911, S. 162ff.

[2] Diese Basisbrücke läßt sich um die Höhensäule $S$ drehen; die Drehbarkeit ist notwendig zur Ausarbeitung von Luftmeßbildern mit nicht genau vertikalen

durch die Lenkerbüchsen $b_1$ und $b_2$ gleit- und drehbar in Verbindung stehen. Die Einstellung eines vorgeschriebenen Kartierungsmaßstabes geschieht in ähnlicher Weise wie am v. OBELschen Stereoautograph (vgl. Abb. 86). Die auf der Basisbrücke $B$ verschiebbaren Lenkerbüchsen $b$ sind so einzustellen, daß die Differenz ihres Abstandes gegen den festen Abstand der Objektivmitten der Bildträger gleich der vorgeschriebenen Basis wird. Da die Schnittpunkte der Drehachsen der Lenkerbüchsen die Standpunkte verkörpern (vgl. S. 68 Anm. 2), läßt sich hier ein Höhenunterschied derselben durch entsprechende vertikale Verschiebung der einen Lenkerbüchse $b_1$ berücksichtigen, so daß Vertikalparallaxen nicht auftreten.

Die Wirkungsweise des Gerätes ist ähnlich wie die des Stereoautographen. Die im Doppelfernrohr gesehene Raummarke läßt sich durch gleichzeitige Betätigung aller drei Einstellvorrichtungen an beliebigen Situationslinien des Raummodells entlang führen; für die Schichtenzeichnung ist bei wagrechten und Schrägaufnahmen die Raummarke durch ausschließliche Benutzung der beiden Handräder in dauernder Berührung mit der Modelloberfläche zu halten. Senkrechtaufnahmen werden genau so in das Gerät gelegt wie Aufnahmen mit horizontalen Achsen. Infolgedessen erscheint das Objektmodell um $90^0$ gekippt, also in vertikaler Lage. Dementsprechend erfolgt die Situationszeichnung durch Verschiebung des $X$- und

Abb. 96.    Autograph nach H. WILD

$Z$-Schlittens, während die Höhenmessungen mit Hilfe des $E$-Schlittens vorgenommen werden.

Die Orthogonalprojektion des jeweiligen (ideellen) Schnittpunktes der beiden Raumlenker wird hier nicht durch einen unmittelbar am Basiskörper angebrachten Bleistift aufgezeichnet, die Kartierung erfolgt vielmehr auf einem seitlich vom Meßgerät aufgestellten besonderen Zeichentisch (Koordinatographen); der Zeichenstift wird durch einen ebenen Kreuzschlitten angetrieben, dessen Antriebsspindeln bei wagerechten und schrägen Aufnahmen mit den Antriebsspindeln des $E$- bzw. $X$-Schlittens, bei Senkrecht- und Steilaufnahmen aber mit den Antriebsspindeln des $Z$- bzw. $X$-Schlittens zu kuppeln sind.

Die oben gemachte Annahme, daß die Lage des mit dem Bildträger fest verbundenen räumlichen Lenkers der Lage des entsprechenden Objekt- bzw. Bildstrahles entspräche, ist, wie einleitend ausgeführt wurde, nicht richtig. Infolgedessen wird der im Betrachtungsfernrohr gesehene Bildpunkt nicht mit

Achsen und einer Höhendifferenz der Standpunkte. Man vergleiche hiezu die wesentlich einfachere Konstruktion der Universal-Ausmeßgeräte. Wegen der Nachteile der Exzentrizität auch dieser Drehung vgl. oben S. 73, Fußnote 1.

demjenigen Bildpunkt übereinstimmen, dessen Bildstrahl der Raumlage des zugehörigen Lenkers entspricht. Es läßt sich nun zeigen,[1] daß der fehlerhaft eingestellte Bildpunkt und der richtige Bildpunkt auf einem Kreis liegen, dessen Mittelpunkt der Hauptpunkt der Aufnahme ist. Um diesen richtigen Bildpunkt an die Zielmarken des Beobachtungsfernrohres zu bringen, ist dem Bildträger jeweils eine bestimmte Drehung um seine optische Achse zu erteilen. Der entsprechende Drehungswinkel $\varrho$ ist abhängig von der Lage des Bildpunktes, und zwar gilt nach Baeschlin[1]

$$\operatorname{tg} \varrho = \frac{\sin \alpha \cdot \sin \beta}{\cos \alpha + \cos \beta}$$

Hierin ist — mit $x$ und $y$ als Bildpunktkoordinaten —

$$\operatorname{tg} \alpha = \frac{x}{f}$$

$$\operatorname{tg} \beta = \frac{y}{f} \cdot \cos \alpha$$

Zur Ermöglichung dieser Sonderdrehung des Bildträgers hat Wild, unter wesentlicher Komplikation seines Gerätes, den Raumlenker nicht unmittelbar mit dem Bildträger, sondern (Abb. 95) mit einem Ring $R$ verbunden, innerhalb dessen der Bildträger unabhängig von seiner Kippachse gedreht werden kann. Die Sonderdrehung erfolgt zwangläufig mittels eines Korrektionshebels $H$, dessen freies Ende in der besonders gestalteten Führungsnut $N$ gleitet, die durch eine von der Stehachse des Bildträgers betätigte Parallologrammführung $F$ parallel mit sich selbst verdreht wird und dadurch bei gewissen Lagen des Raumlenkers dem Bildträger die zusätzliche Drehung $\varrho$ „mit aller wünschbaren Genauigkeit“[2] erteilt.

Das optische System zur Bildbetrachtung im Wildschen Instrument, das einen Übergang von den Spezialinstrumenten zu den auf S. 86ff. beschriebenen Universalgeräten darstellt, zeigt vor allem wegen der hier gewählten Porroschen Bildeinstellung im ruhenden Fernrohr einen sehr einfachen Aufbau, ein Vorzug, der aber selbstverständlich die durch diese Einfachheit bedingten Nachteile[3] nicht aufhebt.

**19. Das Zonenverfahren nach Scheimpflug. Konstruktion von Brock & Weymouth.** Denkt man sich ein räumliches Objekt — der Einfachheit halber einen geraden Kreiskegel mit vertikaler Achse — auf zwei Meßbildern $B_1$ und $B_2$ mit vertikaler Aufnahmerichtung und aus gleicher Höhe abgebildet (vertikales Normalstereogramm), so erkennt man zunächst an Hand der Abb. 97, daß die Bilder der Schichtlinien diesen ähnliche Figuren — im schematischen Beispiel also Kreise — sind. Da ferner alle Objektpunkte auf derselben Schichtlinie den gleichen Abstand $E$ von der Horizontalebene durch die Aufnahmebasis $O_1 O_2$ haben, kommt identischen Punkten derselben Schichtlinie die gleiche Parallaxe zu.

---

[1] Vgl. S. 73, Anm. 1.

[2] Nach H. Härry, vgl. S. 72, Anm. 1. Infolge dieser Korrektionseinrichtung und ihrer nicht ganz einfachen mathematischen Grundlage fehlt der Wildschen Konstruktion die unmittelbare Anschaulichkeit der Wirkungsweise, die alle übrigen Ausmeßgeräte auszeichnet.

[3] Z. B. optisch bedingte Beschränkung des Anwendungsbereiches (S. 73), mangelnde Bilddrehung entsprechend der Neigung der Kernebenen (S. 39 u. S. 58), mangelnde Anpassung an Größendifferenzen der Bilder z. B. bei Flughöhenunterschieden (S. 184ff), mangelnde Anpassung an die Höhendifferenz der Augen des Beobachters (S. 57) und veränderliche Lage des Doppelokulars.

Legt man ein derartiges Normalstereogramm in den Stereokomparator ein und sucht bei unveränderter Stellung der Parallaxenschraube durch entsprechende gemeinsame Verschiebung beider Bilder zum Doppelmikroskop solche Punkte auf, in denen die Raummarke das Objektmodell berührt, so liegen diese Punkte, worauf auch Pulfrich[1] hinwies, auf einer Schichtlinie, und die Verbindungslinien der entsprechenden Bildpunkte ergeben die Perspektiven dieser Schichtlinie, die durch einen am Doppelmikroskop in geeigneter Weise angebrachten Zeichenstift unmittelbar in einem der Meßbilder selbst oder auf einer seitlich am Abszissenschlitten des Stereokomparators angebrachten Kopie sichtbar gemacht werden können.

Daß die Gesamtheit der auf solchem Wege erhaltenen Schichtlinien einer Schichtlinienkarte, d. h. der Orthogonalprojektion der Schichtenfolge, nicht entspricht, ist ohne weiteres klar:[2] die Schichtlinien und damit die zwischen ihnen liegenden Ober-

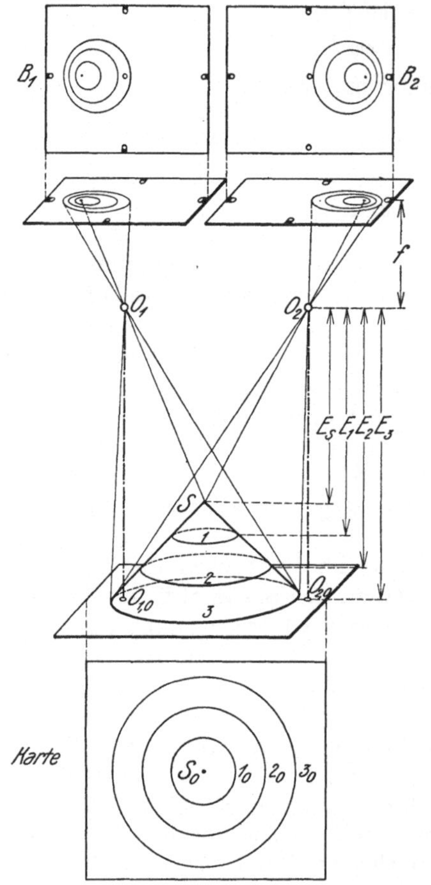

Abb. 97. Das Wesen des Zonenverfahrens nach Th. Scheimpflug

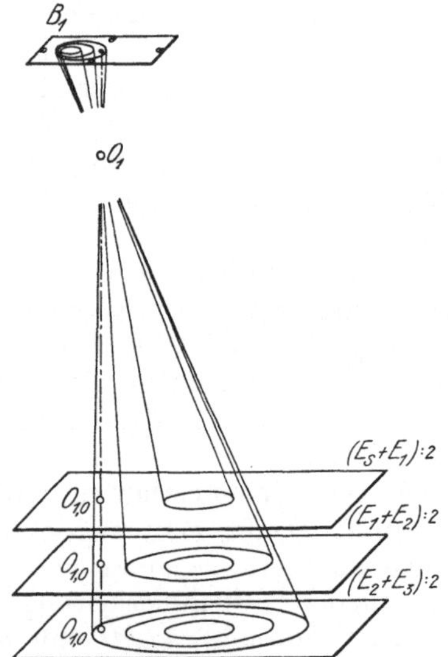

Abb. 98. Herstellung der Karte nach dem Scheimpflugschen Zonenverfahren

flächenzonen sind seitlich verschoben und besitzen verschiedenen Maßstab, entsprechend dem Verhältnis von Bildweite $f$ und Zonenabstand $E$.

Die Herstellung der Orthogonalprojektion aus der z. B. im Meßbild $B_1$ enthaltenen Perspektive kann nach einem von Scheimpflug 1906[3] vorgeschlagenen Verfahren auf photographisch-projektivem Wege durch eine Art Umkehrung

---

[1] C. Pulfrich, ZS. f. I. 23, 1903, S. 43.

[2] In England scheint man dem Unterschied zwischen Perspektive und Orthogonalprojektion keine Bedeutung beizulegen; das oben (S. 38) bereits erwähnte Arundel-Verfahren verwertet die perspektiven Schichtlinien unmittelbar für die „Karte".

[3] Th. Scheimpflug, D. R. P. Nr. 222 386, E. Doležal, Int. Arch. f. Photogramm. 2, 1911, S. 242 und G. Kammerer, ebenda, 3, 1912, S. 196.

des Aufnahmevorgangs erzielt werden. Man denkt sich hiezu im Meßbild $B_1$ die irgendwie gekennzeichnete Zone zwischen Kegelspitze $S$ und Schicht 1 auf eine Ebene im Abstand $(E_s + E_1) : 2$ projiziert. Dann wird die Zone zwischen Schicht 1 und 2 auf die gleiche Ebene projiziert, nachdem deren Abstand auf $(E_1 + E_2) : 2$ vergrößert wurde, wobei aber die Verschiebung so erfolgen muß, daß $O_{1,0}$ stets der Fußpunkt des von $O_1$ auf die Projektionsebene gefällten Lotes bleibt.

Da die Orthogonalprojektion auf photographischem Wege erhalten werden soll, so ist das zu projizierende Meßbild auf der Rückseite mit einer leicht entfernbaren Farbschicht zu überdecken, aus der jeweils nur die gerade zu projizierende Zone ausgespart wird. Abb. 98 zeigt schematisch die Entwicklung einer Karte nach diesem Verfahren.

Für die Projektion, und zwar auf einen vorgeschriebenen Maßstab, benutzte Scheimpflug sein auf S. 20 erwähntes, mit selbsttätiger Scharfeinstellung versehenes Umbildegerät.

Das geschilderte Verfahren, das, wie oben gezeigt wurde, Parallelität der beiden Bildebenen zur Projektionsebene und Abstandsgleichheit von dieser voraussetzt, wird praktisch erst dadurch für die Luftbildmessung brauchbar, daß man die Aufnahmen zuvor auf photographischem Wege in Perspektiven von der vorgeschriebenen Art umbildet (vgl. S. 17). Der Gedanke einer solchen Umbildung ist zwar schon 1903 von Fourcade[1] ausgesprochen worden, praktisch verwirklichen konnte ihn aber erst Scheimpflug mit Hilfe seines 1906 angegebenen Perspektographen.

Größere Arbeiten wurden nach diesem Verfahren nicht ausgeführt; seine Umständlichkeit, die Forderung von 4 Punkten für die Umbildung jedes einzelnen Meßbildes und nicht zum wenigsten auch der approximative Charakter des Verfahrens — exakt ist nur die Orthogonalprojektion in unmittelbarer Nähe der dem gewählten Abstand der Projektionsfläche entsprechenden Schichtlinie — haben das verhindert.

Trotzdem hat eine amerikanische Firma — Brock & Weymouth in New York — das Verfahren wieder aufgegriffen[2] und sogar Patentschutz darauf erhalten.[3] Es unterscheidet sich von der oben geschilderten Methode im wesentlichen nur dadurch, daß die Projektion nicht auf photographischem Wege, sondern durch freihändiges Nachzeichnen des projizierten Bildes mittels Bleistift fixiert wird.

**20. Doppelprojektor nach Scheimpflug. Konstruktionen von Gasser, Nistri und Ferber.** Der von Deville 1903 verwirklichte Gedanke, den Schnittpunkt der Objektstrahlen unmittelbar zu beobachten, ist bereits einige Jahre früher von Scheimpflug gefaßt und in eigenartiger Weise durchgeführt worden. Scheimpflug suchte die Aufgabe des Vorwärtseinschneidens durch die alle seine Methoden kennzeichnende Umkehrung des Aufnahmevorganges mittels Projektion zu lösen.

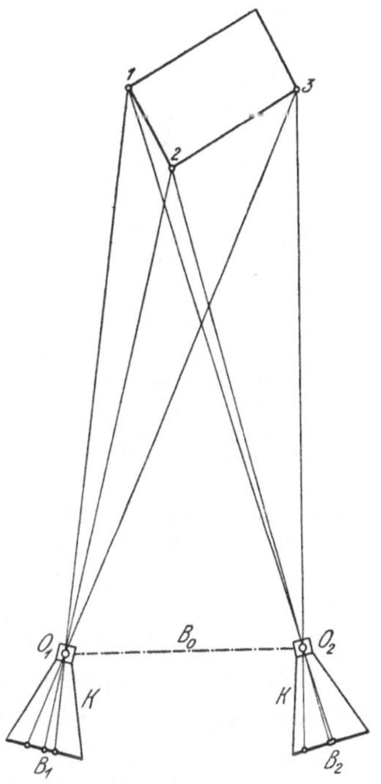

Abb. 99. Strahlengang bei einer Doppelaufnahme

[1] C. Pulfrich, ZS. f. I. 23, 1903, S. 334.

[2] G. T. Berger, Trans. Am. Soc. C. Eng., Nr. 1606 (1927); L. J. R. Holst, Journ. of the Franklin Inst. 206, 1928.

[3] Zum Beispiel F. P. Nr. 593063 und Amer. P. Nr. 1612800.

In seiner diesbezüglichen Abhandlung[1] zeigt er (Abb. 99) den Grundriß des Strahlenganges für die Aufnahme etwa eines Hauses auf den zunächst vertikalen, im übrigen aber beliebig gerichteten, mit der Kammer $K$ aufgenommenen Meßbildern $B_1$ und $B_2$ von den Endpunkten $O_1$ und $O_2$ der Basis $B$ aus.

Nach der Entwicklung der Bilder legt er diese in die Projektoren $Pr_1$ und $Pr_2$ (Abb. 100), in denen der Abstand der Objektive von den Bildebenen gleich der Bildweite der Aufnahmekammer ist. Dabei wird den optischen Achsen der Projektoren die gleiche Lage zur Basis und zum Horizont gegeben, welche die optischen Achsen der Kammer in ihren beiden Aufnahmestellungen einnahmen. Beleuchtet man nun die Meßbilder mit den Lichtquellen $L_1$ und $L_2$, so werden die von zusammengehörigen Bildpunkten der einzelnen Objektpunkte ausgehenden Lichtstrahlen sich im Objektraum in Punkten schneiden, deren Gesamtheit ein optisches Modell des aufgenommenen Objekts darstellt, wobei der Maßstab des Modells gleich dem Verhältnis der Aufnahmebasis $B$ zur Projektionsbasis $b$ ist.

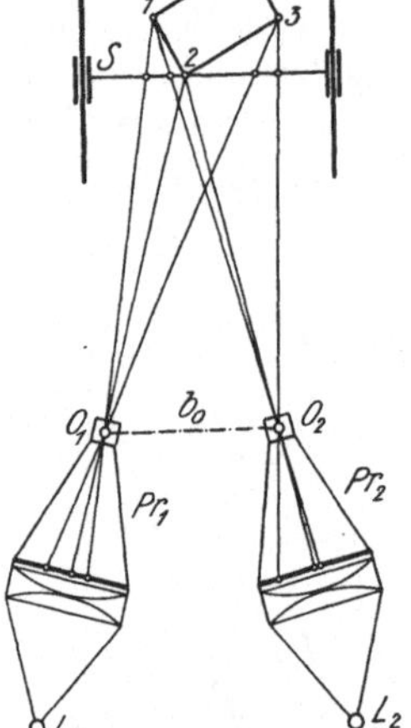

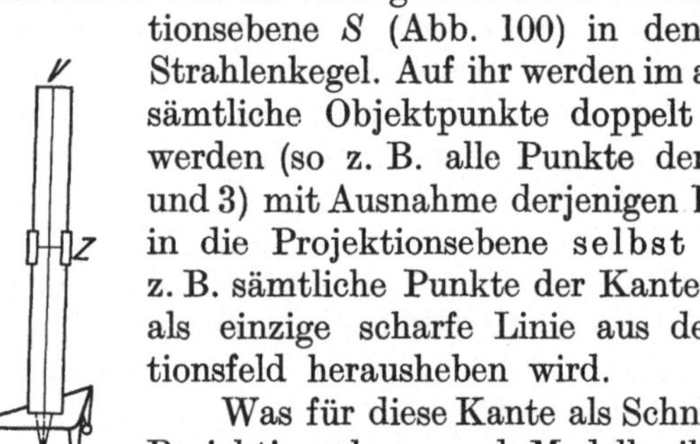

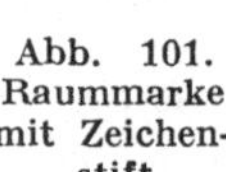

Um dieses nicht ohne weiteres[2] wahrnehmbare Modell der Rekonstruktion zugänglich zu machen, bringt Scheimpflug eine im vorliegenden Falle vertikale Projektionsebene $S$ (Abb. 100) in den doppelten Strahlenkegel. Auf ihr werden im allgemeinen sämtliche Objektpunkte doppelt abgebildet werden (so z. B. alle Punkte der Kanten 1 und 3) mit Ausnahme derjenigen Punkte, die in die Projektionsebene selbst fallen, wie z. B. sämtliche Punkte der Kante 2, die sich als einzige scharfe Linie aus dem Projektionsfeld herausheben wird.

Was für diese Kante als Schnittlinie von Projektionsebene und Modell gilt, das gilt natürlich auch für jede andere Schnittlinie. Verschiebt man also die Projektionsebene parallel zu sich selbst und fixiert bzw. verbindet mittels eines Bleistiftes jeweils die nicht doppelt gesehenen Punkte, so erhält man den Aufriß von Parallelschnitten (Profilen) durch das Objekt.

Abb. 100. Umkehrung des Aufnahmevorganges. Doppelprojektion nach Th. Scheimpflug

Abb. 101. Raummarke mit Zeichenstift

Zur Zeichnung des Grundrisses wird man sich zweckmäßig einer in Abb. 101 schematisch dargestellten Raummarke bedienen, die aus einer schmalen vertikalen Projektionsfläche besteht, die auf der horizontalen Grundebene der Apparatur so zu verschieben ist, daß die Koinzidenz der beiden projizierten Bilder auf der Mittellinie $V$ der Raummarke erfolgt. In dieser Stellung schneidet nach dem oben Gesagten die Mittellinie das Modell, so daß ein an der Raummarke angebrachter Bleistift $M$ den Grundriß des Schnittpunktes markiert.

Ein an der Marke verschiebbarer Höhenzeiger $Z$ gestattet die Feststellung der Höhe des eingestellten Objektpunktes über der Grundrißebene. Bei fester Einstellung des Zeigers kann man mit seiner Hilfe Punkte gleicher Höhe aufsuchen, so daß der Bleistift eine Schichtlinie aufzeichnet.

Man erkennt somit, daß die Scheimpflugsche Methode dem jüngeren Devilleschen Verfahren wesensverwandt ist; der Unterschied besteht darin,

---

[1] Th. Scheimpflug, Phot. Korr. 35, 1898, S. 114, 221, 235; E. Doležal, Int. Arch. f. Photogramm. 6, 1919/23, S. 313.
[2] Vgl. S. 83, Anm. 1.

daß SCHEIMPFLUG den Strahlenschnittpunkt objektiv beobachtet, während DEVILLE den Schnittpunkt subjektiv auf die Raummarke projiziert.

Die SCHEIMPFLUGsche Methode ist insofern vorteilhafter als die DEVILLEsche, als die mit ihr erzielten Resultate völlig unabhängig sind vom Augenabstand des Beobachters und hier die bei verschwenkten Aufnahmen auftretenden Unterschiede in der Bildgröße nicht in Erscheinung treten. Anderseits ergibt die zur Erzielung eines dem Aufnahmebüschel kongruenten Projektionsbüschels notwendig unveränderliche Bildweite der Projektoren bei konstanter Brennweite ihrer Objektive eine scharfe Abbildung nur in einer bestimmten Entfernung des Modellpunktes von den Projektoren. Infolgedessen ist die SCHEIMPFLUGsche Methode für Objekte mit großen Abstandsdifferenzen (Tiefenunterschieden) ihrer Oberflächenpunkte nicht geeignet; sie ist also insbesondere für die Ausarbeitung von terrestrischen photogrammetrischen Aufnahmen unbrauchbar.

Günstiger liegen die Verhältnisse bei Luftaufnahmen mit nahezu senkrechten Aufnahmeachsen. Hier sind die Tiefenunterschiede der Objektpunkte im Verhältnis zur Flughöhe im allgemeinen gering, so daß sich die auftretenden Unschärfen durch Wahl kurzbrennweitiger Projektionslinsen und durch geeignete Abblendung derselben in erträglichen Grenzen halten lassen.

Abb. 102 zeigt schematisch den Aufbau eines Doppelprojektors für Luftmeßbilder zunächst für den Spezialfall, daß die Aufnahmen aus gleichen Höhen und genau senkrecht gemacht wurden. Die Projektoren $Pr$ sind auf der gewöhnlich fest gelagerten Basisbrücke $T$ befestigt. Die aus den Objektiven $O$ austretenden Strahlen ergeben das optische Modell, dessen Maßstab von dem regulierbaren Abstand $b_0$ der Projektoren abhängt. Eine parallel zu den Bildebenen

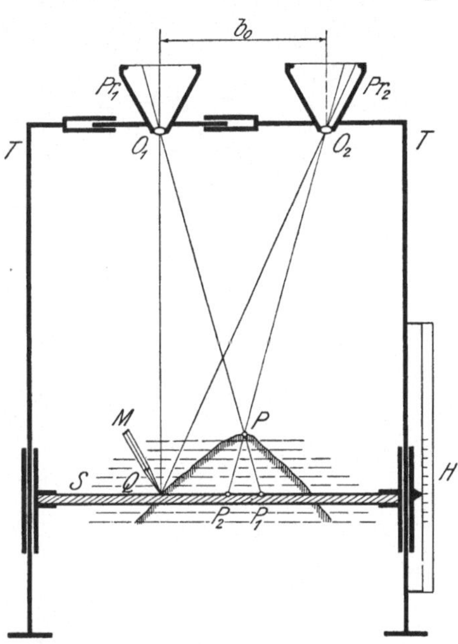

Abb. 102. Konstruktionsschema und Wirkungsweise eines Doppelprojektors nach TH. SCHEIMPFLUG

der Projektoren angeordnete Projektionsfläche $S$ — nach der gemachten Voraussetzung also eine Horizontalebene — schneidet das optische Modell in einer Schichtlinie, die nach dem oben Gesagten unmittelbar mit einem Bleistift $M$ nachgezeichnet werden kann. Zur Zeichnung beliebiger weiterer Schichtlinien kann die Projektionsfläche bzw. die Zeichenfläche parallel zu sich selbst verschoben werden, wobei sich der Abstand der einzelnen Schichtlinien aus den Ablesungen an einem Höhenmaßstab $H$ ergibt. Zur Feststellung des Grundrisses eines beliebigen Punktes $P$ hat man die Projektionsfläche so lange zu verschieben, bis sich die Doppelbilder $P_1$ und $P_2$ vereinigen. Die entsprechende Ablesung am Maßstab $H$ gibt dann die Höhe des Punktes über dem Nullpunkt des Maßstabes bzw. über der diesem Nullpunkt entsprechenden Meereshöhe.[1]

Zur leichteren Feststellung der Koinzidenz der beiden Teilbilder brachte

---

[1] Es ist selbstverständlich, daß an Stelle der ablesbaren Parallelverschiebung der Zeichenfläche $S$ eine ebensolche Verschiebung der Basisbrücke $T$ bei feststehender Zeichenfläche treten könnte.

Scheimpflug bereits 1910 die Verwendung der Pulfrichschen Blinkmethode[1] in Vorschlag; danach wird abwechselnd und in kurzen Zeitintervallen der Strahlenkegel des linken und des rechten Projektors abgeblendet. Infolgedessen scheinen sämtliche Bildpunkte mehr oder weniger rasch hin- und herzuspringen, mit Ausnahme derjenigen Punkte, die, wie z. B. die Punkte der der Projektionsebene angehörenden Schichtlinie, in dieser Ebene koinzidieren.

Ein Doppelprojektor ist nicht nur für vertikale Normalstereogramme, sondern auch für solche Aufnahmen brauchbar, deren Achsen bis zu etwa 15⁰ von der Vertikalen abweichen, wenn man nur dafür sorgt, daß die Lage der Projektionszentren $O$ und die Neigung der optischen Achsen der Projektoren gegenüber der Zeichenfläche völlig den beiden Stellungen der Aufnahmekammer gegenüber dem Horizont entspricht. Demzufolge muß zunächst einer der beiden Projektoren noch winkelrecht zur Zeichenfläche verschiebbar sein (Einstellung von Flughöhenunterschieden); weiterhin müssen beide Projektoren um je zwei winkelrecht zueinander angeordnete Achsen gekippt werden können (Einstellung der Neigung und Verschwenkung der Aufnahmen). Da ferner damit zu rechnen ist, daß das Luftfahrzeug auf seinem Bahnelement von der ersten zur zweiten Aufnahme eine seitliche Abtrift erleidet,

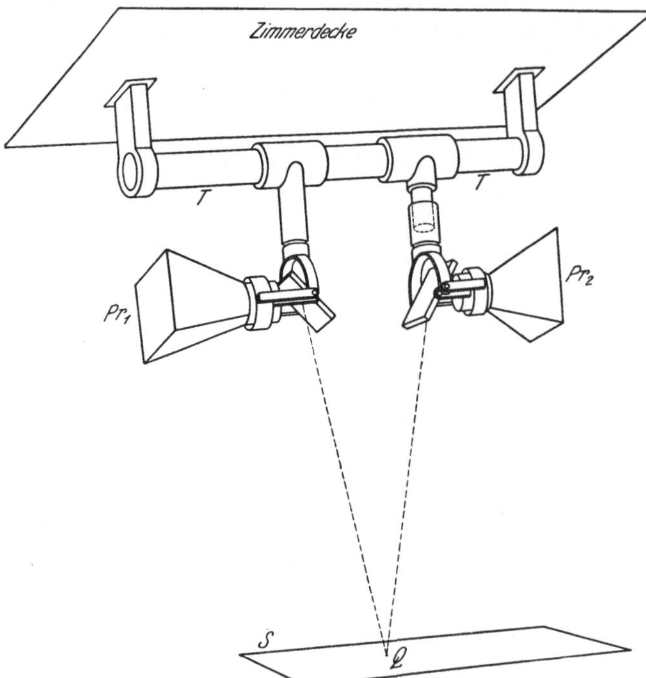


Abb. 103.  Anordnung der Projektion nach M. Gasser

deren Effekt genau dem eines Höhenunterschiedes der Standpunkte bei terrestrischen Aufnahmen entspricht (vgl. Abb. 73, S. 58), so muß einer der Projektoren auch noch winkelrecht zur Basisbrücke und dabei parallel zur Zeichenfläche verschiebbar sein. An Stelle dieser Verschiebung kann (gemäß Abb. 74, S. 58) eine Drehung beider Projektoren um ihre optischen Achsen oder eine entsprechende Drehung (Verkantung) der Meßbilder in ihrer Ebene treten.

Nach dem Tode Scheimpflugs ist das Doppelprojektionsverfahren zunächst von M. Gasser[2] wieder aufgegriffen und weiter ausgebaut worden. Der Ausbau besteht im wesentlichen darin, daß (Abb. 103) die optischen Achsen der Projektoren wagerecht gelagert und dabei vor den Projektionsobjektiven Spiegel angebracht sind, durch welche die austretenden Strahlen wieder nach der wagerechten Zeichenfläche hingeleitet werden. Weiterhin wird zur Aufsuchung koinzidierender Punkte eine Raummarke, ähnlich der in Abb. 101 dargestellten,

---

[1] C. Pulfrich, ZS. f. I. 24, 1904, S. 161; Derselbe, Neue stereosk. Methoden und Apparate. Berlin 1912.

[2] D. R. P. Nr. 306385. O. v. Gruber, Der Bauingenieur 4, 1923, S. 434.

benutzt und mit einem Pantographen verbunden, um die im allgemeinen in großen Maßstäben erhaltene Projektion unmittelbar in kleinere Maßstäbe umzuzeichnen.

Auch der Photokartograph von A. Nistri[1] (Abb. 104) beruht auf dem Scheimpflugschen Verfahren. Bei diesem Instrument sind die optischen Achsen der Projektoren ebenfalls horizontal gelagert, die Projektion erfolgt aber ohne Spiegel unmittelbar auf eine oder mehrere vertikal angeordnete Projektionsebenen; die schematische Abb. 102 entspricht also dem Grundriß des Nistrischen Gerätes. Auch Nistri benutzt eine Raummarke, die hier jedoch nicht freihändig, sondern mittels eines Kreuzschlittenantriebes bewegt wird, durch den allerdings

Abb. 104. Photokartograph nach A. Nistri

ein wesentlicher Vorteil der Doppelprojektion, nämlich die Möglichkeit zur raschen, weil freihändigen Zeichnung, wieder verloren geht.

Das geniale Scheimpflugsche Verfahren genügt wegen seiner unmittelbaren Beobachtung einer objektiven Projektion besonders hinsichtlich der Höhendarstellung leider nur mäßigen Genauigkeitsansprüchen; die Sicherheit in der Feststellung der Koinzidenz zweier Punkte hängt ganz wesentlich ab von der Beschaffenheit der Objektfläche. Die Feststellung der Koinzidenz wird um so schwieriger und ungenauer, je weniger markant die beobachteten Punkte sind; in einförmigem Gelände, wie z. B. an Wiesenhängen, versagt die Methode sogar völlig. Aber auch bei an sich markanten Objektpunkten kommt der Bestimmung der Koinzidenz ihrer Bildpunkte wegen der bereits erwähnten allgemeinen Unschärfe der Abbildung nur eine geminderte Sicherheit zu.

Um diese Unschärfe zu beheben, hat 1928 R. Ferber (Firma Gallus in Paris) in Anlehnung an eine Bauersfeldsche Konstruktion (s. S. 96 f.) je ein

---

[1] G. Cassinis, Atti della Inst. Settimana Aeronautica, Rom 1925; A. Nistri, L'Aeronautica VI, 1927; D. R. P. Nr. 382190.

drehbares und in seiner Brennweite veränderliches optisches Zusatzsystem vor
den Projektionsobjektiven angebracht (Abb. 104*). Beide Zusatzsysteme sind
mit der Raummarke verbunden und werden von ihr so gesteuert, daß in un-

Abb. 104*. Kartierungsgerät nach R. Ferber

mittelbarer Nähe der Raummarke eine scharfe Abbildung stattfindet.[1] Damit
wird — wenn auch unter Verzicht auf die sehr vorteilhafte Totalprojektion der
Meßbilder — eine Fehlerquelle des ursprünglichen Scheimpflugschen Verfahrens

---

[1] Eine ähnliche Einrichtung verwendet auch H. Boykow bei einem von ihm
konstruierten Gerät (Luftbild-Triangulator), das aber bisher anscheinend noch keine
praktische Verwendung gefunden hat und über das in der allgemein zugänglichen
Literatur Näheres nicht veröffentlicht worden ist.

ausgeschaltet. Die wichtigste Fehlerquelle aber, die in der Abhängigkeit des Verfahrens von der Beschaffung der Objektoberfläche besteht, bleibt auch bei dem Gerät von FERBER noch wirksam.

**21. Aerosimplex nach Hugershoff.** Das zweckmäßigste Mittel, das Doppelprojektionsverfahren unabhängig zu machen von der Beschaffenheit der Objektoberfläche, besteht darin, daß man die Teilbilder auf die gleiche Ebene nebeneinander projiziert und die Einzelprojektionen je einem Auge getrennt zuführt, so daß diese Einzelbilder zu einem virtuellen Raummodell verschmelzen. Damit ergibt sich die Möglichkeit, an die Stelle der unmittelbaren objektiven Beobachtung des Strahlenschnittpunktes die stereoskopische Beobachtung desselben treten zu lassen, die, wie gezeigt wurde, auch in einförmigem Gelände anwendbar ist und überdies eine wesentlich höhere Messungsgenauigkeit zuläßt (vgl. S. 50).[1]

Das Konstruktionsprinzip eines derartigen, 1928 von R. HUGERSHOFF angegebenen Stereo-Doppelprojektors[2] ist in Abb. 105 schematisch im Grundriß dargestellt.

Von den beiden Projektoren $Pr_1$ und $Pr_2$ mit wagrechten optischen Achsen ist der Projektor $Pr_2$ aus seiner ursprünglichen Stellung $(Pr_2)$ mit der Basis $O_1 (O_2) = b_0$ seitlich um die Strecke $k$ verschoben. Dementsprechend erscheinen jetzt auch die beiden Teilbildpunkte $Q_1$ und $Q_2$ eines in der aus einer Mattscheibe gebildeten Schirmebene $S$ liegenden Objektpunktes $Q$ (vgl. hiezu Abb. 102) in einem Abstand $k$ voneinander. Bringt man auf diese Teilbildpunkte je eine Zielmarke $m_1$ bzw. $m_2$

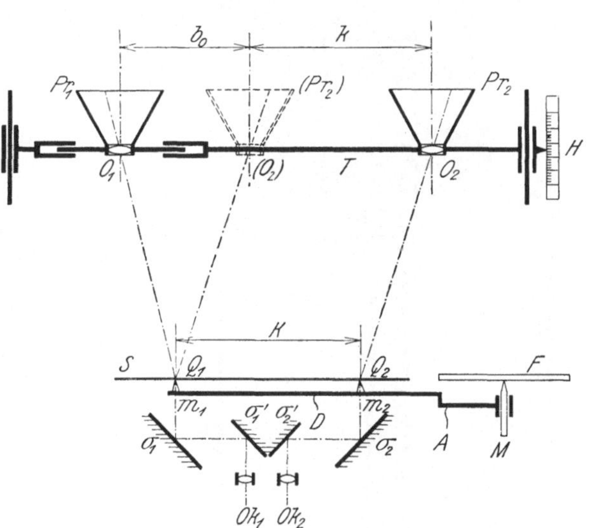

Abb. 105. Wirkungsweise des Aerosimplex nach R. HUGERSHOFF

und betrachtet die Teilbilder mittels eines aus den Spiegeln $\sigma_1\,\sigma_1'$, $\sigma_2\,\sigma_2'$ und den Okularen $Ok$ gebildeten (HELMHOLTZschen) Stereoskops, so erblickt man ein virtuelles Modell des Objekts, das von dem virtuellen Verschmelzungsbild der Teilmarken $m$ im Raumpunkt $Q$ berührt wird.

---

[1] Auch die übereinander projizierten Teilbilder lassen sich einer für beide Augen getrennten Wahrnehmung zuführen, wenn man die Teilbilder komplementär (z. B. das eine rot und das andere grün) färbt und die Projektionsfläche mit einer Brille betrachtet, deren linkes bzw. rechtes Glas ebenfalls diese Färbungen aufweisen. Bei Verwendung dieses 1858 von D'ALMEIDA angegebenen Anaglyphen-Verfahrens erblickt man die durch die Strahlenschnittpunkte gebildete Modelloberfläche direkt und in unmittelbarer körperlich nachbildbarer Beschaffenheit (vgl. den Aufsatz von O. v. GRUBER in Der Bauingenieur, 4, 1923, S. 434). Die Genauigkeit einer nach diesem Verfahren durchgeführten Rekonstruktion ist aus verschiedenen Gründen wesentlich geringer als die einer Rekonstruktion nach der oben angegebenen Methode. Einen Doppelprojektor für anaglyphische Projektion beschreibt J. PRÉDHUMEAU in Sc. et Ind. phot. 1926, Nr. 2.

[2] R. HUGERSHOFF, Bildmess. u. Luftbildwes. 4, 1929, S. 24.

Die mittels eines Steges $D$ starr miteinander verbundenen Teilmarken können freihändig über die ganze Projektionsebene verschoben werden, wobei eine besondere Führung dafür sorgt, daß die Markenverbindungslinie stets parallel mit sich selbst und wagrecht bleibt.

Bewegt man jetzt beide Teilmarken so, daß ihr Verschmelzungsbild, die virtuelle Raummarke, in steter Berührung mit der Modelloberfläche bleibt, so bewegt sich die Raummarke längs der durch den Punkt $Q$ gehenden Schichtlinie.

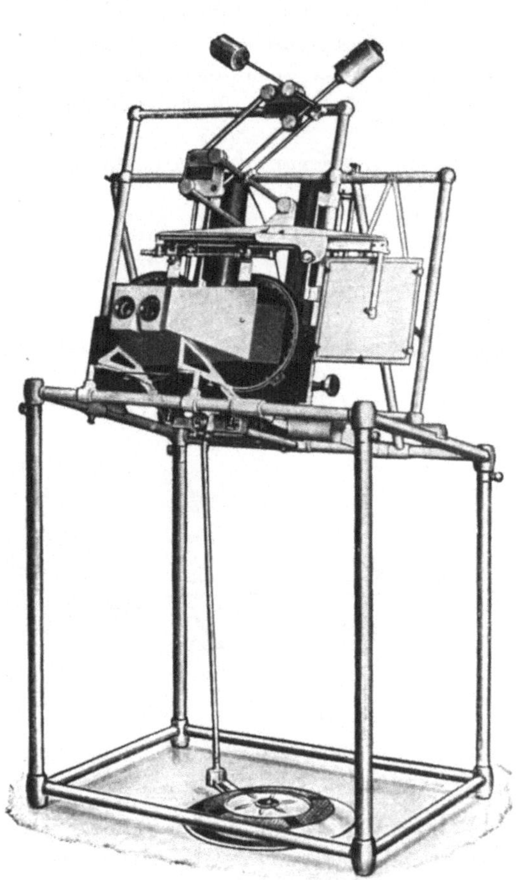

Abb. 106. Aerosimplex nach R. Hugershoff

Im Vergleich mit Abb. 102 erkennt man, daß jede der Teilmarken und damit auch jeder beliebige andere Punkt, der starr mit dem Steg $D$ verbunden ist, die Orthogonalprojektion dieser Schichtlinie beschreibt. Insbesondere wird ein durch den Arm $A$ mit dem Steg $D$ verbundener Bleistift $M$ diese Schichtlinie auf eine parallel zur Projektionsebene und seitlich derselben liegende Zeichenfläche $F$ auftragen. Die Einstellung von höher oder tiefer gelegenen Punkten der Modelloberfläche erfolgt ganz wie bei dem oben geschilderten Scheimpflugschen Verfahren durch entsprechende Änderung des Abstandes zwischen der Projektionsebene $S$ und der Basisbrücke $T$, nur daß hier aus Zweckmäßigkeitsgründen die Projektionsfläche $S$ feststeht und die Basisbrücke $T$ parallel zu sich selbst verschoben wird. Die Verschiebung ist an einem Höhenmaßstab $H$ ablesbar. Der Maßstab der Kartierung ergibt sich aus dem Verhältnisse der Projektionsbasis $b_0$ zur Aufnahmebasis $B_0$; er kann durch Änderung des Abstandes $O_1O_2$ der Projektoren beliebig eingestellt werden.[1]

Das Gerät, das unter dem Namen Aerosimplex von den Firmen Gustav Heyde G. m. b. H. und Aerotopograph G. m. b. H. in Dresden gebaut bzw. vertrieben wird, ist in Abb. 106 in der Ansicht wiedergegeben. Die Verschiebung der Basisbrücke gegen die Projektionsfläche erfolgt durch eine Fußscheibe; die Größe der Verschiebung wird an einem Zählwerk abgelesen. Zum Zwecke der exakten Wiederherstellung der Orientierung der Teilbilder gegeneinander und zum Horizont, d. h. also hier zur Projektionsebene, kann jeder der beiden Projektoren um drei zueinander winkelrechte Richtungen verschoben und über-

---

[1] Man beachte, daß das teilweise aus Zielstrahlen gebildete Trapez $O_1O_2m_1m_2$ ganz der in Abb. 86 dargestellten Hebelanordnung am Stereoautographen entspricht.

dies beliebig geneigt und verschwenkt werden. Außerdem lassen sich die Meßbilder beliebig verkanten.

Die Projektion der Meßbilder geschieht unter Benutzung spezieller Konden-
soren mit Hilfe von Lampen, für die eine Stromquelle von 12 Volt benötigt wird.

Das der Betrachtung dienende Spiegelstereoskop besitzt entsprechend der
auf S. 57 erwähnten Forderung Okulare von so großem Durchmesser, daß auch
Beobachtern mit beträchtlichen Abweichungen von der normalen Augenstellung
eine zwangfreie Beobachtung möglich ist.

Dem Gerät wird ein zweites Betrachtungsstereoskop beigegeben, dessen
Spiegel so angeordnet sind, daß das linke Bild dem rechten Auge und umgekehrt
dargeboten wird (vgl. Abb. 121 und 122). Diese Einrichtung dient in der Hauptsache dazu, auch dann den normalen stereoskopischen Effekt zu erzielen, wenn die
Meßbilder standortsverkehrt eingelegt
wurden. Über die besondere Bedeutung dieser Einrichtung für die optische Orientierung von Bildern einer
fortlaufend aufgenommenen Bildreihe
(Folgebildern) siehe S. 201.

Der Aerosimplex ist zunächst
zur unmittelbaren Ausmessung der
mit einer automatischen Kammer
(Reihenbildner, vgl. S. 151 ff.) gewonnenen Aufnahmen bestimmt; das Bildformat dieser Kammer ist 5,4 × 5,4 cm;
das Kammerobjektiv hat eine Brennweite von 6 cm; dementsprechend ist
auch die Bildweite der Projektoren
6 cm. Die Brennweite der Projektionsobjektive beträgt dagegen nur 4,5 cm,
so daß die größte Schärfe der Abbildung bei einem Abstand von etwa
18 cm der Projektionsobjektive von
der Projektionsebene erfolgt. Dank der
großen Tiefenschärfe der Abbildung

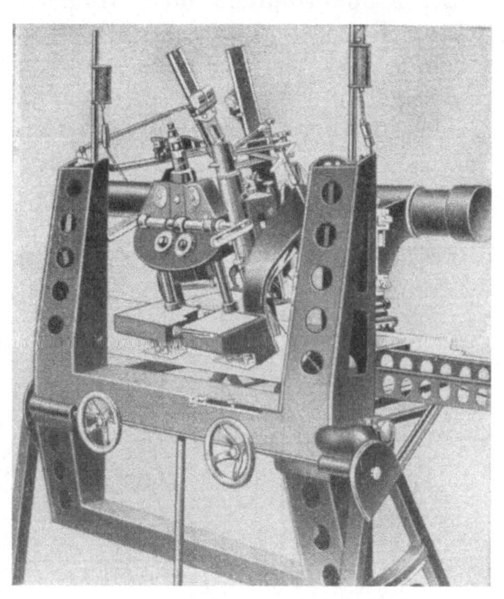

Abb. 106*. Restitutor nach N. SANTONI

ist die Bildschärfe für die stereoskopische Ausmessung zwischen den Abständen
14 cm und 22 cm noch völlig ausreichend. Es dürfen also beispielsweise bei einer
mittleren Flughöhe von 1800 m die Höhenunterschiede im Gelände bis zu 800 m
betragen.

Mit dem Gerät können selbstverständlich auch Aufnahmen ausgemessen
werden, die mit Kammern von beliebigen anderen Bildweiten hergestellt wurden,
wenn sie zuvor entsprechend dem angegebenen Bildformat verkleinert wurden.

Das Instrument besitzt sehr geringe Ausmaße: es ist 95 cm breit, 65 cm tief
und insgesamt 175 cm hoch; dementsprechend beträgt auch das Gewicht nur
etwa 50 kg.

An dieser Stelle mag noch das Gerät von SANTONI (Italien) Erwähnung[1]
finden, bei dem die in Abb. 105 dargestellten projizierenden Strahlen $O_1 Q_1$ und
$O_2 Q_2$ durch Hebel wiedergegeben sind, deren Drehpunkte $O_1$ und $O_2$ sich an
Stelle der (nicht vorhandenen) Objektive befinden.

Die rückwärtigen Verlängerungen dieser Hebel berühren unmittelbar die

---

[1] O. KOERNER, Bildmess. u. Luftbildwes. 2, 1927, S. 78; G. CASSINIS, Ann.
della R. Scuola d'ingegneria di Padova, 3, 1927; DERSELBE, Bildmess. u. Luftbildwes. 4, 1929, S. 38.

auszumessenden Bilder in den entsprechenden Bildpunkten; die Koinzidenz von Bildpunkt und Hebelende wird mittels eines Stereoskops beobachtet. Bei dieser Konstruktion treten Projektionsunschärfen natürlich nicht auf. Dieser theoretische Vorteil ist belanglos gegen die Nachteile, die sich aus den jetzt neu auftretenden Fehlerquellen mechanischer und optischer Art und aus der notwendig komplizierten Konstruktion ergeben (Abb. 106*).

Wesentlich interessanter ist ein Konstruktionsvorschlag von H. G. Fourcade (F. P. Nr. 628528), bei welchem — mit binokularer Einstellung durch Bildträgerobjektive hindurch — die Projektionsstrahlenhebel das Betrachtungssystem seitlich verschieben und die Bildträger gemeinsam kippen.

## B. Allgemeine Lösungen der Aufgabe

**22. Autokartograph nach Hugershoff.** Das erste Gerät, das die automatische Rekonstruktion des Objektes für den allgemeinen Fall der Aufgabe ermöglichte, ist der 1919 nach Angaben von R. Hugershoff von G. Heyde in Dresden gebaute Autokartograph. Die Grundlagen seiner Konstruktion sind aus dem in Abb. 107 dargestellten Grundrißschema ersichtlich. Zwei Bildmeßtheodolite der Koppeschen[1] Bauart (s. S. 44) sind in unveränderlichem Abstand $O_1 O_2$ nebeneinander aufgestellt. Die Aufsuchung bzw. Einstellung identischer Bildpunkte erfolgt gleichzeitig mittels des binokularen Fernrohres $F$, dessen unveränderlich wagrecht gelagerte Zielachsen durch die (vorderen) Hauptpunkte $O$ der Objektive der Bildträger $T$ gehen.

Um nun beliebige Bildstrahlen $pO$ in die Richtung dieser fest gelagerten Zielachsen zu bringen, werden — anders als beim normalen Koppeschen Bildmeß-

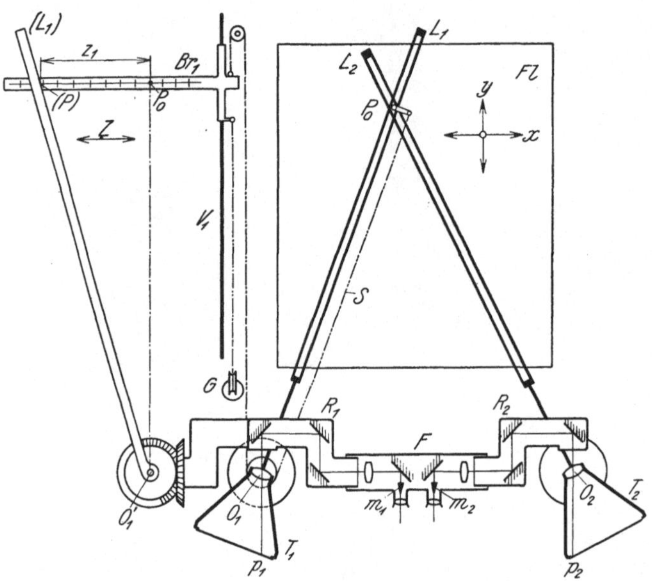

Abb. 107. Konstruktionsschema des Autokartographen nach R. Hugershoff

theodolit — die Bildträger um vertikale, durch die vorderen Objektivhauptpunkte $O$ gehende Stehachsen gedreht (Einstellung der Horizontalwinkel zwischen Aufnahmerichtung und Bildstrahl) und besondere vor den Fernrohren angeordnete Reflektoren $R$ um die wagerechten Zielachsen gekippt (Einstellung des Neigungswinkels des Bildstrahles).[2]

---

[1] Es handelt sich also, im Gegensatz zu dem von Wild verwendeten Porroschen Bildmeßtheodolit (vgl. S. 71) um Bildmeßtheodolite mit Bildträgern, deren Neigung zur Kartierungsebene während der Ausarbeitung unveränderlich, und zwar stets gleich ist der Neigung der Aufnahmekammer zum Horizont.

[2] Das gleiche Prinzip hat später Poivilliers in Paris der Konstruktion einer Kartierungsmaschine zugrunde gelegt. Eine eingehende Beschreibung des Poivillierschen Gerätes kann daher unterbleiben.

Von den Bildträger-Stehachsen werden die Horizontallineale $L$ mitgenommen. Diese Lineale, die gegen die Stehachsen verdrehbar und mit ihnen verklemmbar sind, werden vor Beginn der Arbeit so eingestellt, daß sie mit Bezug auf die Basis $O_1 O_2$ in die Aufnahmerichtungen zeigen, während an den Zielmarken $m$ des Doppelfernrohres die Hauptpunkte der Aufnahmen erscheinen. Hieraus folgt, daß bei Einstellung der identischen Bildpunkte $p_1$ bzw. $p_2$ — gleichgültig bei welcher Neigung und unter welcher Richtung die Aufnahmen gemacht wurden — der Schnittpunkt $P_0$ der Linealkanten die Horizontalprojektion desjenigen Punktes des im Doppelokular gesehenen optischen Modells ist, auf dem das Verschmelzungsbild der Meßmarken $m$ aufsitzt. Dieser Kartenpunkt kann durch einen im Linealschnittpunkt angebrachten Bleistift auf der Zeichenfläche $Fl$ fixiert werden.

Die selbsttätige Ermittlung des Höhenunterschiedes des Objektpunktes $P$ gegen den Aufnahmehorizont des linken Standpunktes geschieht durch eine mechanische Rekonstruktion des Höhendreiecks (vgl. z. B. Abb. 46, S. 36) $O_1 P P_0$ an einer seitlich angebrachten Hilfsvorrichtung. Diese besteht aus dem ebenfalls wagrecht gelagerten Lineal $(L_1)$ und der Höhenbrücke $Br_1$. Das Lineal $(L_1)$ dreht sich um eine vertikale Achse $O_1'$; es wird von dem Reflektor $R_1$ um den gleichen Winkelbetrag verschwenkt,[1] um die der Reflektor kippt. Bei wagrechter Lage des Reflektors (Neigung des Bildstrahles $0^0$) liegt die Ziehkante des Lineals $(L_1)$ in der Richtung $O_1'P_0$, die parallel ist zur Gleitschiene $V_1$, längs deren sich die Höhenbrücke $Br_1$ verschiebt. Die Höhenbrücke steht mittels des Stahlbandes $S$, das durch das Gewicht $G$ in Spannung gehalten wird, in Verbindung mit dem Schnittpunkt $P_0$ der Horizontallineale. Die Länge des Stahlbandes ist dabei so reguliert, daß die Strecke $P_0 O_1$ stets gleich dem Abstand $P_0 O_1'$ der Höhenbrücke $Br_1$ von $O_1'$ ist.

Man erkennt also, daß am Schnittpunkt $(P)$ der Kante des Lineals $(L_1)$ mit einer auf der Höhenbrücke $Br_1$ angebrachten Teilung (mit dem Nullpunkt in $P_0$) der Höhenunterschied $z_1$ des Objektpunktes gegen den Standpunkt $O_1$ unmittelbar abgelesen werden kann.

Bei der praktischen Ausführung des Gerätes ist die beschriebene Höhenmeßeinrichtung auf der rechten Seite des Apparates wiederholt, so daß auch der Höhenunterschied $z_2$ des Objektpunktes gegen den rechten Standpunkt $O_2$ unmittelbar ablesbar ist. Die (konstante) Differenz beider Ablesungen ist offenbar die vertikale Komponente $b_z$ der Aufnahmebasis $b$. Weiterhin geht die Einstellung der Bildpunkte bzw. der Lineale nicht von einer primären Drehung der Bildträger $T$ und der Reflektoren $R$ aus, sondern geschieht sekundär durch Verschiebung des Linealschnittpunktes $P_0$ bzw. durch Änderung der Höhenbrückenabschnitte $z$. Zu diesem Zwecke sind ähnlich wie am Stereoautograph (Abb. 90, S. 69), ebene Kreuzschlittenführungen, und zwar hier drei solche Führungen, vorgesehen. Der Hauptschlitten wird durch zwei Handräder betätigt, die dem Bleistift eine Bewegung in der $x$- bzw. $y$-Richtung erteilen. Die beiden Höhenlineale werden gemeinsam durch eine Fußscheibe angetrieben; diese bewegt mittels je einer in der betreffenden Höhenbrücke liegenden Spindel je eine Schraubenmutter, an der das betreffende Höhenlineal dreh- und gleitbar befestigt ist. Die Kupplung zwischen Fußscheibe und Höhenlinealen ist lösbar, so daß eines der Höhenlineale mitsamt dem zugehörigen Reflektor vor Beginn der

---

[1] Die Übertragung des Neigungswinkels geschieht bei der praktischen Ausführung nicht durch Kegelräder, wie es die schematische Abb. 107 zeigt, sondern durch ein besonderes Hebelsystem (vgl. D. R. P. Nr. 372 222), das praktisch ohne jeden toten Gang ist.

Arbeit so eingestellt werden kann, daß die Differenz der Ablesungen an beiden Höhenskalen der vertikalen Komponente der Aufnahmebasis entspricht.

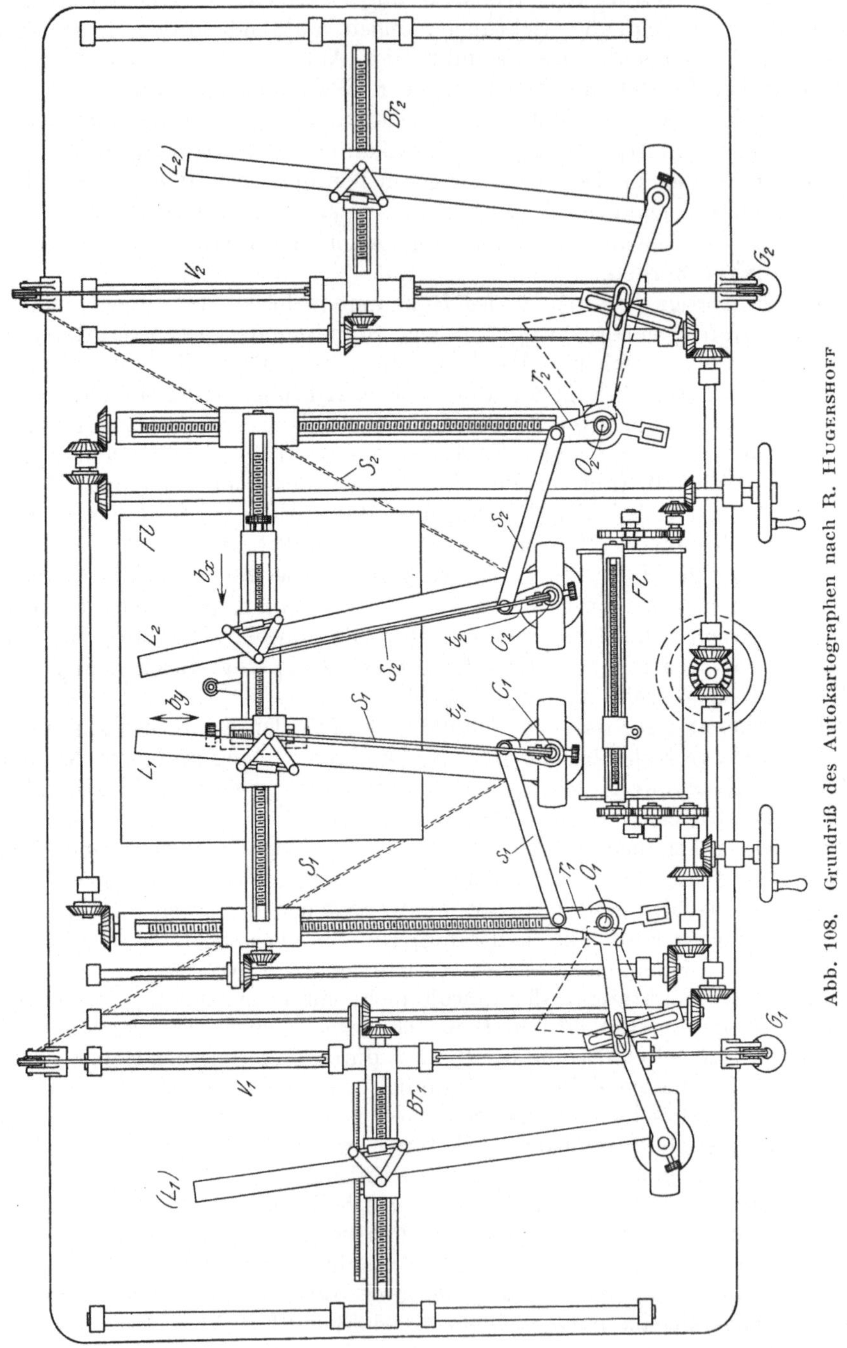

Abb. 108.　Grundriß des Autokartographen nach R. Hugershoff.

Durch gleichzeitige Betätigung aller drei Antriebsmittel kann die Raummarke auf der Oberfläche des optischen Modells ganz wie beim Stereoautographen beliebig entlang geführt werden; dabei tritt hier keine Vertikalparallaxe auf, da ja durch die Verwendung zweier Höhenlineale die Bildstrahlen

von identischen Punkten gleichzeitig in die Richtung der Fernrohrziellinien
gebracht werden.

Konstruktive Einzelheiten[1] sind aus der in Abb. 108 wiedergegebenen
Grundrißzeichnung erkennbar, so insbesondere die Benutzung eines „Basisschlittens" (vgl. S. 68 und Abb. 86) zur maßstäblichen Einstellung der Hori-

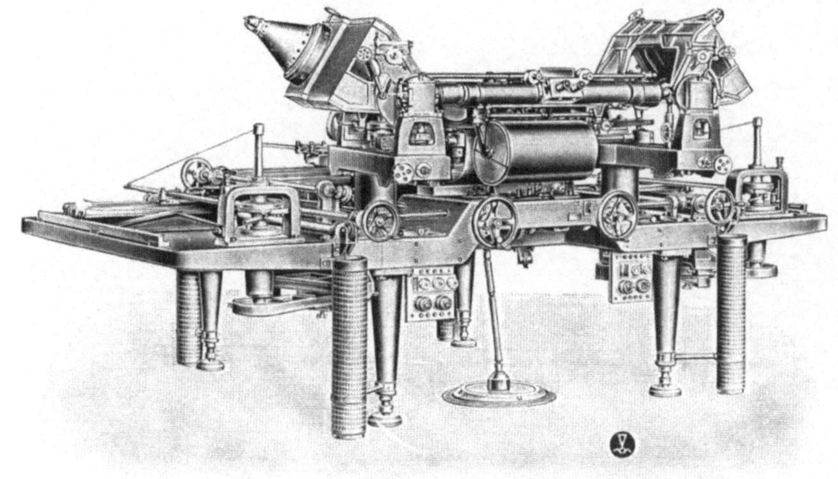

Abb. 109. Autokartograph nach R. Hugershoff

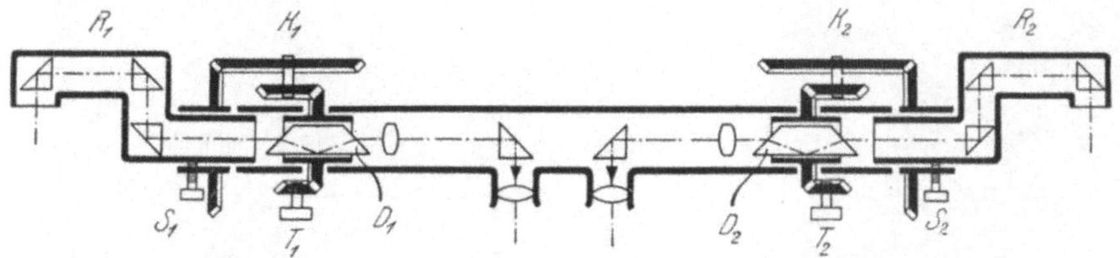

Abb. 110. Optisches Betrachtungssystem des Autokartographen (Binokulares Periskop)

zontalprojektion $b_0$ der Aufnahmebasis $b$ oder beliebiger Komponenten derselben
in der $x$- und $y$-Richtung.[2] Die konstante „Apparatebasis" ist auch hier der

---

[1] Vgl. z. B. H. Krebs, ZS. f. Feinmech. 30, 1922, S. 37, 63, 75, 87, 102;
E. Doležal, Int. Arch. f. Photogramm. 6, 1919/23, S. 288; E. Snižek, ZS. d.
Ver. tchechoslovak. Ing., Prag 1925; O. Eggert, ZS. f. Verm. 57, 1928, S. 625.

[2] Diese zuerst am Stereoautographen nach einem Vorschlag von K. Fuchs
angewandte Zerlegung der Horizontalprojektion $b_0$ der Basis $b$ in die dem gemeinsamen Verschwenkungswinkel $\varphi$ entsprechenden Komponenten $b_x = b_0 \cdot \cos \varphi$ und
$b_y = b_0 \cdot \sin \varphi$ (S. 69) ist hier an sich nicht erforderlich, da ja beide Horizontallineale „knickbar" sind. Sie gewährt den Vorteil, daß die bei starker Verschwenkung
der Aufnahmen am Rand der Zeichenfläche entstehende Karte in die Mitte dieser
Fläche gerückt werden kann. Die Einrichtung wird trotz der Knickbarkeit der
Horizontallineale bei der Ausarbeitung von Senkrechtaufnahmen mit nicht genau
vertikalen Achsen notwendig, da hier die Basiskomponente $b_y$ dem Höhenunterschied
der Standpunkte gegen die (im Apparat vertikal durch den Hauptschlitten verlaufend
zu denkende) Kartierungsebene, der Knickungswinkel aber der Verschwenkung der
Aufnahmerichtung gegen die Vertikale entspricht. Die oben (S. 88) erwähnte Basiskomponente $b_z$ hat bei Senkrechtaufnahmen die Bedeutung einer seitlichen Verschiebung (Abtrift) des Standpunktes gegen die Flugrichtung (vgl. S. 233).

Abb. 111. Teilbild des Luftbildpaares zur Karte in Abb. 112

Abstand der Linealdrehpunkte $C_1$ und $C_2$, die aber — im Gegensatz zur Darstellung in der schematischen Abb. 107 — nicht mit den Drehachsen der Bildträger zusammenfallen, sondern mit ihnen durch die Hebel $r$, $s$ und $t$ verbunden sind.

Die Wirkungsweise des Gerätes, von dem Abb. 109 eine Gesamtansicht zeigt, ist ähnlich derjenigen, wie sie beim Stereoautographen bzw. Autographen beschrieben wurde (S. 67 und S. 74). Die Kartierung von wagrechten und schrägen Aufnahmen erfolgt unmittelbar auf der ebenen Zeichenfläche innerhalb des Apparates. Die Ausarbeitung von Senkrechtaufnahmen kann ähnlich wie beim Wildschen Gerät auf einem seitlich aufzustellenden Koordinatographen oder auf einer in den Abb. 108 und 109 sichtbaren zylindrischen Zeichenfläche erfolgen, die um ihre wagrechte Achse rotiert. Der Bleistift wird hier längs einer zur Zylinderachse parallelen Führungsschiene bewegt; seinen Antrieb erhält er

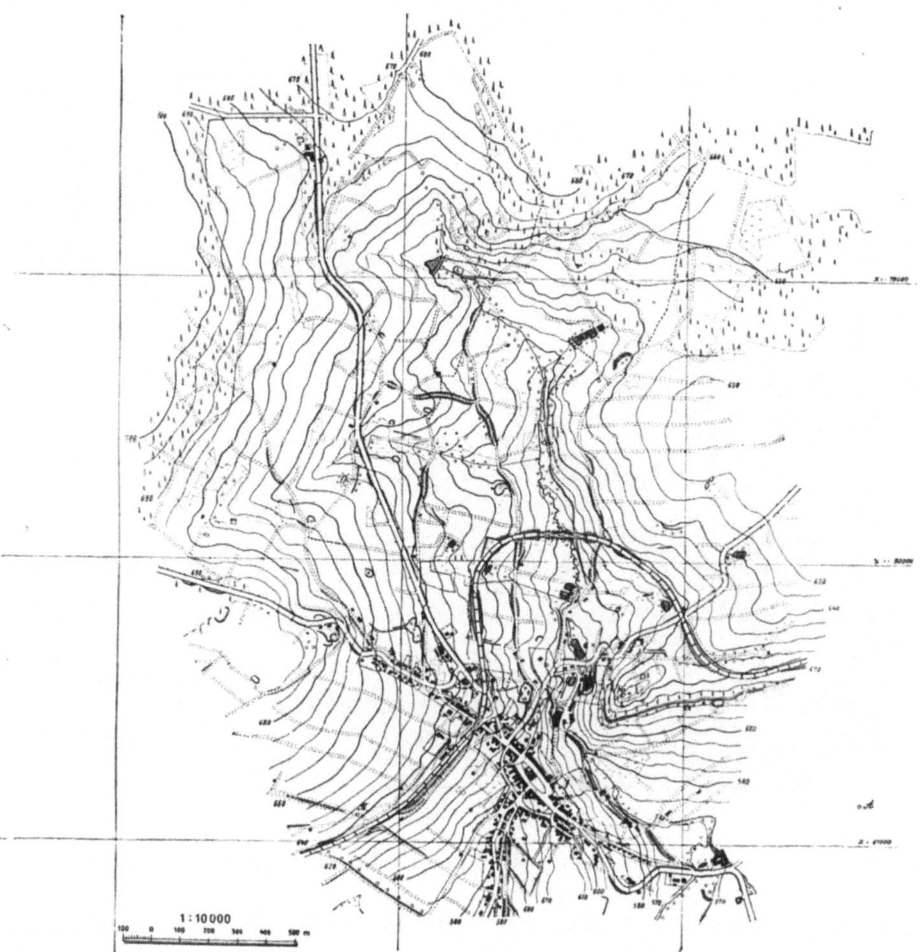

Abb. 112. Die erste automatisch hergestellte Schichtlinienkarte aus beliebig orientierten Luftmeßbildern (vgl. S. 5 und 92)

von der Abszissenspindel des Hauptschlittens. Der Zylinder selbst wird in Rotation versetzt entweder von dem $y$-(Abstands-)Antrieb des Hauptschlittens (Ausarbeitung von wagrechten und schrägen Aufnahmen) oder aber vom $z$-(Höhen-)Antrieb der Nebenschlitten (Ausarbeitung von Senkrechtaufnahmen).

Eine wichtige Konstruktionseinzelheit wird durch die Einführung der drehbaren Reflektoren $R$ bedingt; die Drehung dieser Spiegelsysteme hat eine entsprechende Drehung des betrachteten Bildausschnittes zur Folge; zur Aufhebung dieser Drehung sind in den Strahlengang des Doppelfernrohres zwei Umkehrprismen $D$ (vgl. den schematischen Horizontalschnitt in Abb. 110) eingebaut und durch Kegelradgetriebe $K$ mit den entsprechenden Reflektoren so verbunden worden, daß sich diese Prismen stets um die Hälfte desjenigen Winkels verdrehen, um den die entsprechenden Reflektoren kippen.[1]

Zur Erzielung eines vollkommenen Stereoeffektes[2] beim Vorhandensein eines Höhenunterschiedes der Standpunkte (S. 58) ist natürlich die hier wie erwähnt selbsttätig erfolgende Ausschaltung der Vertikalparallaxe nicht ausreichend, es muß vielmehr noch eine entsprechende Schiefstellung des Raummodells vorgenommen werden (S. 59). Zu diesem Zwecke können die Umkehrprismen unabhängig von ihrer zwangläufigen Drehung um entsprechende Winkel mit den

Abb. 113. Teilbild einer freihändigen terrestrischen Aufnahme zur Karte in Abb. 114

Trieben $T$ nach Lösung der Klemmen $S$ von Hand gedreht werden.[3] Die Bedeutung dieser Einrichtung wird besonders klar, wenn man Aufnahmen mit vertikaler Basis (z. B. Aufnahmen aus einem Fesselballon bei verschiedenen Höhen desselben) in Betracht zieht. In diesem Falle wären beide Bilder optisch um $90^0$, die Umkehrprismen also um je $45^0$ zu drehen, wobei natürlich hier die Horizontallineale in Parallelstellung zu bringen sind (Horizontalkomponente der Aufnahmebasis Null, vgl. Abb. 108, S. 88).

Abb. 111 zeigt ein Teilbild des Luftbildpaares, aus dem mit dem Auto-

---

[1] Chr. v. Hofe, Fernoptik, 2. Aufl. 1921, S. 82.

[2] Bei dieser Gelegenheit sei bemerkt, daß selbstverständlich das Doppelokular auch die in Abb. 71, S. 57 dargestellte, für alle von Hugershoff angegebenen Meßgeräte charakteristische vertikale Einstellbarkeit der Einzelokulare aufweist.

[3] D. R. P. Nr. 358 255.

kartographen die überhaupt erste Schichtlinienkarte (Abb. 112) nach beliebig orientierten Schrägaufnahmen in kontinuierlich-mechanischer Zeichnung hergestellt worden ist. Weiter ist in Abb. 114 der erste Plan wiedergegeben, der auf Grund von freihändig aufgenommenen terrestrischen Meßbildern (siehe z. B. Abb. 113) gewonnen wurde.

Der Autokartograph gestattet auch — ebenso wie die nachfolgend beschriebenen weiteren Universalgeräte — die mechanisch-kontinuierliche Umformung von Einzelaufnahmen ebener (und horizontaler) Gebilde. Er läßt sich deshalb mit Vorteil zur Lösung der meisten der auf S. 12ff. besprochenen Aufgaben. verwenden; insbesondere kann er die geschilderten Netzverfahren ersetzen und an

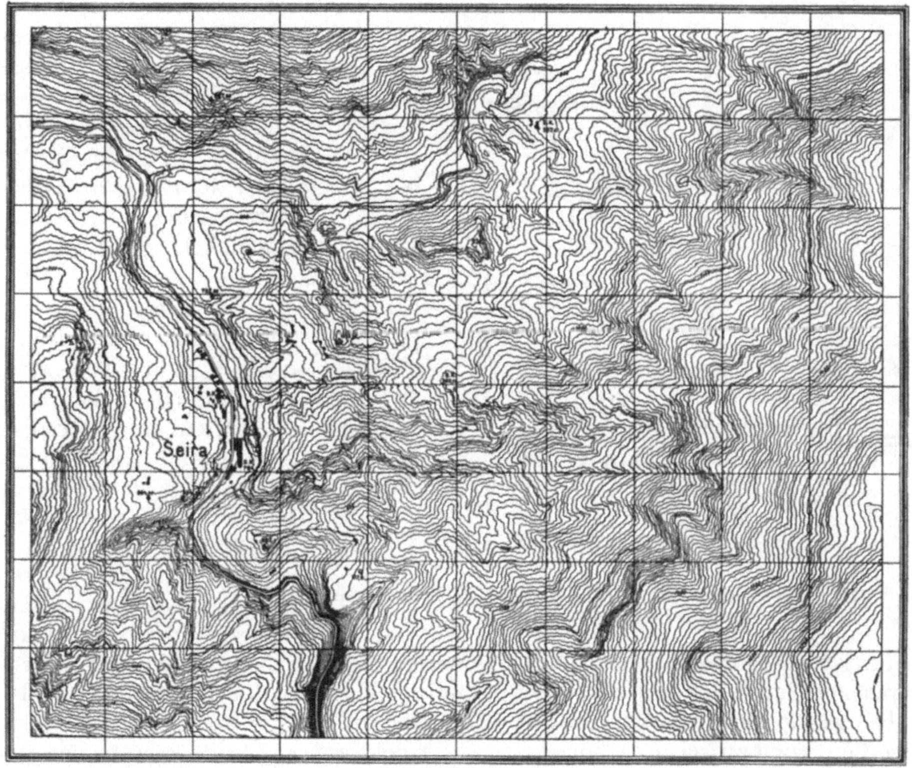


Abb. 114.  Im Autokartographen hergestellte Karte der Umgebung von Seira (Spanien)

Stelle der beschriebenen Entzerrungsgeräte Verwendung finden, denen gegenüber er keinerlei Einschränkungen in der zulässigen Neigung der Aufnahmen unterliegt. Bei Aufnahmeneigungen von $0^0$ bis $45^0$ wird der Bildträger auf diese Neigung selbst, bei Neigungen von $45^0$ bis $90^0$ auf das Komplement der Neigung eingestellt. Als Kartierungsbasis dient der Höhenunterschied des Aufnahmestandpunktes gegenüber der Ebene des zu kartierenden Gebietes.

Dieser Höhenunterschied ist bei Neigungen von $0^0$ bis $45^0$ als Skalenabschnitt auf der Höhenbrücke (Abb. 107) und bei Neigungen von $45^0$ bis $90^0$ als Abstand des Basisschlittens (Abb. 108) im vorgeschriebenen Maßstab einzustellen und während der Zeichnung unverändert zu lassen. Die Ausarbeitung geschieht durch einfaches Entlangführen der Zielmarke des betreffenden Einzelokulars an den Situationslinien mittels der entsprechenden Handräder.

**23. Stereoplanigraph nach Bauersfeld.** Der im Jahre 1923 von der Firma C. Zeiss in Jena nach den Angaben von W. Bauersfeld gebaute Stereoplanigraph[1] ist eine Weiterbildung des Scheimpflugschen Doppelprojektors (S. 79). Die Weiterbildung besteht (vgl. den schematischen Grundriß in Abb. 115) zunächst und im wesentlichen darin, daß vor den Projektionsobjektiven $O$ optische Zusatzsysteme $Z$ angebracht sind, die eine scharfe Abbildung der Meßbilder auf die Projektionsebene (Ebene der Einstellmarken $m$) bei jedem beliebigen Abstand der letzteren von den Projektoren $Pr$ gewährleisten. Mit der Einführung dieser Zusatzsysteme ist allerdings (vgl. die auf S. 82 erwähnten Konstruktionen von R. Ferber und H. Boykow) notwendig der Nachteil verbunden, daß an Stelle der totalen Projektion eine partielle Projektion der Meßbilder getreten ist. Die Weiterbildung besteht ferner darin, daß die Meßbilder nicht übereinander, sondern, ähnlich wie es auf S. 83 für den Aerosimplex beschrieben wurde, nebeneinander auf die Meßmarkenteilbilder $m$ projiziert und somit durch das binokulare Doppelmikroskop $F$ der stereoskopischen Betrachtung bzw. Messung zugänglich gemacht werden.

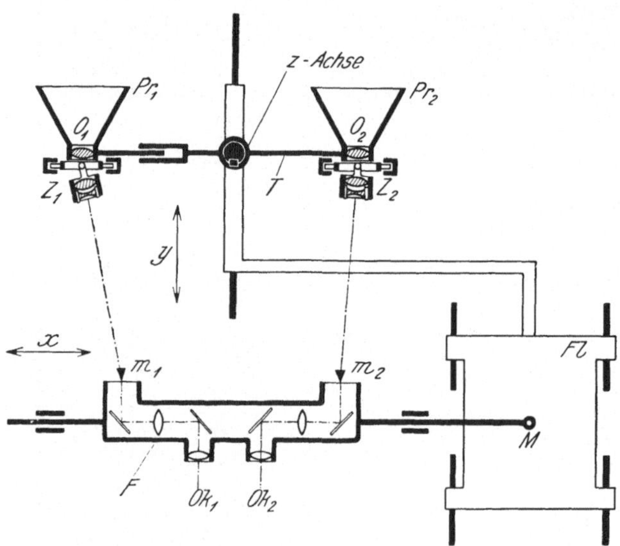



Abb. 115. Konstruktionsschema des Stereoplanigraphen nach W. Bauersfeld

Zur Einstellung beliebiger Punkte des Raummodells am Verschmelzungsbild der Zielmarken sind offenbar die Projektoren gemeinsam und parallel mit sich selbst gegenüber den Zielmarken im Raum entsprechend zu verschieben. Die Verschiebung könnte bei festen Meßmarken durch ein räumliches Kreuzschlittensystem erfolgen, wobei ein beliebiger mit den Projektoren verbundener Punkt die scheinbare Bewegung der Raummarke unmittelbar wiedergeben würde. Der Konstrukteur hat jedoch vorgezogen, die erforderliche gegenseitige Bewegung zwischen Meßmarken und Projektoren auf beide zu verteilen und zwar so, daß sich letztere nur in einer festen vertikalen Ebene (Höhenbewegung in der $z$-Richtung, Abstandsbewegung in der $y$-Richtung), die Meßmarken dagegen in einer festen wagrechten Geraden (Seitenbewegung in der $x$-Richtung) verschieben lassen. Für den Beobachter ist der Effekt der gleiche; dagegen ist jetzt die z. B. am Autokartographen vorhandene Möglichkeit verloren gegangen, durch einen an einem Bewegungsglied — am Autokartographen dem Basisschlitten — befestigten Bleistift die Horizontalprojektion eines auf wagrechten oder schrägen Aufnahmen dargestellten Raumgebildes auf einer festen Zeichenfläche unmittelbar aufzutragen. So übernimmt beispielsweise in der schematischen Abb. 115 der Bleistift $M$ die Seitenkomponente, die verschiebbare Zeichenfläche $Fl$ aber die Abstandskomponente der Horizontalprojektion der scheinbaren Bewegung der

---

[1] O. v. Gruber, ZS. f. I. 43, 1923, S. 1; E. Doležal, Int. Arch. f. Photogramm. 6, 1919/23, S. 255.

Raummarke. Bei der praktischen Ausführung des Gerätes werden Abstands-, Seiten- und Höhenschlitten durch zwei Handräder und eine Fußscheibe (vgl. die Gesamtansicht in Abb. 116) mittels Spindeln angetrieben; die Zeichnung selbst erfolgt auf einem seitlich stehenden Tisch (Koordinatograph, vgl. auch die Beschreibung des Wildschen Autographen, S. 74) mit fester Zeichenfläche. Der Zeichenstift wird dabei durch einen Kreuzschlitten in Bewegung gesetzt, dessen Seitenantrieb mit der Verschiebungsspindel des Meßmarkenträgers (Abszissen-Spindel) fest gekuppelt ist, während die Spindel für die Abstandsbewegung des Bleistiftes bei wagrechten und schrägen Aufnahmen mit der Abstandsspindel ($y$-Spindel), bei Steil- und Senkrechtaufnahmen mit der Höhenspindel ($z$-Spindel) zu verbinden ist.

Die auf dem Träger $T$ befestigten Projektoren $Pr$ sind um je eine vertikale und horizontale, durch die vorderen Hauptpunkte der Projektionsobjektive $O$

Abb. 116. Stereoplanigraph nach W. Bauersfeld

gehende Achse verschwenk- und neigbar, sodaß den Projektoren die gleiche Neigung zum Horizont und die gleiche gegenseitige Richtung gegeben werden kann, die den Aufnahmen im Augenblick der Belichtung zukam.

Zur maßstäblichen Wiederherstellung der räumlichen Lage der Aufnahmebasis, und zwar insbesondere ihrer Neigung zur Kartenebene, bedient man sich hier des gleichen zweckmäßigen Verfahrens, von dem schon die früher beschriebenen Geräte — mit Ausnahme des Wildschen — Gebrauch machten. Man denkt sich die Aufnahmebasis $b$ in ihre Komponenten $b_x$, $b_y$ und $b_z$ in bezug auf die entsprechenden drei Schlittenrichtungen zerlegt und stellt diese Komponenten im vorgeschriebenen Maßstab im allgemeinen durch entsprechende Verschiebung der Standpunkte ein. Als solche gelten hier die vorderen Hauptpunkte der Objektive $O_1$ und $O_2$. Dementsprechend ist bei der praktischen Ausführung des Gerätes zunächst einer der Projektoren sowohl in der $y$- als auch in der $z$-Richtung verschiebbar. Die Komponente $b_x$ ist (vgl. Aerosimplex, Abb. 105, S. 83) die Differenz der Strecken $O_1O_2$ und $m_1m_2$. Die Einstellung dieser Komponente könnte also, wie es die schematische Abb. 115 andeutet, durch Verschiebung des Projektors $Pr_1$ in der $x$-Richtung vorgenommen werden. Der Konstrukteur hat es vorgezogen, die Änderung der Streckendifferenz durch Änderung der Entfernung $m_1 m_2$ der Meßmarken zu erzielen.

Die Meßmarken sind also nicht nur gemeinsam seitlich, sondern auch gegeneinander verschiebbar. Daraus und aus der im Interesse einer bequemen Beobachtung zu stellenden Forderung, trotz der gemeinsamen seitlichen Bewegung der Meßmarken die Okulare $Ok$ unveränderlich fest zu lagern, ergaben sich beträchtliche Komplikationen im optischen Aufbau des Betrachtungsmikroskops (vgl. Abb. 117), das jetzt die Form eines Scherenfernrohres angenommen hat, dessen beiderseitige Arme nicht nur mehrfach in sich knickbar (Teile $A$ und $B$), sondern auch noch um zwei winkelrecht zueinander stehende Achsen drehbar (Teile $C$ und $D$) sein müssen. Die drehbaren Teile, die sogenannten „optischen Cardangelenke",[1] die in der schematischen Abb. 117 nur unvollständig wieder-

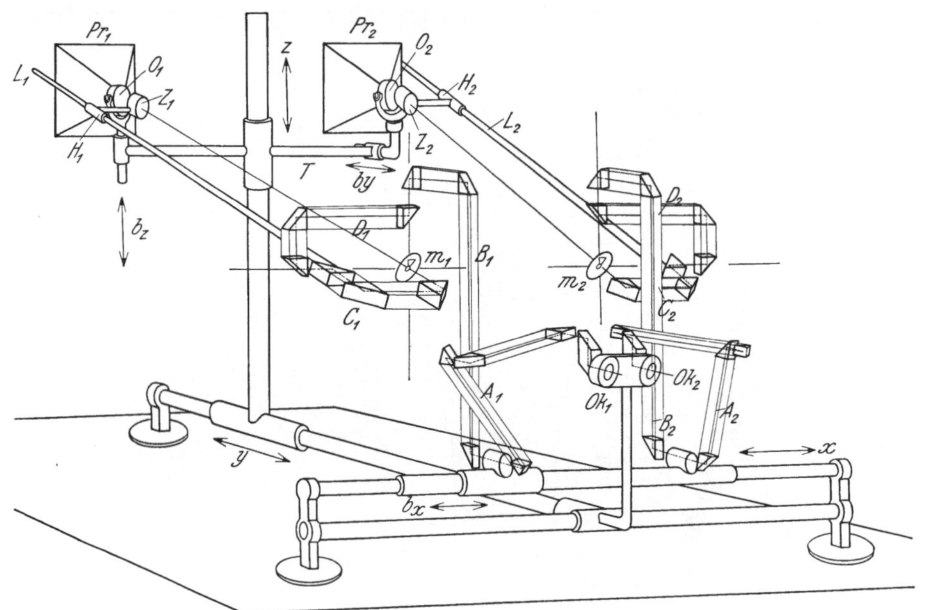

Abb. 117. Der optische Aufbau des Stereoplanigraphen nach W. Bauersfeld

gegeben werden konnten (es fehlen je zwei zwangläufig angetriebene Umkehrprismen), sind notwendig, um die auf die Meßmarken $m$ auffallenden Strahlen in die Richtung der Ziellinien des Betrachtungssystems zu bringen.[2] In Abb. 117 sind auch die als räumliche Lenker ausgebildeten Steuerorgane $L$ angedeutet, durch welche die cardanisch um den vorderen Hauptpunkt der Objektive $O$ drehbaren Zusatzsysteme $Z$ (vgl. auch Abb. 115) und die oben erwähnten, die Meßmarken $m$ tragenden optischen Cardangelenke aufeinander eingestellt werden.

Bei Abstandsänderungen der Projektoren gleitet jeder Lenker $L$ in einer Führungshülse $H$, die an dem entsprechenden Zusatzsystem befestigt ist; in

---

[1] D. R. P. Nr. 346027.

[2] Eine dem Stereoplanigraphen sehr ähnliche Einrichtung wurde der englischen Firma A. Barr & W. Stroud patentiert (E. P. Nr. 273388/1926). Da hier die Projektoren durch ein räumliches Kreuzschlittensystem bewegt werden und die Einstellung von $b_x$ am Projektorträger erfolgt, so stehen die Meßmarken fest und das Betrachtungssystem wird sehr einfach. Da hier ferner die projizierten Bilder auf einer durchscheinenden Fläche aufgefangen werden, also nicht sogenannte Luftbilder sind, wird auch das optische Cardangelenk überflüssig.

diesem muß zur Erreichung der scharfen Abbildung die Negativlinse gegen die Positivlinse um eine Strecke verschoben werden, die nach einem bestimmten Gesetz von dem jeweiligen Abstand des Projektors von der entsprechenden Meßmarke abhängt. Man hat deshalb den Lenkern eine veränderliche, jenem Gesetz entsprechende Dicke gegeben, so daß ein in der Führungshülse angebrachter, auf dem Lenker aufliegender Hebel beim Hindurchgleiten des Lenkers die entsprechende Linsenverschiebung bewirkt.

Bei der oben beschriebenen Scheimpflugschen Doppelprojektion werden zur Herstellung des auszumessenden optischen Modells die aus den Objektiven der Projektoren austretenden Lichtstrahlen selbst und unmittelbar benutzt, d. h. zwischen Projektorobjektiv und Durchstoßpunkt des Lichtstrahles in der Projektionsebene befindet sich keinerlei irgendwie geartetes Zwischenglied, das aus mechanischen oder optischen Gründen eine Richtungsänderung des projizierenden Strahles erzeugen könnte.

Dieser bedeutsame Vorzug kommt dem Stereoplanigraphen nicht zu. Man ersieht aus der Gegenüberstellung beider Konstruktionen in Abb. 118, daß an Stelle der absoluten Geraden $OP$ des Scheimpflugschen Verfahrens beim Stereoplanigraphen ein Strahlenverlauf getreten ist, der sowohl in den Cardangelenken $C_1$ und $C_2$ als auch in der Führung der Negativlinse $L$ eine allseitige Verschwenkung bzw. Knickung erfahren kann.

Soll keine der durch die erwähnten Fehlerquellen bedingten Richtungsabweichung die Grenze von $1'$ überschreiten, so läßt sich leicht zeigen, daß zunächst die Schnittpunkte der Cardanachsen innerhalb 0,023 mm sicher gelagert sein müssen. Hinsichtlich der Negativlinse des Zusatzsystems, deren

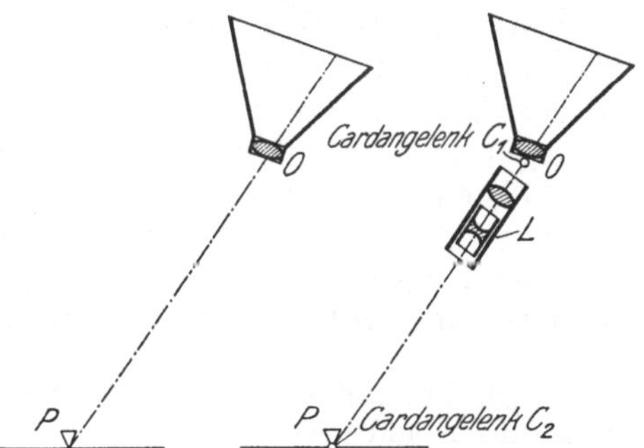


Abb. 118. Gegenüberstellung: Der projizierende Strahl beim Doppelprojektor und beim Stereoplanigraphen

Brennweite nur 40 mm beträgt, ist zu fordern, daß ihre optische Achse mit der Achse der Positivlinse zusammenfällt und sich so verschiebt, daß seitliche Abweichungen der Negativlinse unterhalb von 0,012 mm bleiben.

Damit ist die Bauersfeldsche Einrichtung hinsichtlich ihrer Leistungsfähigkeit auch im günstigsten Falle den beim Stereoautographen und Autokartographen als Verkörperung der Lichtstrahlprojektionen verwendeten starren Stahllinealen nur gleichwertig: für die Drehachsen dieser Lineale bzw. der sie führenden Gleitrollen gelten nämlich die gleichen Genauigkeitsanforderungen; hinsichtlich der Geradheit der Linealkanten wird sogar nur 0,023 mm gefordert. Dabei ist noch zu bedenken, daß sich bei den stabil gelagerten vertikalen Drehachsen der Lineale die angegebenen Anforderungen wesentlich leichter erfüllen lassen als beispielsweise bei den Cardanachsen der Meßmarken (vgl. Abb. 117, Teile $C$ und $D$).

Der Stereoplanigraph verwendet also zur Rekonstruktion keineswegs Lichtstrahlen im Sinne der starren Geraden am Scheimpflugschen Doppelprojektor; er stellt demnach in dieser Beziehung keinen Fortschritt gegenüber den Geräten mit starrer Verkörperung der Lichtstrahlen dar.[1] Mit der von

---

[1] Die von O. v. Gruber a. a. O., S. 2, ausgesprochene gegenteilige Behauptung ist nach den eben gemachten Ausführungen unzutreffend. O. v. Gruber betont immer nur die Kürze der Geradführung, erwähnt dabei aber nicht die höheren Anforderungen an diese und den Einfluß der Cardanachsen.

Bauersfeld angegebenen Einrichtung wird nur das gleiche Ergebnis,[1] aber auf komplizierterem Wege erzielt.

Bei stark verschwenkten Aufnahmen sind die Entfernungen des Objekts von den Standpunkten und damit auch die Größen der Teilbilder merklich verschieden. Zur Erzielung eines einwandfreien stereoskopischen Effektes sind deshalb die dem Beobachter darzubietenden Bildelemente auf gleiche Größe zu bringen. Das geschieht bei der Scheimpflugschen Doppelprojektion mit ihrer maßstäblichen Wiederherstellung des Objekts von selbst; es geschieht zwangläufig auch bei Verwendung von scharf abbildenden Zusatzsystemen. Bei den nicht auf dem Doppelprojektionsverfahren beruhenden Geräten wird die Gleichheit der Bildgrößen durch Anwendung einer veränderlichen Vergrößerung des Betrachtungssystems (vgl. Aerokartograph, Abb. 119 sowie S. 102) erzielt.[2]

Die letztere Einrichtung ist übrigens vorteilhafter, da man bei der Regelung der Bildgröße auf die Größe des Plattenkorns Rücksicht nehmen und bei der Kartierung der ferngelegenen Objektteile einer wagrechten oder schrägen Aufnahme eine hier zweckmäßige geringe allgemeine Vergrößerung wählen kann.

**24. Aerokartograph nach Hugershoff.** Der von der Firma G. Heyde in Dresden nach Angaben von R. Hugershoff[3] gebaute Aerokartograph[4] wurde 1926 in die Praxis eingeführt. Das Instrument beruht auf dem gleichen Prinzip wie der Autokartograph (Abb. 107, S. 86). Dementsprechend dient zur Einstellung beliebiger Bildpunkte auf den Meßbildern $B$ (vgl. die schematische Abb. 119) ein unveränderlich wagrecht gelagertes Doppelperiskop $F$, wobei die vor den Fernrohrobjektiven angeordneten, um eine wagrechte Achse kippbaren Reflektoren $R$ die Einstellung der Neigung der Bildstrahlen übernehmen, während die Einstellung der horizontalen Richtung dieser Strahlen durch eine entsprechende

---

[1] Vgl. hiezu die neueste vergleichende Genauigkeitsuntersuchung des Autokartographen und des Stereoplanigraphen durch das Reichsamt f. Landesaufnahme in Berlin: Fr. Seidel, Mitt. d. Reichsamts f. Landesaufn., Berlin 1928.

[2] Durch die, wie wir eben sahen, nicht nur am Stereoplanigraphen vorhandene Möglichkeit zur gegenseitigen Abstimmung der Bildgrößen wird selbstverständlich die Fähigkeit der Augen, aufgenommene Objekte stereoskopisch zu erfassen, über gewisse — vor allem durch die Konvergenz der aufnehmenden Strahlen — bedingte Grenzen nicht erweitert. Insbesondere ist die Bemerkung O. v. Grubers (a. a. O. S. 2 und Bildmess. u. Luftbildwes., 4, 1928, S. 144), daß mit der Bauersfeldschen Anordnung auch Aufnahmen stereoskopisch ausgearbeitet werden können, die sonst keinen Stereoeffekt mehr ergeben würden, in der oben geschilderten optischen Einrichtung keineswegs begründet. Die v. Grubersche Behauptung gibt auch Finsterwalder (Taschenb. d. Landmess. u. Kulturtechn., Stuttgart 1929, S. 327) wieder; er geht offenbar von der irrigen Ansicht aus, daß bei den anderen Auswertegeräten der Beobachter bei konvergenter Zielstrahlenrichtung zu einer „unnatürlichen Augenstellung" gezwungen wäre. Finsterwalder übersieht dabei völlig, daß bei sämtlichen stereoskopischen Meßgeräten mit ihren unveränderlich in der Mitte des Okulargesichtsfeldes bleibenden Zielmarken der Beobachter die Zielrichtungen ganz unabhängig von deren Konvergenz im Objektraum mit parallelen Augachsen aufnimmt.

[3] Nur von Hugershoff, nicht von Wolf und Hugershoff, wie J. M. Torroja und O. v. Gruber in den Ann. de la Soc. de Estud. fotogr. 1, 1928, S. 60 wohl versehentlich angeben.

[4] R. Hugershoff, Der Aerokartograph, eine neue Ausführungsform des Autokartographen, Vorträge, gehalten im Nov. 1926 auf der 2. Hauptvers. d. Sektion Deutschland d. Int. Gesellsch. f. Photogramm. Berlin 1927; H. Gruner, Der Aerokartograph nach Prof. Dr. Ing. Hugershoff, Stuttgart 1929; P. Gast, Allg. Verm.-Nachr. 41, 1929; E. A. Shuster jr. und E. Haquinius, Manuel of instructions for operating the Hugershoff Aerocartograph, U. S. A. Geol. Survey, Washington 1929.

Drehung der unter beliebiger Neigung zum Horizont einstellbaren Bildträger $T$ um ihre vertikalen Achsen $V$ geschieht.[1]

Der wesentliche Unterschied und zugleich Fortschritt gegenüber der Konstruktion des Autokartographen besteht darin, daß an Stelle der Verkörperung der vier Projektionen der Zielstrahlen (Abb. 108, S. 88), die Verkörperung dieser Zielstrahlen selbst tritt. Es werden also zur Aufsuchung der Einstellung zusammengehöriger Bildpunkte zwei Raumlenker $L$ benutzt, ähnlich denen,

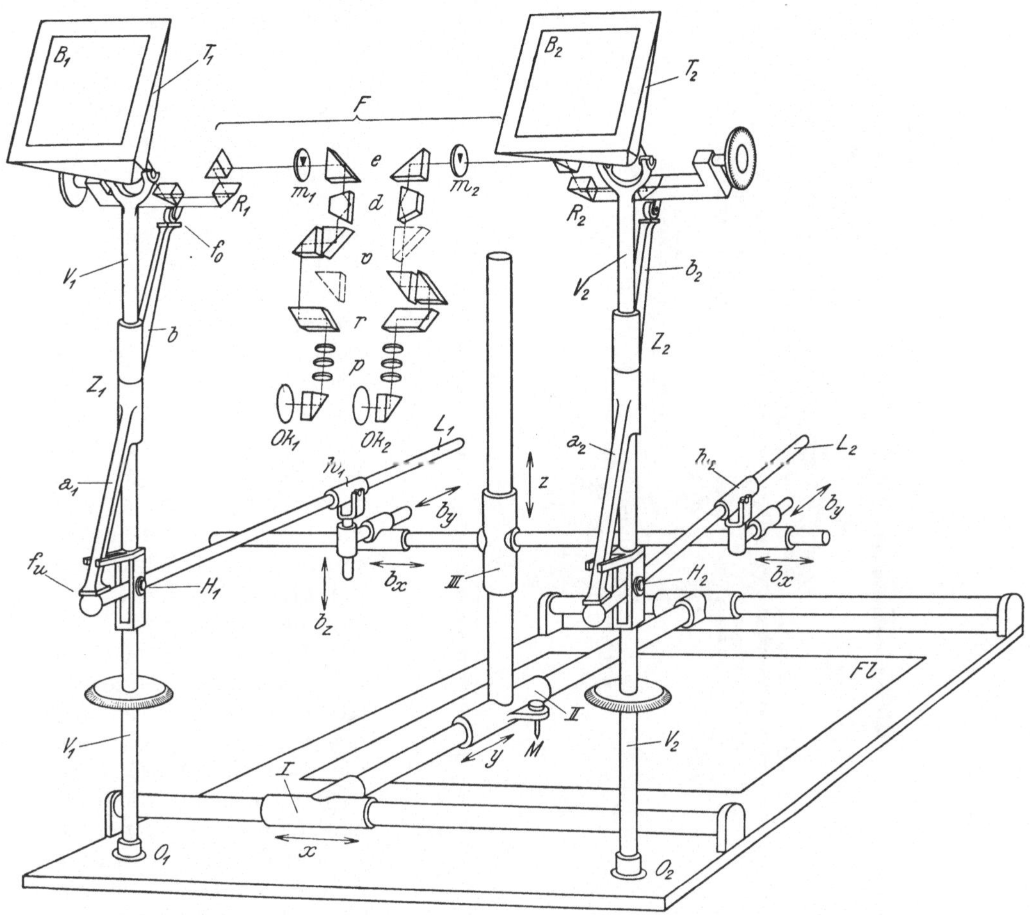

Abb. 119. Konstruktionsschema des Aerokartographen nach R. Hugershoff

wie sie beim Wildschen Autographen (S. 73) Verwendung finden. Dabei war hier eine neue Aufgabe zu lösen, nämlich die, die jeweilige räumliche Richtung der Lenker in ihre horizontale und vertikale Komponente (Richtungs- und Neigungswinkel) zu zerlegen und diese Komponenten zwangläufig auf die entsprechenden Bildträger $T$ und Eintrittsreflektoren $R$ zu übertragen.

Die Lösung dieser Aufgabe[2] ist aus Abb. 119 ersichtlich. Die Raumlenker $L$ drehen sich, ähnlich wie der Fernrohrkörper eines Theodolits, um die vertikalen Achsen (Stehachsen) $V$ und kippen um die horizontalen Achsen $H$; Dreh- und Kippungswinkel entsprechen somit den gesuchten Richtungskomponenten, von

---

[1] D. R. P. Nr. 361154.

[2] D. R. P. Nr. 452231, D. R. P. Nr. 470387 und D. R. P. Nr. 485571.

denen sich die erstere unmittelbar auf den entsprechenden Bildträger $T$ überträgt, da hier die Stehachsen $V$ der Raumlenker mit den Stehachsen der Bildträger identisch sind. Längs jeder Stehachse gleitet ein Zwischenstück $Z$, dessen untere Fläche $f_u$ auf der rückwärtigen Verlängerung des Raumlenkers aufsitzt, während der Eintrittsreflektor $R$ auf der oberen Fläche $f_o$ des Zwischenstückes ruht; infolgedessen setzt sich jede Kippbewegung des Raumlenkers in eine Gleitbewegung des Zwischenkörpers um, die wiederum eine Kippbewegung des Eintrittsreflektors zur Folge hat. Dabei entspricht der jeweilige Kippungswinkel des Lenkers genau dem jeweiligen Kippungswinkel des Reflektors, wenn der Abstand der Auflageflächen $f_o$ und $f_u$ gleich dem Abstand der Kippachsen der Reflektoren $R$ und der Lenker $L$ ist und wenn die Punkte, in denen Raumlenker und Reflektor die entsprechenden Auflageflächen berühren, gleiche Abstände von der Stehachse $V$ haben. Zur Erfüllung dieser Bedingungen läßt sich die Auflagefläche $f_o$ vertikal verschieben und die Länge des Hebelarms, mit dem der Reflektor auf der Fläche $f_o$ aufliegt, entsprechend regulieren.

Da der Reflektor $R$ um eine festgelagerte wagrechte Achse kippt, die Neigung des Lenkers dagegen um die wagrechte Achse $H$ erfolgt, die beliebige Richtungen einnehmen kann, so besteht das Zwischenstück $Z$ aus den beiden gegeneinander verdrehbaren Teilen $a$ und $b$. Teil $a$ wird vom Raumlenker auch seitlich mitgenommen, so daß er in bezug auf die Stehachse nur eine Gleitbewegung ausführt. Das Teilstück $b$, das hülsenförmig über einem zylindrischen Fortsatz des Teilstückes $a$ steckt, wird durch eine (in Abb. 119 nicht wiedergegebene) Vorrichtung an einer Drehung im Raum verhindert; er verdreht sich nur relativ zum Teil $a$, mit dem er gemeinsam entlang der Stehachse $V$ gleitet, ohne diese zu berühren. Die Verdrehung des Teiles $b$ gegen den Teil $a$, ebenso wie die Gleitbewegung des Teiles $a$ gegen die Stehachse $V$, wird durch Verwendung von Kugellagern praktisch reibungslos gemacht.[1]

Die Aufsuchung bzw. Einstellung beliebiger Paare von identischen Bild-

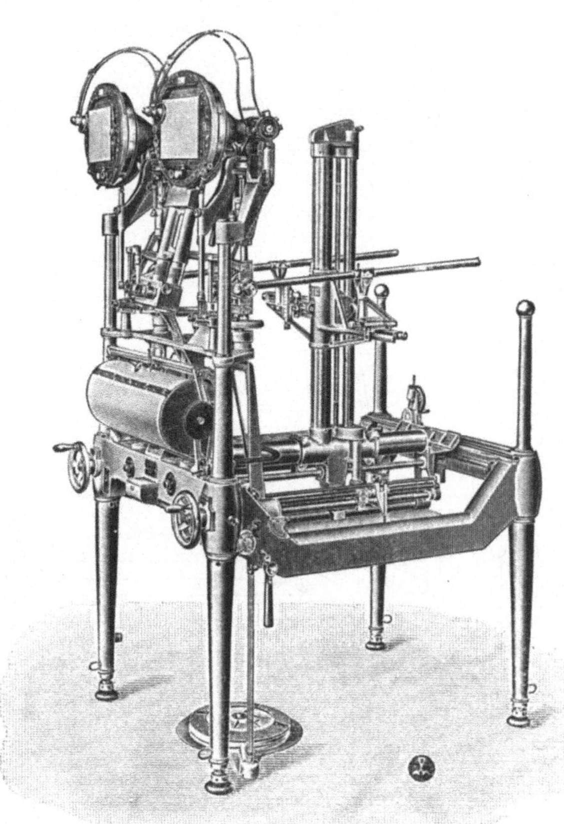

Abb. 120. Aerokartograph nach R. Hugershoff

---

[1] Über eine weitere Sondereinrichtung, die eine hemmungslose Übertragung der Neigungswinkel auch bei stärkster Aufnahmeneigung gewährleistet, vgl. die auf S. 98 angeführten Abhandlungen.

punkten geschieht durch eine entsprechende gemeinsame Richtungsänderung beider Lenker. Die Richtungsänderung erfolgt durch die Basisbrücke *III*, mit der die beiden Lenker verbunden sind und die mit Hilfe eines räumlichen Kreuzschlittens parallel mit sich selbst beliebig verschoben werden kann. Die drei Schlitten (Seiten- oder $x$-Schlitten *I*, Abstands- oder $y$-Schlitten *II* und Höhen- oder $z$-Schlitten *III*) werden bei der praktischen Ausführung des Gerätes (Abb. 120) wieder durch zwei Handräder und eine Fußscheibe betätigt.

Als Verbindungsglieder der Lenker mit der Basisbrücke dienen die Hülsen $h$, innerhalb deren die Lenker gleiten. Die Hülsen lassen sich um je eine wagrechte und senkrechte Achse drehen, deren Schnittpunkte die Aufnahmestandpunkte in ähnlicher Weise vorstellen, wie es für den Stereoautographen (S. 68) beschrieben wurde. Die dort gezeigte Abb. 89 ist gleichsam die Grundriß-projektion der entsprechenden Einrichtung am Aerokartographen.

Die Standpunkte sind in den drei Achsrichtungen des Gerätes verschiebbar, so daß mit Hilfe dieser Verschiebungseinrichtungen die Komponenten der Aufnahmebasis $b$ in bezug auf die Achsrichtungen des Gerätes (nämlich $b_x$, $b_y$ und $b_z$) maßstäblich eingestellt werden können. Da hier ebenso wie an den früher beschriebenen Universalgeräten und am WILDschen Autographen bei Senkrecht- und Steilaufnahmen die Bildträger auf das Komplement der Aufnahmeneigungen eingestellt werden, an Stelle der durch $O_1$ und $O_2$ (Apparatebasis) gedachten Horizontalebene also die Vertikalebene durch diese Punkte als Kartierungsebene tritt, wird bei wagrechten und schrägen Aufnahmen ein Höhenunterschied der Aufnahmestandpunkte durch $b_z$, bei Steil- und Senkrechtaufnahmen aber durch $b_y$ wiedergegeben.[1]

Abweichungen (Verschwenkungen) der Aufnahmerichtungen von der Winkelrechten zur Basis (bei wagrechten und schrägen Aufnahmen) und von der Senkrechten (bei Senkrecht- und Steilaufnahmen) werden durch entsprechende Verschwenkung der Bildträger[2] berücksichtigt, die zu diesem Zweck gegen ihre Stehachsen beliebig verdrehbar und mit ihnen verklemmbar sind.

Da hier im Gegensatz z. B. zum Stereoplanigraphen jeder Punkt der im Raume allseitig verschiebbaren Aufnahmebasis eine der scheinbaren Bahn der Raummarke kongruente Bahn beschreibt, wird ein am Abstandsschlitten *II* befestigter Bleistift $M$ auf der im Apparat selbst liegenden Zeichenfläche *Fl* bei wagrechten und schrägen Aufnahmen unmittelbar die Horizontalprojektion der eingestellten Modellpunkte aufzeichnen, wobei diese Aufzeichnung von einem etwaigen toten Gang der Antriebsspindeln unbeeinflußt ist. Auch die Ausarbeitung von Senkrecht- und Steilaufnahmen kann auf der im Apparat liegenden Zeichenfläche erfolgen. Bei der praktischen Ausführung des Gerätes ist die Antriebsspindel für die Vertikalbewegung des Höhenschlittens *III* parallel neben die Gleitbahn des Abstandsschlittens *II* gelegt und mit dieser Gleitbahn gemeinsam seitlich verschiebbar.[3] Löst man also den Bleistift $M$ vom Schlitten *II* und kuppelt ihn durch eine Mutter mit der erwähnten Antriebsspindel des $z$-Schlittens, so gibt er die Projektion der jeweiligen Stellung der Raummarke auf die vertikale $xz$-Ebene des Apparates, im vorliegenden Falle also auf die Kartenebene für jene Aufnahmen wieder. Außer der besprochenen ebenen Zeichenfläche besitzt der Aerokartograph — ähnlich wie der Autokartograph, vgl. S. 91 — eine zylindrische Zeichenfläche (Abb. 120), auf der die Rekonstruktion jeder Art von Aufnahmen unmittelbar unter den Augen des Beob-

---

[1] Vgl. S. 184, Anm. 1.

[2] Über wichtige Sondereinrichtungen an diesen vgl. S. 178 und die auf S. 98 angegebenen Abhandlungen.

[3] Vgl. die auf S. 98, Anm. 4 angegebenen Abhandlungen.

achters erfolgt, wobei ganz nach Wunsch durch eine einfache Schaltung diese zweite Karte im gleichen oder im doppelten Maschinenmaßstab ausgearbeitet werden kann. Außerdem kann das Gerät selbstverständlich auch mit einem Koordinatographen (S. 74 und S. 95) gekuppelt werden.

Die Höhen der Objektpunkte können sowohl an Skalen, die an der Gleitbahn des $z$-Schlittens *III* (wagrechte und schräge Aufnahmen) bzw. des $y$-Schlittens *II* (Senkrecht- und Steilaufnahmen) angebracht sind, oder an einem Zählwerk abgelesen werden; letzteres gibt die Höhenzahlen unmittelbar in Metern auch bei verschiedenen Kartierungsmaßstäben.

Ebenso einfach wie der mechanische Aufbau des Gerätes ist seine Konstruktion in optischer Beziehung. Jedes der beiden Einzelfernrohre zeigt zwei Teile: das eigentliche Meßfernrohr (innerhalb des Eintrittsreflektors) und das Betrachtungsfernrohr. Das Meßfernrohr besteht im wesentlichen aus einem (in der schematischen Abb. 119 nicht gezeichneten) Objektiv und der nahe dem Brennpunkt dieses Objektivs liegenden Meßmarke $m$, auf der sich das eingestellte

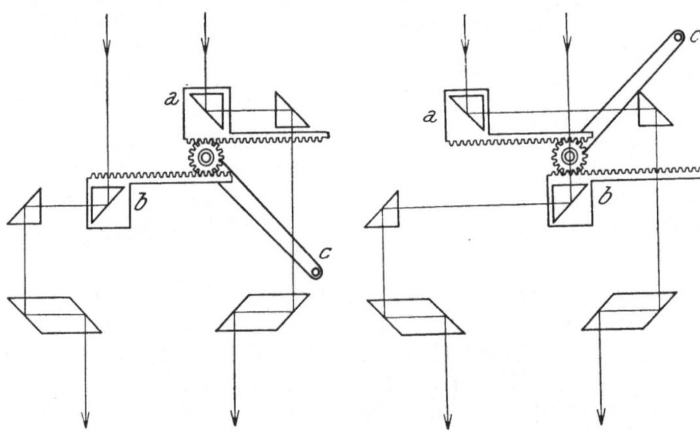

Bildelement abbildet. Fehlerquellen für die Messung können nur in diesem kippbaren Teile des Betrachtungssystems auftreten; die doppelseitige Lagerung des Reflektorkörpers und die infolge seiner Kürze stabile Konstruktion verhindern ihr Wirksamwerden. Im Gegensatz zum Meßfernrohr ist eine etwaige Unsicherheit in der Strahlenführung im Betrachtungsfernrohr ohne jeden Einfluß auf die Präzision der Messungen: eine etwaige Verlagerung des Zielstrahles durch die im Betrachtungsfernrohr untergebrachten beweglichen Teile verlagern Bild und Meßmarke gemeinsam.

Abb. 121 und 122.
Einrichtung zur Umkehrung des Stereoeffektes nach R. Hugershoff

Dieser sonach unempfindliche Teil des optischen Systems besitzt zunächst ein (in Abb. 119 nicht gezeichnetes) Objektiv, das zwischen dem Eckprisma $e$ und der Meßmarke $m$ so angeordnet ist, daß sein Brennpunkt mit $m$ zusammenfällt. Infolgedessen sind die aus dem genannten Objektiv austretenden Strahlen parallel. Sie durchlaufen das Eckprisma $e$, das mit dem Reflektor durch ein Kegelradgetriebe zwangläufig verbundene, mit der halben Winkelgeschwindigkeit des Reflektors sich drehende bildaufrichtende Dove-Prisma $d$ (vgl. Autokartograph, S. 91), das System der Verschiebeprismen $v$ (s. u.), die Rhombenprismen $r$ und treffen auf das Objektivsystem $p$ eines pankratischen[1] Fernrohres, das nun nahe der Brennebene der Okularlupe $Ok$ ein reelles Bild entwirft, dessen Größe durch gegenseitige Verschiebung der Einzelteile des Systems $p$ kontinuierlich so geändert werden kann, daß die Vergrößerung des gesamten optischen Systems zwischen den Grenzen 2fach und 4½fach beliebig wählbar ist.[2]

---

[1] Chr. v. Hofe, Fernoptik, S. 97.
[2] Über die Vorteile dieser Einrichtung vgl. S. 98.

Beide Okulare besitzen neben einer Regulierbarkeit ihres horizontalen Abstandes die für eine zwangfreie stereoskopische Beobachtung unerläßliche, auf S. 58 beschriebene Einrichtung zur Verlagerung der Austrittspupillen auch im vertikalen Sinne.

Die oben erwähnte verschiebbare Prismenanordnung,[1] die in den Abb. 121 und 122 besonders dargestellt ist, gestattet, — je nach Bedarf — das linke und rechte Bild normalerweise den entsprechenden Augen oder aber das linke Bild dem rechten Auge und umgekehrt zuzuleiten. Die Verschiebung der Prismen $a$ und $b$, die also eine Umkehrung des Stereoeffektes ergibt, geschieht durch eine kurze Bewegung des Hebels $c$. Diese Möglichkeit zum raschen Wechsel zwischen positivem und negativem Stereoeffekt hat besondere Vorzüge z. B. bei der Ausarbeitung von nahezu senkrecht aufgenommenen Waldgebieten. Bei der Umschaltung verschwinden gleichsam die bei der Abtastung des Erdbodens störenden Bäume im Boden, so daß die der Meßmarke zugänglichen Oberflächenteile deutlich hervortreten.

Außerdem wird es mit Hilfe dieser Einrichtung möglich, die Einzelaufnahmen einer Bildreihe fortlaufend auf optisch-mechanischem Wege aneinander zu passen, ohne daß eine Umlegung der Meßbilder oder ihre Drehung (mit entsprechenden Neueinstellungen) im Bildträger notwendig wird, durch die auf jeden Fall die Feinheiten der vorhergehenden relativen und absoluten Orientierung zerstört werden. Über die durch diese Einrichtung geschaffene Möglichkeit zur Durchführung einer Aerotriangulation vgl. S. 193ff.

Das Gerät kann infolge seines kompendiösen, auch die Zeichenvorrichtung enthaltenden Aufbaues von einem einzigen Mann bedient werden, der zudem sämtliche Einstellungen unmittelbar von seinem Sitz aus vornehmen kann. Das ist von besonderer Bedeutung für eine rasche und präzise Durchführung der optisch-mechanischen Orientierung von Bildpaaren (s. S. 183ff.).

# VI. Aufnahmegeräte

## A. Allgemeines

**25. Hilfsmittel zur Festlegung der inneren Orientierung der Kammern.** Die Notwendigkeit, für jede beliebige, mit derselben Kammer hergestellte Aufnahme die Lage des erhaltenen Meßbildes zum Zentrum der Perspektive (vgl. S. 9 und besonders S. 159) im Augenblick der Belichtung angeben zu können, erfordert zunächst einen starren, aus Metall hergestellten Kammerkörper $K$ (Abb. 123), gegen dessen hintere rahmenförmige Begrenzung, den Bildrahmen $R$, die lichtempfindliche Schicht $S$ vor der Belichtung möglichst anzupressen ist. Diese Anpressung erfolgt im allgemeinen durch einen Druck auf den Kassettenrahmen $R'$ bis zum Einschnappen einer Arretiervorrichtung, wobei eine oder mehrere in der Kassette angebrachte Federn $F$ soviel Spielraum gewähren, daß die Bildplatte nicht zerdrückt werden kann. Nach dem Lösen der Arretiervor-

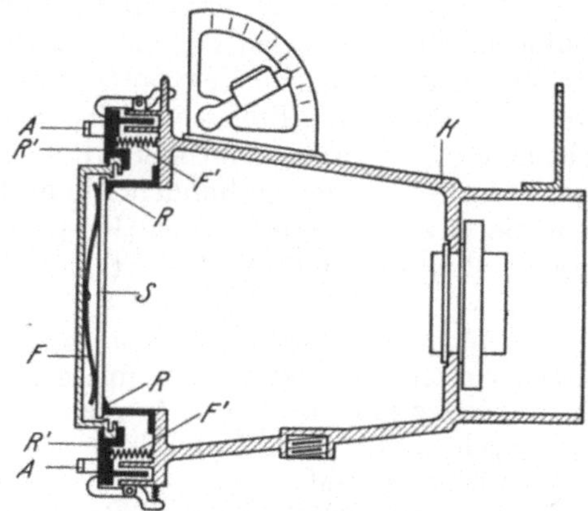

Abb. 123. Konstruktionsschema einer Meßkammer

---

[1] D. R. P. Nr. 459863.

richtung drücken die Federn F' den Kassettenrahmen wieder bis zu den Anschlägen A zurück, so daß sich der Kassettendeckel wieder einführen und die Kassette entfernen läßt. Der Bildrahmen wird vom Hersteller zwecks Erzielung einer in allen Teilen scharfen Abbildung tunlichst so geschliffen, daß seine Ebene parallel zu den Objektivhauptebenen ist.

Wichtiger noch als der Bildrahmen sind die zweckmäßig in ihm oder in seiner Ebene anzubringenden Bildmarken, die sich bei dieser Anordnung als Silhouetten auf der Aufnahme abbilden. Die Bildmarken sollen die Form feiner kreisförmiger Löcher oder bei Verwendung einer im Kammerkörper fest angebrachten Planglasplatte als Anpreßfläche für Filme (vgl. S. 125) die Form kleiner Kreise mit Punkten im Zentrum haben.[1] Sie sollen ungefähr in den Seitenmitten des Bildrahmens (nicht in dessen Ecken) angebracht und so justiert sein, daß ihre Verbindungslinien winkelrecht aufeinander stehen und der Schnittpunkt der Verbindungslinien mit dem Hauptpunkt der Rahmenebene zusammenfällt (S. 157). Bei ausschließlich terrestrisch verwendeten Kammern (Kammern mit fester Aufstellung) wird außerdem gefordert, daß die Verbindungslinie eines der beiden Markenpaare (hh-Linie) winkelrecht zur Stehachse der Kammer (s. u.) verläuft (Bildhorizont oder Haupthorizontale).

Bei einzelnen Kammerkonstruktionen werden die Bildmarken auf der Aufnahme dadurch erzeugt, daß in der Kammer angebrachte kleine Hilfsobjektive eine auf oder im Kammerobjektiv befindliche kreisförmige Marke im Augenblick der Belichtung auf die Aufnahme abbilden.[2] Eine derartige Einrichtung verhindert[3] jedoch die exakte Bestimmung der Konstanten (der Öffnungswinkel) der Meßkammer durch unmittelbare Messungen an dieser; vgl. S. 162.

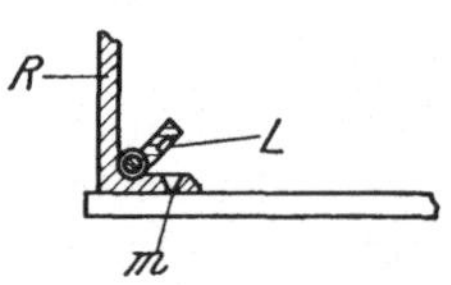

Abb. 124. Beleuchtung der Bildmarken nach R. Hugershoff

Bei Aufnahmen des Sternhimmels (S. 34) oder etwa bei Aufnahmen von Geschoßbahnen (vgl. S. 141) sind die Bildmarken besonders sichtbar zu machen; das kann nach einem Vorschlag der Firma Carl Zeiss durch vorhergehende kurze Allgemeinbelichtung der Platte oder nach einer Konstruktion von R. Hugershoff[4] durch mit Leuchtmasse L (Abb. 124) versehene Plättchen geschehen, die am Bildrahmen R wegschlagbar und so befestigt sind, daß die Leuchtmasse beim Gebrauch unmittelbar hinter der Bildmarke m zu liegen kommt.

**26. Hilfsmittel zur direkten Bestimmung der äußeren Orientierung der Aufnahmen.** Meßkammern, die ausschließlich für terrestrische Aufnahmen bestimmt sind und darum fest aufgestellt werden können, erhalten zunächst eine vertikale Drehachse (Stehachse), die entweder fest mit dem Kammerkörper selbst (Kammern mit fester vertikaler Bildebene, Photogrammeter) oder mit einem gabelförmigen Lager verbunden ist, in dem die Kammer mittels einer weiteren, horizontal zu stellenden Achse (Kippachse) ruht (Kammern mit neigbarer Bildebene, Phototheodolite). Die Stehachse wird, ähnlich wie beim Theodolit, in

---

[1] Spitzen als Bildmarken sind ungeeignet; bei nicht genau am Bildrahmen anliegendem Meßbild läßt sich die unscharfe Abbildung der Spitzen nicht verwenden, im Gegensatz zu kreisförmigen Marken als Bildmarken, bei denen der Mittelpunkt der sich ergebenden (unscharfen) Ellipse genau dem Kreismittelpunkt an der Kammerbildmarke entspricht.

[2] Fa. Carl Zeiss, Jena, D. R. P. angem. Z. 9520, Kl. 57 a, vom 3. Jan. 1916.

[3] Die von S. Finsterwalder behauptete Notwendigkeit der Verwendung solcher optisch erzeugter Bildmarken (vgl. Taschenb. d. Landmess. u. Kulturtechn., S. 325, Stuttgart 1929) liegt nicht vor.

[4] D. R. G. M. Nr. 720 191.

der Büchse eines Dreifußuntergestells gelagert, das auf einem Stativ zu befestigen ist. Die Orientierung der Aufnahmerichtung einer solchen Kammer zunächst zur Lotlinie erfolgt selbstverständlich mittels Libelle, die bei Photogrammetern in fester Verbindung mit dem Kammerkörper steht und so zu justieren ist,[1] daß ihre Achse winkelrecht zur Ebene des Bildrahmens steht. Bei Phototheodoliten wird zweckmäßig neben einer mit der Stehachse fest verbundenen Libelle eine weitere Libelle verwendet, die fest mit der Alhidade des Höhenkreises verbunden ist, an dem die Neigung der Bildebene abzulesen ist. Die Richtung der Aufnahme wird im allgemeinen an einem horizontalen Teilkreis abgelesen, der an der Büchse des Dreifußunterbaues oder bei Photogrammetern auch am Kammerkörper befestigt sein kann. Als Ausgangsrichtung wählt man dabei die Richtung nach einem beliebigen, seiner Lage nach bekannten Punkt (Basisendpunkt, trigonometrischer Punkt), dessen Einstellung mit Hilfe eines Fernrohres geschieht, das im allgemeinen mit der Kammer verbunden ist. Bei Photogrammetern findet man bisweilen auch eine am Kammerkörper angebrachte Bussole zur Bestimmung der Aufnahmerichtung gegen den (magnetischen) Meridian.

Die Stellung der Kammerachse zu den Orientierungseinrichtungen wird bei einigen Instrumenten nicht abgelesen, sondern selbsttätig photographisch fixiert. So bildet sich z. B. bei dem Photogrammeter von Bridges-Lee (Abb. 149)[2] die Stellung eines auf einer Magnetnadel befestigten transparenten Teilkreises gegen die *vv*-Linie auf dem Meßbild ab. Bei Kammern zur photogrammetrischen Festlegung von rasch bewegten Objekten (Phototheodolite zur Bestimmung der Flugbahn z. B. von Pilotballonen[3]) wird bisweilen sowohl der Horizontal- als auch der Vertikalkreis mitsamt der entsprechenden Ablesevorrichtung und außerdem zumeist noch die Stellung der Zeiger einer Uhr im Augenblick der Belichtung auf die Aufnahme abgebildet. Ein besonders originelles Verfahren für diesen speziellen Zweck wurde von P. Raethjen angegeben.[4] Seine beliebig neigbare Aufnahmekammer besitzt ein in der rückwärtigen Verlängerung der optischen Achse des eigentlichen Aufnahmeobjektivs liegendes zweites Objektiv. Während das erste Objektiv das bewegte Objekt aufnimmt, bildet das zweite Objektiv gleichzeitig und auf das gleiche Bildfeld die Gradeinteilung einer (Halb-)Kugel ab, die unabhängig vom Phototheodolit fest und konzentrisch zum Schnittpunkt seiner Steh- und Kippachse aufgestellt ist.

Die Bestimmung des Standpunktes der Aufnahme nach Lage und Höhe erfolgt nach den üblichen Methoden der Vermessungskunde (Rückwärtseinschneiden, gegebenenfalls auch Vorwärtseinschneiden oder Polygonzugsmessung, trigonometrische oder geometrische, seltener barometrische Höhenmessung), zunächst unter Benutzung der erwähnten an der Kammer selbst angebrachten Hilfsmittel.

Bei fest aufgestellten Meßkammern ist also eine unmittelbare Bestimmung sämtlicher Elemente der äußeren Orientierung möglich, und zwar ist diese vor, während oder nach der Aufnahme durchführbar. Im Gegensatz hierzu ist für Aufnahmen von bewegten Standpunkten aus eine exakte direkte (und selbstverständlich nur gleichzeitige) Bestimmung der äußeren Orientierungselemente stets nur teilweise und auch nur in Ausnahmefällen durchführbar. So kann man

---

[1] Bezgl. der Justierung von Photogrammetern und Phototheodoliten vgl. die weiter unten angegebenen Sonderabhandlungen über die verschiedenen Aufnahmegeräte.

[2] E. Doležal, Int. Arch. f. Photogramm. 3, 1912, S. 126.

[3] Z. B. Theodolit der Askania-Werke Berlin, D. R. P. Nr. 453719.

[4] Umschau 1927, Nr. 47, und D. R. P. Nr. 464433.

z. B. die Raumkoordinaten des Standpunktes einer Ballonaufnahme, nicht aber einer Flugzeugaufnahme,[1] durch gleichzeitige photogrammetrische Aufnahmen von der Erde aus feststellen.[2] Zur Ermittlung des Nadirpunktes und damit der Neigung und Richtung einer nahezu senkrechten Freiballonaufnahme kann man nach einem Vorschlag von FR. SCHIFFNER[3] eine Anzahl von Leinen mitphotographieren, die vom Ballonäquator frei herabhängen. Der Schnittpunkt ihrer Bilder ergibt das Bild des Nadirpunktes. Weiter kann man für Aufnahmen vom Schiff (im allgemeinen aber nicht vom Flugzeug[4]) aus die Neigung und Verkantung einer nahezu wagrechten Aufnahme durch gleichzeitige Aufnahme des (Meeres-)Horizontes festlegen (Küstenvermessungskammer[5] von R. HUGERSHOFF, s. S. 147).

Es ist wiederholt daran gedacht worden, an Stelle des natürlichen Horizontes einen künstlichen gleichzeitig mit der Aufnahme abzubilden. Der theoretisch zur Herstellung eines solchen Horizontes am besten geeignete Kreisel (S. 193) gibt eine zu geringe Genauigkeit (s. unten) und ist zu kompliziert. Einfacher gestaltet sich die Verwendung von Libellen (dosenförmigen oder Kreuzlibellen) im Markenrahmen für Senkrechtkammern[6] oder teilweise mit Quecksilber gefüllter geschlossener Röhren in Form von rechteckigen Rahmen, die unmittelbar vor der Bildebene angeordnet sind[7] oder die Verwendung von Pendeln mit transparenter Gradeinteilung, die unmittelbar vor der Rahmenebene schwingen, wie z. B. das sogenannte „ERNEMANN-KOERNER-Lot".[8] Libelle und Pendel geben aber nur bei ruhendem oder gleichförmig bewegtem Auflager den wahren Horizont bzw. die wahre Lotrichtung an. Aus diesem Grunde sind sie, abgesehen von der diesen Einrichtungen an sich zukommenden geringen Genauigkeit für eine exakte Orientierung von Flugzeugaufnahmen unbrauchbar.

Von einigen Konstrukteuren wurde vorgeschlagen, gleichzeitig mit dem Gelände die Sonne[9] und die Zeigerstellung einer Uhr zu photographieren. Aus der Uhrangabe läßt sich unter gewissen Voraussetzungen Azimut und Neigungswinkel der Richtung nach der Sonne berechnen. Da aber die Kenntnis der Richtung eines Bildstrahles zur äußeren Orientierung selbstverständlich nicht

---

[1] Der diesbezügliche Vorschlag von J. BOER (Bildmess. u. Luftbildwes., 3, 1928, S. 1), durch gerichtete Heliotropsignale vom Boden aus die Standpunkte der Aufnahmen und ihre sonstigen Orientierungselemente zu ermitteln, dürfte sich kaum praktisch verwirklichen lassen.

[2] R. HUGERSHOFF und H. CRANZ, Grundlagen usw., S. 4, Anm. 6, und Fa. C. ZEISS, D. R. P. Nr. 301 322, ferner A. KLINGATSCH, Int. Arch. f. Photogramm., 5, 1917, S. 199.

[3] FR. SCHIFFNER, Die photogr. Meßkunst, Halle 1892, S. 54.

[4] Dem von J. BOER a. a. O. gemachten Vorschlag, mittels eines kegelförmigen Spiegelvorsatzes vor dem Aufnahmeobjektiv der Flugzeugkammer den natürlichen Horizont zu photographieren, dürfte schon wegen der Unbestimmtheit des letzteren kaum praktische Bedeutung zukommen.

[5] D. R. P. Nr. 395085; H. GRUNER, Bildmess. u. Luftbildwes., 3, 1928, S. 110.

[6] In Verwendung z. B. bei der Luftbildkammer der WILLIAMSON MANUFACTURING Co., LTD., England (Eagle-Air-Camera).

[7] Niveau Jardinet, vgl. J. TH. SACONEY, Métrophotographie, Paris 1913.

[8] E. DOLEŽAL, Int. Arch. f. Photogramm. 6, 1919/23, S. 24. Eine Übersicht über verschiedene Libellen- und Pendeleinrichtungen gibt L. P. CLERC, Applications de la Photographie Aérienne. Paris 1920.

[9] S. FINSTERWALDER, Akad. d. Wissensch., München 1917; H. KRUTZSCH, D. R. P. Nr. 424509.

ausreicht, so erscheint es zweifelhaft, ob sich die immerhin umständliche Berechnung praktisch lohnt.[1]

Es ist einleuchtend, daß man hinsichtlich Neigung und Richtung einer Aufnahme von einem bewegten Standpunkt und insbesondere vom Flugzeug aus irgendwelche vorgeschriebene Werte, so z. B. die Parallelität der Achsen beliebiger aufeinanderfolgender Aufnahmen, nicht einhalten kann. Die diesbezüglichen, theoretisch durchaus ansprechenden Versuche, durch Verwendung von Kreiseln die Aufnahmekammer selbst[2] oder, was wesentlich vorteilhafter ist, die (äußere) Kammerachse[3] zu stabilisieren, müssen zur Zeit wenigstens als aussichtslos angesehen werden. Abgesehen von der Kompliziertheit der Einrichtung und der Gefahr, die ein Kreisel im Flugzeug bedeutet, machen die unvermeidlichen Nutationsbewegungen eine nachträgliche indirekte Orientierung noch immer notwendig. Damit wird aber die Verwendung des Kreisels überflüssig, denn eine ungefähre äußere Orientierung läßt sich stets rasch und auf einfache Weise finden (vgl. S. 164).

Auch der Vorschlag, eine vorgeschriebene Orientierung der Aufnahmen dadurch einzuhalten, daß man die Kammer mit zwei Fernrohren verbindet, in denen durch entsprechende Neigung der Kammer der Horizont fortlaufend eingestellt werden soll, während gleichzeitig die Kammer um eine senkrechte Achse so zu drehen ist, daß das von einem uhrwerkangetriebenen Spiegel reflektierte Sonnenbild dauernd auf einer Einstellmarke einspielt,[4] dürfte praktisch kaum Bedeutung erlangen, und zwar schon deshalb nicht, weil keinerlei Kontrolle dafür vorhanden ist, daß im Augenblick der Belichtung die erforderlichen Einstellungen auch wirklich und exakt durchgeführt waren.

Die Übersicht zeigt, daß eine direkte und exakte Bestimmung sämtlicher Elemente der äußeren Orientierung einer Aufnahme von bewegtem Standpunkt aus praktisch nicht möglich ist. Diese Aufgabe ist nur auf indirektem Wege zu lösen, und zwar unter Benutzung des Bildinhaltes und auf Grund von mitabgebildeten Geländepunkten, deren Lage und Höhe bekannt ist, vgl. S. 166 ff. Luftbildmeßkammern, die freihändig oder in einem Aufhängegestell benutzt werden, bedürfen also grundsätzlich keiner Sondereinrichtungen zur äußeren Orientierung der Aufnahmen, dagegen sind sie zur ungefähren Einhaltung gewisser Aufnahmevorschriften (vgl. S. 144) mit einem einfachen Bildsucher und einer Dosenlibelle zu versehen; gelegentlich ist eine solche auch im Innern des Kammerkörpers so anzuordnen, daß ihre Blasenstellung zur Abbildung kommt.

**27. Objektive von Meßkammern.** Ein photographisches Objektiv für photogrammetrische Zwecke hat zunächst und ganz allgemein aus wirtschaftlichen Gründen die Forderung zu erfüllen, daß es ein möglichst großes Bildfeld von wenigstens 54° Öffnungswinkel[5] (entsprechend einem Kreis, dessen Durchmesser gleich der Objektivbrennweite ist), scharf auszeichnet.

Hinsichtlich der Lichtstärke sind die Anforderungen bei Aufnahmen ruhender Objekte von festen Standpunkten aus im allgemeinen gering. Dagegen verlangt

---

[1] Das Verfahren wurde außer durch andere auch von E. SANTONI vorgeschlagen, vgl. O. KOERNER, Bildmess. u. Luftbildwes. 2, 1927, S. 80.

[2] C. P. GOERZ, A.-G., Berlin, D. R. P. angem. O. 11175, Kl. 42c, vom 10. Sept. 1919.

[3] Fa. CARL ZEISS, D. R. P. angem. Aktenz. Z. 10636, Kl. 57a, vom 19. Okt. 1918.

[4] Diese Teileinrichtung ist dem bekannten BOYKOWSCHEN Sonnenkompaß nachgebildet.

[5] Bei Objektiven mit größerem Bildfeldwinkel macht sich im allgemeinen ein Lichtabfall nach dem Rande der Aufnahme hin störend bemerkbar.

die zumeist beträchtliche Geschwindigkeit der Luftfahrzeuge für die in ihnen zu verwendenden Kammern Objektive von größerer relativer Öffnung (1 : 4 bis 1 : 8).

Verschieden sind auch die Anforderungen hinsichtlich der Verzeichnungsfreiheit.[1] Vor der allgemeineren Einführung des Koppeschen Prinzips der Bildmessung (vgl. S. 44) war der Grad der Verzeichnungsfreiheit entscheidend für die Beurteilung eines Objektivs auf seine Verwendbarkeit für photogrammetrische Zwecke; er ist es selbstverständlich auch jetzt noch, wenn die Rekonstruktion des Objektes nicht nach jenem Prinzip, sondern beispielsweise mit Hilfe des Komparators oder des Stereokomparators bzw. des Stereoautographen durchgeführt werden soll, also mit Geräten, die vorzugsweise der Ausarbeitung von terrestrischen Aufnahmen dienen, für die nach dem Gesagten lichtstarke Objektive im allgemeinen nicht notwendig sind. Hierin liegt ein besonderer Vorteil insofern, als die Forderung der Verzeichnungsfreiheit mit der Forderung einer großen Lichtstärke bei gleichzeitiger scharfer Auszeichnung eines großen Bildfeldes in einem gewissen Widerspruch steht. Es besteht übrigens die Möglichkeit, die Verzeichnungsfehler durch Vorschalten einer planparallelen Glasplatte vor die lichtempfindliche Schicht zu kompensieren.[2]

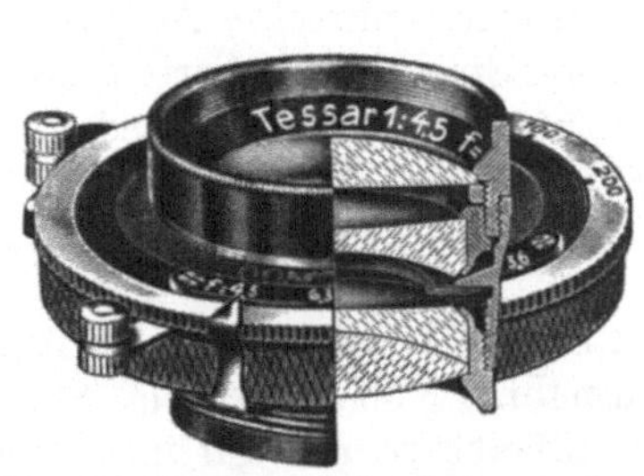

Abb. 125. Tessar der Fa. C. Zeiss, Jena      Abb. 126. Xenar der Fa. Jos. Schneider & Co., Kreuznach

Die Unabhängigkeit der Koppeschen Richtungsmessung von Verzeichnungsfehlern des Aufnahmeobjektivs ist freilich nur dann vorhanden, wenn diese Fehler beim Kammerobjektiv und bei den entsprechenden Bildträgerobjektiven völlig gleich sind. Der Umstand, daß die verwendeten Objektive von gleichem Typus, gleicher Brennweite und gleicher relativer Öffnung sind, gibt für die Gleichheit der Verzeichnungsfehler leider — bisweilen sogar bei Fabrikaten angesehener Firmen — nicht ohne weiteres volle Sicherheit.

Es ist in dieser Hinsicht stets eine besondere Prüfung nötig, die am bequemsten und genauesten mit einem Goniometer durchzuführen ist, wie es

---

[1] Die Verzeichnung verhindert bekanntlich die winkeltreue Abbildung einander zugeordneter Objekt- und Bildebenen. Sie äußert sich in einer allmählichen Änderung des Maßstabes der Darstellung des Objektes von der Mitte der Aufnahme nach ihrem Rande hin, wobei man sich diese Maßstabsänderung verursacht denken kann durch eine allmähliche Änderung der Brennweite mit zunehmendem Neigungswinkel der Bildstrahlen gegen die optische Achse des Objektivs, vgl. Hugershoff und Cranz, Grundlag. d. Photogramm. a. Luftfahrzeugen. Stuttgart 1919. Man vergleiche ferner hierzu M. v. Rohr, Das photogr. Objektiv. Berlin 1899; E. Wandersleb, ZS. f. I. 27, 1907, S. 33ff. u. 75ff.; F. Staeble, ebendort; W. Zschokke, Int. Arch. f. Photogramm. 4, 1913/14, S. 154; L. Oberländer, Int. Arch. f. Photogramm. 6, 1919/23, S. 201; F. Weidert, Die Eigenschaft. der phot. Objektive m. Rücksicht auf ihre Verwend. z. Bildmessung, Vorträge, gehalten bei der 2. Hauptversamml. d. Int. Ges. f. Photogramm., Berlin 1927.

[2] K. Zaar, Int. Arch. f. Photogramm. 6, 1919/23, S. 199, und J. C. Gardener und A. H. Bennett, Journ. of the Opt. Soc. of America, 14, 1927, S. 245.

auf S. 163 als Kammerprüfungstheodolit beschrieben wird. Die Objektive sind dabei in ihrer Gebrauchsfassung, d. h. also nach ihrer Montage in das Kammer- bzw. in das Bildträgergehäuse, in der Weise zu untersuchen, daß man am Anlege- rahmen der betreffenden Geräte ein- und dieselbe zweckmäßig mit einem Netz rechtwinklig sich kreuzender Linien (GAUTIER-Gitter) versehene Glasplatte befestigt, nach entsprechender Orientierung dieses Netzes die Horizontal- und Vertikalwinkel nach möglichst vielen über das ganze Bildfeld verteilten Netz- punkten mißt und die Richtungswerte für entsprechende Eckpunkte vergleicht. Die Abweichungen zusammengehöriger Richtungen sollen im allgemeinen unter 20″ bleiben. Bei den Messungen ist besonders darauf zu achten, daß das Ob- jektiv des Beobachtungsfernrohrs und das zu untersuchende Objektiv genügend genau gegeneinander zentriert sind und daß das Kammerobjektiv bei derjenigen Blendenöffnung untersucht wird, die bei den Aufnahmen benutzt werden soll und mit Rücksicht auf gewisse Bildfehler des Objektivs[1] konstant einzuhalten ist.

Zu den für Luftbildmeßzwecke geeigneten Objektiven gehören das Tessar von C. ZEISS in Jena (Abb. 125) mit dem Öffnungsverhältnis 1 : 4,5 und 1 : 6,3, das Xenar (Abb. 126) von JOS. SCHNEIDER & Co. in Kreuznach (Öffnungs- verhältnis 1 : 4,5 und 1 : 5,5) und das Dogmar von C. P. GOERZ in Berlin (Abb. 127), dessen Spezialtypus mit der relativen Öffnung 1 : 6,3 besonders

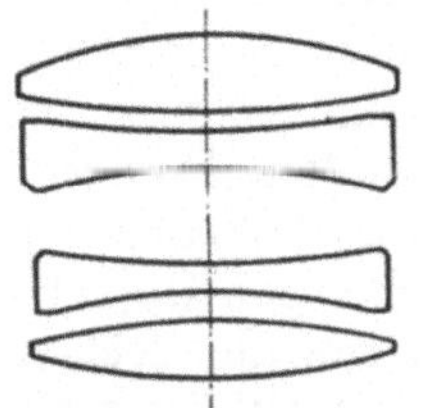

Abb. 127. Dogmar der Fa. C. P. GOERZ, Berlin (ZEISS-IKON A. G., Dresden)

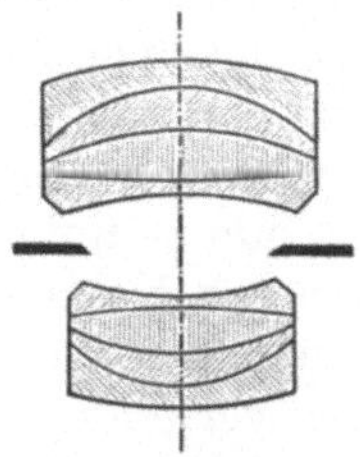

Abb. 128. Doppelprotar der Fa. C. ZEISS, Jena

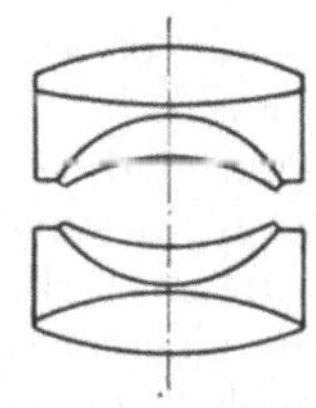

Abb. 129. Dagor (Geodar) der Fa. C. P. GOERZ, Berlin (ZEISS-IKON A. G., Dresden)

geringe Verzeichnungen aufweist. Vorzugsweise kommen für terrestrische Zwecke in Frage das Doppelprotar von C. ZEISS (Abb. 128) mit der relativen Öffnung 1 : 7,7 und der GOERZsche Dagor (auch Geodar genannt) 1 : 9 (Abb. 129), welch letzterer praktisch völlig verzeichnungsfrei ist. (Die Objektive Dagor und Dog- mar werden nicht mehr hergestellt.)

**28. Formate der Meßkammern.** Für terrestrische Aufnahmen ist ein recht- eckig begrenztes Querformat des Bildrahmens mit einem Seitenverhältnis von etwa 2 : 3 allgemein eingeführt und als zweckmäßig erprobt. Für die Aufgaben der Luftbildmessung, in der heute fast ausschließlich ungefähre Senkrechtauf- nahmen Verwendung finden, ist das in England seit längerer Zeit angewandte, in Deutschland schon vor 1914 eingeführte[2] quadratische Format vorzuziehen. Da der von den zur Zeit zur Verfügung stehenden Objektiven für photogram- metrische Zwecke ausgezeichnete Bildfeldkreis im allgemeinen, wie oben erwähnt, einen Durchmesser hat, der gleich der Objektivbrennweite $f$ ist, so ergeben sich als Seiten des rechteckigen Formates, das sich jenem Bildkreis möglichst rationell anschmiegt, etwa folgende Beziehungen:

$$\text{lange Seite } s_l = 0{,}9 \cdot f$$
$$\text{kurze Seite } s_k = 0{,}6 \cdot f$$

---

[1] F. WEIDERT, a. a. O.
[2] P. SELIGER, ZS. d. Ver. deutsch. Ing. 72, 1928, S. 1749.

und für das quadratische Format

$$s = 0{,}85 \cdot f.$$

Es ist klar, daß für Luftaufnahmen die völlige Ausnützung eines Objektivs nur durch ein kreisförmig begrenztes Bildfeld mit dem Durchmesser $f$ möglich ist.[1] Das Format des Aufnahmeträgers wird in diesem Falle natürlich ebenfalls quadratisch sein mit einer Seitenlänge

$$s = f.$$

Die Ecken dieses Quadrates können zur Abbildung von Orientierungshilfsmitteln z. B. einer Dosenlibelle, oder zur Wiedergabe der Stellung eines Zählwerkes benutzt werden.

Den derzeit gebräuchlichen Plattenformaten für wagrechte und schräge Aufnahmen von 9 : 12, 10 : 15 und 13 : 18 cm entsprechen nach den oben angeführten Beziehungen die Brennweiten 13,4, 16,6 und 20 cm, den Formaten 12 : 12 und 18 : 18 cm für senkrechte Luftaufnahmen die Brennweiten 14 und 21 cm, bzw. bei völliger Ausnützung des kreisförmigen Bildfeldes 12 und 18 cm. Die Bildweiten der im Handel befindlichen Meßkammern (S. 126 bis S. 157) stimmen gut mit diesen Werten überein.

Größere Bildweiten als 21 cm und damit entsprechend auch größere Bildformate sind vor allem aus Genauigkeitsgründen unzweckmäßig, schon wegen der Schwierigkeit, das Aufnahmematerial genügend genau eben zu erhalten. Dementsprechend sind auch die Auswertegeräte für größere Bildformate als 18 : 18 cm nicht eingerichtet. Da nun — unter der Voraussetzung eines gleichen Bildfeldwinkels — die Aufnahmen von Kammern mit beliebigen Objektivbrennweiten aus gleichen relativen Flughöhen die gleiche Fläche überdecken, so ist zu untersuchen, ob die derzeit viel verwendete Bildweite von 21 cm nicht durch wesentlich kleinere Bildweiten ersetzt werden kann und zwar zunächst mit Rücksicht darauf, daß dadurch der Umfang des Aufnahmegeräts, sein Gewicht und das Gewicht des Aufnahmematerials wesentlich verringert werden kann, was flugtechnisch von ziemlicher Bedeutung ist.

Zwei Aufnahmen aus gleicher Flughöhe mit den Bildweiten $f$ und $f'$ unterscheiden sich durch die Bildmaßstäbe $M_B$ bzw. $M'_B$ und es gilt

$$M_B = M'_B \cdot \frac{f'}{f}.$$

Es ist also beispielsweise der Bildmaßstab einer Aufnahme mit dem kleinen Reihenbildner 12 : 12 cm, $f = 13{,}5$ cm (vgl. S. 153) um 35% kleiner als der Bildmaßstab einer Aufnahme mit dem Reihenbildner 18 : 18 cm, $f = 21$ cm (S. 151). Diese Maßstabsverminderung ist aber zunächst hinsichtlich des Bildinhaltes heute schon bedeutungslos mit Rücksicht auf die Feinkörnigkeit des bereits im Handel befindlichen Filmmaterials, das eine entsprechend stärkere Vergrößerung des Bildes bei der Ausarbeitung zuläßt. Die mit der Verringerung der Bildweite theoretisch verbundene Genauigkeitsminderung wird durch verschiedene Umstände ausgeglichen, insbesondere durch die bei den kleineren Bildformaten exaktere Planlegung des Aufnahmematerials und die größere Konstanz desselben hinsichtlich der Verziehung des Emulsionsträgers (S. 115). Für die Herstellung topographischer Aufnahmen in kleinen Maßstäben, z. B. 1 : 50000, sowie für militärische und kolonialtopographische Zwecke ist die Verwendung der bisher üblichen großen Bildweiten aus wirtschaftlichen

---

[1] D. R. P. Nr. 457848.

Gründen besonders unzweckmäßig.[1] Aus der zwischen der relativen Flughöhe $H$, der Bildweite $f$ und dem Bildmaßstab $M$ bestehenden Beziehung

$$1 : M = f : H$$

und aus dem Umstand, daß die aus meteorologischen und flugtechnischen Gründen selten zu überschreitende relative Flughöhe 3000 m beträgt, folgt für einen Bildmaßstab von 1 : 50000

$$f = \frac{3000\,\text{m}}{50\,000} = 6\,cm$$

Der auf S. 153 erwähnte kleine Reihenbildner 6 : 6 cm, $f = 6$ cm entspricht also vollkommen dem in Frage kommenden Zweck, zumal ja der Bildmaßstab besonders im vorliegenden Fall ohne weiteres wesentlich kleiner (1 : 75000 bis 1 : 100000) als der geforderte Kartenmaßstab sein darf (vgl. S. 210 ff.). Die Bestrebungen zur Einführung kleinerer Formate in die Photogrammetrie, um die sich u. a. auch Prédhumeau, Wild und die Photogrammetrie G. m. b. H. in München verdient gemacht haben, dürften in der Zukunft entsprechend der zu erwartenden weiteren Entwicklung der Emulsionstechnik besondere Bedeutung gewinnen.

**29. Verschlüsse der Meßbildkammern.** Bei Aufnahmen ruhender Objekte von festen Standpunkten aus kann jeder beliebige Verschluß Verwendung finden; im allgemeinen genügt hier zur Belichtung sogar ein einfacher, von Hand betätigter Objektivdeckel. Bei einer Relativbewegung zwischen Objekt und Meßkammer müssen dagegen selbstverständlich mechanische Verschlüsse benutzt werden. Als solche kommen für Flugzeugmeßaufnahmen Schlitzverschlüsse nicht in Frage; der Spalt des Schlitzes setzt den entsprechenden Streifen der Emulsion zwar nur sehr kurze Zeit dem Lichte aus, wegen der verhältnismäßig langen Gesamtdauer des Ablaufes entspricht aber dem zuerst belichteten Streifen ein anderer Standpunkt als dem zuletzt belichteten Streifen.

Eine strenge Zentralprojektion des Objektes ist deshalb bei einer Relativbewegung von Kammer und Objekt nur durch einen nahe am Objektiv, am besten in der Blendenebene desselben angebrachten sogenannten Zentralverschluß zu erzielen. Von der Konstruktion eines solchen Verschlusses, insbesondere an Reihenbildkammern, ist in erster Linie eine hohe Stabilität und möglichst große Geschwindigkeit, d. h. möglichst kurze Dauer des Ablaufes zu verlangen. Da sich besonders bei Objektiven mit großem Durchmesser kaum eine kürzere Ablaufzeit als $^{1}/_{150}$ Sekunde erzielen läßt, diese Zeit bei Flügen in Normalhöhen wegen der erforderlichen Bildschärfe aber nicht überschritten werden darf, so sind Vorrichtungen zur Regelung der Ablaufgeschwindigkeit von geringer Bedeutung.

Die an Meßkammern gebräuchlichen Verschlüsse gehören im allgemeinen zur Gruppe der Spannverschlüsse,[2] d. h. es sind solche Verschlüsse, bei denen vor Beginn der Belichtung eine Feder zu spannen ist. Die Einleitung bzw. Unterbrechung der Belichtung wird gewöhnlich durch drei bis sechs Lamellen (Sektoren) bewirkt, die aus dünnem Stahlblech hergestellt und von Kreisbogenstücken begrenzt sind. (Vgl. hiezu auch Bd. II dieses Handbuches.)

Das Konstruktionsprinzip eines solchen Verschlusses sei an Hand einer schematischen Darstellung (Abb. 130) eines Vierlamellenverschlusses der Firma Voigtländer & Sohn, A.-G. in Braunschweig erläutert, aus der das Wesen auch

---

[1] K. Slawik, Allg. Verm. Nachr. 40, 1928, S. 553.
[2] K. Pritschow, ZS. d. Ver. deutsch. Ing. 66, 1922, S. 316.

anderer Verschlüsse ersichtlich wird.[1] Die vier Sektoren, von denen nur zwei gezeichnet sind, drehen sich um die vier fest im Gehäuse $G$ angebrachten Zapfen $Z$. Sie werden in Bewegung gesetzt durch den Mitnehmerring $R$ unter Vermittlung der Stifte $s$. Die Drehung, und zwar eine links- und rechtssinnige Drehung

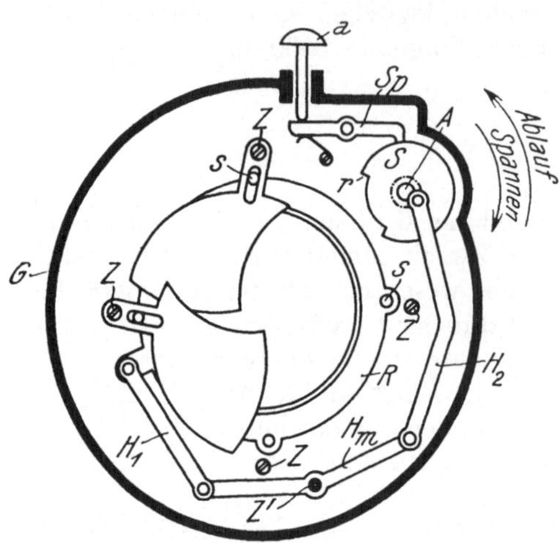



Abb. 130. Schema eines Sektorenverschlusses von Voigtländer & Sohn, A.-G. in Braunschweig

des Ringes, wird durch einen Gelenkhebel bewirkt, der aus einem (um den im Gehäuse angebrachten Zapfen $Z'$ drehbaren) Mittelteil $H_m$ und den angelenkten Seitenteilen $H_1$ und $H_2$ besteht. Ersterer ist gelenkig mit dem Mitnehmerring $R$ verbunden, während $H_2$ mit seinem äußeren Ende an einer um die Achse $A$ drehbaren Scheibe $S$ befestigt ist, durch deren Drehung entgegen dem Uhrzeigersinn das Hebelsystem den Ring $R$ zunächst gegen und dann im Uhrzeigersinne dreht, so daß die Lamellen die Öffnung freigeben bzw. verschließen. Die Drehung der Scheibe $S$ wird durch eine Feder veranlaßt, die vor der Belichtung durch eine Drehung der Scheibe $S$ im Uhrzeigersinn zu spannen ist. Dabei verhindert ein (nicht gezeichnetes) Sperrad, daß beim Spannen der Feder der Verschluß geöffnet wird. Nach dem Spannen legt sich der durch eine Blattfeder nach oben gedrückte Sperrhebel $Sp$ in eine Rast $r$ an der Scheibe $S$. Durch Niederdrücken des Auslösers $a$ wird der Sperrhebel ausgeklinkt und die Scheibe $S$ schnellt unter dem

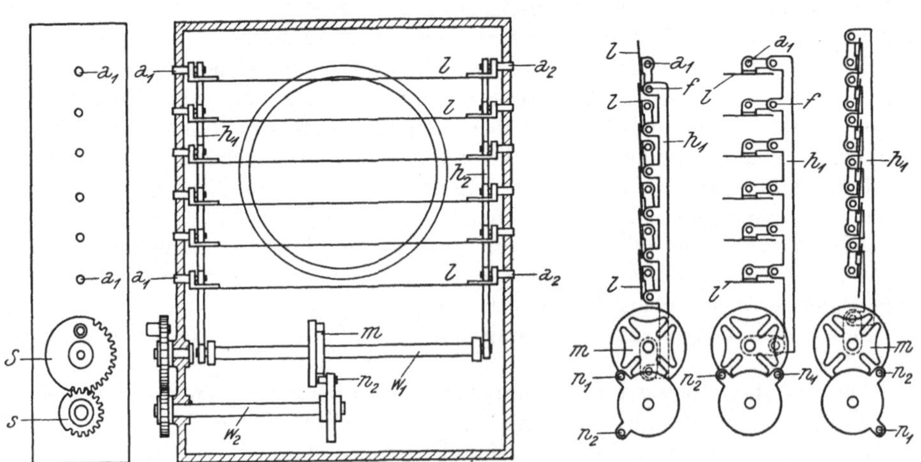



Abb. 131.   Schema des Lamellenverschlusses nach E. Labrély

Einfluß der gespannten Feder zurück. Die im vorliegenden Falle, wie bereits erwähnt, weniger wichtige Regulierung der Ablaufzeit wurde früher allgemein auf pneumatischem Wege, durch eine Art Luftpumpe, erzielt. Die Firma Fr. Deckel in München hat zuerst an Stelle dieser wenig zuverlässigen Einrichtung

---

[1] Vgl. K. Pritschow, a. a. O., und W. O. Hammer, Illustr. Guide and Descriptions of photogr. Inter-lens Shutters, ohne Ort, 1917.

mit ihrem Compur-Verschluß ein Zahnräderhemmwerk eingeführt, bei dem je nach Bedarf einzelne Teile ausgeschaltet werden können.

Eine wesentlich abweichende Konstruktion zeigt der ebenfalls an Reihenbildnern verwendete Lamellenverschluß von E. LABRÈLY in Paris. Die Lamellen $l$ (Abb. 131) haben hier die Form von schmalen Rechtecken, die um ihre längere Mittellinie eine rechts- bzw. linkssinnige Drehung um je 180° ausführen können. In der Verschlußstellung überdecken sie sich dachziegelartig und liegen parallel zu den Hauptebenen des Objektivs. Nach einer Drehung um 90° gewähren sie dem Lichte vollen Zutritt, nach einer weiteren Drehung um 90° ist der Lichtzutritt wieder unterbrochen. Die nächste Belichtung erfolgt durch eine entsprechende Rückwärtsdrehung der Lamellen. Jede der Lamellen ist auf einer Achse $a_1$ bzw. $a_2$ befestigt. Sämtliche Achsen werden gemeinsam und gleichzeitig in Drehung versetzt durch links und rechts angeordnete Hebelpaare $h_1$ bzw. $h_2$, durch deren hin- und hergehende Bewegung unter Vermittlung der exzentrisch zu den Achsen $a$ angebrachten Führungsstifte $f$ die Lamellen aus der einen Verschlußstellung in die andere überführt werden. Die Verschiebung der Hebel $h$ wird durch eine entsprechende Drehung der Welle $w_1$ bewirkt, auf der eine Scheibe $m$ mit rechtwinklig sich kreuzenden Führungsnuten (Malteserkreuz) befestigt ist. Die Drehung der Welle $w_1$ erfolgt nun durch eine Drehung der Welle $w_2$ derart, daß zwei auf letzterer befestigte Nocken $n_1$ und $n_2$ nacheinander in die Führungsnuten der Scheibe $m$ eingreifen und damit diese bzw. die Welle $w_1$ (um je 90°) vorwärts treiben. Die Nocke $n_2$ greift in die Scheibe $m$ erst ein, nachdem die Nocke $n_1$ die Scheibe bereits vor einem kurzen Zeitintervall verlassen hat. Dementsprechend verharren die Lamellen während einer kurzen Zeitspanne in der Öffnungsstellung in Ruhe. Der Antrieb der Welle $w_2$ erfolgt durch die von einer gespannten Feder in Drehung versetzte Scheibe $S$, deren teilweise mit Zähnen versehener Rand in eine entsprechende Zahnung eines auf $w_2$ befestigten Sektors $s$ eingreift. Das Spannen der Feder erfolgt durch eine Drehung der Scheibe $S$, wobei eine (nicht gezeichnete) Sperrung dafür sorgt, daß während des Spannens der Verschluß nicht betätigt wird. Der geschilderte Verschluß wird unmittelbar vor dem Objektiv angebracht. Doch hat LABRÈLY auch eine auf dem gleichen Prinzip beruhende Konstruktion angegeben, die sich als Zentralverschluß verwenden läßt.[1]

Außer Stabilität und kurzer Dauer der Ablaufzeit, d. h. der Zeit zwischen Beginn des Öffnens und völligem Verschluß, ist zur besten Ausnutzung der Lichtstärke des Objektivs zu fordern, daß das Verhältnis der während des Verschlußablaufes in die Kammer tatsächlich gelangten Lichtmenge zur theoretisch maximalen Lichtmenge möglichst groß ist. Man nennt dieses (in Prozenten ausgedrückte) Verhältnis den „Wirkungsgrad" des Verschlusses. Es ist einleuchtend, daß der Wirkungsgrad um so größer ist, je weniger Zeit zur Erzielung der Öffnungs- bzw. Verschlußstellung der Lamellen verbraucht wird.

Der Wirkungsgrad der Mehrzahl der gebräuchlichen Verschlüsse ist kaum größer als 40%. Er läßt sich steigern entweder durch geeignete Form der Lamellen (Abb. 130 zeigt ein in dieser Beziehung günstiges Öffnungsbild: schon bei Öffnung des Verschlusses werden nicht nur die Mitte, sondern auch die Randteile des Objektivs dem Lichteintritt freigegeben) oder durch die Art des Antriebs, wie bei der Konstruktion von LABRÈLY, durch welche die Lamellen in der Öffnungsstellung eine kurze Zeit festgehalten werden. Für die experimentelle Feststellung der Ablaufzeit und des Wirkungsgrades sind verschiedene Apparate angegeben worden.[2]

[1] Sc. et Ind. phot. 6, 1926, S. 484.

[2] Vgl. z. B. O. LACMANN, Bildmess. u. Luftbildwes. 3, 1928, S. 101.

Das Spannen des Verschlusses und seine Auslösung erfolgt zweckmäßig durch **einen** Hebel, der entweder von Hand oder bei Reihenbildern mechanisch zu betätigen ist. Eine derartige Einrichtung (Meßkammern nach Hugershoff)

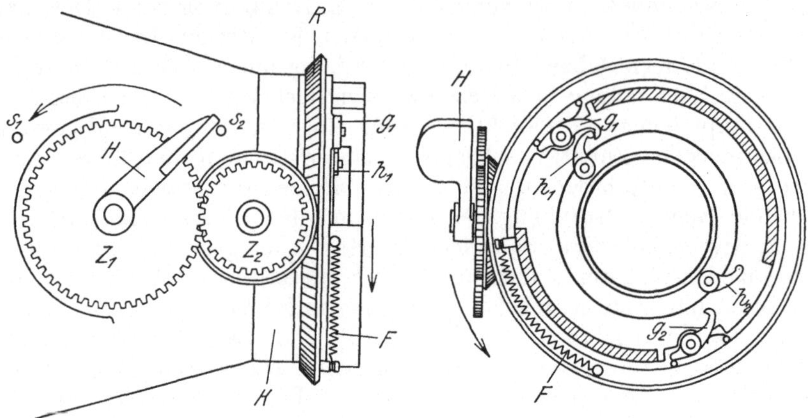

Abb. 132. Schema der Spann- und Auslöseeinrichtung an den Meßkammern nach R. Hugershoff

zeigt schematisch Abb. 132 und zwar in der Ruhestellung, in der ein federnder Greifer $g_1$ hinter dem Spannhebel $h_1$ liegt. Durch Linksdrehen des Aufzughebels $H$ wird unter Vermittlung der Zahnräder $Z_1$ und $Z_2$ das in der Objektivschutzkappe $K$ liegende Kegelrad $R$, von vorn gesehen, ebenfalls linksläufig ge-

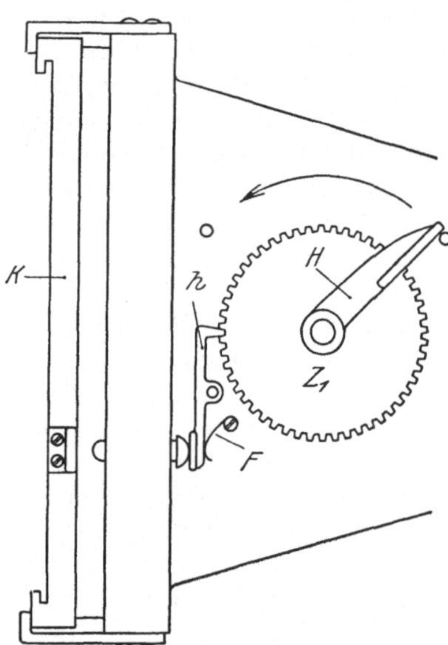

Abb. 133. Spannungssicherung an Meßkammern

dreht. Dabei wird einmal die Feder $F$ gespannt und gleichzeitig der Spannhebel $h_1$ durch den am Kegelrad $R$ befestigten Greifer $g_1$ gedreht (Verschlußspannung) und zwar bis in eine Endstellung, in der $h_1$ bis zur Auslösung verharrt. Inzwischen hat sich der federnde Greifer $g_2$ hinter den Auslösehebel $h_2$ gelegt und die Weiterdrehung des Aufzugshebels $H$ ist durch den Anschlagstift $s_1$ gehemmt worden. Beim Nachlassen[1] des Druckes auf den Aufzugshebel $H$ bewegt sich das Kegelrad $R$ unter dem Einfluß der jetzt gespannten Feder $F$ zurück. Dabei dreht der Greifer $g_2$ den Hebel $h_2$ bis zur Verschlußauslösung. In der entsprechenden Stellung gleitet $g_2$ von $h_2$ ab, so daß $h_2$ gleichzeitig mit dem Spannhebel $h_1$ in die Ausgangsstellung zurückschnappen kann. Die von der Feder $F$ angetriebene Rückwärtsbewegung des Kegelrades $R$ findet ihr Ende durch Anschlag des Hebels $H$ gegen den Stift $s_2$, womit die in der Zeichnung wiedergegebene Ruhestellung von neuem erreicht ist.

Von den verschiedenen zur Sicherung gegen Fehlbelichtungen (besonders bei den unter oft schwierigen Umständen durchzuführenden Aufnahmen im Flugzeug) sehr wichtigen mechanischen Einrichtungen sei hier nur die zuerst an den Hugershoffschen Meßkammern angebrachte Einrichtung angeführt,

---

[2] Diese Anordnung verhindert das „Durchreißen" des Verschlusses; sie ist wichtig zur Erzielung unverwackelter Aufnahmen.

die eine Belichtung bei nicht am Bildrahmen angepreßter Platte verhindert:
Bei abgehobener Platte bzw. Kassette $K$ (Abb. 133) drückt eine Feder $F$ den
Hebel $h$ in die Zahnung des am Aufzughebel $H$ (vgl. Abb. 132) angebrachten
Antriebrades $Z_1$. Der Aufzughebel $H$ wird demnach erst freigegeben, wenn durch
Andrücken der Kassette (vgl. Abb. 133) der Hebel $h$ niedergedrückt und damit
aus der Zahnung herausgehoben ist.

**30. Die Emulsionsträger.** Als Träger der lichtempfindlichen Schichtemulsion
kommen zur Zeit praktisch nur Glasplatten und Filmbänder in Frage.[1] Von den
photogrammetrischen Zwecken dienenden Glasplatten wurde früher ganz allgemein völlige Planheit der der Emulsion zugekehrten Fläche gefordert. Eine
nähere Untersuchung des Falles, daß eine bei der Aufnahme kugelschalenförmig
gekrümmte Platte im Komparator ausgemessen wird, zeigt, daß die auftretenden
Fehler ähnlichen Charakter haben wie die Verzeichnungsfehler eines Objektivs
und recht beträchtliche Werte annehmen können. Ihr Maximum erreichen sie
in einer mittleren, ringförmigen Plattenzone, wo sie bei dem größten gebräuchlichen Plattenformat von $18 \times 18$ cm, einer Bildweite von 200 mm und einer
Durchbiegung von 1 mm mehr als $2'$ betragen.

Diese Fehler werden allerdings völlig eliminiert bei Anwendung des KOPPE-
schen Ausmeßprinzips, freilich unter der Voraussetzung, daß die Original-
negative ausgemessen werden und diese in der Kassette keine zusätzliche Durchbiegung erfuhren. Bei Abweichungen von diesem Idealfall, z. B. Ausmessung
von Kontaktdiapositiven, bei deren Herstellung das Negativ gegen eine mehr
oder weniger ebene Diapositivplatte gepreßt wurde, werden selbstverständlich
auch hier Fehler auftreten, die aber jedenfalls mit abnehmendem Plattenformat
(vgl. S. 110) kleiner und zudem teilweise durch andere Fehlereinflüsse kompensiert werden.[2] Das bestätigt die Praxis durchaus, wonach auch mit gewöhnlichen
Glasplatten völlig befriedigende Resultate zu erreichen sind. In diesem Umstand
liegen besondere wirtschaftliche Vorteile; die Herstellung wirklich exakt ebener
Glasplatten verlangt eine ziemliche Dicke des Materials, das dadurch schwer
und deshalb — abgesehen vom Preis solcher „Spiegelglasplatten" — jedenfalls
für Hochgebirgs- und Flugzeugaufnahmen unvorteilhaft ist. In der Praxis verwendet man deshalb heute mit wenigen Ausnahmen[3] gewöhnliche Glasplatten.

Der Film kam bis vor kurzem als Emulsionsträger für die meisten photogrammetrischen Aufgaben nicht in Frage. Es gibt zwar Möglichkeiten, ihn
während der Aufnahme und Auswertung exakt plan zu legen (vgl. S. 125),
die photochemische Behandlung und das Trocknungsverfahren ergab aber
Schrumpfungen des Emulsionsträgers[4] von so unregelmäßigem Charakter, daß
eine Verwendung des Films zu Meßzwecken ausgeschlossen war. Bezüglich
der Regelmäßigkeit der Schrumpfung bestehen verschiedene Anforderungen,

---

[1] Es sind auch metallische Emulsionsträger vorgeschlagen worden; vgl. z. B.
CARL ZEISS, D. R. P. Nr. 378958.

[2] Bei den neueren Meßkammern von HUGERSHOFF (S. 125 und S. 144) werden
überdies die Platten sowohl bei der Aufnahme als auch bei der Ausmessung gegen eine
in der Kammer bzw. im Bildträger angebrachte Planparallelplatte gepreßt, so daß
hier eine genügende Planheit mechanisch erzielt wird.

[3] K. SCHNEIDER, Bildmess. u. Luftbildwes. 4, 1929, S. 1.

[4] Die an sich sehr geringe Verziehung der lichtempfindlichen Schicht gegen den
Emulsionsträger zeigt nach neueren Untersuchungen bei sorgfältiger Behandlung
(besonders während der Trocknung) im wesentlichen regelmäßigen Charakter, ist
also bedeutungslos; die unregelmäßige Verziehung aber kann im allgemeinen vernachlässigt werden. Vgl. hierzu auch H. LUDENDORFF, Astr. Nachr. 162, 1903. Gewisse, der Schichtverziehung zugeschriebene systematische Messungsfehler (K. DO-
MANSKY, Int. Arch. f. Photogramm. 6, 1923, S. 105) dürften Verzeichnungsfehler sein.

je nach dem zur Verfügung stehenden Auswertegerät. Eine allseitig gleichmäßige Schrumpfung (entsprechend einer ähnlichen Verkleinerung der Originalperspektive) ist selbstverständlich bei Entzerrungsgeräten und auch bei denjenigen Auswertegeräten zulässig, die eine Anpassung an verschiedene Bildweiten des Aufnahmegerätes gestatten (z. B. Stereoautograph, Stereoplanigraph, Autokartograph und Aerokartograph), da ja eine Verkleinerung des Bildmaßstabes einer Verkleinerung der Aufnahmebildweite entspricht. Aber auch eine perspektiv deformierende Schrumpfung, entsprechend einem ebenen Schnitt des abbildenden Strahlenbündels, könnte, abgesehen vom Entzerrungsgerät wenigstens im Autokartographen und Aerokartographen eliminiert werden und zwar dadurch, daß der Film so gegen die optische Achse des Bildträgerobjektivs geneigt wird, daß die Bildmarken unter den Öffnungswinkeln der Kammer (S. 158) erscheinen.

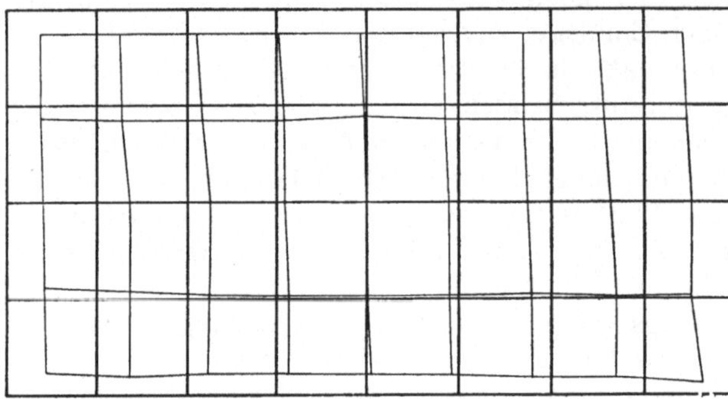

Abb. 134. Schrumpfung des Aerochromfilms der Agfa
(50 fache Vergrößerung)

Es ist neuerdings einigen Firmen gelungen, Filme zu schaffen, bei denen die unregelmäßige Schrumpfung (als Abweichung von einer allseitig gleichmäßigen Schrumpfung) so gering ist, daß sie im allgemeinen vernachlässigt werden kann.

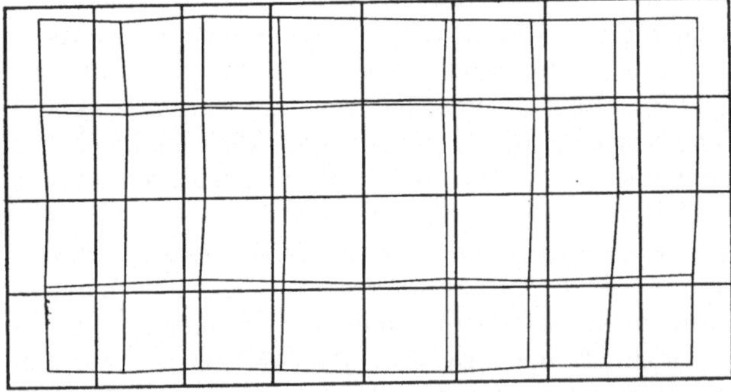

Abb. 135. Schrumpfung des Aero-Vermessungsfilms der Zeiss-
Ikon A.-G. (50 fache Vergrößerung)

Die entsprechende Untersuchung eines Films kann in der Weise geschehen, daß man ein auf eine Glasplatte aufgetragenes Gitter rechtwinklig sich kreuzender gleichabständiger Geraden (Gautier-Gitter) auf ein Filmstück kopiert und Original und Kopie im Stereokomparator vergleicht. Aus den entsprechenden Messungen ergibt sich das geschrumpfte Netz, das man durch ein sich ihm möglichst anschmiegendes Quadratnetz ersetzt. Die Abweichung entsprechender Strecken des Schmiegungsnetzes gegen das Originalnetz ergibt die regelmäßige (mittlere) Schrumpfung, während die Abstände der Ecken des geschrumpften Netzes von den entsprechenden Ecken des Schmiegungsnetzes die unregelmäßigen Schrumpfungen darstellen.

Das Ergebnis einer solchen Messung ist in Abb. 134 (Aerochrom-Vermessungsfilm der Agfa-A.-G.) und in Abb. 135 (Aero-Vermessungsfilm der Firma Goerz bzw. Zeiss-Ikon A.-G.) wiedergegeben, worin Original und Filmkopie (mit 50facher Vergrößerung der Abweichungen) übereinander gelegt sind, so daß die totalen Deformationen unmittelbar sichtbar werden.

An Hand der den Abb. 134 und 135 zugrunde liegenden Beobachtungen ergaben sich die folgenden Werte

Tabelle 1. Schrumpfungen in Filmen

| Fabrikat | Regelmäßige Schrumpfung in % | Mittl. unregelmäß. Schrumpfung in mm |
|---|---|---|
| Agfa ........ | 0,21 | ± 0,020 |
| Zeiss-Ikon ... | 0,18 | ± 0,020 |

Einige weitere Untersuchungsergebnisse veröffentlichte O. Lacmann.[1]

**31. Emulsion und Filter.** Bei photogrammetrischen Aufnahmen handelt es sich in der Mehrzahl der Fälle um Aufnahmen weit entfernter Objekte. Die Wirksamkeit des von einem solchen Objekt ausgehenden und für den Bildaufbau allein brauchbaren Lichtes (Geländestrahlen) nimmt mit dem Quadrat der Entfernung ab. Infolgedessen nimmt auch der Unterschied der Helligkeit benachbarter Objektteile, der diese Teile im allgemeinen doch allein auf der Aufnahme unterscheiden läßt, nach dem gleichen Gesetz ab: Die Differenz zwischen hellstem Licht und dunkelstem Schatten, der „(Helligkeits-)Umfang" des Objekts, ist bei Fernaufnahmen gegenüber Nahaufnahmen stark verringert. So erscheinen beispielsweise in einer aus mittlerer Flughöhe senkrecht von oben gesehenen Landschaft die Lichter kaum fünfmal so hell als die Schatten.[2] Diese dem bloßen Auge auffallenden geringen Kontraste werden bei der Aufnahme noch weiter wesentlich vermindert durch die chemische Wirkung der für den Bildaufbau unbrauchbaren Strahlen, die durch Reflexion an den feinen und groben Beimengungen der Luft in die Kammer gelangen und dort durch allgemeine Helligkeitsvermehrung[3] den „Luftlichtschleier" oder „Dunstschleier" erzeugen.

Das der Kammer zugeführte störende „Luft"-Licht hat — wenigstens an den für photogrammetrische Aufnahmen allein geeigneten Tagen mit sonnigem Wetter und klarer Luft — eine mehr oder weniger ausgesprochen blaue Farbe,[4] eine Folge der spektral selektiven Wirkung der Beugung des Sonnenlichtes an den Luftmolekülen.[5] Das Luftlicht wird sich also auf gewöhnlichen Bromsilber-Gelatineplatten, die gerade für Blau hochgradig empfindlich sind, besonders detailvernichtend bemerkbar machen. Die Verwendung von Gelbfiltern zur möglichsten Absorption des blauen Lichtes und von gelbgrün empfindlichen (orthochromatischen)[6] Platten wird darum zur Notwendigkeit. Die gebräuchlichen Gelbfilter lassen bei größerer Dichte kein Licht von der Wellenlänge des Blau (500 $\mu\mu$) und von geringerer Wellenlänge (das ebenfalls im Luftlicht ent-

---

[1] Bildmess. u. Luftbildwes. 3, 1928, S. 101.

[2] Vgl. hierzu auch E. Goldberg, Der Aufbau d. phot. Bildes, Halle a. S., 1925 und H. E. Ives, Airplane photography, Philadelphia u. London 1920.

[3] Die Absorption in der zwischen Objektiv und Objekt liegenden Luftschicht bewirkt eine allgemeine Intensitätsverminderung der Geländestrahlen, ist aber im wesentlichen ohne Einfluß auf die Kontraste. Man vgl. auch Aerial Haze and its Effect on Photography from the Air, Mon. of the Theory of Phot. from the Rev. Lab. of the Eastman Kodak Co. Nr. 4, New York u. Rochester, N.Y., 1923.

[4] A. Miethe, Vorträge, geh. bei der 2. Hauptvers. d. Int. Ges. f. Photogramm., Berlin 1927. Ferner F. Leiber, Bildmess. u. Luftbildwes. 4, 1929, S. 137.

[5] F. Leiber, Phot. Ind. 26, 1928, Heft 41.

[6] Gegen die Zweckmäßigkeit der Verwendung panchromatischer Emulsionen bringt A. Miethe a. a. O. gewichtige Gründe vor.

halten ist) zur Wirkung kommen, während sie die Strahlen mit Wellenlängen $> 500\,\mu\mu$ ungehindert oder nur wenig gedämpft passieren lassen; das sind aber gerade die (bildaufbauenden) Geländestrahlen. Gelbfilter und farbenempfindliche Emulsionen verlieren ihre günstige Wirkung an trüben Tagen mit Wassertröpfchen in der Atmosphäre und bei von Rauch und Staub in den unteren Luftschichten erzeugtem Dunst. Diese atmosphärischen Beimengungen reflektieren hier das Sonnenlicht unmittelbar, so daß das Luftlicht auch langwellige Strahlen in hohem Prozentsatz aufweist.

Als Filter kommen für photogrammetrische Zwecke nur die in der Masse gefärbten (Cadmiumsulfid-)Glasfilter in Betracht, deren beide Flächen streng plan und parallel (innerhalb 40'') sein müssen. Bei den sonst in der photographischen Praxis gebräuchlichen Gelatinefiltern ist die notwendige Planparallelität des Trägers der gefärbten Folie im allgemeinen nicht vorhanden. Die Verwendung eines Filters erfordert eine seiner Dichte entsprechende (im allgemeinen zwei- bis sechsfache) Verlängerung der Belichtungszeit. Die Wahl eines dünnen Filters zur Erzielung einer geringeren Belichtungszeit ist, worauf F. Leiber ausführlich hinweist,[1] unzweckmäßig, da hierbei die nach dem kurzwelligen Ende des Spektrums hin unverhältnismäßig an Intensität zunehmenden Strahlen des Luftlichtes besonders stark zur Wirkung kommen. Eine Herabsetzung der Belichtungszeit, für die übrigens nur bei der Luftbildmessung, nicht aber bei der terrestrischen Photogrammetrie ein Bedürfnis besteht, läßt sich nur durch Hebung der Allgemeinempfindlichkeit der Emulsion erzielen.

Photogrammetrisch verwendbare Emulsionen sollen also ausgesprochen gelbgrün empfindlich sein und eine hohe Allgemeinempfindlichkeit besitzen; die letztere dann, wenn es sich um Luftbildaufnahmen handelt. Bei diesen wird aus aufnahmetechnischen Gründen noch zu fordern sein, daß der Belichtungsspielraum möglichst groß ist. Über den Belichtungsspielraum gibt die „Gradationskurve" der Emulsion Auskunft, die den funktionalen Zusammenhang zwischen der eingestrahlten der Belichtungsdauer entsprechenden Lichtmenge (Abszissenachse) und der durch die Entwicklung erreichbaren Schwärzung (Ordinatenachse) darstellt. Diese Kurve, die natürlich für jede Emulsionsart im Einzelnen verschieden ist, hat als allgemeines Kennzeichen einen zunächst allmählichen Anstieg (Unterbelichtungsgebiet),[2] dann einen mehr oder weniger geraden und sich steiler erhebenden Abschnitt (Normalbelichtungsgebiet), an das sich schließlich ein flacheres Kurvenstück (Überbelichtungsgebiet) anschließt. Aus diesem Funktionsbild ergibt sich zunächst, daß im Gebiet der Unterbelichtung ebenso wie in dem der Überbelichtung einer kleinen Lichtintensitäts-(Helligkeits-)Differenz eine sehr kleine Schwärzungsdifferenz entspricht. Da nach dem oben Gesagten geringe Helligkeitsunterschiede gerade für Fernaufnahmen charakteristisch sind, so dürfen für solche nur Belichtungszeiten gewählt werden, die innerhalb des „Normalbelichtungsgebietes" liegen. Der Belichtungsspielraum ist bei steil graduierten („harten") Emulsionen offenbar geringer als bei flach graduierten („weichen") Emulsionen; der Unterschied spielt bei Senkrechtaufnahmen wegen ihres geringen „Objektumfanges" (s. oben) keine Rolle. Hier sind bei normaler Gradation z. B. zwei gleich gute Aufnahmen möglich, deren Belichtungszeiten sich wie 1 : 10 verhalten. Anders liegen die Verhältnisse bei flach geneigten Luftbildaufnahmen. Hier ist wegen der starken, vom Luftlicht herrührenden Zunahme der Helligkeit nach dem Hintergrund zu mit einem Objektumfang von mindestens 1 : 30 zu rechnen.[3] Infolgedessen ist der Belich-

---

[1] F. Leiber, Phot. Ind. 26, 1928, S. 1034.
[2] Vgl. z. B. A. Miethe a. a. O., Berlin 1927.
[3] E. Goldberg, a. a. O.

tungsspielraum wesentlich kleiner[1] und außerdem noch abnehmend mit steiler werdender Gradation. Der somit bei harter Emulsion (soweit es sich um flach geneigte Fernaufnahmen mit auszuwertendem Vordergrund handelt) vorhandenen Gefahr der Fehlbelichtung steht freilich ein Vorteil der steilen Gradation gegenüber: bei ihr entspricht einer bestimmten Helligkeitsdifferenz (Abszissendifferenz) eine größere Schwärzungsdifferenz (Ordinatendifferenz) als bei weicher Emulsion. (Bezüglich der charakteristischen Kurve einer Emulsion vgl. Bd. IV dieses Handbuches, Beitrag Sensitometrie von F. FORMSTECHER.)

Zur Forderung der Orthochromasie und hohen Allgemeinempfindlichkeit — für Luftaufnahmen nicht unter 17 SCHEINER-Grade — bei im allgemeinen mittlerer (bei terrestrischen Aufnahmen auch steiler) Gradation tritt noch die Forderung einer möglichst geringen Größe des Korns,[2] dessen Durchmesser in Aufnahmeemulsionen heute zwischen $1\,\mu$ und $2\,\mu$ und in Diapositivemulsionen bei den untersuchten deutschen Fabrikaten im Durchschnitt unter $0,8\,\mu$ liegt (Abb. 136). Außerdem ist bei Verwendung von Glasplatten als Emulsionsträger das Vorhandensein einer Schutzschicht gegen Lichthofbildung erwünscht.[3]

Die oben schon erwähnten Vermessungsfilme der AGFA und der ZEISS-IKON A.-G. genügen auch hinsichtlich ihrer Emulsionen den notwendigen Ansprüchen. Als Aufnahmeplatten haben sich für terrestrische Zwecke die „Topo-Platte" (gelb-blau-empfindlich, mit steiler Gradation bei mittlerer Allgemeinempfindlichkeit), für Luftbildmeßaufnahmen die „Flieger-Platte" (vorwiegend gelbgrün empfindlich, mittlere Gradation bei hoher Allgemeinempfindlichkeit), beide von der Firma OTTO PERUTZ in München, besonders bewährt.

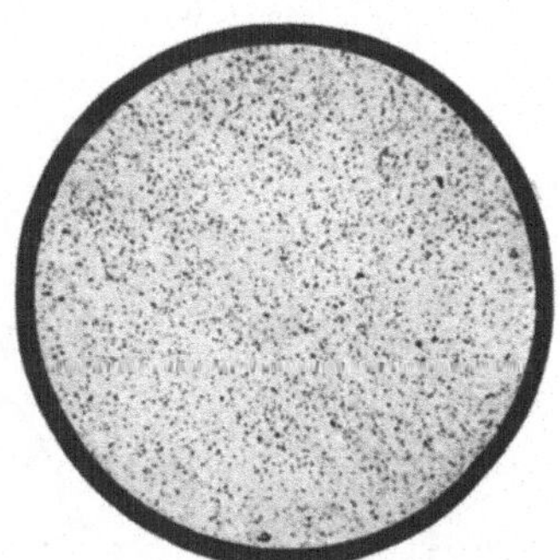

Abb. 136. Mikrophotogramm des Kornes der PERUTZ-Flieger-Platte (270 mal)

Über die für die verschiedenen Emulsionen zweckmäßigen Entwickler und Entwicklungsmethoden[4] geben die herstellenden Firmen die erforderlichen Anweisungen. Meist benutzt man als Entwicklersubstanz das Rodinal wegen seiner bequemen Handhabung. Auch das dem Hydrochinon verwandte Brenzkatechin hat sich bewährt, da bei ihm Schleierbildung nur in geringem Maße auftritt. Mit Rücksicht auf den durch die nicht völlig ausschaltbare Wirkung des Luftlichtes hervorgerufenen Oberflächenschleier empfiehlt A. MIETHE[5] kräftige Entwicklung mit konzentriertem Entwickler. Für die Anwendung im Großbetrieb ist jedenfalls die Stand- oder Tankentwicklung mit einer auf mittlere Entwicklungsdauer abgestimmten Entwicklerkonzentration vorteilhaft.

Die Filmbänder der Reihenbildaufnahmen werden entweder vor der Ent-

---

[1] Bei einem Objektumfang, der gleich der Helligkeitsdifferenz des Normalbelichtungsgebietes wäre, gäbe es nur eine einzige Belichtungszeit.

[2] Mit sinkender Korngröße steigt die Anzahl der abbildbaren Einzelheiten des Objekts und es wächst die Schärfe der Feldgrenze zwischen verschieden hellen Flächendetails. Über Versuche zur Erzielung eines feinen Kornes durch das Entwicklungsverfahren berichten A. u. L. LUMIÈRE und A. SEYEWETZ, Sc. et Ind. Phot. 7, 1927, und 8, 1928.

[3] Versuche zur Benutzung der Farbenphotographie für Meßzwecke sind noch nicht abgeschlossen; über ihr Ergebnis wird an anderer Stelle berichtet werden. Man vgl. hierzu auch A. MIETHE, Die Photographie a. d. Luft, Halle 1916.

[4] Siehe z. B. E. VOGEL, Taschenb. d. Photographie, Berlin 1909.

[5] Die Photographie a. d. Luft, Halle 1916. Vgl. auch A. JAFFÉ, Phot. Korr. 56, 1919, S. 165, 189.

wicklung zerschnitten[1] oder im Ganzen, ebenfalls im Tankverfahren, entwickelt, fixiert, gewässert und getrocknet. Das Filmband wird zu diesem Zwecke so auf eine Rolle gewickelt, daß zwischen den aufeinander folgenden Lagen die entsprechenden Flüssigkeiten bzw. die Luft zirkulieren können. Die Zirkulation wird dadurch ermöglicht, daß das Filmband gemeinsam mit einem Zelluloidstreifen aufgewickelt wird, der halbkugelförmige Randaufweitungen (Abb. 137) besitzt. Die zu diesem als „Correx-Entwicklung" bezeichneten Verfahren gehörige Wickeleinrichtung zeigt Abb. 138.[2]

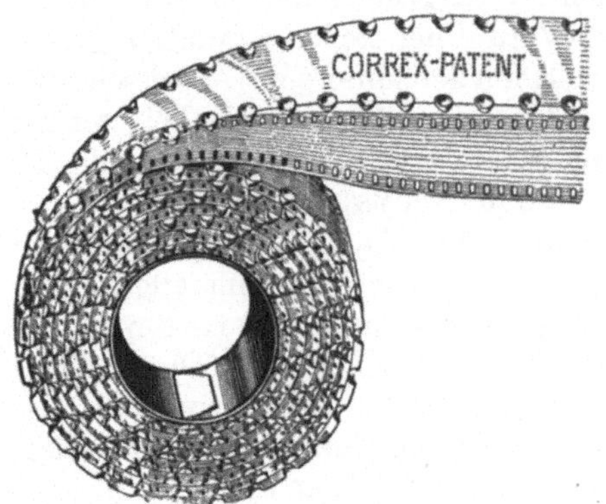


Abb. 137. Film- und Correx-Band in gemeinsamer Wicklung

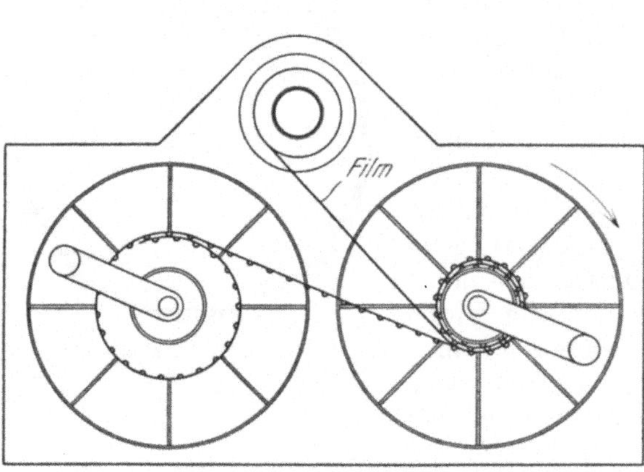


Abb. 138. Schema der Correx-Wickelvorrichtung

**32. Plattenwechselkassetten.** Die in der terrestrischen Photogrammetrie gebrauchten einfachen Kassetten und Doppelkassetten (meist von der handelsüblichen Bauart[3]) sind für Luftbildaufnahmen, insbesondere vom Flugzeug aus, ungeeignet; die hier im allgemeinen rasche Folge der Einzelaufnahmen erfordert die Benutzung von Kassetten mit größerem Plattenvorrat (meist 6 bis 12 Platten), die so konstruiert sein müssen, daß durch wenige Handgriffe die belichtete Platte gegen eine unbelichtete ausgetauscht werden kann. In Abb. 139 ist schematisch die Konstruktion einer solchen

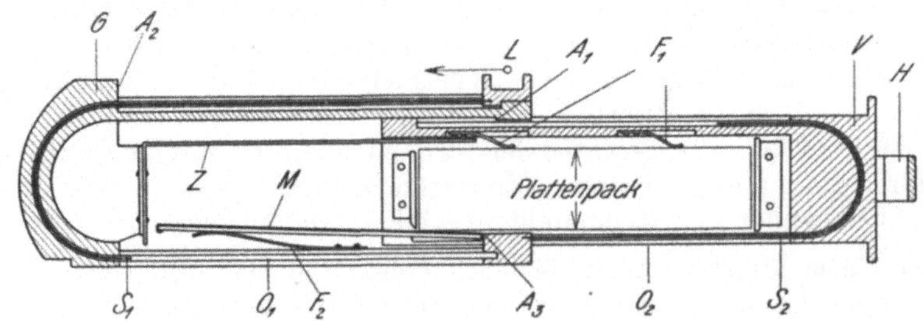


Abb. 139. Konstruktionsschema einer Plattenwechselkassette

Wechselkassette dargestellt. Sie besteht aus dem Gehäuse $G$ und dem Vorratskasten

---

[1] Die Bildgrenzen werden durch den Antriebsmechanismus fühlbar markiert.

[2] Gute Resultate gibt auch das von der amerikanischen Kodak-Gesellschaft hergestellte Entwicklungsgerät; es sei aber darauf hingewiesen, daß häufig die individuelle Behandlung der einzelnen Filmabschnitte der maschinellen Entwicklung vorzuziehen ist.

[3] Eine besondere Konstruktion wurde von der Firma C. P. Goerz-Berlin vorgeschlagen; vgl. D. R. P. Nr. 272826.

$V$, der sich mittels des Handgriffes $H$ bis zum festen Anschlag $A_1$ aus dem Gehäuse ziehen läßt. Bei der Befestigung des Gehäuses $G$ am Kassettenrahmen der Kammer (Abb. 123) ist die Öffnung $O_1$ dem Objektiv zugekehrt. Der lichtdichte Abschluß der Öffnung geschieht durch seitliche Verschiebung der Leiste $L$, die den biegsamen Schieber $S_1$ betätigt, bis zum Anschlag $A_2$. Bei eingeschobenem Vorratskasten legt sich die (in der Abb. 139) unterste Platte, und damit der ganze Plattenstapel, der unter dem Druck der Federn $F_1$ steht, elastisch gegen den Bildrahmen in der Kammer. Nach der Belichtung wird der Vorratskasten aus dem Gehäuse gezogen. Dabei verschließt sich die Öffnung $O_2$ des Kastens selbsttätig durch den am Gehäuse befestigten biegsamen Schieber $S_2$ und die belichtete Platte, zurückgehalten durch den Anschlag $A_3$, wird durch mehrere am seitlichen Rande des Gehäuses angebrachte Federn von der Art der Feder $F_2$ bis zur Zwischenwand $Z$ emporgedrückt. Beim Wiedereinführen des Kastens $V$ gleitet die belichtete Platte selbsttätig hinter die oberste Platte des Stapels, während die jetzt unterste Platte fertig zur Belichtung ist. Zur Verhütung von Transporthemmungen und von Beschädigungen der Emulsion wird jede Platte in eine dünne Metallhülse $M$ eingeschoben.

Es sind mehrfach — teilweise sehr interessante — Vorschläge für den mechanischen Antrieb derartiger Plattenwechselkassetten gemacht worden.[1] Diese Kassetten haben sich aber, teils wegen ihres großen Gewichts, teils wegen häufiger Betriebsstörungen, wenigstens in Deutschland nicht einführen können; die einzige in Deutschland angewandte Konstruktion war der von NEUBURGER angegebene und von C. P. GOERZ gebaute Plattenreihenbildner (vgl. Int. Arch. f. Photogramm. 6, 1919/23, S. 270). Im Ausland ist die Konstruktion von NISTRI besonders bekannt geworden. Inzwischen haben derartige Konstruktionen aber wesentlich an Bedeutung verloren, da es (s. S. 116) gelungen ist, Filme zu erzeugen, die für Meßzwecke brauchbar sind.

**33. Filmwechselkassetten.** Während bei Plattenwechselkassetten die Konstruktionsschwierigkeiten mit wachsender Anzahl der Vorratsplatten wesentlich zunehmen, lassen sich Filmwechselkassetten leicht für Filmbänder von 50 bis 60 m Länge einrichten, entsprechend etwa 350 Einzelaufnahmen bei einem Format von 12 : 12 cm. Dabei bleibt die Kassette klein, hat auch in gefülltem Zustand ein verhältnismäßig geringes Gewicht und kann ebenso leicht für Hand- als für Motorantrieb (Reihenbildner) gebaut werden.

Die verschiedenen im Handel befindlichen Kassetten unterscheiden sich durch die Art des Transports und der Planlegung des Films.

Der Filmtransport von der Vorratsspule $V$ zur Aufwickelspule $A$ (vgl. z. B. Abb. 140) soll zwangläufig und so erfolgen, daß eine bestimmte immer gleich bleibende Drehung einer Antriebskurbel $K$ das Filmband $F$ stets um das gleiche, dem Plattenformat entsprechende Stück weiter zieht. Wegen dieser letzteren Forderung darf der Antrieb nicht unmittelbar auf die Achse der Aufwickelspule wirken, da ja deren Durchmesser und damit auch der einer gleichbleibenden Achsdrehung entsprechende Transportweg immer mehr zunimmt, es sei denn, daß man der Aufwickelspule von vornherein einen so großen Durchmesser gibt, daß die relative Durchmesseränderung klein bleibt. Die dadurch bedingte Vergrößerung der Kassette macht diesen Weg aber besonders für Reihenbildner ungangbar. Ein immer gleich großer Transportweg kann auch durch Verwendung der an Kinematographen gebräuchlichen entsprechenden Ein-

---

[1] W. SIGEL, D. R. P. Nr. 330697; W. LUDOVICI, Plattenwechselkassette, D. R. P. Nr. 322823; D. R. P. Nr. 378106; D. R. P. Nr. 380220 u. a. m. Vgl. auch A. H. CARLIER, La photographie aérienne pendant la guerre, Paris 1921.

richtungen[1] erzielt werden. Die hier zu einem einwandfreien Funktionieren notwendige beiderseitige Perforation des Filmbandes und andere wegen der im allgemeinen großen Streifenbreite viel Raum beanspruchende Sondereinrichtungen lassen diese Methode als unzweckmäßig erscheinen. Als Ersatz für die Perforation hat man in Deutschland versucht, den immer gleich großen Vortransport durch Antriebsscheiben zu erzielen, deren scharfgezähnte (geriffelte) Ränder das Filmband beiderseitig angreifen. Diese Transportart (Friktionsantrieb) kann nicht als zwangläufig bezeichnet werden und dürfte durch Schlüpfen des Filmes häufig zu Fehlbelichtungen (teilweise Aufnahme auf dem schon belichteten Filmabschnitt) Anlaß geben. Die wichtigsten der zur Zeit eingeführten vollkommen zwangläufig arbeitenden Transportvorrichtungen sollen nachstehend beschrieben werden.

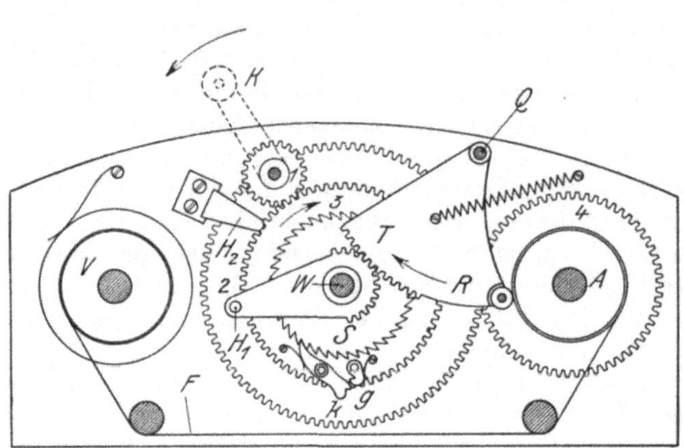

Abb. 140. Filmtransport nach G. Müller der Aerotopograph G.m.b.H. in Dresden

Bei einer von der Aerotopograph G. m. b. H. in Dresden verwendeten Anordnung (Abb. 140) wird die Aufwickelspule $A$ durch Drehung der Kurbel $K$ unter Zwischenschaltung der Zahnräder 1, 2, 3 und 4 in Bewegung gesetzt. Die Zahnräder 1 und 4 sitzen fest auf den zugehörigen Wellen. Das Zahnrad 3 dagegen läßt sich gegen die Welle $W$ verdrehen; es steht mit dieser Welle nur zeitweilig in Verbindung und zwar durch Vermittlung des fest auf $W$ angebrachten Sperrades $S$ und der Klinke $k$. Die Verbindung wird dadurch gelöst, daß bei einer gewissen Stellung des Zahnrades 3 die Klinke $k$ durch den Anschlag $H_1$ aus der Verzahnung des Sperrades $S$ herausgehoben und im gleichen Augenblick von dem federnden Greifer $g$ erfaßt wird. Die Kurbel

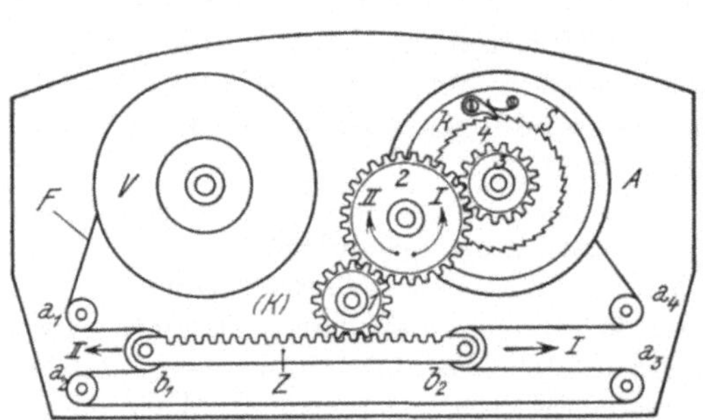

Abb. 141. Filmtransport nach M. L. Lenouvel

$K$ läuft jetzt leer, denn trotz der Weiterdrehung des Zahnrades 3 ist das Zahnrad 2 und damit auch die Aufwickelspule $A$ in Ruhe. Nach einer bestimmten weiteren Bewegung des Zahnrades 3 stößt der Greifer $g$ gegen den Anschlag $H_2$ und gibt die Klinke $k$ wieder frei, die sich jetzt von neuem in das Sperrad $S$ einlegt, so daß die Spule $A$ ihre Tätigkeit wieder aufnimmt. Der Abstand der Leerlaufanschläge $H_1$ und $H_2$ und damit der Leerlauf selbst ist veränderlich; er muß offensichtlich um so größer

---

[1] H. Lehmann, Die Kinematographie, Leipzig 1911.

werden, je größer der Durchmesser der Aufwickelspule infolge des zugewickelten Filmbandes geworden ist. Die Regulierung des Anschlagabstandes geschieht durch die auf dem Film aufsitzende Gleitrolle $R$, die an einem um die Achse $Q$ drehbaren gezahnten Sektor $T$ befestigt ist, der den Anschlag $H_1$ entsprechend verdreht.[1]

Abb. 141 zeigt die Transportvorrichtung von M. L. LENOUVEL (Firma GALLUS, Paris). Das Filmband läuft hier von der Vorratsspule $V$ zur Aufwickelspule $A$ über die vier festgelagerten Wellen $a_1, a_2, a_3, a_4$ und außerdem über die zwei an den Enden einer verschiebbaren Zahnstange $Z$ angebrachten Wellen $b_1$ und $b_2$. Die nicht gezeichnete Antriebskurbel $(K)$ sitzt auf der Welle des Zahnrades 1. Bei einer Linksdrehung der Kurbel wird die Zahnstange $Z$ nach rechts verschoben. Dadurch wird ein Stück des Filmbandes, das doppelt so lang ist als die Verschiebung der Zahnstange, freigegeben und sogleich von der durch die Zahnräder 2 und 3 in Drehung versetzten Spule $A$ aufgewickelt. Inzwischen ist ein gleich langes Stück des Filmbandes selbsttätig von der Spule $V$ abgewickelt worden. Während des gesamten Vorganges ist bemerkenswerterweise der zwischen den Rollen $a_2$ und $a_3$ liegende der Belichtung darzubietende Filmabschnitt bewegungslos geblieben (I. Phase). Nach erfolgter Belichtung wird durch eine Rechtsdrehung der Kurbel $K$ bzw. des Zahnrades 1 die Zahnstange nach links geschoben. Dadurch wird der bei $b_1$ freigegebene unbelichtete Filmabschnitt von der Rolle $b_2$ in die Expositionsstellung gezogen (II. Phase). Während dieser Phase muß selbstverständlich die Auf-

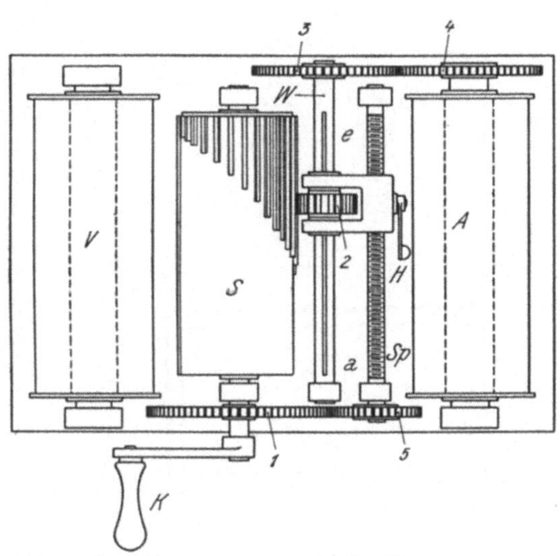

Abb. 142. Filmtransport nach R. HUGERSHOFF der AEROTOPOGRAPH G. m. b. H. in Dresden

wickelspule trotz der Drehung der Zahnräder 2 und 3 in Ruhe bleiben. Das wird dadurch ermöglicht, daß das Zahnrad 3 und das mit ihm fest verbundene Sperrad 4 im allgemeinen auf der Achse der Spule $A$ frei drehbar angeordnet sind. Die Verbindung dieser Räder mit der Spulenachse erfolgt indirekt durch die auf letzterer fest angebrachte Scheibe $S$, auf der die federnde Klinke $k$ sitzt. Diese Klinke läßt eine Übertragung der Drehung von 3 bzw. 4 auf die Spule nur zu, wenn diese Drehung wie bei der I. Phase linksläufig ist.

Eine von R. HUGERSHOFF angegebene Transporteinrichtung (AEROTOPOGRAPH G. m. b. H., Dresden) zeigt Abb. 142 in schematischer Draufsicht. Hier wird der mit zunehmendem Durchmesser der Aufwickelspule $A$ notwendig kleiner werdende Drehungswinkel dadurch erzielt, daß der Antrieb von $A$ unter Zwischenschaltung einer (bei gewissen Typen von Rechenmaschinen angewandten) Staffelwalze $S$ geschieht. Die Staffelwalze sitzt gemeinsam mit dem Stirnrad 1 fest auf der Welle der Kurbel $K$. Je nach der Stellung des auf der Nutenwelle $W$ verschiebbaren Stirnrades 2 wird eine volle Umdrehung der Kurbel $K$ eine mehr

---

[1] Die hier verwendete Regulierung hat den besonderen Vorteil, daß sie auch bei verschieden dicken Filmen ohneweiters den richtigen Weitertransport ergibt.

oder weniger große Drehung der Stirnräder 3 und 4 und damit auch der Spule $A$ erzeugen. Die von der Umdrehungszahl der Kurbel abhängige Stellung des Stirnrades 2 wird durch die vom Stirnrad 1 unter Vermittlung des Stirnrades 5 angetriebene Schraubenspindel $Sp$ bewirkt.[1] Nach Ablauf des Filmbandes befindet sich das Stirnrad 2 in der Stellung a; vor Einlegung eines neuen Filmstreifens ist das Rad durch Ausklinken der Transportmutter mittels des Hebels $H$ in die Anfangsstellung bei e zurückzubringen.

Zur Planlegung des Filmes sind im wesentlichen drei verschiedene Verfahren im Gebrauch. Abb. 143 zeigt eine pneumatische, nur für Handwechselkassetten bestimmte Einrichtung der Firma Carl Zeiss.[2] Der von der Vorratsspule $V$ zur Aufwickelspule $A$ mittels des oben angedeuteten Friktionsantriebes geführte Film $F$ wird an der (auch in der Ansicht von unten dargestellten) Planscheibe $P$ vorbeigezogen, die im Kassettengehäuse fest angebracht ist. Die

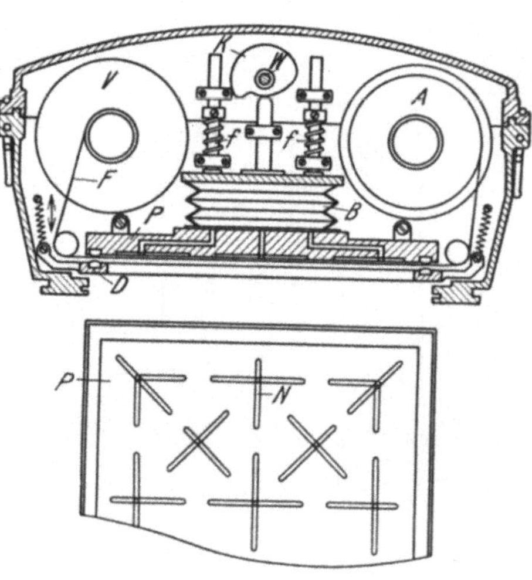

Abb. 143. Planlegung des Films durch Ansaugen
(Firma C. Zeiss, Jena)

Planscheibe trägt auf ihrer unteren Fläche eine Anzahl von Nuten $N$, die durch Kanäle mit einem vom Balgen $B$ gebildeten Raum in Verbindung stehen. Vor der Belichtung preßt eine auf der Welle $W$ sitzende, mit dem allgemeinen Antriebsmechanismus zwangläufig verbundene Kurvenscheibe $K$ die im Balgenraum enthaltene Luft durch die Kanäle nach außen. Da bei der Weiterdrehung der Kurvenscheibe der Deckel des Balgenraumes unter dem Einfluß der Federn $f$ in die Höhe schnellt, entsteht zwischen der Luft im Balgenraum und der Außenluft ein Druckunterschied, dem zufolge der Film von der Außenluft gegen die Planscheibe gepreßt wird.[3] Zur Erzielung einer völligen Abdichtung des Saugraumes wird der Film kurz vor der Ausdehnung des Balgenraumes durch eine das Bildfeld freilassende Druckplatte $D$ gegen die Ränder der Planplatte $P$ gedrückt. Der Mechanismus zur Betätigung dieser Druckplatte ist in Abb. 143 der Übersichtlichkeit wegen weggelassen. Bei Gebrauch ist sorgfältig darauf zu achten, daß die Einrichtung zur Verschlußauslösung langsam betätigt wird, da andernfalls die Ansaugevorrichtung nicht genug Zeit hat, um den Film noch vor der Belichtung an die Planplatte anzusaugen.[4] Die durch die Saugnuten verursachten Unebenheiten des Filmes können sich in manchen Fällen genauigkeitsmindernd bemerkbar machen.

Eine weitere, ebenfalls pneumatische Planlegungsvorrichtung, die bei den Zeissschen Reihenbildnern Verwendung findet, ist in Abb. 144 dargestellt. Hier erfolgt die Anpressung des Filmes gegen die Planplatte $P$ unmittelbar und zwar

---

[1] Für verschieden dicke Filme sind Schraubenspindeln von verschiedener Ganghöhe zu verwenden.

[2] D. R. P. Nr. 351 853.

[3] Eine Ansaugvorrichtung für Filme wurde auch der Eastman Kodak Co. patentiert (Amer. Pat. Nr. 1 536 335).

[4] Vgl. den bezüglichen Prospekt der Firma Carl Zeiss, Jena.

durch einen im Innern des Kammerkörpers $K$ erzeugten Staudruck. Voraussetzung für die Wirksamkeit desselben ist natürlich eine genügende Abdichtung der Führungsnuten $N$ der Kassette im Kammerkörper und ein entsprechender Abschluß des Kammerinnern durch die Planplatte $P$, die zu dem Zwecke kurz vor dem Einsetzen des Staudruckes den Film $F$ gegen den Bildfeldrahmen $B$ der Kassette preßt. Nach der Belichtung muß die Planplatte zurückgenommen werden, damit der Weitertransport des Filmbandes möglich wird. Für die mit dem Filmtransport und der Verschlußbetätigung natürlich zwangläufig zu kuppelnde Bewegung der Planplatte wird eine ähnliche Vorrichtung benutzt, wie sie in Abb. 145 dargestellt ist. Die Druckluft wird dem Kammerinnern durch ein Rohr $R$ zugeführt, das nach jeder Belichtung durch einen Schieber $S$ verschlossen wird. Selbstverständlich ist auch dieser Schieber in zwangläufige Verbindung mit dem hier schematisch durch die Kurbel $T$ dargestellten Antrieb zu bringen, etwa in der Weise, daß auf der Antriebswelle $W$ ein Hebel $H$ angebracht wird, der bei jeder Umdrehung der Welle $W$ den Schieber $S$ einmal öffnet. Der Staudruck selbst wird gemäß dem Patentanspruch[1] durch die Bewegung des Flugzeuges erzielt. Die Benutzung der Kammer auf festen oder zeitweilig ruhenden Standpunkten (Luftschiff) setzt also die Verwendung eines geeigneten Kompressors voraus.

Die wohl einfachste Methode zur Planlegung des zu belichtenden Filmabschnittes besteht darin, daß man (entsprechend dem der AEROTOPOGRAPH G. m. b. H. in Dresden patentierten Verfahren)

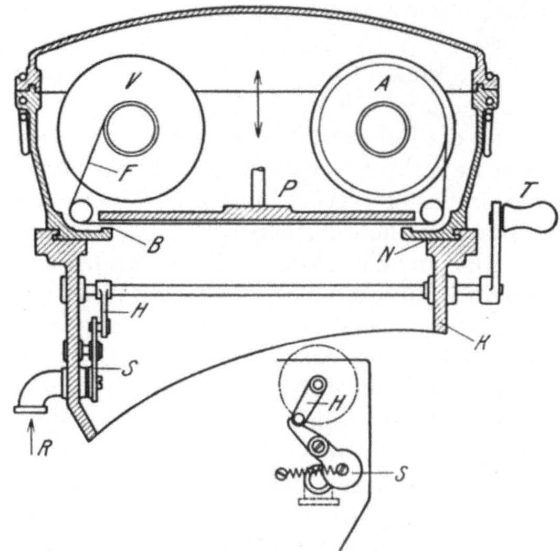

Abb. 144. Planlegung des Films durch Staudruck (Firma C. ZEISS, Jena)

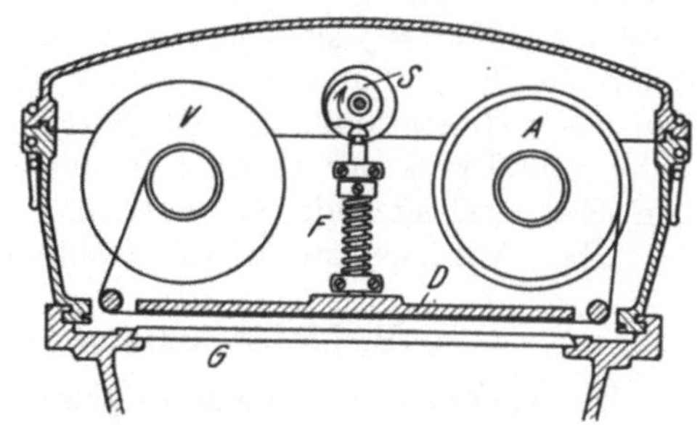

Abb. 145. Planlegung des Films durch mechanische Anpressung an eine Glasplatte (AEROTOPOGRAPH G. m. b. H. in Dresden)

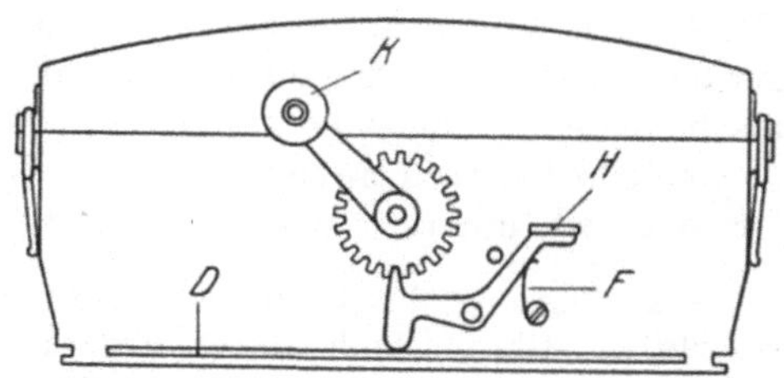

Abb. 146. Transportsicherung nach G. MÜLLER (AEROTOPOGRAPH G. m. b. H. in Dresden)

den Film während der Belichtung gegen eine in der Kammer selbst festangebrachte planparallele Glasscheibe $G$ (vgl. Abb. 145) drückt. Die Druckplatte

---

[1] D. R. P. Nr. 430 260.

$D$ wird dabei von einer mit der Transport- (Abb. 140 oder 142) und Verschluß-einrichtung (Abb. 132) zwangläufig gekuppelten Kurvenscheibe $S$ betätigt. In der gezeichneten Stellung dieser Scheibe hebt die Feder $F$ die Druck-scheibe $D$ von der Glasplatte $G$ ab und ermöglicht so den Weitertransport des Filmes.

Die Einrichtung ist infolge ihrer Einfachheit unter allen Umständen betriebs-sicher und gewährleistet ein stets exaktes Planliegen des Filmes. Daneben ge-stattet die fest am Kammerkörper angebrachte Glasplatte als Lagerfläche für den Film die Anbringung reeller Bildmarken unmittelbar in der Bildebene der Kammer und in fester Verbindung mit dieser, wodurch allein eine unmittelbare und exakte Bestimmung der Kammerkonstanten (vgl. S. 157 ff.) möglich wird.

Die **pneumatisch** plangelegten Filme lassen sich in den üblichen Bildträ-gern der Universal-Auswertegeräte nicht unmittelbar ausmessen, da hier die ent-sprechende pneumatische Einrichtung zur Planlegung fehlt. Es müssen also Diapositive der Aufnahmen auf Glasplatten hergestellt werden. Die sonst vorhandenen Möglichkeiten[1] zur unmittelbaren Verwertung so erhaltener Film-negative haben wohl nur theoretischen Wert; sie enthalten auf alle Fälle Fehler-quellen. Bei der **mechanischen** Planlegung der Filme ist deren unmittelbare und exakte Ausmessung ohne weiteres möglich, da hier die Bildträger notwendig mit einer Glasplatte auszurüsten sind, die der Glasplatte der Kammer entspricht.

Ebenso wie bei den Kammerverschlüssen (s. S. 114) sind auch an den Antriebs-organen der Kassetten **Sicherungseinrichtungen** zur Verhinderung von Fehlbelichtungen praktisch von großem Wert. Eine derartige Einrichtung nach G. Müller[2] (Kassetten der Aerotopograph G. m. b. H. in Dresden), zeigt die Abb. 146; sie verhindert eine Betätigung des Filmtransportes (und damit des Verschlußmechanismus) durch die Aufzugskurbel $K$ bei nicht auf-gezogenem Kassettendeckel $D$. Erst nach der Entfernung desselben gibt die unter dem Druck der Feder $F$ stehende Hebelklinke $H$ das an der Welle der Antriebskurbel sitzende Sperrad frei.

Über Antriebsmotoren für Wechselkassetten s. Reihenbildner (S. 151 ff.).

## B. Meßkammern für feste Aufstellung

**34. Kammern mit nicht neigbarer Bildebene.** Von den zahlreichen Kon-struktionen von Kammern mit fester Bildebene, die nach einem Vorschlag von R. Thiele[3] zweckmäßig als „Photogrammeter" bezeichnet werden, können hier neben einigen besonders originellen Konstruktionen, nur diejenigen ein-gehender erwähnt werden, die gegenwärtig in der Praxis Verwendung finden. Bei Aufnahmen auf Forschungsreisen und im Hochgebirge haben sich wegen ihres geringen Gewichtes die im Folgenden zuerst genannten drei Photogrammeter als besonders geeignet erwiesen.

a) **Photogrammeter nach R. Hugershoff.[4]** Das von G. Heyde in Dresden gebaute Instrument (Abb. 147) stellt eine feste Verbindung von Meß-

---

[1] Ausmessung durch eine zur Aufhebung der Verzeichnungsfehler linsenartig geschliffene Glasplatte hindurch oder durch eine planparallele Glasplatte in Ver-bindung mit einem entsprechend korrigierten Objektiv. Bei Verwendung einer Plan-parallelplatte allein, die bei größeren Bildformaten nicht unter 4 mm Dicke haben darf, erreichen die Verzeichnungsfehler den Wert von $35''$, der unter Umständen voll in die Parallaxe eingeht.

[2] D. R. P. Nr. 484873.

[3] R. Thiele, Phototopographie nach ihrem gegenwärtigen Stand. Moskau 1908/09 (in russischer Sprache).

[4] R. Hugershoff, Int. Arch. f. Photogramm. 4, 1914, S. 210.

kammer und Tachymetertheodolit dar. Das Plattenformat ist 9 : 12 cm; als Aufnahmeobjektiv wird ein mit Compurverschluß ausgerüstetes Tessar von 13,5 cm Brennweite mit einem Öffnungsverhältnis von 1 : 6,3 verwendet. Die für Einzelplatten bestimmten Metallkassetten werden durch einfaches Anlegen mit dem Kassettenrahmen (Abb. 123) verbunden; nach dem Aufziehen des Kassettendeckels wird die Platte durch einen Druck auf den Kassettenrand federnd gegen den Bildrahmen gepreßt und in dieser Stellung selbsttätig festgehalten. Nach erfolgter Belichtung wird durch Druck auf zwei seitlich angebrachte Knöpfe die Platte wieder zurückgebracht, so daß der Deckel wieder eingeschoben werden kann.

Das Objektiv läßt sich mittels Triebes um je 20 mm nach oben und unten verschieben; die Verschiebung kann an einer Millimeterteilung mit Nonius auf 0,02 mm abgelesen werden. Die vertikalen Bild-

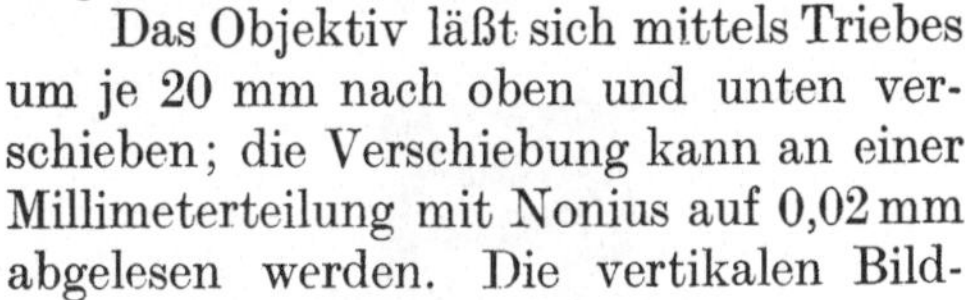

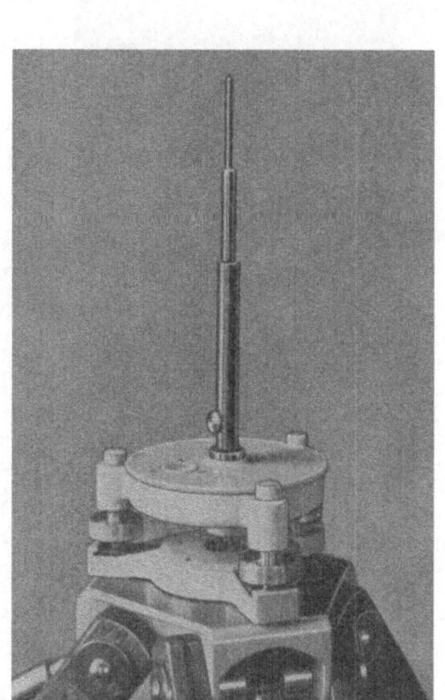

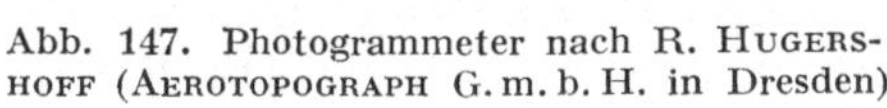

Abb. 147. Photogrammeter nach R. Hugershoff (Aerotopograph G. m. b. H. in Dresden)

Abb. 148. Zielmarke zum Photogrammeter nach R. Hugershoff

marken (Lochmarken) liegen in der Ebene des Bildrahmens und sind justierbar.[1] Die ebenfalls justierbaren horizontalen Bildmarken stehen in fester Verbindung mit dem verschiebbaren Objektiv, so daß sich die jeweilige Lage des Bildhorizonts auch automatisch auf das Meßbild überträgt. Zwei am Kammerkörper angebrachte Röhrenlibellen ermöglichen die Horizontierung der Kammerachse bzw. der Verbindungslinie der Horizontmarken. Die Stehachse der Kammer sitzt in der Büchse des gedrungenen Dreifußunterbaues und besitzt Klemme und Feinbewegung. Die Befestigung des Dreifußes auf dem Kopf des mit zusammenschiebbaren Beinen versehenen Stativs geschieht durch eine kurze Drehung einer federnden Platte.

---

[1] Die Berichtigung des Instruments wird eingehend dargestellt von H. Löschner, ZS. f. I. 48, 1928, S. 573.

Der auf der oberen Fläche des Kammerkörpers angebrachte Tachymetertheodolit hat ein mit Distanzfäden versehenes Fernrohr von 15facher Vergrößerung; das Fernrohr kann nach dem Ausheben aus den Kippachsenlagern durchgeschlagen und umgelegt werden. Horizontal- und Vertikalkreis geben mittels Nonien direkt Minuten. Zwischen den Lagerböcken des Fernrohres sitzt eine abnehmbare Röhrenbussole, mit deren Hilfe die Ablesungen des Horizontalkreises gegen den magnetischen Meridian orientiert werden können.

Zur Herstellung genau paralleler Aufnahmen von zwei Standpunkten aus (Normalstereogramme oder um 30⁰ verschwenkte Stereogramme) werden zwei auf den Basisendpunkten aufzustellende Stative gleichzeitig benutzt. Während z. B. das Photogrammeter auf dem linken Endpunkt steht, wird eine besondere mit dem gleichen Dreifuß ausgestattete Zielmarke (Abb. 148) auf dem Stativ des rechten Basisendpunktes aufgestellt und mittels des um 90⁰ (bzw. 60⁰ oder 120⁰) gegen die Richtung der Kammerachse verschwenkten Fernrohres eingestellt. Nach der Aufnahme werden bei unveränderter Stellung der Stative Aufnahmekammer und Zielmarke vertauscht, wobei die Stehachsen beider Instrumente wechselseitig genau in die gleiche Lage kommen. Hierauf erhält die Fernrohrziellinie eine Verschwenkung von 270⁰ (bzw. 240⁰ oder 300⁰) gegen die Kammerachse; in dieser Stellung wird die jetzt auf dem linken Basisendpunkt stehende Zielmarke durch Drehung der Kammer um ihre Stehachse erneut eingestellt und die zweite Aufnahme gemacht.

Zur Erzielung der notwendigen Genauigkeit der Parallelität der Aufnahmerichtungen (etwa $\pm 10''$) werden bei der linken Aufnahme die angegebenen Einstellungen nicht am Horizontalkreis, sondern dadurch vorgenommen, daß die Alhidade des Theodolits gegen feste, den angegebenen Richtungen entsprechende Anschläge gelegt wird. Auf dem rechten Standpunkt werden dieselben Anschläge benutzt; um hierbei den linken Standpunkt anzielen zu können, wird das Fernrohr durchgeschlagen und in seinen Lagern umgelegt. Das letztere ist notwendig, um den Einfluß eines etwaigen Zielachsenfehlers unschädlich zu machen, der jetzt nur eine im allgemeinen bedeutungslose Parallelverschwenkung der Aufnahmerichtungen erzeugt. Das Durchschlagen des Fernrohres allein würde den Zielachsenfehler in doppelter Größe als Konvergenz oder Divergenz der Aufnahmerichtungen wirksam werden lassen.

Das Photogrammeter selbst wiegt 4,0 kg; sein Gewicht einschließlich Transportkoffer und sechs gefüllten Kassetten beträgt 7,8 kg.

b) Photogrammeter nach Bridges-Lee. Das in den Werkstätten von C. F. Cassella in London hergestellte Instrument (Abb. 149) ist ebenfalls eine feste Kombination einer Kammer mit einem Tachymetertheodolit, mit dem Unterschied jedoch, daß hier die Zielebene des Fernrohres stets durch die optische Achse der Kammer geht, so daß zur Messung horizontaler Richtungen das Fernrohr mitsamt der Kammer zu verschwenken ist. Demgemäß erfolgen

Abb. 149. Photogrammeter nach Bridges-Lee

die Richtungsablesungen an einem am Dreifußunterbau fest angebrachten Teilkreis. Die geschilderte Anordnung läßt Aufnahmen mit genau parallelen Richtungen nicht zu.

Das Plattenformat der Kammer ist etwa 9 : 12 cm; das Objektiv hat eine Brennweite von 13 cm und ein Öffnungsverhältnis von 1 : 8. Als Verschluß wird der Objektivdeckel benutzt. Die Teilkreise geben Minuten direkt. Eine bemerkenswerte Sondereinrichtung dieses Photogrammeters ist eine im Innern des Kammergehäuses auf dessen unterer Fläche angebrachte Bussole, deren Magnetnadel einen zylindrischen, durchsichtigen Teilkreis trägt, der dicht vor der Bildebene schwingt. Infolgedessen wird die Teilung mitsamt dem Objekt auf dem Meßbild abgebildet, so daß sich (mit der Bildvertikalen als Index) das magnetische Azimut jeder Aufnahme auf dieser unmittelbar bis auf $0,1^0$ ablesen läßt.

Das Gewicht des Instruments mitsamt Transportkasten und Stativ beträgt 12,0 kg.

c) **Photogrammeter nach S. Finsterwalder.**[1] Das jetzt von C. Zeiss in Jena hergestellte ebenfalls mit vertikal verschiebbarem Objektiv versehene Instrument (Abb. 150) hat in seiner älteren Ausführungsform bei einer großen Anzahl von Hochgebirgsaufnahmen, insbesondere bei Gletscheraufnahmen, mit Erfolg Verwendung gefunden. Für die Aufnahmen werden Platten vom Format 13 : 18 cm benutzt, die nicht, wie heute allgemein üblich, in Kassetten, sondern einzeln in Säcken untergebracht sind. Vor der Belichtung wird ein gefüllter Sack am oberen Rand und ein leerer am unteren Rand der hinteren Kammerwand befestigt. Die zu belichtende Platte gleitet durch einen Schlitz im oberen Rand vor den Bildrahmen und wird gegen diesen gepreßt; die belichtete Platte fällt durch einen weiteren Schlitz im unteren Rand in den leeren Sack. Das Instrument gehört zu dem gleichen Typ wie das von Bridges-Lee: Der Horizontalkreis steht in fester Verbindung mit dem Dreifußuntergestell, die Kammerachse ist in der Zielebene des Fernrohres enthalten. Als solches dient hier (nach einer von L. P. Paganini[2] und A. Schell[3] angegebenen Konstruktion)

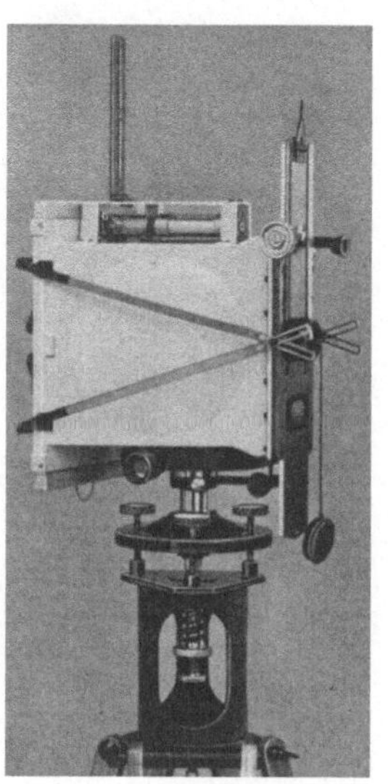

Abb. 150. Photogrammeter nach S. Finsterwalder der Fa. C. Zeiss, Jena

das Kammerobjektiv selbst, in Verbindung mit einer (zunächst in der Mitte des Kassettenrahmens angebrachten) Lupe, deren Bildebene mit der der Kammer zusammenfällt. Die Einstellung hoch oder tief gelegener Punkte geschieht durch Verschiebung des Kammerobjektivs; die entsprechenden Vertikalwinkel lassen sich aus der abzulesenden Verschiebung und der Bildweite der Kammer berechnen. Zur Vergrößerung des Meßbereiches dieses Ersatzfernrohres benutzt jetzt Finsterwalder die obere Stellung des Objektivs als Ausgangspunkt für die Messung der Tiefenwinkel und die untere als Ausgangspunkt für die Höhenwinkelmessung. Dementsprechend verwendet er auch zwei Okulare, wobei als Zielmarken die fadenkreuzartig ausgebildeten Vertikalmarken der Bildebene

---

[1] S. Finsterwalder, Die Photogrammetrie d. Hochgebirges für wissenschaftl. Zwecke. Vorträge, gehalten bei der 2. Hauptversamml. d. Int. Ges. f. Photogramm., Berlin 1927.

[2] E. Doležal, Die Anwendung d. Photographie in der Meßkunst, Halle a. S., 1896, und M. Weiss, Die geschichtl. Entwickl. d. Photogrammetrie. Stuttgart 1913.

[3] Fr. Schiffner, Die photogr. Meßkunst, Halle 1892.

dienen. Die optischen Achsen der Okularlupen müssen stets nach der Mitte des Objektivs gerichtet sein; die Okulare sind deshalb um horizontale Achsen kippbar und werden durch Hebel gesteuert, die sie mit dem Kammerobjektiv verbinden. Das letztere ist ein Orthoprotar von 16 cm Brennweite und einem Öffnungsverhältnis von 1:7,7. Als Verschluß dient der Objektivdeckel. Auch dieses Gerät besitzt keine Einrichtung zur Ausführung genau parallel gerichteter Stereoaufnahmen.

Das Gewicht der gesamten Ausrüstung beträgt einschließlich sechs Platten 10,1 kg.

d) **Photogrammeter nach E. Doležal.**[1] Bei Aufnahmegeräten für größere Plattenformate als 9 : 12 cm wird eine feste Verbindung der Kammer mit einem vollständigen Theodolit im allgemeinen zu unhandlichen und empfindlichen Konstruktionen führen. Deshalb hat E. Doležal schon 1896 vorgeschlagen, das Aufnahmegerät so zu bauen, daß die Kammer im Bedarfsfalle vom Unterbau abgenommen und durch ein Theodolitfernrohr mit Höhenkreis ersetzt werden kann. Die Verwirklichung dieses Gedankens zeigt Abb. 151. Der für das Plattenformat 13 : 18 cm gebaute Kammerkörper ist mit einem Objektiv (Orthoprotar 1 : 7, Brennweite 19 cm) versehen, das um $\pm$ 50 mm vertikal verschoben werden kann. Die Verschiebung kann mittels Nonius auf etwa 0,01 mm abgelesen werden; sie wird aber auch automatisch durch die gemeinsam mit dem Objektiv verschiebbaren Horizontmarken auf das Meßbild übertragen. Der Kammerkörper ruht auf drei Spreizen, die mit einer einfachen Klemmvorrichtung auf der Alhidade eines Horizontalkreises (mit Repetitionseinrichtung) befestigt werden können, den ein normaler Dreifußunterbau trägt. Auf dem Kammerkörper befindet sich außer einer Kastenbussole ein um etwa $\pm$ 10⁰ kippbares Orientierungsfernrohr, das in seinen Lagern umgelegt werden kann. Die Zielebene dieses Fernrohres enthält die Kammerachse; sie kann aber im Gegensatz zu den Konstruktionen von Bridges-Lee und Finsterwalder unter Benutzung eines festen Anschlages auch winkelrecht zur Kammerachse gestellt werden. Diese Verschwenkbarkeit des Fernrohres in Verbindung mit der Möglichkeit, dasselbe umzulegen, gestattet, wie erwähnt, die Herstellung exakter Normalstereogramme, zu deren Durchführung ein zweites Stativ und eine entsprechende Zielmarke benutzt wird. Für Panoramaaufnahmen, bei denen für eine bequeme Ausarbeitung die Einhaltung von bekannten und gleich großen Richtungsdifferenzen zwischen den Einzelaufnahmen praktisch erwünscht ist, wurde unterhalb des Horizontalkreises eine besondere „Panoramascheibe" angebracht, die in Abständen von genau 45⁰ zylindrische Bohrungen enthält, mit denen ein an der Alhidade befestigter Stahlbolzen nach Bedarf in Eingriff gebracht werden kann.

Zur Ausführung trigonometrischer oder tachymetrischer Messungen wird der Spreizenuntersatz der Kammer von der Horizontalkreis-Alhidade gelöst

Abb. 151. Photogrammeter nach E. Doležal der Fa. R. & A. Rost in Wien

---

[1] E. Doležal, Int. Arch. f. Photogramm. 6, 1919/23, S. 219.

und an Stelle der Kammer ein Theodolitoberbau (durchschlagbares Fernrohr mit Höhenkreis, Alhidadenlibelle und zwei Nonien) mit Hilfe eines genau identischen Spreizenuntersatzes gebracht.

e) **Photogrammeter von C. Zeiss-Jena.**[1] Bei diesem Gerät ist mit Rücksicht auf sein großes Gewicht (die Kammer allein wiegt ohne Stativ bereits 11,1 kg) unter allen modernen Aufnahmekammern die Trennung vom Theodolit am strengsten durchgeführt. Das für das Plattenformat 13 : 18 cm eingerichtete Photogrammmeter (Abb. 152) besitzt also auch keinen Horizontalkreis, der in vielen Fällen recht vorteilhaft ist. Die für den Anschluß der Standpunkte an übergeordnete Punkte notwendigen Messungen sind mit einem besonderen Theodolit auszuführen, der entweder auf einem eigenen Stativ benutzt wird oder nach dem Herausheben aus seinem Dreifußunterbau in den des Photogrammeters eingesetzt werden kann.

Die Vergrößerung des Aufnahmebereiches wird hier nicht durch eine Verschiebung des Objektivs, sondern durch Verwendung von drei ver-

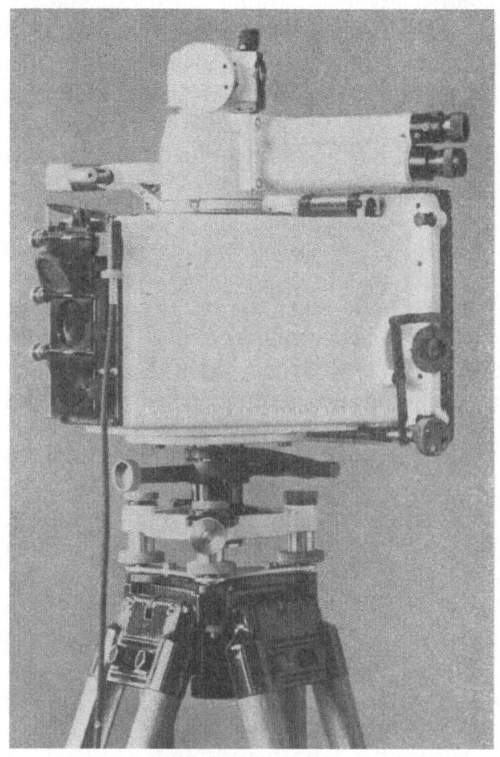

Abb. 152. Photogrammeter Modell C 3/b der Fa. C. Zeiss, Jena

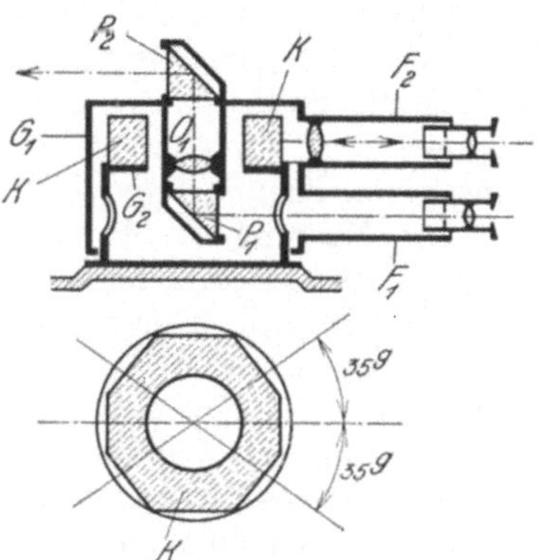

Abb. 153. Orientierungsaufsatz zum Zeissschen Photogrammeter

tikal übereinander fest angeordneten Objektiven (Orthoprotare, Brennweite 19 cm, Öffnungsverhältnis 1 : 25) erzielt. Als Verschluß dienen Klappdeckel, die durch einen Drahtauslöser betätigt werden. Jedem Objektiv sind feste Horizontmarken zugeordnet; durch eine sinnreiche Einrichtung ist dafür gesorgt, daß auf dem Meßbild sofort erkennbar ist, mit welchem der drei Objektive die Aufnahme gemacht wurde. Durch von außen einstellbare Nummern- bzw. Buchstabenscheiben kann auf jeder Aufnahme deren Nummer, Standpunkt (links oder rechts) und Art (normal, links oder rechts verschwenkt) angegeben werden.

Zur Herstellung genau achsparalleler Aufnahmen wird bei diesem Photogrammeter an Stelle der oben beschriebenen mechanischen Einrichtungen ein optisches Verfahren benutzt. Das zur Einstellung der benachbarten Station dienende Zielfernrohr $F_1$ (Abb. 153) — mit dem Prisma $P_1$ vor dem Objektiv $O_1$ und dem Prisma $P_2$ hinter demselben — ist an dem zylindrischen Gehäuse $G_1$

---

[1] F. Schneider, Bildmess. u. Luftbildwes. 2, 1927, S. 95.

befestigt. Das letztere und damit auch das Fernrohr $F_1$ kann um das auf der Kammer fest angebrachte Gehäuse $G_2$ verschwenkt und unter beliebigen Winkeln gegen die Kammerachse eingestellt werden. Zur Einstellung der für Normalstereogramme und verschwenkte Aufnahmepaare vorgeschriebenen Winkel auf dem ersten Standpunkt und insbesondere zur Einstellung der entsprechenden genau um $180^0$ verschiedenen Winkel auf dem Nachbarstandpunkt ist mit dem Fernrohr $F_1$ ein zweites Fernrohr $F_2$ achsparallel und starr verbunden. Weiter ist auf dem inneren festen Gehäuse $G_2$ ein prismatischer Körper $K$ angebracht, der mit acht vertikalen spiegelnden Flächen versehen ist (vgl. Grundriß in Abb. 153), wobei die sich gegenüberliegenden Flächen parallel sind. Die Spiegelnormalen zweier dieser Flächenpaare stehen winkelrecht zu einander; sie sind zugleich parallel bzw. winkelrecht zur Kammerachse. Die Normalen der beiden anderen Paare bilden mit der Normalen eines der ersten Paare je einen Winkel von $35^g$ (entsprechend $31{,}5^0$). Beleuchtet man nun in geeigneter Weise die Zielmarke im Fernrohr $F_2$, so werden die von ihr ausgehenden Lichtstrahlen das Objektiv als Parallelenbündel verlassen und, von der vor dem Objektiv liegenden Spiegelfläche reflektiert, wieder in das Fernrohr $F_2$ zurückkehren. Hier sieht man jetzt neben der Zielmarke ein Spiegelbild derselben. Werden durch entsprechende Drehung des Gehäuses $G_1$ Zielmarke und Spiegelbild zur Deckung gebracht, so hat die Zielachse von $F_2$ und damit auch die des Fernrohres $F_1$ die Richtung der Spiegelnormalen. Durch Wiederholung dieser „Autokollimation" an den verschiedenen angegebenen Spiegelflächen kann also dem Zielfernrohr $F_1$ die jeweils vorgeschriebene Stellung zur Kammerachse mit großer Genauigkeit gegeben werden. Die bei Stereoaufnahmen auf der Nachbarstation aufzustellende Zielmarke läßt sich wie die Kammer aus ihrem Dreifußunterbau herausheben; letzterer ist identisch mit dem der Kammer, so daß beim Austausch von Kammer und Zielmarke die Dreifüße auf ihren Stativen verbleiben.

Die Messung der Horizontalprojektion der Basis kann selbstverständlich direkt mittels Stahlbandes oder auf optischem Wege mit vertikaler oder horizontaler Distanzlatte geschehen. Zur Anwendung des letzteren Verfahrens werden dem Zeissschen Instrument zwei zerlegbare Latten von 1 m bzw. 3 m Länge beigegeben, die ebenfalls auf dem Universaldreifuß befestigt werden können. Die Messung des Winkels zwischen den Endpunkten der Latte[1] erfolgt mittels einer am Theodolit (nicht an der Kammer) angebrachten, in der praktischen Geodäsie allgemein bekannten Tangentenschraube;[2] die Berechnung der Basis $B$ geschieht nach der Formel

$$B = \frac{20\,000 \cdot l}{n}$$

worin $l$ die Länge der Basislatte und $n$ die Anzahl der Trommelintervalle der Tangentenschraube ist, um die letztere bei der Verschwenkung des Zielfernrohres vom linken zum rechten Basisendpunkt gedreht wurde. Vgl. auch S. 139.

Die gesamte Ausrüstung, in drei zweckmäßig angeordneten Tragkisten verpackt, wiegt, einschließlich 48 Platten in Holz-Einfachkassetten, 65,8 kg.

f) **Stationäre Photogrammeter von Carl Zeiss in Jena.**[3] Für die wiederholte Aufnahme veränderlicher Vorgänge oder bewegter Objekte (z. B. Wellen- und Wolkenaufnahmen, Festlegung der Bahnelemente von Geschossen oder Flugzeugen, vgl. S. 8) von einer starren Basis aus, deren Orientierung im Raum entweder nicht interessiert oder ein für allemal festgelegt wird, bedürfen die paarweise zu verwendenden Aufnahmegeräte selbstverständlich nur einer

---

[1] M. Böhler, Mitt. a. d. deutsch. Schutzgeb. 18, 1905, S. 1.

[2] Vgl. z. B. P. Werkmeister, ZS. f. Verm. 51, 1922, S. 321, 353.

[3] C. Pulfrich, ZS. f. I. 28, 1908, S. 72.

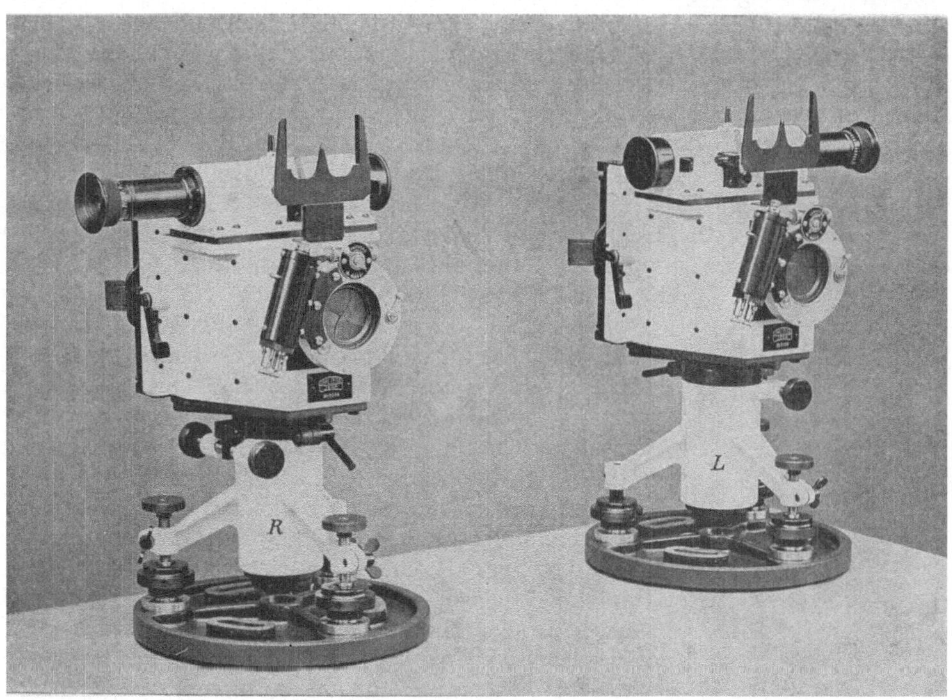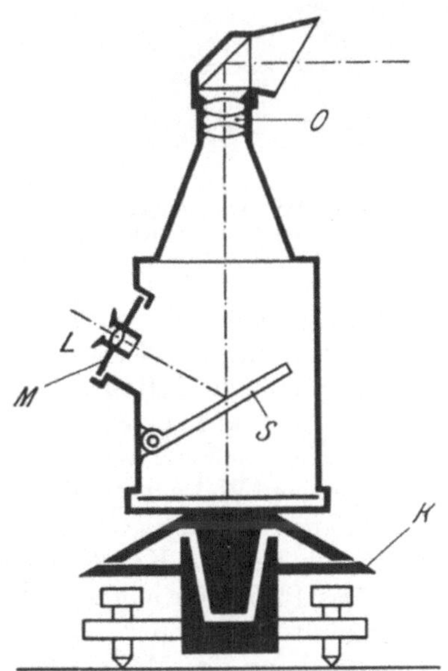


Abb. 154. Stationäre Photogrammeter von C. Zeiss in Jena

Einrichtung zur gegenseitigen Orientierung. Ein derartiges Kammerpaar, das besonders für Aufnahmen vom Schiff aus konstruiert wurde, ist in Abb. 154 dargestellt. Die starr mit dem Kammerkörper verbundenen Fernrohre dienen der gegenseitigen Anzielung und ermöglichen die Herstellung exakter Normalstereogramme. Die genau gleichzeitige Auslösung der beiden Momentverschlüsse erfolgt mit Hilfe von Elektromagneten. Das Plattenformat ist 9 : 12 cm, die Brennweite der Objektive beträgt 127 mm. Da letztere fest angeordnet sind, kommen nur Aufnahmen von Objekten in Frage, die sich innerhalb eines vertikalen Gesichtsfeldwinkels von etwa $\pm 17^0$ befinden.

g) **Stationäre Photogrammeter von C. P. Goerz, A.-G.**[1] Bei den Goerzschen Standphotogrammetern ist die Kammerachse vertikal gerichtet, die Aufnahmeplatten (vom Format 9 : 12 cm) liegen also horizontal. Für die Aufstellung der Kammern, die zunächst zur Festlegung von Geschoßbahnen nahe der Vertikalebene durch die Kammerachsen bestimmt waren, sich aber ebensogut zur Messung der Geschwindigkeit von

Abb. 155. Konstruktionsschema des Feldphotogrammeters von C. P. Goerz in Berlin

---

[1] E. Doležal, Int. Arch. f. Photogramm. 6, 1919/23, S. 274.

Wolken[1] und Flugzeugen eignen, sind Steinpfeiler vorgesehen. Die gegenseitige Orientierung erfolgt — abgesehen von der selbstverständlichen Horizontierung durch Libellen — wieder durch fest mit dem Kammerkörper verbundene Zielfernrohre, denen wechselseitig besondere Zielmarken an den Kammern entsprechen. Die Objektive (Dagor 1 : 6,8, Brennweite 300 mm) werden gleichzeitig auf elektrischem Wege ausgelöst; die Zeitpunkte der Aufnahmen können auf einem Chronographen registriert werden. Der Gesichtsfeldwinkel winkelrecht zur vertikalen Ebene durch die Kammerachsen beträgt etwa $\pm 8^0$. Bei Verwendung entsprechender Vorsatzprismen vor den Objektiven ließe sich die Ebene durch die äußeren Kammerachsen selbstverständlich auch horizontal legen.

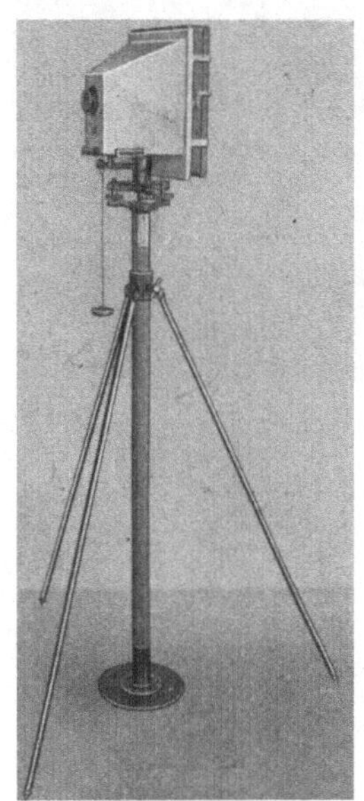

Abb. 156. Photogrammeter für Tatbestandsaufnahmen nach Fr. Eichberg

Die Firma Goerz hat auch ein Feldphotogrammeter mit horizontal[2] liegender Platte konstruiert (Abb. 155), das für militärische Zwecke insofern von Bedeutung ist, als die Aufnahmen aus einer Deckung heraus gemacht werden können. Zur Festlegung der Aufnahmerichtung dient ein am Dreifußunterbau befestigter Horizontalkreis $K$; als Zielfernrohr wird in schon beschriebener Weise das Objektiv $O$ der Kammer in Verbindung mit einer Lupe $L$ benutzt, deren Bildebene das von $O$ erzeugte Landschaftsbild durch den kippbaren Spiegel $S$ zugeführt wird. An Stelle der Lupe kann eine Mattscheibe $M$ eingesetzt werden, die als Bildsucher dient. Durch Vertikalstellen des Spiegels wird der Innenraum für die Aufnahme freigegeben.

Das Objektiv besitzt eine Brennweite von 60 cm und ein Öffnungsverhältnis von 1 : 20; das Plattenformat ist 9 : 12 cm.

h) Photogrammeter mit Meßgitter nach Fr. Eichberg.[3] Die von G. Heyde in Dresden gebaute Kammer (Abb. 156) ist ausschließlich für Einzelaufnahmen (insbesondere bei der polizeilichen Festlegung eines Tatbestandes) bestimmt, nach denen die Objektrekonstruktion mit Hilfe eines Meßgitters (Abb. 17, S. 16) vorgenommen wird. Entsprechend der hier vorauszusetzenden konstanten Höhe des Objektivs über der Grundrißebene ist das Instrument auf einem Stockstativ von unveränderlicher Länge befestigt. Ein Dreifußuntergestell in Verbindung mit zwei Röhrenlibellen dient zur Vertikalstellung der Bildebene, in der das auf eine planparallele Glasscheibe gravierte Meßgitter liegt. Gegen diese Scheibe wird die lichtempfindliche Schicht der Aufnahmeplatte in der gleichen Weise gepreßt, die bei dem Photogrammeter nach Hugershoff beschrieben wurde. Auf die durch die Planscheibe bedingten Verzeichnungsfehler ist bei der Konstruktion des Netzes Rücksicht genommen.

Das Plattenformat ist 18 : 24 cm; als Objektiv wird ein Protar von 18 cm Brennweite verwendet. Zur Herstellung gewöhnlicher Aufnahmen ganz naher Objekte kann das Meßgitter entfernt und das Objektiv in seiner Fassung ent-

---

[1] An dieser Stelle sei auch der „Wolkenautomat" nach Sprung erwähnt. Vgl. hierzu R. Süring, Veröff. d. Preuß. Meteorol. Inst. 7, 1922.

[2] Die horizontale Plattenlage wurde wohl zuerst bei dem photograph. Meßtisch von A. Chevalier angewandt; vgl. Fr. Schiffner, Die photogr. Meßkunst, Halle 1892.

[3] E. Doležal, Int. Arch. f. Photogramm. 5, 1916, S. 140.

sprechend verschoben werden. Die dem Meßgitter zugeordnete Bildweite ist durch einen besonderen Anschlag mit Feststelleinrichtung gekennzeichnet.

i) **Photogrammeter für Rollfilm nach R. PROHASKA.**[1] Das als „Kino-Phototheodolit" bezeichnete, von A. FROMME in Wien hergestellte Instrument (Abb. 157) gehört zu dem gleichen Typus wie die Konstruktion von BRIDGES-LEE, nur daß bei ihm das Objektiv (Brennweite 9 cm) um meßbare Beträge vertikal verschoben werden kann.

Im übrigen ist das Gerät besonders bemerkenswert als erste terrestrische Meßkammer für Aufnahmen auf plangelegtem Film bei zwangläufiger Kuppelung des Filmtransportes mit dem Spannungs- bzw. Auslösungsmechanismus des Verschlusses.[2] Die Antriebskurbel für den Weitertransport des Filmes bewirkt gleichzeitig eine Drehung der Kammer um ihre vertikale Achse und zwar ist die Einrichtung so getroffen, daß nach je 8° horizontaler Verschwenkung automatisch eine Belichtung erfolgt. Da der wagrechte Bildfeldwinkel der Kammer

Abb. 157. Photogrammeter mit Rollfilmkassette und zwangläufiger Verschlußbetätigung nach R. PROHASKA von A. FROMME in Wien

etwa 30° beträgt, so weisen die aufeinander folgenden Bilder eine (unnötig) reichliche Überdeckung auf, aus der sich eine Kontrolle für die Verschwenkung ergibt.[3] Die Glasplatte, gegen die der Film gepreßt wird, ist mit einem Netz wagrechter und senkrechter Geraden versehen; der Abstand der einzelnen Geraden ist konstant und beträgt 90 mm . tg 1°. Das für die unmittelbare Richtungsentnahme bestimmte Netz kann diesem Zweck also nur angenähert dienen.[4]

j) **Panoramakammer nach J. W. BAGLEY.**[5] Zur Aufnahme kontinuierlicher Panoramen (mit einem horizontalen Bildfeldwinkel von meist etwa 180°) auf eine zylindrische Fläche sind besondere Kammern

Abb. 158. Panoramakammer nach J. W. BAGLEY

[1] E. DOLEŽAL, Int. Arch. f. Photogramm. 5, 1916, S. 143.

[2] Ein ähnliches Photogrammeter benutzt neuerdings B. SPIEWECK für Start- und Landungsmessungen von Flugzeugen; vgl. S. 31, Fußnote 2.

[3] Vgl. z. B. S. FINSTERWALDER, Die geom. Grundlagen d. Photogrammetrie, 1897.

[4] Über exakte Winkelgitter vgl. S. 43.

[5] J. W. BAGLEY, The use of the panoramic camera in topographic surveying, Washington (U. S. Geological Survey) 1917.

konstruiert worden, von denen eine der ersten der Zylindrograph von
M. MOËSSARD[1] war. Eine umfassende praktische Anwendung hat wohl nur
die Panoramakammer von BAGLEY (Abb. 158) gefunden. Der etwa 12 cm
breite Film wird von der Vorratsspule zur Aufwickelspule hinter einer halb-
zylindrischen Glasfläche vorübergeführt, deren Halbmesser der Brennweite
(13,5 cm) des Aufnahmeobjektivs entspricht. Letzteres, ein Tessar mit
dem Öffnungsverhältnis 1 : 6,3, ist um eine durch den bildseitigen Hauptpunkt gehende vertikale Achse drehbar. Mit der Fassung des Objektivs ist
ein lichtdichter Schacht fest verbunden, der in einen etwa 1 cm breiten vertikalen Spalt unmittelbar vor der Glasfläche endigt. Die Belichtung erfolgt
durch entsprechend rasche Vorüberführung des Spaltes vor dem Film, zu
welchem Zweck ein regulierbarer Federantrieb unmittelbar auf die Drehachse

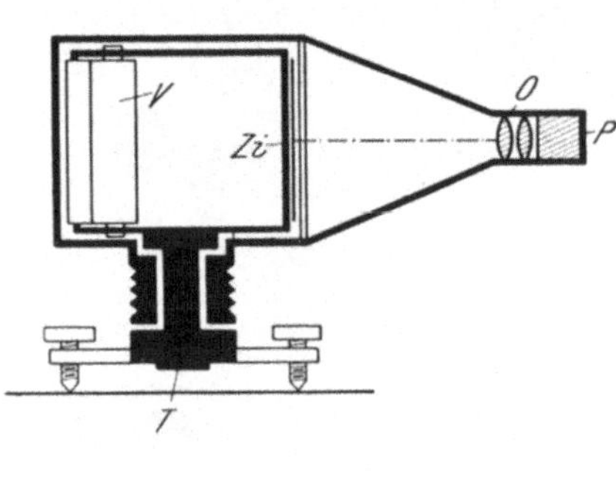

des Objektivs wirkt. BAGLEY hat zu dieser
Kammer eine Vorrichtung, die „Photo-
Alhidade" konstruiert, mit der man den
plangelegten Papierabzügen der zylindrischen
Aufnahmen (unter Berücksichtigung des Pa-
piereinganges) unmittelbar horizontale Richtungswinkel entnehmen kann.

Zur Aufnahme von Panoramen mit
einem horizontalen Bildfeldwinkel von fast
360° hat A. PELLETAN (Firma MAILHAT in
Paris) eine Kammer[2] konstruiert (Abb. 159),
bei der der Film nicht durch einen Glas-
zylinder hindurch, sondern unmittelbar be-
lichtet wird. Der Film wird zu dem Zwecke
über die äußere Fläche eines metallischen
vertikalen Kreiszylinders $Z_i$ geführt, in dessen
Innerem die Vorratsspule $V$ und die Aufwickelspule $A$ untergebracht sind. Der Zylinder $Z_i$ ist durch eine vertikale Achse $T$
fest mit dem Dreifußunterbau verbunden.
Ein weiterer Zylinder $Z_a$ läßt sich um
die Achse $T$ drehen und schließt den

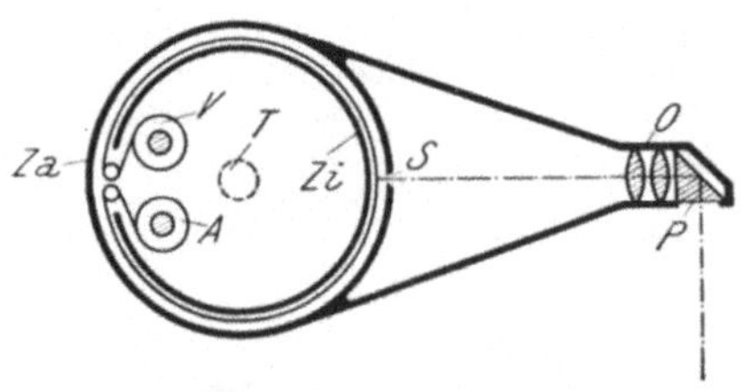

Abb. 159. Schema der Panoramakammer
nach A. PELLETAN

Zylinder $Z_i$ lichtdicht bis auf einen schmalen vertikalen Spalt $S$ ab, dem
gegenüber das Objektiv $O$ mit dem vorgeschalteten Prisma $P$ angeordnet ist.
Die Belichtung erfolgt auch hier während der Drehung des Objektivs durch
den Spalt $S$ hindurch. Als Antriebskraft hat PELLETAN ein sinkendes Gewicht
vorgeschlagen, dessen Fallgeschwindigkeit durch eine hydraulische Bremsung
in eine gleichförmige Geschwindigkeit umgeformt wird. Zu der Kammer gehört
ein besonderes Auftragegerät, das die Rekonstruktion des Grundrisses eines
auf zwei so gewonnenen Panoramen dargestellten Objekts ermöglicht.

**35. Kammern mit neigbarer Bildebene.** Die Kammern mit neigbarer Bildebene,[3] die nach R. THIELE (vgl. S. 126) zweckmäßig als „Phototheodolite"
zu bezeichnen sind, haben seit der Konstruktion von Universal-Auswertegeräten
(Autokartograph, Stereoplanigraph, Aerokartograph und mit gewissen Ein-

---

[1] FR. STEINER, Die Phototopographie im Dienste d. Ingenieurs, Wien 1893. Eine
Abbildung dieses Geräts bringt u. a. M. WEISS, Gesch. Entwicklung usw. Stuttgart 1913.

[2] E. DOLEŽAL, Int. Arch. f. Photogramm. 5, 1915, S. 52.

[3] Das erste Gerät dieser Art wurde 1884 von L. P. PAGANINI konstruiert. Vgl.
FR. SCHIFFNER, Die phot. Meßkunst, Halle 1892.

schränkungen auch Autograph) außerordentlich an Bedeutung gewonnen: Die für Aufnahmen mit horizontalen und besonders parallelen Achsen häufig sehr langwierigen Erkundungsarbeiten werden bei Verwendung von Phototheodoliten verkürzt und vereinfacht; der Nutzungsraum eines Aufnahmepaares wird meist wesentlich vergrößert und damit die Wirtschaftlichkeit des Verfahrens gesteigert.

a) Phototheodolit nach C. KOPPE.[1] Das 1888 von RANDHAGEN in Hannover (später von O. GÜNTHER in Braunschweig) gebaute Instrument ist im wesentlichen ein Theodolit mit exzentrischem Fernrohr, dessen Kippachse die Form einer konischen Büchse hat, die den entsprechend ausgebildeten Körper der Kammer aufnimmt (Abb. 160). Soll der Theodolit nur etwa zu Anschlußmessungen benutzt werden, so läßt sich die Kammer leicht aus ihrer Lagerbüchse entfernen. Die hier erstmalig angewandte Art der Zerlegung eines Phototheodolits ist sehr zweckmäßig: Der Phototheodolit besitzt alle Einrichtungen zur unmittelbaren und selbständigen Orientierung der einzelnen Aufnahmen; nach Entfernung der Kammer ergibt sich ein verhältnismäßig leichtes Winkelmeßgerät, so daß die besondere Mitnahme eines solchen erspart wird.

Die KOPPEsche Konstruktion ist vor allem bekannt geworden durch eine Sondereinrichtung, die ihr

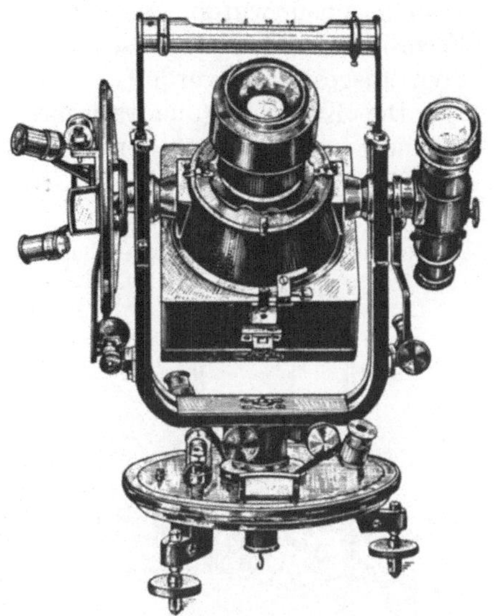

Abb. 160. Phototheodolit nach C. KOPPE von O. GÜNTHER in Braunschweig

Abb. 161. Phototheodolit von BREITHAUPT & SOHN in Kassel

---

[1] C. KOPPE, Die Photogrammetrie oder Bildmeßkunst, Weimar 1889.

1895 gegeben wurde[1] und durch die sie (mittels eines besonderen zentrischen Fernrohres und eines besonderen Kammerhalters) zu einem Bildmeßtheodoliten ausgestaltet wurde.[2]

Die Kammer (quadratisches Plattenformat, 12 : 12 cm) ist mit einem Collinear von Voigtländer & Sohn A.-G. in Braunschweig ausgerüstet, $f = 15$ cm, Öffnungsverhältnis 1 : 6,3. Die Ablesung des Vertikalkreises erfolgt mittels Nonien, die Ablesung des Horizontalkreises ebenso; bei einem späteren Modell erfolgt die Ablesung mittels Schraubenmikroskopen.

b) Phototheodolit von Breithaupt & Sohn in Kassel.[3] Das Instrument gehört zu dem von Koppe eingeführten Typus; es besteht also aus einer Kammer und einem von dieser leicht trennbaren Theodolit mit exzentrischem Fernrohr. Zur Erzielung eines niedrigen Aufbaues wird hier die Kammer oberhalb der Fernrohrkippachse angebracht und mit ihr durch eine einfache Klemmvorrichtung verbunden (Abb. 161). Das Objektiv (wie bei dem Koppeschen Instrument ein Collinear von Voigtländer & Sohn A.-G., mit der Brennweite 15 cm und einer relativen Öffnung von 1 : 5,4) kann hier, ähnlich wie bei den älteren Phototheodoliten von V. Pollack und A. Schell,[4] um je 20 mm nach oben und unten vertikal verschoben werden. Das Plattenformat ist 9 : 12 cm; das Gewicht der gesamten Ausrüstung einschließlich Transportkoffer und Stativ beträgt 28,3 kg.

Abb. 162. Phototheodolit nach R. Hugershoff

c) Phototheodolit nach R. Hugershoff.[5] Den beschriebenen Phototheodoliten fehlt eine Einrichtung zur Herstellung exakter Normalstereogramme. Eine solche ist erstmalig angewandt worden an dem von G. Heyde in Dresden gebauten Phototheodolit; sie besteht (Abb. 162) aus einem fest am Unterbau angebrachten, parallel zur Kippachse der Kammer gelagerten Zielfernrohr. Vor dem Fernrohrobjektiv ist ein um eine wagrechte Achse neigbares Spiegelprisma angeordnet, das die Einstellung des anderen Basisendpunktes bei beliebigem Höhenunterschied der Standpunkte gestattet.[6] Die Zielebene dieses

----

[1] C. Koppe, Photogrammetrie u. internationale Wolkenmessung, Braunschweig 1896.

[2] Vgl. hierzu S. 3 und S. 44.

[3] E. Doležal, Int. Arch. f. Photogramm. 3, 1912, S. 62.

[4] E. Doležal, Die Anwendung d. Photographie usw., Halle a. S. 1896.

[5] E. Doležal, Int. Arch. f. Photogramm. 6, 1919/1923, S. 286.

[6] Auf dem zweiten Standpunkt ist die Kammer durchzuschlagen; die auf dem Meßbild sichtbare Standpunktsbezeichnung stellt sich dabei automatisch ein.

Fernrohres steht winkelrecht zur Kippebene der optischen Achse der Kammer. Diese ist auf jeden beliebigen Neigungswinkel von — 40⁰ bis + 90⁰ einstellbar, der an einem mit der Kippachse verbundenen Höhenkreis mittels Nonien auf 30″ abgelesen werden kann; für exakt horizontale bzw. vertikale Aufnahmen sind besondere und empfindliche Libellen vorgesehen. Der große Aufnahmebereich in der Vertikalebene macht den Phototheodolit nicht nur für Phototopographie und für Architekturaufnahmen, sondern auch für geographische Ortsbestimmungen,[1] für ballistische und endlich für meteorologische Zwecke (Wolkenaufnahmen) brauchbar. Für die letzterwähnten beiden Aufgaben sind in der Regel zwei dieser Phototheodolite in symmetrischer Bauart und mit synchroner elektrischer Verschlußauslösung zu benutzen.

Ein auf den Bildrahmen mittels Prisonstiften aufsetzbares Okular (Abb. 163) mit Zielmarke ergibt in Verbindung mit dem Kammerobjektiv ein Fernrohr (vgl. S. 129), mit dem die Vertikal- und Horizontalwinkel (letztere mittels Skalenmikroskopes auf 6″) nach beliebigen Geländepunkten gemessen werden können. Die Feinstellschraube für die Horizontalbewegung kann auf Wunsch als Meßschraube (Abb. 164) ausgebildet werden, die in Verbindung mit einer zerlegbaren wagrechten Distanzlatte (Abb. 165) zur Basismessung dient (vgl. S. 132). Eine volle Umdrehung der Schraube entspricht einem Winkel, dessen Tangente 1 : 200 ist. Die für das Plattenformat 13 : 18 cm eingerichtete und im allgemeinen mit einem Tessar ($f = 18$ cm, Lichtstärke 1 : 6,3) und mit Zentralverschluß versehene Kammer wiegt komplett zirka 12,5 kg. Die gesamte Ausrüstung, einschließlich zwei Stativen, Zielscheibe, Basismeßlatte, sechs Doppelkassetten mit zwölf Platten und Transportkoffer hat ein Gewicht von zirka 39,5 kg.

Abb. 163. Phototheodolit nach R. Hugershoff mit aufgesetzter Zieleinrichtung, Rückansicht

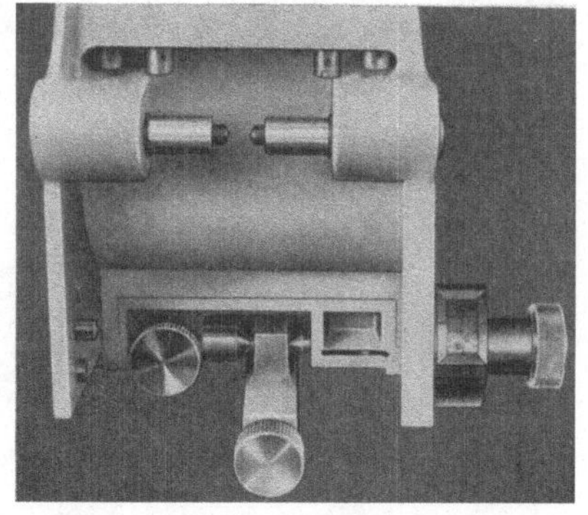

Abb. 164. Horizontal wirkende Feinstellschraube als Meßschraube

---

[1] Über Einzelheiten der diesbezüglichen auf S. 34 und S. 35 dargestellten Rekonstruktionsverfahren, vgl. auch H. Sarnetzky, Grundzüge der Luft und Erdbildmessung, Berlin 1928, S. 192 ff.

d) Phototheodolit nach H. WILD in Heerbrugg.[1] Auch bei diesem Gerät läßt sich, dem KOPPEschen Vorschlag entsprechend, die Kammer vom eigentlichen Theodolit trennen. Die Kippachse des letzteren ist aber hier nicht identisch mit der der Kammer; der auf dem Kammerträger (Abb. 166) aufgesetzte Theodolit ist, ähnlich wie bei dem Photogrammeter nach HUGERSHOFF, unabhängig von der Kammer und kann infolgedessen zur Herstellung exakter Normalstereogramme benutzt werden. Hier ist allerdings eine genaue Justierung des Theodolits vorauszusetzen, da dessen Fernrohr nicht umlegbar ist und weder mechanische (vgl. die Photogrammeter nach HUGERSHOFF und DOLEŽAL) noch optische Anschläge (vgl. das Photogrammeter von C. ZEISS) vorgesehen sind. Der Kippungsbereich der Kammer ist wesentlich geringer als an anderen Phototheodoliten; es sind nur feste, genau angebbare Kippungsbeträge möglich ($+ 12^g$, $+ 6^g$, $\pm 0^g$, $- 6^g$, $- 12^g$, $- 18^g$), die durch Rasten in einem beweglichen Halter vorgeschrieben sind.

Das Instrument ist im Gegensatz zu anderen Konstruktionen, die von den modernen Leichtmetall-Legierungen Gebrauch machen, aus Stahl hergestellt. Es ist für das Plattenformat 10 : 15 cm eingerichtet und benutzt ein von H. WILD selbst errechnetes Objektiv, über das in der wissenschaftlichen Literatur noch nichts bekannt wurde. Seine normale Brennweite ist 15,5 cm; es wird aber auch in einem entsprechenden Kammergehäuse mit einer Brennweite von 24,0 cm geliefert. Der komplette Phototheodolit wiegt (ohne Stativ) zirka 12 kg, die gesamte

Abb. 166. Phototheodolit nach H. WILD

Abb. 165. Basislatte zum Phototheodolit nach R. HUGERSHOFF

_______________
[1] Bildmess. u. Luftbildwes. 1, 1926, S. 35.

Ausrüstung (einschließlich zwei Stativen, Zielvorrichtung, Distanzlatte und zwölf gefüllten Einzelkassetten) etwa 51 kg.

Bei den bisher beschriebenen Aufnahmegeräten wurde eine (gewisse) Konstanz der Bildweite durch Andrücken des Emulsionsträgers an einen mit dem Objektiv starr verbundenen Bildrahmen erzielt. Ein anderes Verfahren benutzt H. Hohenner bei dem von ihm angegebenen Phototheodoliten (Int. Arch. f. Photogramm. 5, 1917, S. 228). Hier wird die federnd in der Kassette liegende Platte durch drei in der Kammer angebrachte, von außen bediente Exzenterhebel in die Kassette zurückgedrückt und auf diese Weise in einen bestimmten Abstand vom hinteren Hauptpunkt des Kammerobjektivs gebracht. Die Kammer besitzt im übrigen ein vertikal verschiebbares Objektiv und ein festes, für die Herstellung von Normalstereogrammen bestimmtes Zielfernrohr. Für die Ausführung beliebiger Richtungsmessungen ist die Kammer aus ihren Kippachsenlagern zu entfernen und durch ein zentrisches Fernrohr mit Höhenkreis zu ersetzen. Das Bildformat ist 9 : 12 cm, die Brennweite des Objektivs (Lineoplast 1 : 12,5 von Staeble in München) beträgt 13 cm. Das komplette Instrument wiegt ohne Stativ in Verpackung 19,3 kg.

e) Phototheodolit für ballistische Aufgaben nach H. Rumpff in Bonn. Von den für ballistische Photogrammetrie angegebenen speziellen Aufnahmegeräten[1] sei hier der Phototheodolit nach H. Rumpff erwähnt. Das in Abb. 167 schematisch dargestellte Gerät dient vor allem der Untersuchung der Geschoßbahn in der Nähe der Rohrmündung. Die Aufnahmen erfolgen mittels des Objektivs $O$ durch einen Spalt $S$ hindurch. Dieser Spalt befindet sich in der Deckelfläche eines zylindrischen Gehäuses $Z$, dessen Achse wagrecht liegt.

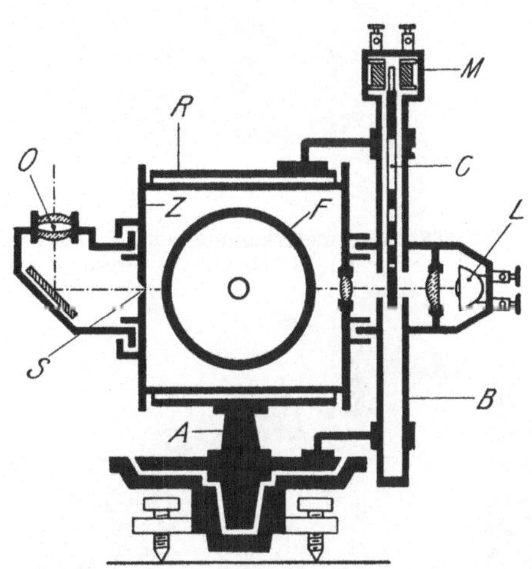

Abb. 167. Konstruktionsschema des ballistischen Phototheodolits nach H. Rumpff

Das Gehäuse selbst liegt in einem ringförmigen Rahmen $R$ und kann so gedreht werden, daß der Spalt der Geschoßbahn bzw. der Rohrachse parallel ist. Die Aufnahmen werden auf einem Filmstreifen gemacht, der auf der Trommel $F$ liegt, die um eine im Gehäuse $Z$ fest gelagerte, von einem besonderen Motor angetriebene Achse gedreht wird. Der erwähnte ringförmige Rahmen $R$ ist ein Bestandteil der Stehachse $A$ des Instruments, die in der Büchse eines Dreifußunterbaues ruht. Mit der Stehachse ist fest verbunden ein vertikales Rohr $B$, das einen fallenden Stab $C$ aufnimmt, der vor Beginn der Aufnahme durch den Elektromagneten $M$ festgehalten wird. Der Stab zeigt Durchbrechungen, die in Intervallen und Größen aufeinander folgen, die den Fallzeiten entsprechen. Diese Unterbrechungen werden durch eine Lichtquelle $L$ unter Vermittlung geeigneter Linsen beim Vorübergleiten des fallenden Stabes auf die dem Spaltbild gegenüber liegende Stelle des Filmes abgebildet, so daß die Zeitdifferenzen zwischen den einzelnen Spaltaufnahmen sehr genau feststellbar sind.[2]

---

[1] Vgl. auch die auf S. 105 erwähnten Konstruktionen der Askania-Werke A.-G. bzw. von P. Raethjen.

[2] H. Rumpff, Die wissenschaftl. Phot. als experim. Grundlage des Geschützbaues, Bonn 1920. Derselbe, Theorie d. photogramm. Geschwindigkeitsmessung. Bonn 1923. Weitere Literatur s. S. 8.

**36. Stereometrische Doppelkammern.** Zur Festlegung der Formen und Ausmaße komplizierter und insbesondere auch beweglicher Objekte auf kurze Entfernungen können außer den auf S. 32 erwähnten Spiegelaufnahmen auch Aufnahmen mittels zweier achsenparalleler Kammern von den Enden einer festen Basis aus benutzt werden.

a) **Stereometerkammer n. J. Pantoflíček.** Bei dieser von G. Heyde in Dresden gebauten Doppelkammer (Abb. 168) werden die beiden Aufnahmen auf eine Platte vom Format 18 : 21 cm gemacht. Der Abstand der gleichen Objektive (Anastigmate 1 : 6,8, $f = 15$ cm) beträgt 100 mm. Die Verschlüsse werden gemeinsam gespannt und ausgelöst. Zur Aufnahme auch ganz naher Objekte kann die Bildweite von 15 cm bis auf 19 cm durch Verschiebung des Objektivträgers gegen den mit ihm durch einen Balgen verbundenen Anlegerahmen vergrößert werden. Die Bildweitenänderung erfolgt durch einen im Bilde links sichtbaren Triebknopf, der gleichzeitig einen unmittelbar vor der Bildebene befindlichen Zeiger verschiebt. Die Stellung des Zeigerbildes gegen eine benachbarte feste Bildmarke entspricht genau der Differenz der jeweiligen Bildweite gegen die Brennweite der Objektive. Über die Verwendbarkeit derartiger Doppelaufnahmen z. B. für anthropologische, biologische und medizinische Zwecke haben C. Pulfrich[1] und H. Matiegka und J. Pantoflíček[2] ausführlich berichtet.

b) **Stereometerkammer von Carl Zeiss in Jena.**[3] Das in Abb. 169 wiedergegebene, für die gleichen Aufgaben bestimmte, ausgezeichnet durchkonstruierte Instrument ist für das gebräuchliche Plattenformat 13 : 18 cm eingerichtet. Die Brennweite der Objektive (Tessare) beträgt ebenfalls 15 cm. Die Basis ist hier

Abb. 168. Stereometerkammer nach J. Pantoflíček der Fa. G. Heyde in Dresden

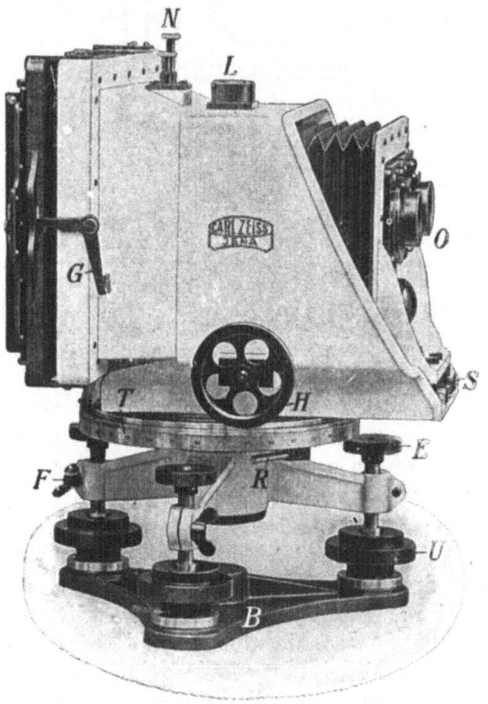



Abb. 169. Stereometerkammer der Fa. Carl Zeiss in Jena

[1] C. Pulfrich, Arch. f. Opt. 1, 1907, S. 42.
[2] H. Matiegka und J. Pantoflíček, Int. Arch. f. Photogramm 4, 1913, S. 28.
[3] C. Pulfrich, Arch. f. Opt. 1, 1907, S. 42.

70 mm. Zur unmittelbaren Ausmessung der im Interesse einer Genauigkeitssteigerung unzerschnittenen Originalaufnahmen ist für diese Doppelkammer nach Angaben von C. Pulfrich ein besonderer Stereokomparator (das Stereometer) gebaut worden, bei dem die Abstandsmessungen (vgl. S. 55) durch mikrometrische Verschiebung der Mikroskopobjektive geschieht.

c) Stereometerkammer nach R. Hugershoff. Die Doppelkammer (Abb. 170) ist für Modellaufnahmen von Objekten in mittleren Entfernungen, insbesondere zu kriminalpolizeilichen Tatbestandsaufnahmen, Formuntersuchungen an stehenden Bäumen, fluß- und schiffbautechnischen Studien usw. bestimmt. Die starre[1] Basis ist dementsprechend wesentlich größer (100 cm), als bei den eben beschriebenen Instrumenten; sie gestattet aber immerhin noch einen bequemen Transport des Gerätes.[2] Die Kammergehäuse zeigen die gleiche Ausführung wie das Gehäuse des auf S. 127 beschriebenen Photogrammeters: Verschiebbare Objektive (im allgemeinen Tessare 1 : 4,5, f = 13,5 cm) mit selbsttätiger photographischer Festlegung der Objektivstellung, Format $9 \times 12$ cm und Anlegekassetten. Die gemeinsame Spannung der beiden Zentralverschlüsse

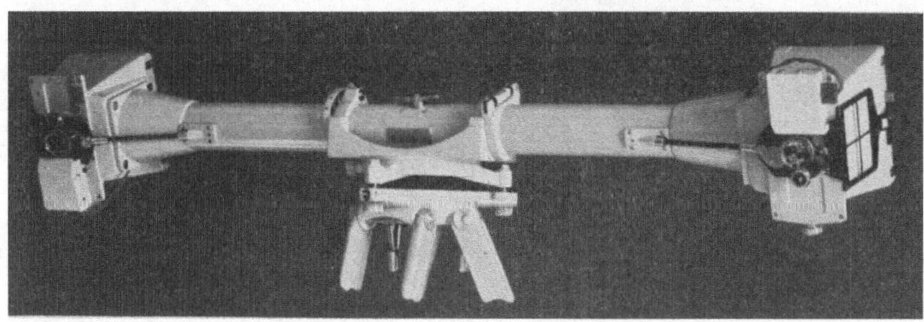

Abb. 170. Stereometerkammer nach R. Hugershoff (Aerotopograph G. m. b. H. in Dresden)

geschieht mechanisch; ihre gleichzeitige Auslösung kann sowohl auf mechanischem als auch auf elektrischem Wege vorgenommen werden. Das Basisrohr wird im allgemeinen mittels eines Dreifußunterbaues auf einem Stativ befestigt; die Basis kann um eine vertikale Achse beliebig und meßbar verschwenkt und mit Hilfe einer Bussole orientiert werden. Es lassen sich sowohl wagrechte als auch geneigte Aufnahmen vornehmen, letztere durch Drehung des Basisrohres um seine mechanische Achse. Die Grenzen der Kippung sind $+ 45^0$ und $- 30^0$; für die Einstellung der Kippungswinkel sind von $5^0$ zu $5^0$ besondere Rasten vorgesehen.

Das Gerät wiegt einschließlich Transportkoffer und Stativ 21 kg.

## C. Meßkammern für bewegliche Aufstellung

**37. Einfache Kammern mit Handbetätigung.** a) Meßkammer nach R. Hugershoff.[3] Die Kammer (Abb. 171) ist für das Bildformat 13 : 18 cm eingerichtet; sie wird sowohl für eine Bildweite von 18 cm als auch für eine

---

[1] Eine Doppelkammer mit veränderlicher Basis (50, 37½ und 25 cm) und veränderlicher Bildweite wurde nach Angaben von W. Selke von Carl Zeiss gebaut. Vgl. O. Lacmann, Zentralbl. d. Bauverwalt., 1919, Nr. 63ff.

[2] Für Wellenaufnahmen auf größere Entfernungen wurde nach Angaben von A. Schumacher von Carl Zeiss in Jena eine Spezialkammer mit 6 m langer Basis gebaut. Vgl. Annal. d. Hydrogr. 54, 1926, und H. Weidinger, Mitt. a. d. Arbeitsgeb. d. Photogrammetrie G. m. b. H., München, 3, 1927, Nr. 7, 8.

[3] E. Doležal, Int. Arch. f. Photogramm. 6, 1919/23, S. 283.

solche von 21 cm gebaut. Als Objektiv wird im allgemeinen ein Tessar 1 : 4,5 benutzt. Der Compurverschluß mit der maximalen Geschwindigkeit $^1/_{200}$ Sekunde wird durch einen von der rechten Hand betätigten Hebel gespannt (S. 114); die Auslösung erfolgt nach dem Loslassen des Hebels, wodurch das sonst leicht mögliche „Verwackeln" der Aufnahme verhindert wird. Der Hebel geht nur dann zurück, wenn der Verschluß

Abb. 171. Standmeßkammer nach R. HUGERSHOFF mit Filmwechselkassette (AEROTOPOGRAPH G. m. b. H. in Dresden)

Abb. 172. Freihändiger Gebrauch
d. i. Abb. 171 dargestellten Kammer

wirklich gespannt wurde. Eine weitere Sicherungseinrichtung gegen Fehlbelichtungen (S. 114) sperrt die Verschlußspannung, wenn das Anpressen der Kassette gegen den Bildrahmen vergessen wurde. Auf dem Kammerkörper befindet sich ein aufklappbarer Rahmensucher und neben demselben eine auf verschiedene Neigungswinkel einstellbare und in einem Spiegel zu beobachtende Dosenlibelle, die es gestattet, der Aufnahme bei möglichst geringer Verkantung eine angenähert vorgeschriebene Neigung zu geben.

Abb. 173. Aufhängevorrichtung für Schrägaufnahmen zu der in Abb. 171 dargestellten Meßkammer

Die Kammer kann sowohl mit Glasplatten als mit Film benutzt werden. Sie ist zu dem Zwecke mit einer in der Bildebene fest angebrachten planparallelen Glasplatte (S. 125) versehen, auf der nicht nur die vier Bildmarken, sondern auch der Rahmenhauptpunkt (kleine Kreise mit Punkt) eingeätzt sind. Die vier Bildmarken haben die auf S. 104 als zweckmäßig angegebene Lage. Beim Gebrauch von Glasplatten als Emulsionsträger wird eine Wechselkassette (S. 120) für sechs Platten benutzt, bei der nicht nur das Gehäuse, sondern auch die Verschlußschieber aus Metall hergestellt sind. Die Filmkassette, deren Konstruktion auf S. 122 bzw. S. 125 beschrieben wurde, ist für 50 Aufnahmen eingerichtet. Sie gewährleistet einen völlig zwangläufigen Filmtransport und ein absolutes

Planliegen des Filmes auf mechanischem Wege. Für den freihändigen Gebrauch (Abb. 172) dienen die seitlichen Handgriffe; zur Herstellung einer größeren Anzahl sich fortlaufend überdeckender Aufnahmen ist die Benutzung besonderer Aufhängevorrichtungen (Abb. 173 und 174) vorteilhaft. Sie bestehen im wesentlichen aus zwei Rahmen, die um zwei winkelrecht zueinander stehende Achsen gedreht werden können (Cardan-Aufhängung). Bei Aufhängegestellen für vorwiegend Senkrechtaufnahmen (Abb. 174) muß außerdem noch eine Drehung der Kammer um ihre optische Achse zur Kompensierung der Abtrift des Flugzeuges durch seitlichen Wind möglich sein. Zur Feststellung der Abtrift dient ein an die Handkammer ansteckbarer klei-

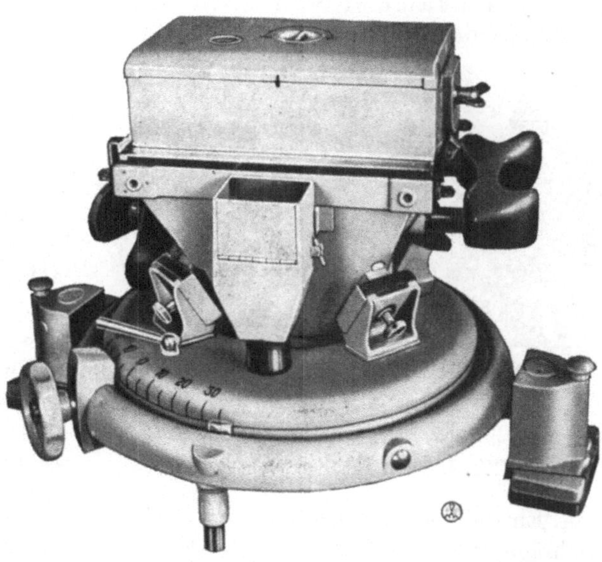

Abb. 174. Handmeßkammer nach R. Hugershoff in Aufhängevorrichtung für Senkrechtaufnahmen mit Überdeckungsregler

ner Mattscheibensucher, der gleichzeitig die Zeitpunkte angibt, zu denen bei Senkrechtaufnahmen die Belichtung vorzunehmen ist, um eine vorgeschriebene Überdeckung der Bilder zu erzielen (vgl. Überdeckungsregler, S. 237). Durch besondere Federzüge bzw. Gummi-

Abb. 175. Handmeßkammer C/4, Modell 1926, der Fa. C. Zeiss, Jena

Abb. 176. Handmeßkammer C/4 der Fa. C. Zeiss, Jena, in Senkrechtaufhängevorrichtung

polster innerhalb des Gestelles und gegebenenfalls auch durch elastische Befestigung des ganzen Gestelles am Flugzeugkörper[1] ist dafür gesorgt, daß sich dessen Vibrationen nicht auf die Kammer übertragen.

---

[1] Hierzu sind z. B. Fahrradluftschläuche zweckmäßig zu verwenden; vgl. O. Lac-
Bildmess. u. Luftbildwes. 3, 1928, S. 101.

Die von G. HEYDE in Dresden gebaute Meßkammer wiegt ohne Kassette 6,7 kg; das Gewicht einer Plattenkassette beträgt 2,4 kg, das einer Filmkassette 2,9 kg.

b) Meßkammer von CARL ZEISS in Jena.[1] Das Bildformat des in Abb. 175 dargestellten Aufnahmegerätes ist ebenfalls 13 : 18 cm. Das wohl zum Tessartyp gehörige Objektiv wird als „Meß-Flieger-Objektiv" bezeichnet; es hat eine Brennweite von 21 cm und ein Öffnungsverhältnis von 1 : 4,5. Der Zentralverschluß, dessen kürzeste Ablaufdauer $^1/_{175}$ Sekunde beträgt, zeigt einen günstigen Wirkungsgrad (S. 113). Über die Betätigung des Verschlusses und etwaige Sicherungseinrichtungen ist bisher nichts veröffentlicht worden. Auf dem Kammerkörper ist ein aufklappbarer Bildsucherrahmen angebracht; eine Dosenlibelle dient zur Einstellung der Kammerachse bei Senkrecht- und Steilaufnahmen. Bei Schrägaufnahmen läßt sich die Einhaltung einer vorgeschriebenen Neigung an einer seitlich angebrachten gebogenen Röhrenlibelle erkennen. Die vier Bildmarken werden auf optischem Wege hergestellt (S. 104) und kommen in den Ecken des Bildfeldes zur Darstellung.

Abb. 177. Handmeßkammer von H. WILD

Auch bei dieser Kammer können sowohl Glasplatten als auch Filmstreifen Verwendung finden. Für erstere werden Wechselkassetten für sechs Platten benutzt. In der Filmwechselkassette geschieht die Planlegung des Filmes pneumatisch und zwar durch Ansaugen des Films gegen eine Planscheibe (S. 124); der Transport des für 120 Einzelaufnahmen ausreichenden Filmbandes geschieht durch Friktion (S. 122). Abb. 176 zeigt die Handkammer in Verbindung mit der Filmkassette in einer für Senkrechtaufnahmen bestimmten Aufhängevorrichtung.

Über das Gewicht der Kammer nebst Zubehör waren Angaben nicht zu erlangen.

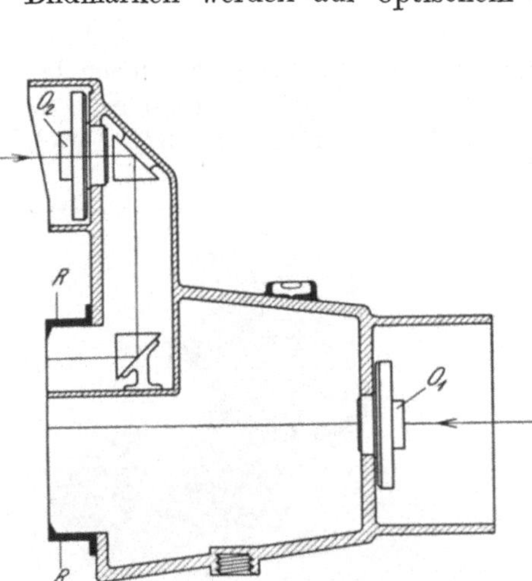

Abb. 178. Küstenkammer nach R. HUGERSHOFF.
Konstruktionsschema

c) Meßkammer nach H. WILD in Heerbrugg.[2] Die nur für die Benutzung von Glasplatten (im Format 10 : 15 cm) eingerichtete Kammer (Abb. 177) ist mit einem „WILD"-Objektiv (s. S. 140) 1 : 5 von 16,5 cm Brennweite ausgerüstet. Die Wechselkassetten sind entsprechend dem kleinen Format zur Aufnahme von zehn Platten eingerichtet.

Der gesamte Aufbau der Kammer zeigt soviel Ähnlichkeit mit der Hand-

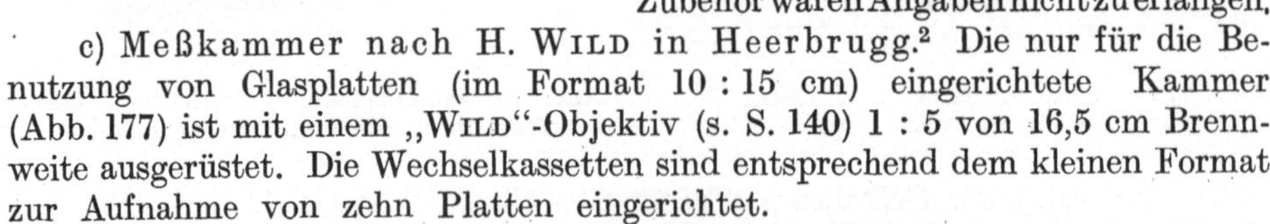

---

[1] E. DOLEŽAL, Int. Arch. f. Photogramm. 6, 1919/23, S. 249.
[2] K. SCHNEIDER, Bildmess. u. Luftbildwes. 4, 1929, S. 1.

meßkammer nach HUGERSHOFF, daß sich eine eingehende Beschreibung hier erübrigt.

d) Küstenkammer nach R. HUGERSHOFF.[1] Diese von G. HEYDE in Dresden gebaute Kammer stellt einen Übergang zu den im folgenden Abschnitt

Abb. 179. Teilbild einer Meßaufnahme der Küste von Rügen

beschriebenen Mehrfachkammern dar. Sie ist eine Doppelkammer, deren beide Objektive $O_1$ und $O_2$ (Abb. 178) — Tessare 1 : 4,5, $f = 18$ cm — parallel und entgegengesetzt gerichtet sind. Die Objektive haben eine gemeinsame Bildebene, die Aufnahmen erfolgen dementsprechend auf e i n e r am Bildrahmen $R$ an-

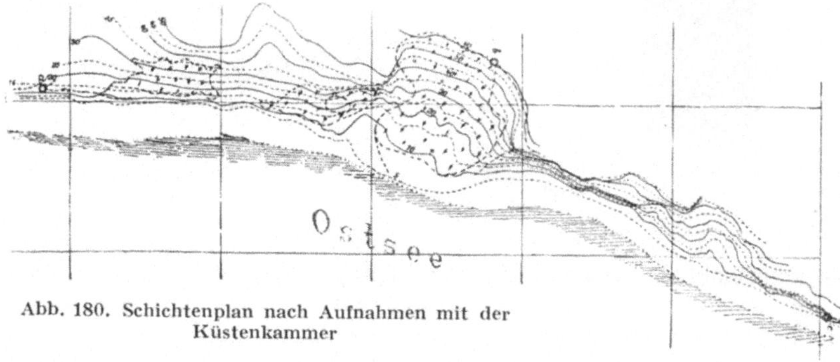

Abb. 180. Schichtenplan nach Aufnahmen mit der Küstenkammer

liegenden Platte, deren Format 13 : 18 cm ist. Die Kammer dient der Aufnahme von Steilküsten vom Schiffe aus, wobei das Objektiv $O_1$ den Küstenabschnitt, das Objektiv $O_2$ aber die der Küste gegenüberliegende Kimm abbildet. Die Lage und Neigung des Kimmbildes in bezug auf die entsprechenden Bildmarken (Abb. 179) ergibt mit Berücksichtigung der Erdkrümmung und Refraktion un-

---

[1] D. R. P. Nr. 395085; vgl. G. MÜLLER, ZS. f. Feinmech. 31, 1923, S. 47.

mittelbar und exakt Neigung und Verkantung der Aufnahme, bestimmt also die Orientierung des durch das Objektiv $O_1$ festgelegten Bildstrahlenbüschels gegenüber dem Horizont. Die Ausarbeitung (Abb. 180) von derart gewonnenen Aufnahmepaaren kann in irgendeinem der beschriebenen Universal-Auswertegeräte erfolgen, bei deren Benutzung sich auch die Aufnahmestandpunkte bzw. die Aufnahmerichtungen mechanisch ergeben, wenn sich auf dem doppelt dargestellten Küstenabschnitt (mindestens) drei ihrer Lage und Höhe nach bekannte Festpunkte befinden; unter Umständen ist aber eine kartographische Darstellung in zunächst unbekanntem Maßstab auch ohne solche Festpunkte durch optisch-mechanische gegenseitige Anpassung der Teilbilder eines Paares möglich (s. S. 184).

Die Kammer ist mit einer besonderen Aufhängevorrichtung (Abb. 181) zu benutzen. Ein Mattscheiben-Spiegelsucher mit Dosenlibelle erleichtert die ungefähre Einhaltung einer gewollten Aufnahmerichtung bzw. der vertikalen Lage der Bildebene. Die Zentralverschlüsse werden gemeinsam gespannt und durch Bowden-Zug genau gleichzeitig ausgelöst.

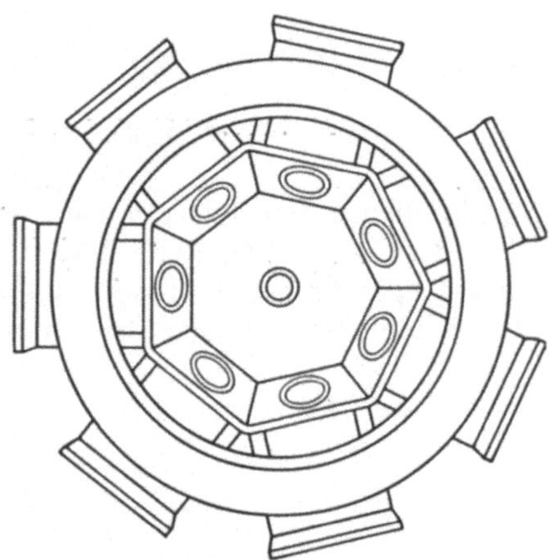

Abb. 181. Küstenkammer nach R. Hugershoff (Aerotopograph G. m. b. H. in Dresden)

Abb. 182. Schema einer Mehrfachkammer nach Th. Scheimpflug

### 38. Mehrfachkammern mit Handbetätigung.

. Die weite Übersicht, die von einem Luftstandpunkt aus geboten wird, hat schon früh das Bestreben wachgerufen, mit einer einzigen Aufnahme eine möglichst große Flächendeckung zu erzielen. Derartige Bestrebungen waren früher besonders insofern berechtigt, als damals nur Drachen oder Freiballone für Luftaufnahmen zur Verfügung standen, mit denen ein großes zusammenhängendes Gebiet praktisch überhaupt erst bei Verwendung weitwinkliger Kammern aufgenommen werden kann. Nach den ersten Versuchen von Triboulet und Tissandier um 1885 in Frankreich[1]

---

[1] N. Tissandier, La photographie en ballon, Paris 1886.

waren es vor allem R. THIELE[1] (seit 1896) in Rußland und wohl gleichzeitig und unabhängig von ihm TH. SCHEIMPFLUG[2] in Österreich, die um eine senkrecht nach unten photographierende Kammer eine Anzahl (sechs bis acht) weiterer Kammern in Kranzform und in starrer Verbindung so gruppierten, daß deren optische Achsen zur Achse der Mittelkammer geneigt waren. Die Achsen der äußeren Kammern sind bei der Konstruktion von SCHEIMPFLUG, deren erstes Modell in Abb. 182 schematisch dargestellt ist, nach innen gerichtet; infolgedessen ist ihre Bauart gedrängter und damit zweckmäßiger als die der THIELESCHEN Panoramakammer, bei der die Achsen der Randkammern nach außen gerichtet waren.

SCHEIMPFLUG war der erste, der ein auch heute noch verwendetes Verfahren zur rationellen kartographischen Verwertung solcher Panoramenaufnahmen angab.[3] Er konstruierte zunächst theoretisch einwandfreie Umbildgeräte (S. 20), darunter auch eine starre, speziell für seine Panoramenkammer bestimmte, 1915 von der Firma ERNE-MANN wieder in den Handel gebrachte Umbildekammer,[4] um die Aufnahme der äuße-ren Kammern auf die Ebene des (ungefähr senkrecht auf-genommenen) Mittelbildes zu transformieren. Er erhielt auf diese Weise Bilder, die jeweils einer Weitwinkelaufnahme von etwa 150° Bildfeldwinkel ent-sprachen. Zur gegenseitigen Orientierung dieser Weitwin-kelaufnahmen und zur punkt-weisen Rekonstruktion der Horizontalprojektion des auf-genommenen Geländes erfand dann SCHEIMPFLUG die N a d i r-punkttriangulation (S. 38

Abb. 183. Vierfachkammer nach J. W. BAGLEY

und insbes. S. 195). Deren Ergebnisse dienten — wiederum mit Benutzung des Umbildegerätes bei Verwendung eines optisch-mechanischen Einpaßverfahrens („optischer Koinzidenz") — zur Herstellung exakt horizontierter Platten. Die Entwicklung eines Schichtenplanes aus ihnen kann grundsätzlich, worauf ebenfalls schon SCHEIMPFLUG hinwies, im Stereoautographen erfolgen. Sie kann aber auch nach dem Verfahren der Doppelprojektion (S. 78) und insbesondere im Aerosimplex (S. 83) vorgenommen werden, wobei die Weitwinkelaufnahmen entsprechend zu verkleinern und durch Bildweitenverschiedenheiten bedingten Modelldeformationen (ZS. f. I. 23, 1903, S. 133) bei der Höhenmessung zu berücksichtigen sind. Das gesamte Verfahren, für das die Trennung der Grund-rißermittlung von der Höhenbestimmung charakteristisch ist, wurde neuerdings wieder in Vorschlag gebracht.

---

[1] R. THIELE, Int. Arch. f. Photogramm. 1, 1908, S. 35. Hier wird auch eine stereometrische Panoramakammer beschrieben, deren kleine Basis (2 m) aber nur bei geringen Flughöhen praktischen Wert hat.

[2] TH. SCHEIMPFLUG, Phot. Korr. 39, 1903, S. 659.

[3] Vgl. z. B. TH. SCHEIMPFLUG, Die Flugtechnik im Dienste des Vermessungs-wesens in H. HOERNES, Buch des Fluges, Wien 1911.

[4] G. KAMMERER, Bull. d. Schweiz. Aero-Clubs 1913.

[5] CL. ASCHENBRENNER, Bildmess. u. Luftbildwes. 4, 1929, S. 30.

Die in der Bedienung solcher Mehrfachkammern liegenden technischen Schwierigkeiten sind später behoben worden. So konstruierte J. W. Bagley für den U. S. Geological Survey[1] eine Vierfachkammer (Abb. 183), deren Aufnahmen auf nur zwei Filmbändern mit gemeinsamem Transport erfolgen. Auch Bagley verwendet eine starre Umbildekammer.

Weiter hat H. Cranz eine von G. Heyde in Dresden unter Mitwirkung von R. Hugershoff gebaute Vierfachkammer (Abb. 184) angegeben,[2] bei der unter Verwendung achsparallel angeordneter, gleichartiger Objektive alle Aufnahmen auf ein und dieselbe Glasplatte erfolgen. Die gegenseitige Neigung der Aufnahmerichtungen wird hier durch dreiseitige Spiegelprismen erzielt, die vor dreien der vier Objektive angebracht sind.[3]

Trotzdem heute infolge des Vorhandenseins lenkbarer Luftfahrzeuge und automatischer Einrichtungen zur Einhaltung paralleler Flugbahnen[4] (S. 230) eine Notwendigkeit zur Verwendung von Weitwinkel- und insbesondere Panoramenaufnahmen für Meßzwecke[5] nicht mehr vorliegt, kann die wirtschaftliche Bedeutung einer Einschränkung der Zahl der Aufnahmen selbstverständlich nicht verkannt werden. Zur Erzielung dieser Einschränkung sind aber Weitwinkelpanoramaaufnahmen nur in völlig ebenem Gelände brauchbar, das zudem noch frei von Bauwerken und Baumbeständen sein muß.

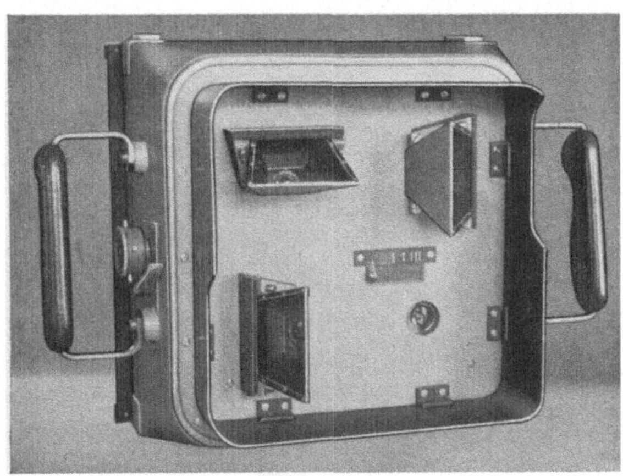

Abb. 184. Einplatten-Vierfachkammer nach H. Cranz

Andernfalls wird außerhalb eines Bildfeldwinkels von etwa 65⁰ nicht nur der Einblick in Geländefalten, Waldlücken usw. stark eingeschränkt sein,[6] sondern es ist auch die Anwendung des Entzerrungsverfahrens zur Lageplanherstellung ausgeschlossen (S. 22) und die stereoskopische Ausmessung (S. 98) wird schwierig oder unmöglich. Man hat deshalb die Verwendung von Panoramakammern mit Recht fast ganz aufgegeben und benutzt an ihrer Stelle zur Aufnahme eines breiteren Geländestreifens Zweifach- oder besser Dreifachkammern, deren Objektivachsen in einer

---

[1] T. P. Pendleton, Map compilation from aerial photographs. Topographical instructions, herausgegeben von C. H. Birdseye, Washington 1928.

[2] R. Hugershoff und H. Cranz, Grundlagen d. Photogrammetrie aus Luftfahrzeugen, Stuttgart 1919.

[3] Die gleiche Einrichtung verwendet neuerdings Cl. Aschenbrenner (a. a. O.) für eine 9linsige Panoramenkammer, die gegenüber der Scheimpflugschen Kammer dadurch ausgezeichnet ist, daß die äußeren Bilder lückenlos aneinanderschließen.

[4] R. Hugershoff, Bildmess. u. Luftbildwes. 4, 1929, S. 24.

[5] Für bloße Übersichtsaufnahmen sind Panoramenkammern natürlich stets zweckmäßig, doch dürften sich in Zukunft für solche Aufgaben Zylindrographen (vgl. S. 136), die zuerst von Boykow für Luftbildaufnahmen vorgeschlagen wurden (S. 154), als vorteilhafter erweisen.

[6] Der durch Sichtbeschränkung bedingten „toten Räume" wegen finden heute auch eigentliche Schrägaufnahmen ganz allgemein wohl nur noch in Ausnahmefällen (z. B. zur Aufnahme von Gebirgshängen in weiten Hochgebirgstälern) Verwendung.

vertikalen Ebene winkelrecht[1] zur Flugrichtung liegen. Über derartige, zweckmäßig automatisch anzutreibende Kammern s. S. 155.

**39. Einfachreihenbildner.** Das zur Zeit rationellste Verfahren zur Aufnahme eines größeren zusammenhängenden Gebietes besteht in der Verwendung von (ungefähr) vertikal gerichteten (Einzel-) Kammern bei paralleler Anordnung der Flugbahnen. Derart gewonnene Aufnahmen (Normalreihen) ergeben den bestmöglichen Einblick ins Gelände, lassen sich bequem und rasch orientieren, streckenweise sogar ohne Festpunkte auf der Erde (s. S. 193), ermöglichen eine zwangfreie und kontinuierliche stereoskopische Auswertung, sind auch bei bewegterem Gelände dem „Entzerrungsverfahren" zugänglich und gestatten eine zuverlässige Vorausberechnung der Kosten der Kartenherstellung. Diesen Vorteilen gegenüber fällt der Nachteil wenig ins Gewicht, der in der größeren Zahl der erforderlichen Aufnahmen besteht. Voraussetzung zu deren einwandfreien Ausführung ist allerdings die Benutzung einer automatischen Kammer, eines Reihenbildners, bei dem Verschlußspannung, Verschlußauslösung und Transport des Emulsionsträgers zwangläufig verbunden und von einem gemeinsamen Antrieb betätigt werden, dessen Geschwindigkeit entsprechend dem vorgeschriebenen Prozentsatz der Überdeckung der aufeinanderfolgenden Aufnahmen regulierbar ist. Die Bedienung einer solchen Kammer besteht im wesentlichen in der Betätigung eines Geschwindigkeitsreglers entsprechend den Angaben eines „Überdeckungsreglers" (S. 237), so daß also automatisch gewonnene Normalreihen auch in aufnahmetechnischer Beziehung hinsichtlich ihrer Einfachheit an der Spitze stehen.

Abb. 185. Einfachreihenbildner C/3 der Fa. C. Zeiss in Jena in Aufhängevorrichtung

Von den zahlreichen Konstruktionen von Reihenbildnern für Luftaufnahmen[2] kommen für Meßzwecke im allgemeinen selbstverständlich nur die wenigen in Frage, bei denen ein Zentralverschluß (S. 111) und exakte Bildmarken Verwendung finden.[3]

a) Einfachreihenbildner von Carl Zeiss in Jena.[4] Die Kammer (Abb. 185) ergibt Filmaufnahmen im Format 18 : 18 cm; sie ist, wie die oben beschriebene Zeisssche Handmeßkammer, ausgerüstet mit einem Meßflieger-

---

[1] Doppelkammern werden für ein besonderes Triangulationsverfahren bisweilen auch so in das Flugzeug eingebaut, daß die Ebene ihrer Objektivachsen in der Flugrichtung liegt. Vgl. Koppelreihen S. 198.

[2] In Deutschland wurden die ersten derartigen Reihenbildner von O. Messter in Berlin gebaut.

[3] Ohne solche Marken bzw. mit Schlitzverschluß ausgerüstet sind z. B. die Filmreihenbildner der Fairchild Aerial Co., New York, und die Film- bzw. Plattenreihenbildner der Williamson Manufacturing Co. (Vickers Ltd.), London, der Ottico Meccanica Italiana (Nistri), Rom, und der Etablissements Aerea, Paris.

[4] F. Schneider, Bildmess. u. Luftbildwes. 1, 1926, S. 29.

Objektiv 1 : 4,5 von 21 cm Brennweite und einem in vier Stufen regelbaren
Zentralverschluß von sehr günstigem Wirkungsgrad. Dem Objektiv können
durch Drehen eines Knopfes wahlweise zwei verschieden dichte Gelbfilter vorgeschaltet werden. Auch diese Kammer besitzt optisch erzeugte Bildmarken
in der oben beschriebenen Anordnung. Die zweckmäßig gelagerte Aufhängevorrichtung entspricht im wesentlichen der Aufhängevorrichtung der Zeissschen
Handkammer. Zur exakten Kompensierung der Abtrift durch entsprechende
Drehung der Kammer um ihre optische Achse ist seitlich und abnehmbar ein
Bildsucher in Form eines Fernrohres mit großem objektivem Gesichtsfeld angebracht. Die Kammer ist so zu drehen, daß die Zugrichtung der im Fernrohr gesehenen Landschaft mit der Richtung eines im Bildfeld parallel zu einer Bild-

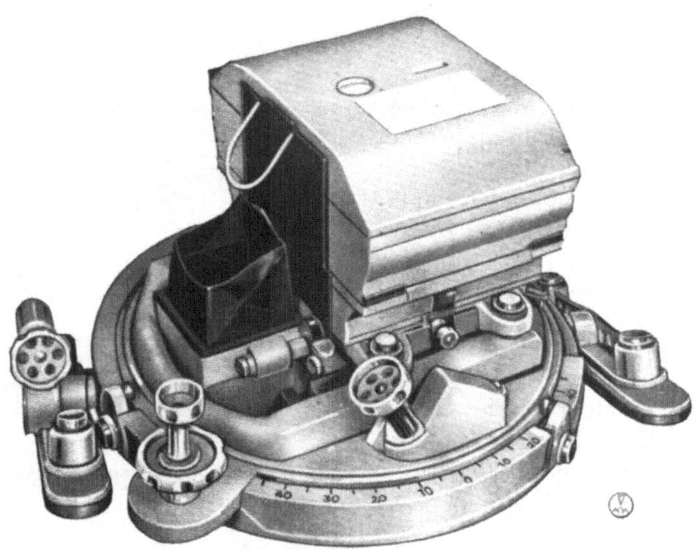

Abb. 186. Einfachreihenbildner nach R. Hugershoff mit Mattscheibenüberdeckungsregler in
Aufhängevorrichtung (Aerotopograph G. m. b. H. in Dresden)

feldseite fest angebrachten Fadens zusammenfällt. Das Fernrohr ist gleichzeitig
als Überdeckungsregler (S. 237) ausgebildet.

Die Planlegung des Filmes erfolgt durch Staudruck; die diesbezügliche Einrichtung ist auf S. 125 beschrieben. Über die Art des Filmtransportes vgl. S. 146.
Die Kassette wird mit einem Filmstreifen von 55 m Länge und 19 cm Breite
geladen; er reicht für etwa 290 Aufnahmen aus. Auf jeder derselben bildet sich außer
der Blase einer Dosenlibelle eine fortlaufende Nummernfolge ab; die Trennungs-
linien zwischen den Einzelaufnahmen werden fühlbar markiert. Auf der Kassette
ist eine weitere Dosenlibelle angebracht; besondere Zählwerke zeigen die Zahl
der gemachten Aufnahmen bzw. die Länge des noch zu belichtenden Filmbandes an.

Der Antrieb des gesamten Mechanismus erfolgt durch einen an der Bordwand angebrachten Propeller, dessen Umlaufzahl unter Beobachtung des
Überdeckungsreglers durch Verwindung der Propellerflügel geregelt wird.
Der mechanische Antrieb kann ausgeschaltet und durch Handantrieb ersetzt werden.

Das Gewicht der Kammer beträgt mit allem Zubehör einschließlich der
geladenen Wechselkassette 35 kg.

b) **Einfachreihenbildner nach R. HUGERSHOFF.**[1] Das in Abb. 186 dargestellte automatische Aufnahmegerät wird von G. HEYDE in Dresden in drei Ausführungsformen gebaut, die sich nur durch die Objektivbrennweite und die Größe des quadratischen Bildformates unterscheiden. Der Normaltyp besitzt ein Objektiv von 13,5 cm Brennweite bei einem Bildformat von 12 : 12 cm. Die beiden anderen Modelle haben die Bildformate 18 : 18 cm ($f = 21$ cm), bzw. 6 : 6 cm ($f = 6$ cm); bei letzterem Format wird der dem Quadrat eingeschriebene Kreis voll ausgenützt (vgl. S. 110). Als Objektive werden bei allen drei Modellen im allgemeinen Tessare 1 : 4,5 mit stabilem Zentralverschluß verwendet. Die Ablaufdauer des Verschlusses kann durch Hebeleinstellung zwischen den Grenzen $^1/_{60}$ und $^1/_{200}$ Sekunde kontinuierlich geregelt werden. Ebenfalls durch Hebeleinstellung werden dem Objektiv wahlweise zwei verschieden dichte Gelb-

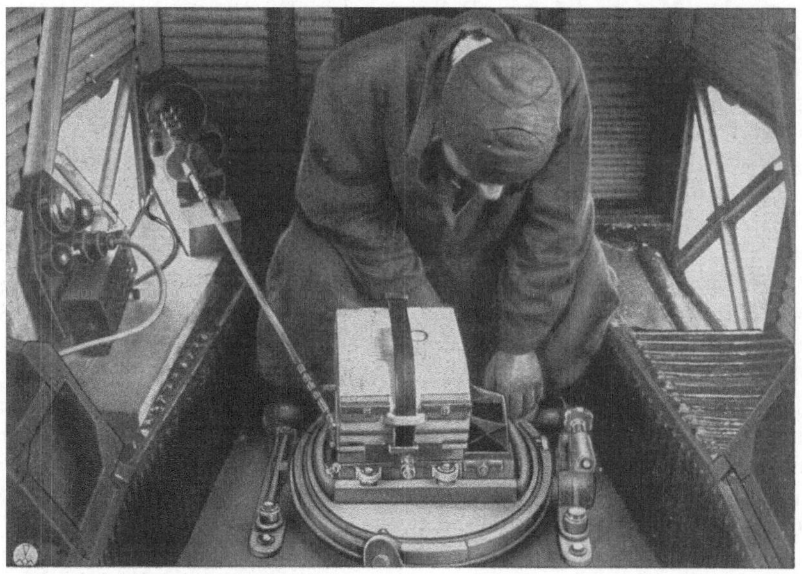

Abb. 187. Einfachreihenbildner nach R. HUGERSHOFF, Einbau im Flugzeug (JUNKERS W. 33)

filter oder eine einfache Planparallelplatte vorgeschaltet. Die Bildmarken einschließlich einer Marke für den Kammerhauptpunkt haben die gleiche Anordnung und Form wie an der entsprechenden Handkammer (S. 144): kleine Kreise mit Punkt, auf einer fest in der Bildebene der Kammer angebrachten planparallelen Glasscheibe, gegen welche der Film kurz vor der Belichtung auf mechanischem Wege gepreßt wird. Einzelheiten über den Filmtransport s. S. 122 und S. 123, über die Planlegung des Filmes s. S. 125. Die zum bequemen Einlegen des Filmstreifens in drei Teile zerlegbare Kassette faßt beim Normaltyp 60 m Filmband von 12 cm Breite, entsprechend etwa 400 Einzelaufnahmen. Auf ihnen bildet sich eine Dosenlibelle ab, deren Schliffradius gleich der Objektivbrennweite ist, so daß sich aus der Blasenstellung unmittelbar die ungefähre Lage des Nadirpunktes ergibt. Im Deckel der Kassette ist neben einer weiteren Dosenlibelle ein mit einem Handgriff auf Null einstellbares Zählwerk für die Anzahl der bereits aufgenommenen Bilder untergebracht. Die Kammer ist in zwei Cardanringen federnd gelagert. Die Cardanringe sind mit Griffscheiben gegen-

---

[1] R. HUGERSHOFF, Bildmess. u. Luftbildwes. 4, 1929, S. 24.

seitig einstellbar. Die Aufhängevorrichtung kann im äußeren Cardanring um eine vertikale Achse zur Kompensation der Abtrift gedreht werden. Letztere wird in einem seitlich an der Kammer angebrachten Mattscheibensucher festgestellt, dessen Bildfeld gleich dem der Kammer ist; das Objektiv des Suchers hat ein Öffnungsverhältnis von 1 : 3,1. Der Mattscheibensucher enthält einen neuartigen Überdeckungsregler, der auf S. 237 beschrieben ist. Der Antrieb des Reihenbildners bzw. des Überdeckungsreglers erfolgt im allgemeinen direkt durch einen Propeller mit beliebig einstellbarer Flügelverwindung (S. 242); das Gerät kann aber auch durch irgendeinen anderen Motor angetrieben werden (vgl. Abb. 187). Durch einfachen Druck auf einen Umschalthebel können Einzelaufnahmen ausgeführt werden, bei denen der Motor Filmtransport, Verschlußspannung und Planlegung vornimmt; die Auslösung erfolgt dann im gegebenen Augenblick durch einen Handgriff. Nach Leerlaufstellung oder Abschaltung des Motors können Reihen- oder Einzelaufnahmen auch durch Drehung einer Kurbel von Hand ausgeführt werden.

Die Ausmaße des Normaltyps sind sehr gering: 30 : 25 : 33 cm. Der Durchmesser des äußeren Cardanringes ist 38 cm, die Höhe des Kassettendeckels über dem Grundring 25 cm. Die gesamte Einrichtung wiegt etwa 28 kg.

c) Cylindrograph-Reihenbildner nach H. Boykow. Das 1928 unter dem Namen „Panorama-Reihenbildkammer" erstmalig gezeigte Gerät[1] ist im Prinzip eine Zylinderkammer von der durch Moëssard bekannt gewordenen und durch Bagley einer umfangreichen terrestrischen Verwendung zugeführten Bauart (S. 136). Das Objektiv der Kammer ist demnach um eine durch seinen hinteren Hauptpunkt gehende Achse mitsamt einem Lichtschacht mit Schlitz verschwenkbar. Im Gegensatz zu den terrestrischen Kammern wird aber hier die Schwenkachse wagrecht gelagert. Da sie im übrigen in der Flugrichtung liegt, wird bei einem Arbeitsgang ein Streifen winkelrecht zur Flugrichtung aufgenommen, der theoretisch vom linken Horizont zum rechten Horizont reicht. Für die fortlaufende Aufnahme solcher Streifen sind Abtriftmesser und Überdeckungsregler vorgesehen. Konstruktiv unterscheidet sich die Boykowsche Kammer von den erwähnten anderen Geräten dadurch, daß die Filmrollen nicht fest angeordnet, sondern mit dem schwenkbaren Lichtschacht verbunden sind. Infolgedessen darf hier der Film während der Aufnahme nicht ruhen, sondern muß sich kontinuierlich gegen den Lichtschlitz, entgegengesetzt zu dessen Verschwenkungsrichtung, mit der gleichen Geschwindigkeit wie der Lichtschlitz verschieben. Der Effekt ist der gleiche, wie wenn der Film in Ruhe und auf einer zylindrischen Fläche angebracht wäre. Die perspektive Richtigkeit des Bildes wird durch die gewollte und die zufällige Bewegung des Luftfahrzeuges natürlich gemindert; die Fehler lassen sich aber in erträglichen Grenzen halten durch Verkürzung der Umlaufzeit des Objektivs und seiner Brennweite, die bei der Boykowschen Konstruktion mit 21 cm etwas zu groß erscheint.

Auf die bei Weitwinkelaufnahmen ganz allgemein geringe Einsicht in Bodenfalten usw. wurde auf S. 150 hingewiesen. Hinsichtlich ihrer unmittelbaren Anschaulichkeit sind aber solche Streifenaufnahmen für Übersichtszwecke den Aufnahmen mit Mehrfachkammern vorzuziehen. Auch hinsichtlich der Ausmessung, falls eine solche in Frage kommt, bieten die Streifenpanoramen Vorteile: die mäßige Konvergenz der bestimmenden Zielstrahlen gestattet eine bequeme und kontinuierliche stereoskopische Ausmessung, die gegebenenfalls im Aerokartographen und besonders im Aerosymplex ohne weiteres vorgenommen werden könnte.

Das komplette erste Modell des Gerätes hat das ziemlich hohe Gewicht von 79 kg.

---

[1] Internat. Luftfahrtausstellung in Berlin.

**40. Mehrfachreihenbildner.** a) Zweifachreihenbildner von Carl Zeiss in Jena. Das Gerät besteht (Abb. 188) aus einer starren Verbindung zweier Einfachreihenbildner der auf S. 152 beschriebenen Art. Die Kammer wird so in das Flugzeug eingebaut, daß die (im allgemeinen vertikal gestellte) Ebene durch die beiden Objektivachsen winkelrecht zur Flugrichtung liegt. Das Bildfeld umfaßt in der Flugrichtung 44° und in der Achsebene 84°, da die beiden Kammerachsen je 20° gegen die Vertikale geneigt sind. Infolge dieser Neigung sind die Aufnahmen dem Entzerrungsverfahren nur in völlig flachem Gelände zugänglich (S. 22). Die Überdeckung der in der Flugrichtung aufeinanderfolgenden Bilder kann bei Benutzung der beim Einfachreihenbildner beschriebenen Einrichtung beliebig geregelt werden.

Die Aufhängevorrichtung ist so gebaut, daß durch Betätigung eines Handhebels die Ebene durch die Objektivachsen aus der normalen vertikalen Lage

Abb. 188. Zweifachreihenbildner der Fa. Carl Zeiss in Jena in Aufhängevorrichtung

um 20° in oder gegen die Flugrichtung geneigt werden kann. Auf diese Weise läßt sich bei Kombination von senkrecht und schräg aufgenommenen Doppelbildern eine paarweise Überdeckung innerhalb der Bildstreifen von 100% mit einem Verhältnis der Basis zur Flughöhe von etwa 1 : 3 erzielen. Die Anwendung dieser Aufnahmemethode dürfte infolge ihrer in das Aufnahmeverfahren gebrachten Komplikation nicht immer ratsam erscheinen.

Wird der Einbau der Kammer ins Flugzeug so vorgenommen, daß die Ebene durch die Objektivachsen mit der Vertikalebene durch die Flugrichtung zusammenfällt, so kann die Kammer für ein besonderes Triangulationsverfahren Verwendung finden, vgl. Koppelreihen S. 199.

Das Gewicht des kompletten Gerätes beträgt etwa 60 kg.

b) Dreifachreihenbildner von E. Labrély in Paris.[1] Das in

---

[1] Ein Dreifachreihenbildner besonderer Art wurde von H. Boykow angegeben. Er besteht aus einer festen Verbindung von zwei Plattenreihenbildnern und einem Filmreihenbildner. Da die Kammer speziell für ein besonderes, noch nicht erprobtes Aufnahmeverfahren, bei dem gleichzeitig zwei Flugzeuge Verwendung finden sollen (s. S. 194), bestimmt ist, so sei hier auf H. Langhoff, Bildmess. u. Luftbildwes. 1, 1926, S. 32 verwiesen.

Abb. 189 im Schnitt dargestellte Gerät besteht aus zwei seitlichen Kammern mit dem Bildformat 16,5 : 16,5 cm (Objektive 1 : 5,7, $f = 30$ cm) und einer Mittelkammer vom Bildformat 15,5 : 16,5 cm mit einem Objektiv 1 : 5,7, $f = 26$ cm.

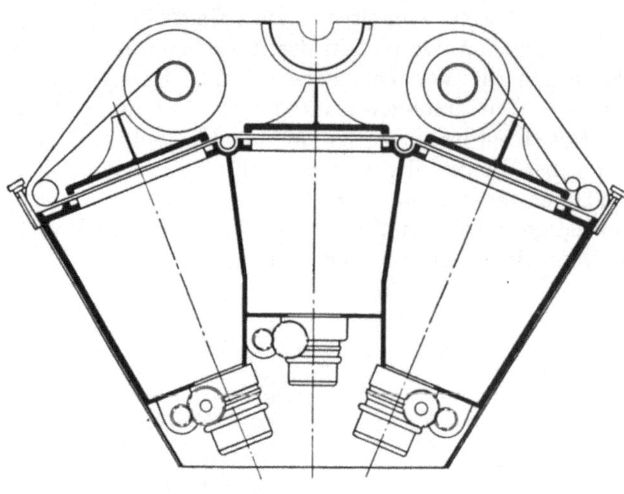

Abb. 189. Dreifachreihenbildner nach E. Labrély, Konstruktionsschema

Außer durch diese für eine wirtschaftliche Verarbeitung der Aufnahmen wenig zweckmäßige Verschiedenheit der Einzelkammern unterscheidet sich die Konstruktion von den oben beschriebenen durch die Art der Planlegung des Filmes: er wird durch Einpressen in Nuten am Rande des Bildfeldes gespannt. Die durch ihren großen Wirkungsgrad ausgezeichneten Verschlüsse sind auf S. 113 beschrieben. Die an der vorliegenden Konstruktion fehlenden Bildmarken ließen sich leicht anbringen.

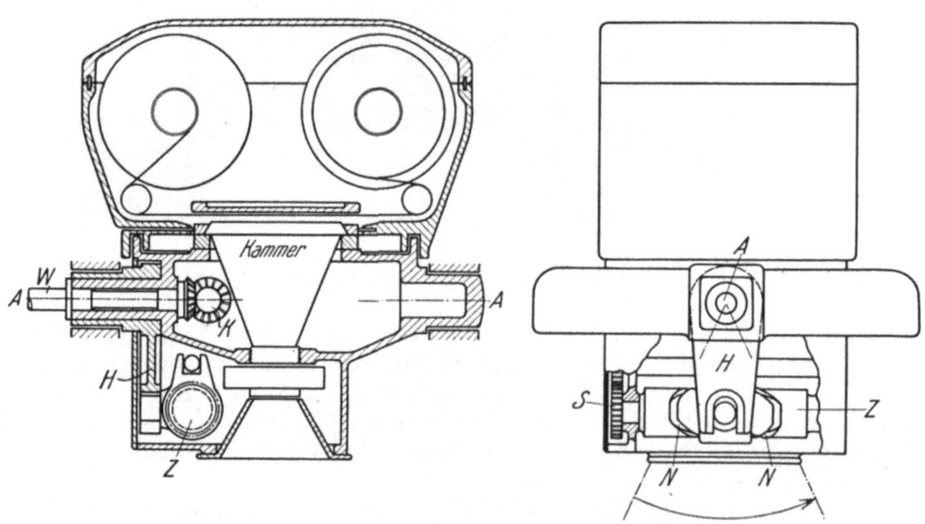


Abb. 190. Triplex-Reihenbildner nach R. Hugershoff, Konstruktionsschema (Aerotopograph G. m. b. H. in Dresden)

Über den Filmtransport ist Näheres nicht bekannt geworden. Das 60 m lange Filmband liefert etwa 100 Dreifachaufnahmen, die winkelrecht zur Flugrichtung, bzw. in derselben ein Bildfeld von 76° bzw. etwa 36° umfassen.

Das Gewicht der Kammer allein beträgt etwa 35 kg.

c) Triplex-Reihenbildner nach R. Hugershoff. Die aus aufnahmetechnischen Gründen erwünschte möglichst große Breite des bei einem Fluge aufgenommenen Geländestreifens findet, wie oben ausgeführt wurde, ihre Grenze in den Auswertemöglichkeiten: der voll ausnutzbare Bildfeldwinkel des Streifens wird 65⁰ im allgemeinen nicht überschreiten. Da nun schon das Bildfeld eines einfachen Reihenbildners durchschnittlich 44⁰ bis 48⁰ umfaßt, so erscheint die Verwendung von starren Kombinationen aus zwei und drei Einzelkammern mit Rücksicht auf ihren Umfang, ihr Gewicht, die Kompliziertheit ihres Antriebes und der Prüfung der gegenseitigen Kammerlage wenig zweckmäßig. Deshalb hat R. HUGERSHOFF einen Einkammer-Dreifachreihenbildner konstruiert, der aus einer Verbindung seines Einfachreihenbildners (S. 153) mit einer automatischen Schwenkeinrichtung besteht, die in einer zur Flugrichtung winkelrechten Vertikalebene wirksam ist. Dementsprechend stellt dieser Reihenbildner Gruppen zu je drei Einzelaufnahmen her, die rasch aufeinanderfolgen; die einander entsprechenden Einzelaufnahmen der Folgegruppen überdecken sich zu 60%. Es ergeben sich also ein zentraler und zwei seitliche Bildstreifen, die einander parallel sind und deren Ausarbeitung getrennt erfolgt; die gegenseitige Orientierung der Einzelbilder dieser Streifen geschieht auf optisch-mechanischem Wege (paarweise Bildorientierung, S. 184, bzw. Aerotriangulation in Normalreihen, S. 200). Die Konstruktion der Schwenkeinrichtung, die zunächst bei dem kleinen Reihenbildner $6 : 6$ cm, $f = 6$ cm, Verwendung findet, ist schematisch in Abb. 190 dargestellt. Die in der Schwenkachse $A$ des Reihenbildners liegende Antriebswelle $W$ betätigt über das Kegelradgetriebe $K$ den Mechanismus des eigentlichen Reihenbildners und über das Stirnradgetriebe $S$ einen mit einer Transportnut $N$ versehenen Zylinder $Z$. In dieser Nut wird ein Stift geführt, der bei einer Rotation des Zylinders eine hin- und hergehende Bewegung ausführt, die sich mittels des Hebels $H$ auf das Kammergehäuse überträgt. In der Anfangsstellung ist die Kammer nach links verschwenkt; während der Schwenkung der Kammer nach rechts erfolgen kurz hintereinander die Aufnahmen 1, 2 und 3. Der automatische Rücktransport der Kammer in die Anfangslage geschieht in der Arbeitspause bis zur nächsten Dreifachgruppe. Durch die auch für Zweifachaufnahmen einrichtbare Schwenkeinrichtung wird das Gewicht des Reihenbildners um 3 kg erhöht.

## D. Meßkammerkonstanten und ihre Bestimmung

**41. Beziehungen zwischen innerer Orientierung der Bilder und Kammerkonstanten. Öffnungswinkel.** Für die Rekonstruktion der Meßbilder ist, wie gezeigt wurde, die Kenntnis ihrer „inneren Orientierung", d. h. ihre Lage zum Kammerobjektiv im Augenblick der Aufnahme, im allgemeinen unerläßlich.

Für diese Lagebestimmung verwendet man gewöhnlich (vgl. S. 9) den „Bildhauptpunkt" und die „Bildweite".

Der Bildhauptpunkt wird definiert als Fußpunkt des vom hinteren Objektivhauptpunkt $O_2$ auf die Bildebene gefällten Lotes; er soll auf jeder einzelnen Aufnahme durch den Schnittpunkt der (ideellen) Verbindungslinien von vier „Bildmarken" angegeben werden, die durch geeignete, in der Kammer angebrachte Markenträger (vgl. oben S. 104) erzeugt wurden, und die im allgemeinen so justiert sind, daß die Verbindungslinien der von ihnen in der Ebene des Bildrahmens $R$ erzeugten Bildmarken den Fußpunkt des vom hinteren Objektivhauptpunkt auf die Rahmenebene gefällten Lotes ergeben. Dieser „Kammerhauptpunkt" entspricht aber selbstverständlich nur dann jenem oben definierten Bildhauptpunkt, wenn die Bildebene $B$ im Augenblick der Aufnahme am Bildrahmen allseitig anlag oder mindestens ihm parallel war. Für dieses Anliegen gibt es — wenigstens bei Verwendung von Glasplatten in Wechselkassetten — keinerlei Sicherheit.[1] Infolgedessen kann der Schnittpunkt der Bildmarkenlinien

---

[1] F. NOWATZKY, Jahresber. d. Reichsamts f. Landesaufnahme 1920/21, Berlin 1922.

(vgl. Abb. 191) im allgemeinen nur als Perspektive des Kammerhauptpunktes, nicht aber als Bildhauptpunkt angesprochen werden.

Die Bildweite wird definiert als die Länge des vom hinteren Objektivhauptpunkt auf die Bildebene gefällten Lotes. Bezüglich dieser Bildweite wird in den zahlreichen Abhandlungen[1] über die Bestimmung der inneren Orientierung fast stets vorausgesetzt, daß sie konstant sei. Diese Voraussetzung ist aber unzutreffend; die Bildweite ist wegen der Abhängigkeit des Kammerkörpers von der Temperatur nicht einmal konstant für die Rahmenebene. Der Abstand der Bildebene aber wird außerdem beeinflußt durch die schon erwähnte Unsicherheit der Anpressung der Platten gegen den Bildrahmen. Überdies ist zu beachten, daß bei Verwendung von Filmen nach deren Entwicklung, Fixierung und Trocknung eine allgemeine Maßstabsänderung des Bildes eintritt, die praktisch ebenfalls einer Bildweitenänderung gleichkommt.

Es ergibt sich also, daß die bisher als „Konstanten der inneren Orientierung" bezeichneten Größen: Bildhauptpunkt und Bildweite für beliebige Aufnahmen mit derselben Kammer nicht konstant und darum im allgemeinen und vorbehaltlos weder für die innere Orientierung des Bildrahmens und damit der Meßkammer

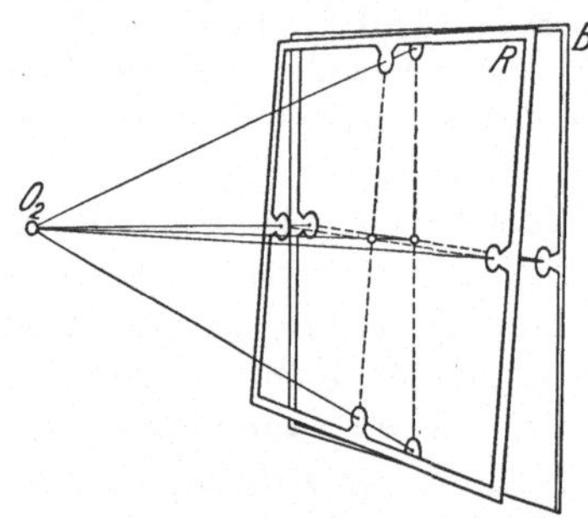

Abb. 191.  Bildrahmen und Bildebene

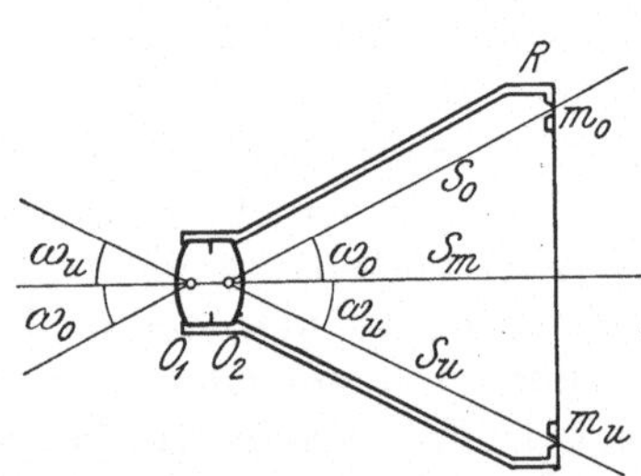

Abb. 192. Öffnungswinkel als Kammerkonstante

noch für die innere Orientierung der Meßbilder selbst charakteristisch sind. Die Unzweckmäßigkeit der Verwendung der Bildweite oder gar der Brennweite des Objektivs ergibt sich auch aus den Ausführungen F. Weiderts.[2]

An Stelle von Bildhauptpunkt und Bildweite wurden deshalb von R. Hugershoff bereits 1922 die vier Winkel $\omega$ („Öffnungswinkel") eingeführt, welche (vgl. den schematischen Vertikalschnitt durch eine Kammer in Abb. 192) die vier Bildstrahlen $S$ vom hinteren Objektivhauptpunkt $O_2$ nach den im Bildrahmen liegenden lochförmigen Marken $m$ mit der Richtung $S_m$ nach dem Schnittpunkt ihrer Verbindunglinien[3] einschließen. Da diese Winkel durch Temperaturänderungen des Kammerkörpers praktisch nicht verändert werden (Abb. 193), so sind sie wirkliche „Konstanten" einer Meßkammer; da ferner die Strahlen $S$ nicht nur den Rahmenmarken, sondern auch den Abbildungen derselben, den Bildmarken, und zwar bei jeder beliebigen Lage der Bildebene zur Rahmenebene (Abb. 191), entsprechen, sind diese Öffnungswinkel zugleich auch die „Konstanten" der inneren Orientierung der Meßbilder. Die einer beliebigen Aufnahme mit einer bestimmten Meßkammer zukommende innere Bildorientierung läßt sich jetzt einfach — unabhängig von thermischen und mechanischen Vorgängen in

---

[1] Vgl. S. 162, Fußnote 2.

[2] F. Weidert, Die Eigensch. d. photogr. Objektivs mit Rücksicht auf seine Verwendung zur Bildmessung, Vorträge usw., Berlin 1927. Auch Phot. Korr. 68, 1928, S. 50.

[3] Dieser Schnittpunkt braucht theoretisch nicht identisch zu sein mit dem Kammerhauptpunkt.

Kammer und Kassetten und unabhängig von Maßstabsänderungen des Aufnahmematerials im Bildträger des Auswertegerätes — dadurch wiederherstellen, daß man den Abstand und die Neigung des Meßbildes gegenüber dem Bildträgerobjektiv so ändert, daß die Winkel zwischen den Bildmarken und dem Schnittpunkt ihrer Verbindungslinien gleich den entsprechenden Öffnungswinkeln der Meßkammer werden. Die hierzu notwendigen Einrichtungen (vgl. S. 46 und S. 162) besitzen in aller Vollständigkeit zur Zeit nur der Autokartograph und der Aerokartograph. Die übrigen Auswertegeräte setzen völlige Gleichartigkeit und Konstanz der inneren Orientierung der Meßkammer, aller mit ihr hergestellten Bilder und der zur Auswertung benutzten Bildträger voraus.[1]

Zur Einstellung der Öffnungswinkel werden Horizontal- und Vertikalkreis der Einstellvorrichtungen am Auswertegerät (Abb. 119) benutzt; sind die Rahmenmarken so justiert, daß ihre Verbindungslinien winkelrecht aufeinanderstehen, so sind bei vertikaler Lage des Meßbildes und horizontaler Lage einer der Markenlinien die Öffnungswinkel einfach die Horizontal- bzw. Vertikalwinkel zwischen dem Schnittpunkt der Markenverbindungslinien und der linken und rechten, bzw. oberen und unteren Bildmarke. Da die Wiederherstellung der inneren Orientierung am besten bei derjenigen (ungefähren) Verkantung der Aufnahmen erfolgt, die ihrer äußeren Orientierung entspricht, sind die Marken in der Mitte der Rahmenseiten, nicht in den Ecken, anzubringen. Die Erzeugung der Bildmarken durch Linsen (vgl. oben S. 104) ist wenig günstig, da derartige Einrichtungen die exakte Bestimmung der Öffnungswinkel durch direkte Messungen an der Kammer (vgl. S. 163) nicht gestatten.

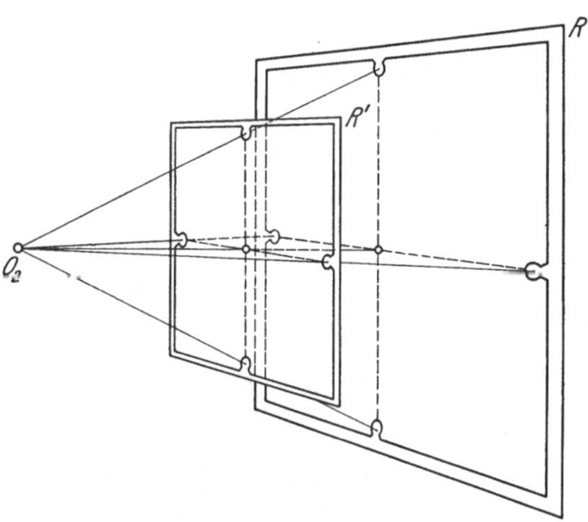

Abb. 193.   Temperatureinfluß   und   Meßkammerkonstanten

**42. Photographische Bestimmung des Kammerhauptpunktes und der (zufälligen) Bildweite der Rahmenebene; Ableitung der Öffnungswinkel aus diesen Werten.** Trotz der geschilderten Unzulänglichkeit von Bildhauptpunkt und Bildweite als Orientierungselemente ist ihre Verwendung nicht zu umgehen bei Geräten, die, wie z. B. der Stereokomparator und der Stereoautograph, die Rekonstruktion mit Hilfe der Bildpunktkoordinaten vornehmen.[2] Es müssen deshalb im nachstehenden die Grundlagen für die Ermittlung dieser Werte gegeben werden.

---

[1] Die an einigen Auswertegeräten vorhandene Einrichtung zur Änderung der Bildweite ermöglicht nur die Verwendung von Aufnahmen mit verschiedenen Meßkammern, deren „Bildweite" aber wieder als konstant vorausgesetzt wird.

[2] Hierin liegt ein besonderer Nachteil dieser ja auch von den Verzeichnungsfehlern des Aufnahmeobjektivs in stärkerem Maße abhängigen Instrumente. Wenn diese Nachteile seltener in Erscheinung treten, so liegt dies zum Teil daran, daß bei terrestrischen Aufnahmen, für die jene Geräte ausschließlich bestimmt sind, die verwendeten einfachen Kassetten oder Doppelkassetten eine größere Sicherheit der Anpressung an den Bildrahmen geben und die Temperaturverhältnisse bei Prüfung und Gebrauch der Kammern nicht allzu verschieden sind. Im übrigen vgl. die Arbeit von NOWATZKY.

Photographiert man bei genau vertikaler Stellung des Bildrahmens und horizontaler Lage einer der Markenverbindungslinien (mindestens) drei markante Geländepunkte $P_1 P_2 P_3$, zwischen denen vom gleichen Standpunkt (Objektivmitte) aus die Horizontalwinkel $\alpha$ und $\beta$ gemessen wurden, so ist durch diese Winkel ein Strahlenbüschel gegeben, das durch Bildweite und Bildabszissen ebenfalls festgelegt ist. Graphisch kann man die Bestimmung des Bildhauptpunktes in der Weise vornehmen, daß man die Bildpunkte auf die horizontale als Bildhorizont angenommene Markenlinie projiziert und diese drei Projektionen 1, 2 und 3 der Bildpunkte auf einen Papierstreifen (Abb. 194) überträgt. Zeichnet man jetzt die drei beobachteten Strahlen — durch Auftragen der beiden Winkel $\alpha$ und $\beta$ — und verschiebt den Papierstreifen so lange, bis die drei Strahlen durch die ihnen entsprechenden Marken auf dem Streifen gehen, so entspricht offenbar der Fußpunkt des vom Winkelscheitel $O$ auf die Streifenkante gefällten Lotes der Horizontalprojektion des Bildhauptpunktes $H$ und damit auch des Kammerhauptpunktes, wenn die Platte streng am Marken-

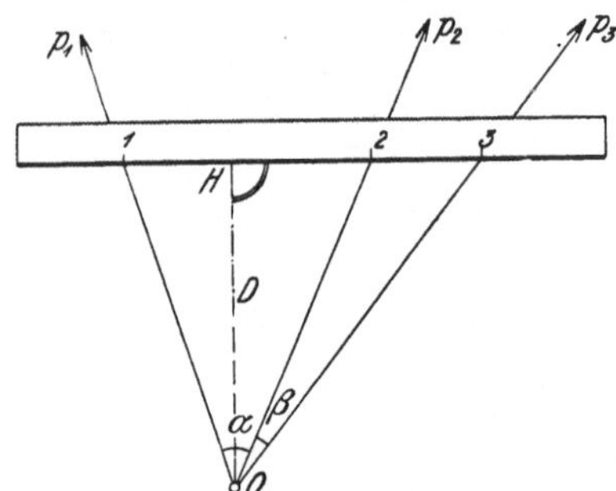

Abb. 194. Graphische Ermittlung der (zufälligen) Bildweite

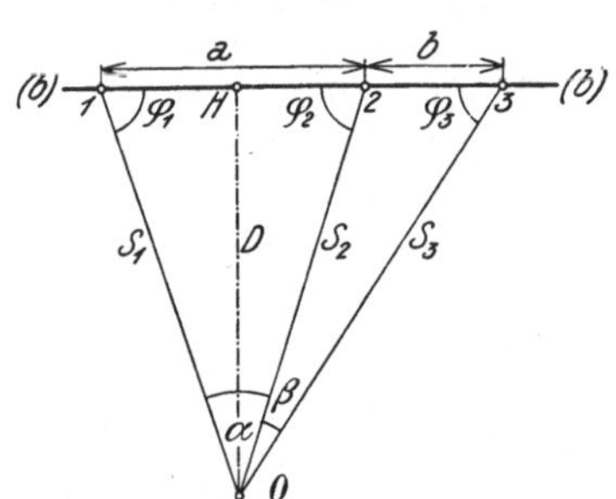

Abb. 195. Rechnerische Ermittlung der (zufälligen) Bildweite

rahmen anlag. Die Länge des Lotes entspricht der (zufälligen) Bildweite $D$ der Prüfaufnahme, bzw. des Bildrahmens. Überträgt man den Lotfußpunkt, etwa mit Hilfe der Strecke $1\,H$, in das Photogramm, so wird die Hauptpunktsprojektion im allgemeinen eine seitliche Abweichung $x_H$ von der $vv$-Linie zeigen, die zweckmäßig durch eine entsprechende Verschiebung der $vv$-Marken zu beseitigen ist. Zur Ermittlung der Abweichung $y_H$ des Hauptpunktes gegenüber der $hh$-Linie kann man eine zweite Prüfaufnahme machen, nachdem man die Kammer um $90^0$ gedreht hat, so daß jetzt die $vv$-Linie genau wagrecht wird.[1] Man kann aber $y_H$ auch aus der gleichen Aufnahme ableiten, wenn man (mindestens) einen der Höhenwinkel $\tau$ nach den photographierten Objektpunkten gemessen hat. So ergibt sich z. B. aus $\tau_2$ und der Strecke $\overline{O\,2}$ die Ordinate $y_2$ über dem Bildhorizont zu

$$y_2 = \overline{O\,2} \cdot \operatorname{tg} \tau_2$$

und — mit $y'_2$ als Ordinate des Bildpunktes $p_2$ über der $hh$-Linie —

$$y_H = y'_2 - y_2.$$

Auch hier wird man zweckmäßig die $hh$-Linie entsprechend verschieben, so daß jetzt der Hauptpunkt mit dem Schnittpunkt der Markenlinien zusammenfällt.

Genauer gestaltet sich selbstverständlich die rechnerische Bestimmung von $H$ und $D$, die hier[2] in Anlehnung an die in der Vermessungskunde übliche Art des ebenen Rückwärtseinschneidens durchgeführt werden soll.

---

[1] R. Hugershoff und H. Cranz, Grundlagen usw., S. 14.

[2] Über andere Berechnungsmethoden vgl. die früher genannten älteren Lehrbücher d. Photogrammetrie.

Wir bezeichnen (Abb. 195) mit $(b)(b)$ die Spur der (positiven) Bildebene im Grundriß, mit $O$ den entsprechenden Objektivhauptpunkt und mit 1, 2 und 3 die Projektionen der drei Bildpunkte $p_1 p_2 p_3$ auf die (hier mit $(b)(b)$ zusammenfallende) $hh$-Linie, so daß $S_1 S_2 S_3$ die Horizontalprojektionen der Bildstrahlen sind, zwischen denen die Winkel $\alpha$ und $\beta$ gemessen wurden.

Aus der Figur ergibt sich für $S_2$

$$S_2 = \frac{a}{\sin \alpha} \cdot \sin \varphi_1 \tag{a}$$

aber auch

$$S_2 = \frac{b}{\sin \beta} \cdot \sin \varphi_3 \tag{b}$$

Daraus folgt

$$\frac{\sin \varphi_1}{\sin \varphi_3} = \frac{b}{\sin \beta} : \frac{a}{\sin \alpha} . \tag{c}$$

Dieser Quotient läßt sich berechnen, da sich ja auch die Strecken $a$ und $b$ durch direkte Abmessungen dem Photogramm entnehmen lassen.

Setzen wir

$$\frac{b}{\sin \beta} : \frac{a}{\sin \alpha} = \frac{1}{\operatorname{tg} \lambda}, \tag{d}$$

so ergibt sich aus (c) und (d) durch korrespondierende Subtraktion und Addition

$$\frac{\sin \varphi_1 - \sin \varphi_3}{\sin \varphi_1 + \sin \varphi_3} = \frac{1 - \operatorname{tg} \lambda}{1 + \operatorname{tg} \lambda} = \operatorname{ctg} (45^0 + \lambda) \tag{e}$$

Da nun

$$\sin \varphi_1 - \sin \varphi_3 = 2 \sin \frac{\varphi_1 - \varphi_3}{2} \cdot \cos \frac{\varphi_1 + \varphi_3}{2}$$

und

$$\sin \varphi_1 + \sin \varphi_3 = 2 \cos \frac{\varphi_1 - \varphi_3}{2} \cdot \sin \frac{\varphi_1 + \varphi_3}{2},$$

so folgt durch Einsetzen dieser Werte in Gleichung (e)

$$\operatorname{tg} \frac{\varphi_1 - \varphi_3}{2} = \operatorname{tg} \frac{\varphi_1 + \varphi_3}{2} \operatorname{ctg} (45^0 + \lambda) \tag{f}$$

Da nun (s. Abb. 195)

$$\varphi_1 + \varphi_3 = 180^0 - (\alpha + \beta) \tag{g}$$

so folgt aus (f)

$$\operatorname{tg} \frac{\varphi_1 - \varphi_3}{2} = \operatorname{ctg} \frac{\alpha + \beta}{2} \cdot \operatorname{ctg} (45^0 + \lambda) \tag{h}$$

Aus dieser Gleichung berechnet man in Verbindung mit Gleichung (d) die Differenz $\varphi_1 - \varphi_3$, womit sich in Verbindung mit (g) sowohl $\varphi_1$ und $\varphi_3$ als auch — aus dem Dreieck $1\,O\,2$ — $\varphi_2$ ergeben.

Damit berechnet man

$$\left. \begin{aligned} S_1 &= \frac{a}{\sin \alpha} \cdot \sin \varphi_2 \\[4pt] S_2 &= \frac{a}{\sin \alpha} \cdot \sin \varphi_1 = \frac{b}{\sin \beta} \cdot \sin \varphi_3 \\[4pt] S_3 &= \frac{b}{\sin \beta} \cdot \sin \varphi_2 \end{aligned} \right\} \tag{i}$$

und findet so die Abszissen $X_1 X_2 X_3$ der drei Bildpunkte in bezug auf $H$ aus den Gleichungen

$$\left. \begin{aligned} X_1 &= S_1 \cdot \cos \varphi_1 \\ X_2 &= S_2 \cdot \cos \varphi_2 \\ X_3 &= S_3 \cdot \cos \varphi_3 \end{aligned} \right\} \tag{k}$$

Sind die vom Schnittpunkt der Markenlinien aus gemessenen Abszissen $X_1' X_2' X_3'$, so findet man als Hauptpunktsabszisse in bezug auf den Schnittpunkt der Markenlinien

$$\left. \begin{aligned} X_H &= X_1' - X_1 \\ &= X_2' - X_2 \\ &= X_3' - X_3 \end{aligned} \right\} \quad (l)$$

deren Mittelwert die erforderliche Verschiebung der $vv$-Linie angibt. An Hand der Abb. 195 läßt sich ferner berechnen:

$$\left. \begin{aligned} D &= S_1 . \sin \varphi_1 \\ &= S_2 . \sin \varphi_2 \\ &= S_3 . \sin \varphi_3 \end{aligned} \right\} \quad (m)$$

Das Mittel aus diesen Ergebnissen ist die (zufällige) Bildweite der Prüfaufnahmen, bzw. unter der üblichen Voraussetzung[1] die Bildweite des Markenrahmens.

Über die „exakte" Bestimmung von Hauptpunktlage und Bildweite beim Vorhandensein von mehr als drei bekannten Richtungen gibt es zahlreiche Sonderabhandlungen,[2] deren praktische Bedeutung mit Rücksicht darauf, daß sich die Ergebnisse nur auf die jeweilige Prüfaufnahme beziehen, nur gering ist.

Mit der eben erhaltenen Bildweite $D$ und den im Komparator zu messenden Abständen $s$ der vier Bildmarken vom Schnittpunkt der Markenverbindungslinien lassen sich die vier Öffnungswinkel $\omega$ aus den Beziehungen berechnen:

$$\left. \begin{aligned} \operatorname{tg} \omega_l &= s_l : D \\ \operatorname{tg} \omega_r &= s_r : D \\ \operatorname{tg} \omega_o &= s_o : D \\ \operatorname{tg} \omega_u &= s_u : D \end{aligned} \right\} \quad (n)$$

**43. Direkte Bestimmung der Öffnungswinkel nach Prüfaufnahmen oder Messungen an der Kammer.** Unabhängig von der Voraussetzung des Anliegens der Prüfaufnahme findet man aus einer solchen die Öffnungswinkel bei Verwendung des Hugershoffschen Bildmeßtheodolits oder eines der Bildträger des Autokartographen oder Aerokartographen.

Hierzu photographiert man zweckmäßig bei vertikaler Lage der Rahmenebene und horizontaler Lage einer der Markenlinien (mindestens) drei möglichst über das gesamte Bildfeld der Aufnahme verteilte Objektpunkte, nach denen die horizontalen und vertikalen Richtungen gemessen wurden. Hiernach wird die Aufnahme in den Bildträger[3] eines der genannten Instrumente eingelegt, die optische Achse des Bildträgers wagerecht gestellt und das Bild der horizontalen Markenlinie mit Hilfe des Beobachtungsfernrohres und der Verkantungseinrichtung horizontal ausgerichtet. Nun gelingt es leicht, durch systematische Betätigung der Einrichtungen für Bildweitenänderung, Verschiebung der Platte in

---

[1] Die Voraussetzung des Anliegens war erfüllt, wenn die inneren Maße des Bildrahmens der Kammer mit den entsprechenden Maßen an der Prüfaufnahme übereinstimmen. Derartige Kontrollen sollten an allen Gebrauchsaufnahmen vorgenommen werden, die für die Ausmessung im einfachen oder im Stereokomparator bestimmt sind.

[2] Vgl. die Zusammenstellung in Hugershoff-Cranz, Grundlagen usw., S. 11, Anm. 1. Ferner z. B.: A. Klingatsch, Int. Arch. f. Photogramm. 6, 1919—1923, S. 59; O. v. Gruber, a. a. O., S. 82; S. Wellisch, a. a. O., S. 127; F. Baeschlin, Schweiz. ZS. f. Verm. 27, 1929, S. 31.

[3] Der Bildträger muß natürlich der Aufnahmekammer entsprechen.

ihrer Ebene und Neigung der Platte um die *hh*- bzw. *vv*-Linie, das Meßbild in eine solche Stellung zu bringen, daß die (mindestens) drei zur Orientierung verwendeten Bildpunkte unter den vorgeschriebenen horizontalen und vertikalen Richtungen erscheinen. Nachdem so die der Prüfaufnahme zukommende (zufällige) Lage zum Aufnahmeobjektiv bzw. zu dem ihm äquivalenten Bildträgerobjektiv wieder gefunden wurde, erhält man die gesuchten Öffnungswinkel durch Messung der Horizontal- bzw. Vertikalwinkel zwischen dem Schnittpunkt der Markenlinien und den *hh*- bzw. *vv*-Bildmarken.

Die Genauigkeit der so bestimmten Öffnungswinkel ist selbstverständlich abhängig von der Bildgüte der Prüfaufnahme und der Genauigkeit der Richtungsmessungen nach den Objektpunkten. Die hierin liegenden Fehlerquellen werden vermieden, wenn die Öffnungswinkel der Meßkammer unmittelbar mittels

Abb. 196. Kammerprüfungstheodolit nach R. Hugershoff (Aerotopograph G. m. b. H. in Dresden)

Fernrohrbeobachtung durch das Kammerobjektiv hindurch entnommen werden. Zu diesem Zweck hat R. Hugershoff einen besonderen Kammerprüfungstheodolit (Abb. 196) angegeben, der im wesentlichen aus einem Theodolit besteht, dessen Kippachse derart gekröpft ist, daß der vordere Hauptpunkt des Objektivs jeder beliebigen Meßkammer nahezu in den Schnittpunkt von Kipp- und Stehachse gebracht werden kann. Die Befestigungseinrichtung der zu untersuchenden Kammer gestattet es, diese seitlich so zu neigen, daß mit Hilfe des Fernrohres die Verbindungslinie eines Paares der Rahmenmarken horizontal ausgerichtet wird. Hiernach lassen sich die Öffnungswinkel (erforderlichenfalls in zwei Fernrohrlagen) schnell (gegebenenfalls vor und nach jeder Aufnahmereihe) und mit großer Genauigkeit messen. Das Gerät ermöglicht gleichzeitig eine Prüfung bzw. Justierung der winkelrechten Lage der beiden Markenverbindungslinien zueinander; außerdem ist das Fernrohr mit einem Gaussschen Okular[1] ausgerüstet, mit dessen Hilfe unter Benutzung eines auf dem Bildrahmen aufgelegten Planspiegels die Bildmarken so justiert werden können, daß der Schnitt-

---

[1] Vgl. Chr. v. Hofe, Fernoptik, S. 65.

punkt ihrer Verbindungslinien mit dem Hauptpunkt des Bildrahmens zusammenfällt. Über die Verwendung des Instrumentes zur Messung von Verzeichnungsfehlern s. S. 108.

Bei Doppel- und Mehrfachkammern ist außer der Bestimmung der inneren
Orientierung jeder einzelnen Kammer noch die Feststellung der gegenseitigen
Lage der Einstellkammer erforderlich. Das diesbezügliche Verfahren, für das
Scheimpflug Aufnahmen des Sternhimmels vorschlug, ist umständlich und
läßt eine in der Praxis erwünschte jederzeit mögliche und rasche Überprüfung
nicht zu. Mit Rücksicht auf den auch aus anderen Gründen problematischen Wert
solcher Kammern (vgl. S. 150 und S. 200) sei deshalb nur auf die entsprechende
Literatur verwiesen.[1]

# VII. Die mittelbare Bestimmung der äußeren Orientierungselemente

## A. Orientierung von Einzelaufnahmen

**44. Graphische Spezialverfahren bei ebenem und wagrechtem Gelände.**
Die hier zu schildernden Methoden haben, sofern die Aufnahmen zur Herstellung
von Lageplänen benutzt werden sollen, nur theoretisches Interesse; solche Lage-
pläne können ohne jede besondere Bestimmung der äußeren Orientierung graphisch (Bezugsnetze vgl. S. 12) oder optisch-mechanisch (Entzerrungsverfahren
vgl. S. 17) aus den Bildern entwickelt werden. Die nachstehend beschriebenen
Methoden sind streng, so lange die Voraussetzung ebenen und horizontalen Geländes erfüllt ist; ihrer geringen praktischen Bedeutung wegen genügt hier die
Angabe graphischer Verfahren. Ist für bestimmte Sonderaufgaben — z. B.
Standortbestimmungen zu Flugzeug-Geschwindigkeitsmessungen — eine größere
Genauigkeit erwünscht, so sind die unten für den allgemeinen Fall angegebenen
rechnerischen oder mechanischen Methoden anzuwenden.

a) **Achsenkreuzverfahren.** Legt man durch die Kammerachse in ihrer
Aufnahmestellung eine vertikale Ebene und eine zu dieser Ebene winkelrechte
Ebene, so ergeben die Spuren dieser Ebenen sowohl im Bild als in der Kartenebene je ein rechtwinkliges Achsenkreuz.
Dabei bestimmt die Spur der Vertikalebene
im Bilde (Hauptvertikale) die Verkantung
der Aufnahme bzw. die Richtung des Bildhorizontes; die Spur der gleichen Ebene in
der Karte bestimmt die Aufnahmerichtung,
bzw. einen geometrischen Ort für die Kartenprojektion des Standpunktes. Um die
(eindeutige) Lage der beiden einander zuge-
ordneten Achsenkreuze aufzufinden, überträgt
man zunächst den Bildhauptpunkt in die
Karte, und zwar entweder durch unmittel-

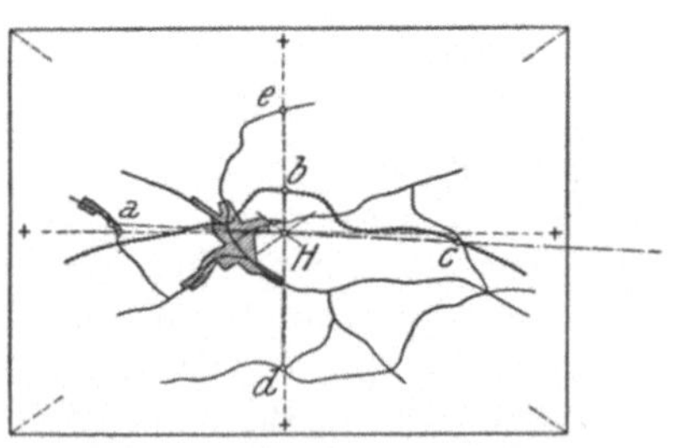

Abb. 197. Achsenkreuzverfahren, Bild

bare Identifizierung oder als Schnittpunkt der Diagonalen eines im Bild
und auf der Karte identifizierten Vierecks, dessen Diagonalschnittpunkt
im Bilde mit dessen Hauptpunkt zusammenfällt. Dann legt man zwei auf
Pauspapier gezeichnete rechtwinklige Achsenkreuze mit ihren Kreuzpunkten
auf den Karten-, bzw. Bildhauptpunkt und dreht die Achsenkreuze um diese

[1] H. Weidinger, Mitt. a. d. Arbeitsgebiet d. Photogrammetrie G. m. b. H., 3, 1927, H. 7/8, S. 6; K. Messerer, ebenda S. 10.

Punkte, bis (vgl. Abb. 197 und 198) entsprechende Achsen durch identische
Punkte gehen. Der Standort wird nun am einfachsten durch (ebenes) Rückwärtseinschneiden in der Hauptvertikalebene gefunden: man konstruiert mit Hilfe der
Bildweite die (Vertikal-) Winkel
zwischen den Bildstrahlen nach
mindestens drei auf der Hauptvertikalen bzw. der Aufnahmerichtung identifizierten Punkten,
überträgt die Winkelschenkel auf
Pauspapier und verschiebt dieses
so lange, bis (vgl. Abb. 199) die
Winkelschenkel durch die ihnen
entsprechenden Kartenpunkte
gehen. Die Winkelrechte, gefällt
vom Winkelscheitel $O$ auf die
Kartenebene, ergibt den Aufnahmestandpunkt $O_0$ in der Karte;
$OO_0$ stellt die Flughöhe im Kartenmaßstab dar. Eine Parallele
zur Aufnahmerichtung durch $O$,
die Spur des Aufnahmehorizontes
in der Hauptvertikalebene, schneidet die Bildebene unter dem Komplement des Neigungswinkels.

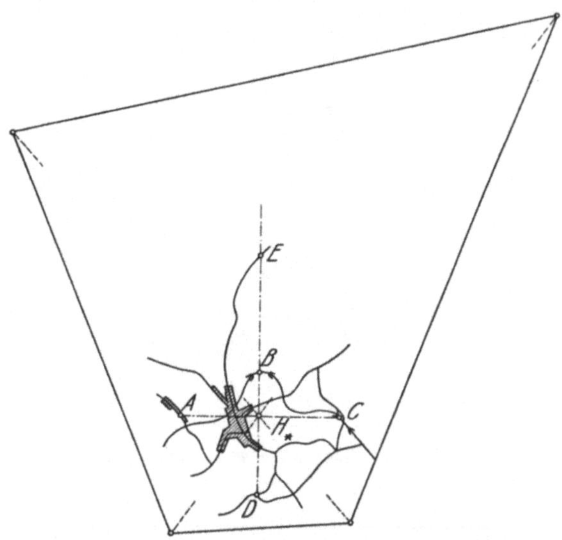

Abb. 198. Achsenkreuzverfahren, Karte

b) Fluchtpunktverfah-
ren. Auf S. 11 wurde darauf hingewiesen, daß sich die Bilder paralleler und
horizontaler Geraden in einem Punkte (Fluchtpunkt) schneiden, der auf dem
Bildhorizont liegt. Durch die Bilder von zwei Scharen verschieden gerichteter
horizontaler Parallelen ist also der Bildhorizont bestimmt. Identifiziert man daher im Bilde die Ecken eines beliebigen

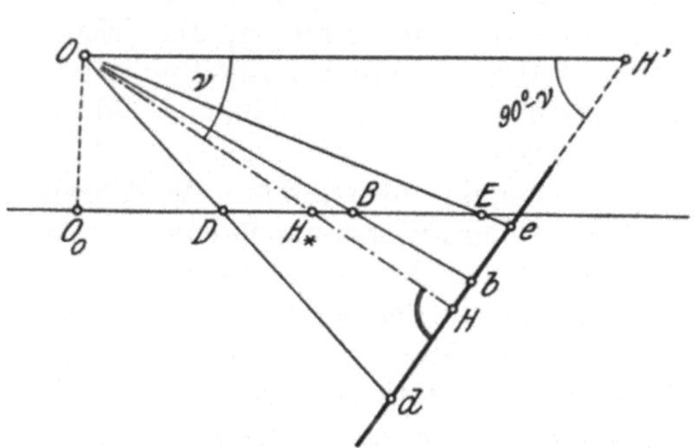

Abb. 199. Achsenkreuzverfahren,
Ermittelung der Aufnahmeelemente

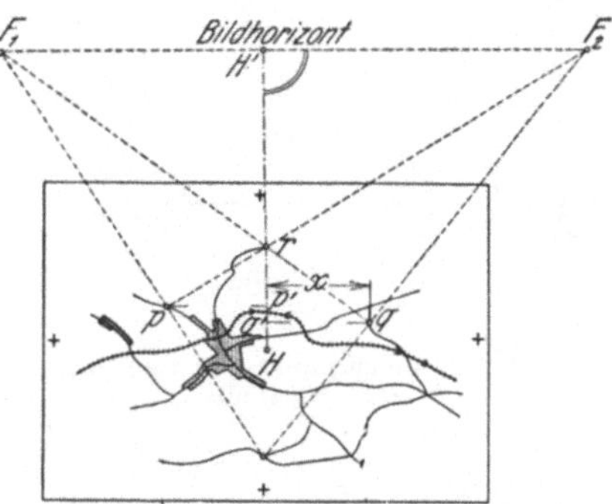

Abb. 200. Fluchtpunktverfahren,
Bild

von vier Kartenpunkten gebildeten Parallelogramms, so ergeben (vgl. Abb. 200
und 201) die Schnittpunkte $F$ gegenüberliegender Seiten des Bildvierecks die
Lage des Bildhorizontes. Die vom Bildhauptpunkt $H$ auf den Bildhorizont
gefällte Winkelrechte $HH'$ gibt die Richtung der Hauptvertikalen und damit
auch die Verkantung der Aufnahme. In dem aus der Bildweite und der
Strecke $HH'$ gebildeten rechtwinkligen Dreieck (Abb. 199) ist der der Strecke
$HH'$ gegenüberliegende Winkel der Neigungswinkel der Aufnahme. Die

Kartenprojektion $O_0$ des Standpunktes kann durch (ebenes) Rückwärtseinschneiden mittels der Horizontalwinkel zwischen den Richtungen vom Standpunkt nach (mindestens) drei der identifizierten Kartenpunkte erfolgen. Diese Horizontalwinkel werden am einfachsten durch Abloten der Bildpunkte in eine Ebene parallel zur Kartenebene (Abb. 202, vgl. auch Abb. 52) gefunden, wobei natürlich die Bildpunktkoordinaten auf die eben gefundene Hauptvertikale $HH'$ zu beziehen sind. Das so konstruierte Strahlenbüschel $O_0\,p_0\,r_0\,q_0$ wird auf Pauspapier übertragen und in die Kartenpunkte eingepaßt. Zur Ermittlung der Flughöhe $H$ kann man von irgendeinem der gegebenen Kartenpunkte eine Winkelrechte zur Aufnahmerichtung ziehen, deren Länge $X$ sei; aus der Abszisse $x$ des entsprechenden Bildpunktes und seinem Abstand $h'$ vom Aufnahmehorizont (Abb. 202) ergibt sich die Flughöhe $H$

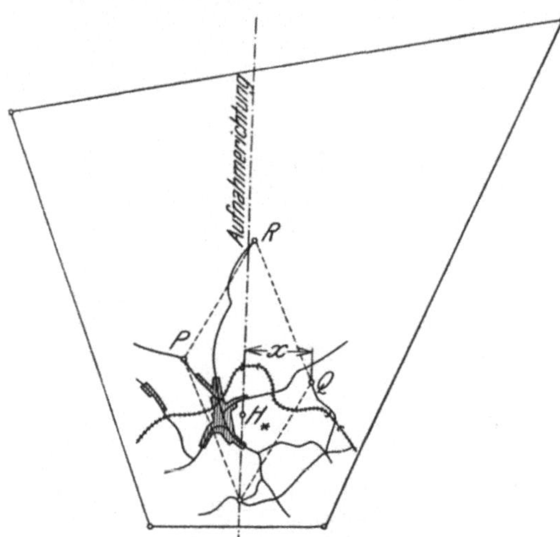



Abb. 201. Fluchtpunktverfahren, Karte

$$H = h' \cdot \frac{X}{x}$$

Selbstverständlich können Standpunktsprojektion und Flughöhe auch beim Fluchtpunktverfahren mittels Rückwärtseinschneidens in der Hauptvertikalebene gefunden werden. Hier würde die Identifizierung von zwei Punkten auf der Hauptvertikalen bzw. der Aufnahmerichtung genügen; als dritter Punkt wird der unendlich ferne Punkt der Aufnahmerichtung — mit seinem Bild in $H'$ — benutzt.[1]

**45. Allgemein anwendbare Verfahren (räumliches Rückwärtseinschneiden).** Sämtliche nachstehend beschriebene Verfahren sind unabhängig von der Geländeausformung; ihre Anwendung führt bei wagrechten und Schrägaufnahmen stets zum Ziel. Bei Steil und Senkrechtaufnahmen versagen sie praktisch; hier ist die unter Ziffer 3

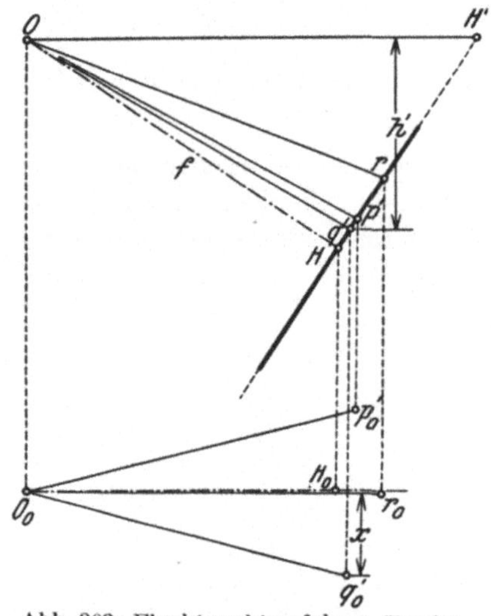



Abb. 202. Fluchtpunktverfahren, Ermittlung der Aufnahmeelemente

---

[1] Die vorstehend geschilderten Verfahren zur Orientierungsermittlung versagen bei Senkrechtaufnahmen. Hier sind erforderlichenfalls gewisse der im folgenden geschilderten Verfahren anzuwenden. Angenähert erhält man hier die Flughöhe aus Bildweite und dem Verhältnis entsprechender Karten- und Bildstrecken (vgl. Abb. 48, S. 37). Die Lage des Standpunktes (Nadirpunktes) läßt sich mit einiger Sicherheit nur dann angeben, wenn die Neigung der Kammerachse registriert wurde (S. 106), was am zweckmäßigsten durch Mitabbildung einer Dosenlibelle geschieht (S. 153), aus deren Blasenausschlag sich auch die Neigungskomponenten in Richtung der beiden Bildachsen (Haupt- und Querneigung) ableiten lassen. Die azimutale Orientierung ergibt sich ohneweiters.

(S. 22) geschilderte optisch-mechanische Methode (für Bildentzerrung), bzw. die gemeinsame Orientierung aufeinanderfolgender Meßbilder (S. 184 für topographische Ausarbeitungen) anzuwenden.

a) Näherungsorientierung mittels Bildmeßtheodolits. Für eine rasche Orientierung einzelner Schrägaufnahmen, die zu Richtungsmessungen[1] (mittels Bildmeßtheodolits) etwa für militärische Zwecke dienen sollen, kann ein optisch-graphisches[2] Verfahren Verwendung finden. Man legt hierzu die Aufnahme unter einer geschätzten oder durch Registriervorrichtungen (S. 106) näherungsweise angegebenen Neigung und Verkantung in den Bildträger des Bildmeßtheodolits und mißt die horizontalen und vertikalen Richtungen nach den Bildern von wenigstens vier ihren Raumkoordinaten nach bekannten Punkten, von denen ein Bildpunkt (1) möglichst nahe am Hauptpunkt, zwei andere (2 und 3) möglichst in der Haupthorizontalen und der vierte (4) möglichst in der Bildvertikalen liegen soll. Mittels der beiden Horizontalwinkel zwischen den drei Punkten in der Haupthorizontalen ergibt sich durch graphisches Rückwärtseinschneiden (Abb. 203) die (genäherte) Standortsprojektion. Ein genauerer Wert für diese und insbesondere die Flughöhe

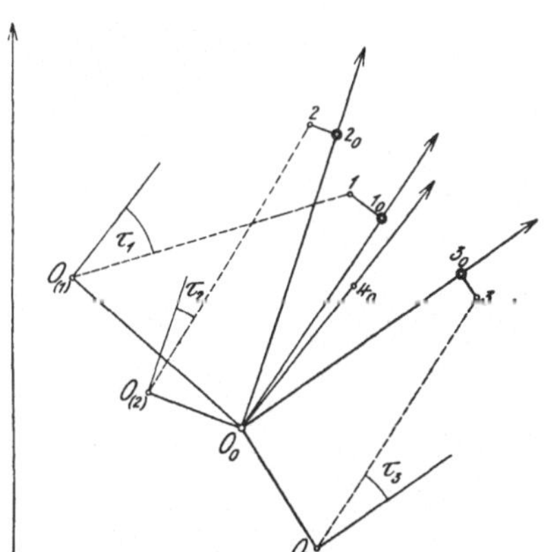

Abb. 203. Näherungsweise Orientierung nach Richtungsmessungen

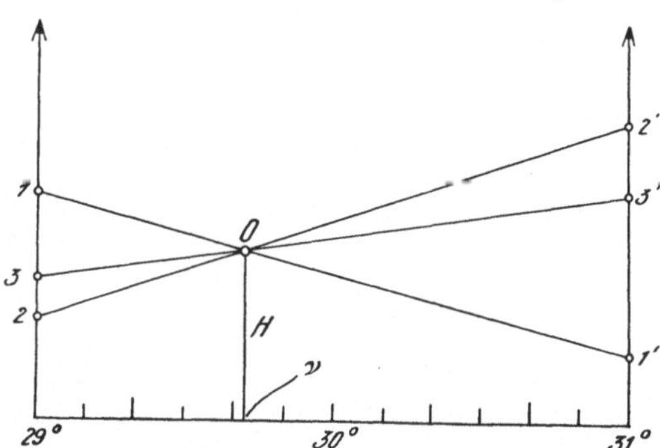

Abb. 204. Graphische Ermittlung verbesserter Aufnahmeelemente ($\nu = 29^0\,42'$)

und eine Korrektion für den angenommenen Neigungswinkel der Aufnahme ergibt sich aus der Beobachtung der Tiefenwinkel für den vierten Bildpunkt (in der Hauptvertikalen) und für zwei der anderen Punkte. Aus jedem dieser Tiefenwinkel läßt sich die Flughöhe über einem beliebigen Ausgangshorizont rechnerisch oder graphisch (Abb. 203) finden. Diese Höhen werden wegen der fehlerhaft angenommenen Bildneigung im allgemeinen nicht übereinstimmen. Man wiederholt deshalb das geschilderte Verfahren für zwei oder drei verschiedene Annahmen hinsichtlich des Neigungswinkels und findet dann mittels eines aus Abb. 204 leicht ersichtlichen graphischen Ver-

---

[1] Vgl. auch S. 173, Fußnote 7.

[2] Ein interessantes, wenn auch wenig übersichtliches graphisch-mechanisches Näherungsverfahren unter Benutzung der stereographischen Projektion des Gradnetzes einer Halbkugel (entsprechend den von KOHLSCHÜTTER und KOERBER eingeführten Netzen zur Auflösung sphärischer Dreiecke) hat N. G. KELL, ZS. f. Verm. 55, 1926, S. 225, angegeben. Er findet damit außer Neigung und Verkantung der Aufnahme die horizontalen Richtungen und Vertikalwinkel nach den gegebenen Punkten, aus denen sich die Standortkoordinaten rechnerisch oder graphisch ermitteln lassen. Als Vorbereitung für die exakte Orientierung der Aufnahmen in Auswertegeräten kommt dieses Verfahren, wie auch jedes andere Näherungsverfahren, praktisch nicht in Frage, vgl. S. 179 u. S. 193.

fahrens eine verbesserte Flughöhe und Neigung und damit schließlich auch eine verbesserte Standortsprojektion. Da die horizontale Richtung nach dem hauptpunktnahen Bildpunkt (Mittelstrahl) durch eine fehlerhafte Verkantung nur wenig beeinflußt wird und bei veränderter Neigung der Aufnahme deren Standortsprojektion im wesentlichen auf diesem Mittelstrahl wandert, ergibt sich die richtige Verkantung des Meßbildes durch Drehen desselben, bis der nahe der Hauptvertikalen liegende vierte Bildpunkt unter demselben Horizontalwinkel gegen den Mittelstrahl erscheint, der von den entsprechenden Richtungen in der Karte eingeschlossen wird.

b) Graphisches (Pyramiden-) Verfahren. Bei dem eben behandelten Verfahren sind aus praktischen Gründen — zur rascheren Erzielung des Ergebnisses — vier Festpunkte verwendet worden. Theoretisch genügen bei (wie hier immer vorausgesetzt wird) gegebener innerer Orientierung der Aufnahme drei bekannte, auf dem Meßbild erkennbare Punkte des Objekts (Festpunkte) zur Ermittlung der äußeren Orientierung.[1] Bezeichnet man das durch die Bildstrahlen

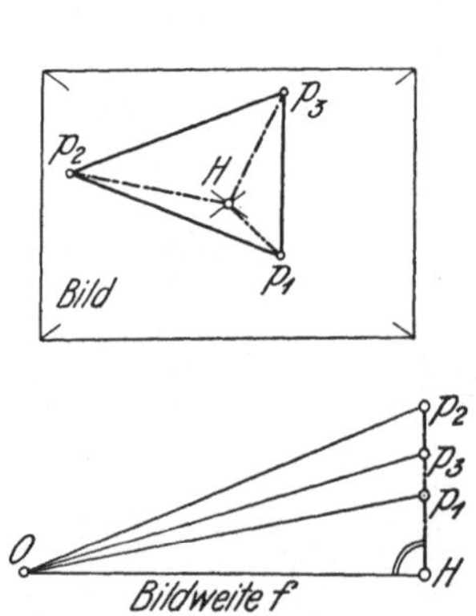

Abb. 205. Ermittlung der Kanten
der Bildpyramide

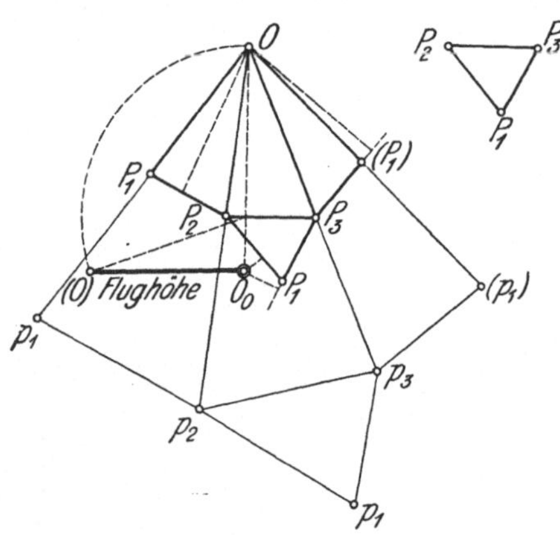

Abb. 206. Rekonstruktion der Festpunktpyramide und deren Höhe

zwischen diesen drei Bildpunkten und dem bildseitigen Objektivhauptpunkt dargestellte, in seinen Elementen (indirekt) gegebene Dreikant als „Bildpyramide", so läßt sich die vorliegende Aufgabe wie folgt formulieren: Ein durch die Bildpyramide gegebenes Dreikant ist durch eine Ebene (Festpunktebene) so zu schneiden, daß das Schnittdreieck dem Dreieck der gegebenen Objektpunkte (Festpunktdreieck) kongruent ist.[2] Die Lösung dieser Aufgabe wurde angedeutet von Finsterwalder;[3] völlig durchgeführt wurde sie von Kutta,[4] Hugershoff[5] und Lüscher.[6] Man denkt sich vorerst die Bildpyramide längs

---

[1] S. Finsterwalder, Geometr. Grundlagen usw., S. 26; K. Weigel, Öst. ZS. f. Verm. 13, 1915, S. 149.

[2] Näheres über den Charakter dieser Aufgabe (Mehrdeutigkeit, „gefährlicher Ort") s. S. 172.

[3] S. Finsterwalder, Geometr. Grundlagen usw., 1897, S. 26, vgl. auch Th. Scheimpflug, Int. Arch. f. Photogramm. 2, 1909, S. 34 und O. Koerner, Artill. Rundsch. 2, 1926, S. 149.

[4] W. Kutta, Ballonphotogrammetrie in Moedebecks Taschenb. f. Flugtechn. u. Luftfahrwes., 1. Aufl., Berlin 1904.

[5] R. Hugershoff und H. Cranz, Grundlagen d. Photogrammetrie aus Luftfahrzeugen, Stuttgart 1919.

[6] H. Lüscher, Photogrammetrie. Leipzig und Berlin 1920.

einer Seitenkante und der beiden anstoßenden Grundkanten aufgeschnitten und die Mantelflächen in die Ebene der drei Bildpunkte ausgebreitet. Zu dieser Abwicklung sind zunächst die drei Seitenkanten $Op_1$, $Op_2$ und $Op_3$ (Abb. 205) unter Benutzung der Bildpunktabstände vom Bildhauptpunkt $H$ und der Bildweite $f$ zu konstruieren. Aus den Seitenkanten und den im Bilde selbst unmittelbar gegebenen gegenseitigen Abständen der Bildpunkte findet sich ohne weiteres die Abwicklung der Bildpyramide $Op_1p_2p_3\,(p_i)$ (Abb. 206). Die Konstruktion erfolgt zweckmäßig in natürlicher Größe. Die Seitenkanten der Festpunktpyramide und damit die Spur $P_1P_2P_3\,(P_1)$ der Festpunktsebene in den Seitenflächen der Bildpyramide lassen sich durch Näherungsverfahren finden, etwa in der Weise, daß man die Kantenlänge $OP_1$ beliebig annimmt, vom Punkte $P_1$ aus — unter Verwendung eines dreispitzigen Zirkels oder eines Papierstreifens (FINSTERWALDER) — durch Bogenschlag mit den in einem beliebigen Konstruktionsmaßstab dargestellten Festpunktentfernungen $P_1P_2$, $P_2P_3$, $P_3(P_1)$ zum Punkte $(P_1)$ gelangt und das Verfahren so lange wiederholt, bis $O(P_1)$ gleich $OP_1$ ist.

Eine besonders zweckmäßige Abänderung des Annäherungsverfahrens ist das von K. FUCHS[1] (Abb. 207) angegebene. Man trägt hierzu etwa auf der Kante $OP_3$ eine beliebige gleichförmige Skala auf, von deren einzelnen durchlaufend bezifferten Punkten aus man mittels Bogenschlages mit den entsprechenden Seiten des Festpunktdreiecks weitere Skalen mit entsprechender Bezifferung auf den Kanten $O(P_1)$ und $OP_2$ erhält. Die Skalenpunkte der letzteren Einteilung werden zur Gewinnung einer weiteren Skala nach dem gleichen Verfahren auf der Kante $OP_1$ benutzt. Mit

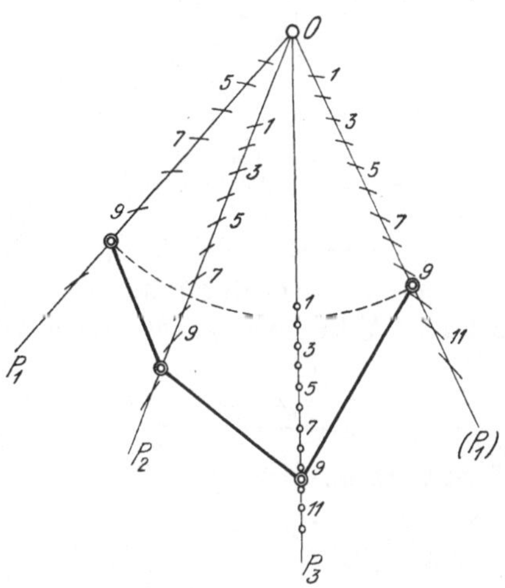

Abb. 207. Ermittlung der Kanten der Festpunktpyramide nach K. FUCHS

Hilfe eines in $O$ eingesetzten Zirkels sucht man dann diejenigen beiden Punkte auf den beiden äußeren Strahlen, denen dieselbe Skalenbezifferung zukommt. Diese Punkte, zusammen mit den ebenso bezifferten Punkten der beiden inneren Strahlen, ergeben die Spur des Festpunktdreiecks. Zweifel über die allein in Frage kommende Lösung der an sich, wie schon erwähnt, mehrdeutigen Aufgabe (die zur Skalenherstellung verwendeten Bogen schneiden ja jede Pyramidenkante im allgemeinen in jeweils zwei Punkten) entstehen bei Schrägaufnahmen, für die das Verfahren allein geeignet ist, im allgemeinen nicht, da ja das Bild die längste und kürzeste Kante meist unmittelbar erkennen läßt.

Die Rekonstruktion der eigentlichen Aufnahmedaten erfolgt nun nach bekannten Regeln der darstellenden Geometrie. Abb. 206 zeigt die Ermittlung des Standorts und der Flughöhe, zunächst unter der vereinfachenden Annahme, daß die Festpunkte gleich hoch gelegen sind, die Festpunktebene der Kartenebene also parallel ist. Der Standort $O_0$ ergibt sich dann mit Kontrolle aus den Spuren der drei zu den Festpunktentfernungen (Grundkanten) winkelrechten (Vertikal-) Ebenen durch das Aufnahmelot $OO_0$. Die Flughöhe (über der Fest-

---

[1] K. FUCHS, ZS. f. Verm. 35, 1906, S. 425.

punktebene) selbst findet sich durch Umklappen einer dieser Vertikalebenen in die Zeichenfläche. Abb. 208a zeigt die Übertragung des Bildhauptpunktes $H$ in die Festpunktebene, d. h. also die Konstruktion des Durchstoßpunktes $H_*$

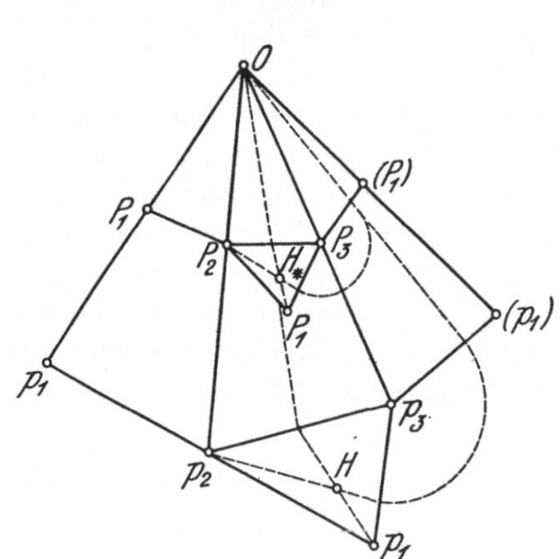

Abb. 208a. Übertragung des Bildhauptpunktes in die Festpunktebene

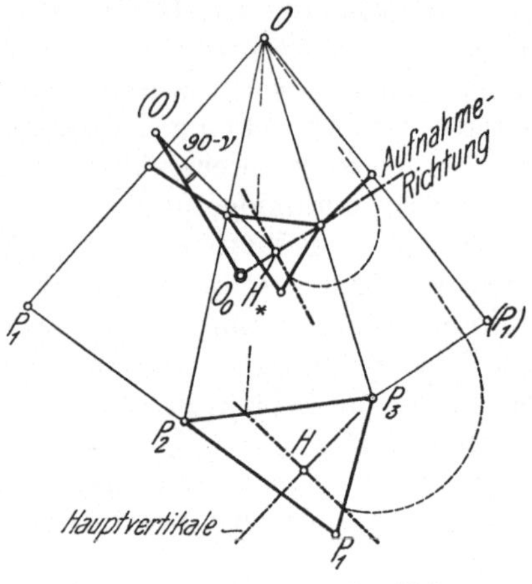


Abb. 208b. Konstruktion der Neigung, Aufnahmerichtung und Verkantung

der Kammerachse durch diese Ebene. Die Übertragung geschieht mit Hilfe der Spuren zweier durch die Kammerachse und je eine der Bildpyramidenkanten gelegten Hilfsebenen. Die Verbindungslinie von $O_0$ und $H_*$ (Abb. 208b) ergibt dann die Aufnahmerichtung, also die Spur der Hauptvertikalebene in der Kartenebene. Nach der Umklappung dieser Hauptvertikalebene findet sich im Dreieck $OO_0H_*$ als Winkel zwischen Flughöhe $OO_0$ und Kammerachse $OH_*$ die Nadirdistanz bzw. das Komplement des Neigungswinkels $v$ dieser Achse. Die Winkelrechte zur Spur $O_0H_*$ der Hauptvertikalebene entspricht der Spur der Ebene durch die Haupthorizontale (s. S. 164). Die aus der Abb. 208b leicht ersichtliche Rekonstruktion der Spuren der gleichen Ebenen in der Bildebene ergibt hier die Haupthorizontale und die Hauptvertikale, deren Winkel mit den (in der Figur nicht angegebenen) Bildmarkenverbindungslinien der Verkantung der Aufnahme entspricht.

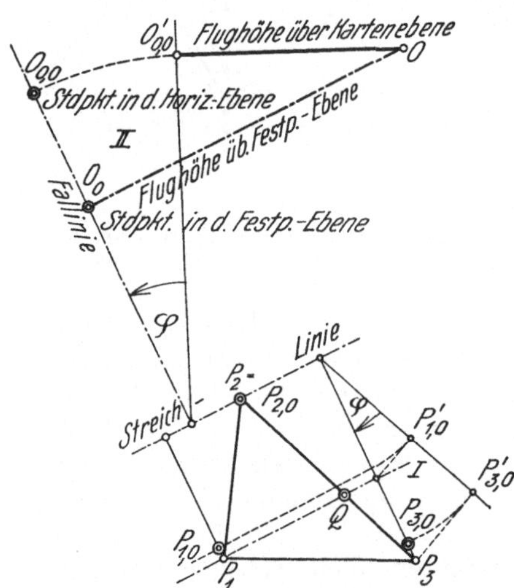


Abb. 209. Konstruktion der Standortkoordinaten bei geneigter Festpunktebene

Für den allgemeinen Fall, daß die Festpunktebene beliebig geneigt ist, sei hier nur die Rekonstruktion der Standortsprojektion und der Flughöhe beschrieben.[1] Auch beim allgemeinen Fall wird zunächst die Standortsprojektion $O_0$ auf die Festpunktebene und die Flug-

---

[1] Die Weiterführung des Verfahrens zur Ermittlung der übrigen Orientierungselemente ist so einfach, daß eine eingehende Schilderung sich hier erübrigt. Für die Praxis ist es außerdem zweckmäßiger, diese Elemente nicht graphisch, sondern optisch-mechanisch mit Hilfe des Bildmeßtheodolits zu bestimmen, nachdem aus Flughöhe und Kantenlängen die Neigungswinkel der Kanten berechnet wurden, s. S. 124.

höhe über dieser (mit der Zeichenfläche zusammenfallenden) Ebene nach dem in Abb. 206 dargestellten Verfahren konstruiert. Dann projiziert man unter Benutzung von Seitenrissen sowohl den Standpunkt als auch die Festpunkte auf die (zur Zeichenfläche geneigte) wagrechte Ebene durch den am tiefsten gelegenen der drei Festpunkte und dreht diese wagrechte Ebene in die Zeichenebene. Diese Drehung erfolgt um die Schnittgerade (Streichlinie) von Horizontal- und Festpunktebene. Die Seitenrißebenen stehen winkelrecht zur Streichlinie; ihre Spuren sind also „Fallinien". Ein Beispiel für diese Konstruktion ist in Abb. 209 wiedergegeben, in der $P_1 P_2 P_3$ das (geneigte) Festpunktdreieck und $O_0$ die nach dem in Abb. 206 angegebenen Verfahren gefundene Projektion des Standortes auf die Festpunktebene sei. Der Punkt $P_1$ soll 60 m, der Punkt $P_3$ 100 m über $P_2$ liegen. Eine durch $P_1$ gelegte Horizontallinie wird also die Seite $P_2 P_3$ des Festpunktdreiecks in einem Punkte $Q$ schneiden, für den gilt

$$P_2 Q : P_2 P_3 = 60 : 100.$$

Eine Parallele zu $P_1 Q$ durch $P_2$ gibt die erwähnte Schnittgerade von Horizontal- und Zeichen- bzw. Festpunktebene. Der Winkel $\varphi$ zwischen beiden Ebenen findet sich aus dem Seitenriß $I$ durch den Festpunkt $P_3$. Durch Antragen dieses Winkels an die Fallinie durch $O_0$ ergibt sich der Seitenriß $II$, in den man die nach dem früher geschilderten Verfahren gefundene Flughöhe $OO_0$ über der Festpunktebene einzeichnet. Das von $O$ auf die im Seitenriß $II$ enthaltenen Spur der Horizontalebene gefällte Lot $OO'_{0,0}$ ist die gesuchte Flughöhe über dieser Ebene. Durch Drehung der Horizontalebene um die durch $P_2$ gezogene Streichlinie gelangt $O'_{0,0}$ in die Lage $O_{0,0}$. Mit Hilfe des Seitenrisses $I$ werden nun die Grundrißprojektionen $P'_{1,0}$ und $P'_{3,0}$ der Festpunkte $P_1$ und $P_3$ ebenfalls in die Zeichenebene gedreht, so daß damit die gegenseitige Lage der Grundrißprojektion von Standort und Festpunkten bestimmt ist.

c) **Rechnerisches räumliches Rückwärtseinschneiden mit Winkeln.** Die in der Literatur sehr oft behandelte, heute praktisch fast bedeutungslose Methode[1] schließt sich unmittelbar an das eben geschilderte Pyramidenverfahren an. Sie geht wie dieses von den (indirekt) gegebenen Flächenwinkeln der Bild- bzw. Festpunktpyramide (Positionswinkeln) aus und gliedert sich grundsätzlich in zwei getrennte Arbeitsgänge. Diese sind im allgemeinen:[2] Ermittlung der Standortkoordinaten und Ermittlung der Neigung, Verkantung und Aufnahmerichtung.

Die Positionswinkel werden entweder aus den Bildpunktkoordinaten und der Bildweite[3] oder aus den bei beliebiger Neigung des Meßbildes im Bildmeßtheodolit beobachteten Horizontalrichtungen und Neigungswinkeln der Bildpunktstrahlen (mit Hilfe des sphärischen Cosinussatzes) berechnet.[4] Die Positionswinkel lassen sich im Bildmeßtheodolit aber auch unmittelbar beobachten, wenn man das Meßbild so verkantet, daß die jeweils in Frage kommenden beiden Bildpunkte in der Horizontalebene oder in einer Vertikalebene liegen.

---

[1] Vgl. hierzu auch O. v. GRUBER, ZS. f. Verm. 53, 1924, S. 281.

[2] Eine Ausnahme bildet ein von R. HUGERSHOFF, Int. Arch. f. Photogramm. 6, 1923, S. 90, angegebenes Verfahren, bei dem (auf Grund der vorher berechneten Kantenlängen) Neigung, Verkantung und Höhe des Standortes und dann (durch ebenes Rückwärtseinschneiden) die Lagekoordinaten desselben gefunden werden.

[3] Mit Hilfe der einfachen, geometrischen bzw. trigonometrischen Beziehungen, die sich an Hand der Abb. 205 und 206 ohne Schwierigkeit ableiten lassen; vgl. z. B. HUGERSHOFF und CRANZ, Grundlagen usw., S. 47.

[4] R. HUGERSHOFF, Int. Arch. f. Photogramm. 6, 1923, S. 90.

*a) Ermittlung der Standortskoordinaten.* 1. Indirektes Verfahren. Dieses Verfahren besteht darin, daß zunächst die Kanten der Festpunktpyramide und aus diesen erst die Raumkoordinaten des Standpunktes berechnet werden. Derartige Kantenberechnungsverfahren wurden ebenfalls sehr zahlreich angegeben; die zweckmäßigsten dürften die Verfahren von S. FINSTERWALDER und E. LIBITZKY bzw. A. HORNOCH sein. Da ihnen allen heute kaum noch eine praktische Bedeutung zukommt, so mag eine einfache Aufzählung genügen.

S. FINSTERWALDER[1] berechnet die Korrektionen zu angenommenen Näherungswerten mit Hilfe von logarithmischen Differenzen. K. FUCHS[2] beschreibt eine rein algebraische Lösung ohne Benutzung von Näherungswerten. K. FÖRG[3] gibt ein algebraisch-analytisches Verfahren mit Benutzung von logarithmischen Differenzen. Er diskutiert dabei die acht theoretisch möglichen Lösungen, zeigt, daß nur die positiven Wurzeln Lösungen ergeben, die den vorgeschriebenen Positionswinkeln entsprechen und macht eingehende Ausführungen zu der von FINSTERWALDER (vgl. S. FINSTERWALDER, Geometr. Grundlagen S. 27 und FINSTERWALDER und SCHEUFELE, Das Rückwärtseinschneiden im Raum, Sitz.-Ber. d. Bayr. Akademie d. Wiss., München 1908, S. 597) gegebenen Definition des für die Lage des Standpunktes „gefährlichen Zylinders". Dieser gefährliche Ort ist der Kreiszylinder, der durch die drei Festpunkte geht und zu ihrer Ebene winkelrecht steht. P. WERKMEISTER[4] benutzt einmal eine Reihenentwicklung nach TAYLOR und dann ein graphisch-numerisches Verfahren, bei dem er die Durchdringungskurven von Kreiswulsten konstruiert. A. KLINGATSCH[5] entwickelt ebenfalls ein graphisch-numerisches Verfahren. O. EGGERT[6] verwendet ein kombiniertes trigonometrisch-algebraisches Verfahren. F. I. MÜLLER[7] lehnt sich eng an die von FÖRG gegebene Lösung an. FR. SCHULZE[8] findet Näherungswerte der Kantenlängen nach dem schon von S. FINSTERWALDER vorgeschlagenen Verfahren. Die Korrektionen werden in ähnlicher Weise wie bei WERKMEISTER gewonnen. E. LIBITZKY[9] und A. HORNOCH[10] veröffentlichten fast gleichzeitig ein Verfahren, bei dem mit Vorteil die logarithmischen Differenzen zur Ermittlung von Korrektionen der Flächenwinkel an den Grundkanten der Pyramide benutzt werden. Ein Koordinatenberechnungsverfahren mit der Kenntnis der Kantenlängen der Festpunktpyramide als Voraussetzung, hat zuerst K. FÖRG[11] ausführlich dargestellt (Berechnung des Fußpunktes, der Länge und der Richtungscosinus der Tetraederhöhe, aus welchen Werten leicht die Raumkoordinaten des Standortes folgen). R. HUGERSHOFF[12] berechnet die Korrektionen für Nähe-

---

[1] Geometr. Grundl. d. Photogrammetrie, 1897. Die Methode ist ausführlich dargestellt in HUGERSHOFF und CRANZ, Grundlagen usw.

[2] K. FUCHS, ZS. f. Verm. 35, 1906, S. 425.

[3] K. FÖRG, Die Bestimmung des Standpunkts u. d. äuß. Orientierungselemente, Nürnberg 1909.

[4] P. WERKMEISTER, Int. Arch. f. Photogramm. 5, 1915, S. 42.

[5] A. KLINGATSCH, Int. Arch. f. Photogramm 5, 1916, S. 105.

[6] O. EGGERT, ZS. f. Verm. 54, 1925, S. 203.

[7] F. I. MÜLLER, Allg. Verm.-Nachr. 37, 1925, S. 249ff. Die Bezeichnung „exakt" ist hier insofern irreführend, als selbstverständlich auch die von Näherungswerten ausgehenden Methoden die erforderlichen Korrektionen mit jeder beliebigen Genauigkeit bestimmen lassen.

[8] FR. SCHULZE, Bildmess. u. Luftbildwes. 2, 1927, S. 69ff.

[9] E. LIBITZKY, ZS. f. Verm. 57, 1928, S. 369ff.

[10] A. HORNOCH, Allg. Verm.-Nachr. 40, 1928.

[11] Vgl. Anm. 3 auf dieser Seite.

[12] HUGERSHOFF und CRANZ, Grundlagen d. Photogramm. a. Luftfahrzeugen, 1919.

rungswerte der Raumkoordinaten mit Hilfe einer Reihenentwicklung. O. Eggert[1] berechnet sphärisch-trigonometrisch Richtung und Neigungswinkel einer Kante, d. h. also die Polarkoordinaten und aus ihnen die rechtwinkligen Koordinaten des Standortes. F. I. Müller[2] gibt im wesentlichen eine Wiederholung der Förgschen Methode. Fr. Schulze[3] löst die Aufgabe analytisch-geometrisch und sphärisch-trigonometrisch mit Hilfe einer besonderen Projektionsebene parallel zur Bildebene. E. Libitzky[4] findet die Raumkoordinaten aus den Richtungscosinus einer Pyramidenkante, während A. Hornoch[5] ähnlich wie Eggert verfährt, dabei aber als Bezugsrichtung nicht die Vertikale, sondern die Streichlinie des Festpunktdreiecks benutzt.

2. Direktes Verfahren. Bei diesem Verfahren werden ohne vorherige Berechnung der Pyramidenkanten die Raumkoordinaten des Standpunktes unmittelbar aus den Positionswinkeln gefunden. Ein solches Verfahren wurde von R. Hugershoff[6] angegeben. Er geht von Näherungswerten $\xi \eta \zeta$ der Raumkoordinaten $x_0 y_0 z_0$ des Standpunktes aus und berechnet aus diesen und ihren drei (unbekannten) Korrektionen $\Delta\xi \Delta\eta \Delta\zeta$ zusammen mit den bekannten Koordinaten $xyz$ der Festpunkte $P_1 P_2 P_3$ zunächst die Kantenlängen $l_1 l_2 l_3$:

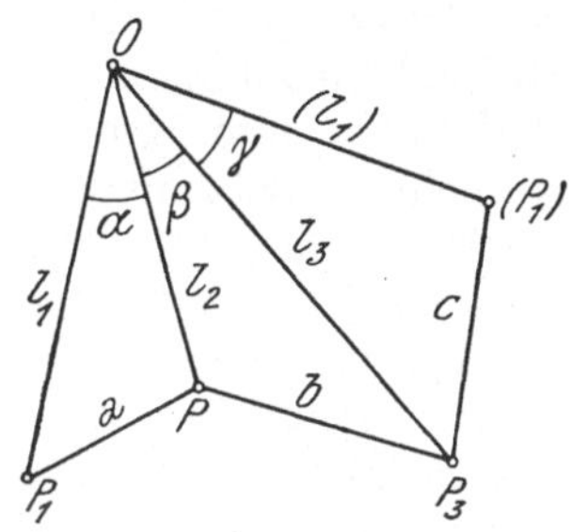

Abb. 210. Rückwärtseinschneiden mit Winkeln

$$l_1{}^2 = (\xi + \Delta\xi - x_1)^2 + (\eta + \Delta\eta - y_1)^2 + (\zeta + \Delta\zeta - z_1)^2$$
$$l_2{}^2 = (\xi + \Delta\xi - x_2)^2 + (\eta + \Delta\eta - y_2)^2 + (\zeta + \Delta\zeta - z_2)^2 \qquad (1)$$
$$l_3{}^2 = (\xi + \Delta\xi - x_3)^2 + (\eta + \Delta\eta - y_3)^2 + (\zeta + \Delta\zeta - z_3)^2$$

Bezeichnet man die Pyramidengrundkanten (Festpunktentfernungen) $P_1 P_2$ mit a, $P_2 P_3$ mit b und $P_3 P_1$ mit c, die entsprechenden Flächenwinkel (Positionswinkel) der Pyramide mit $\alpha$, $\beta$, $\gamma$, so ergeben sich die folgenden Beziehungen (vgl. Abb. 210):

$$l_1{}^2 + l_2{}^2 - 2\,l_1 l_2 . \cos\alpha = a^2$$
$$l_2{}^2 + l_3{}^2 - 2\,l_2 l_3 . \cos\beta = b^2 \qquad (2)$$
$$l_3{}^2 + l_1{}^2 - 2\,l_3 l_1 . \cos\gamma = c^2$$

Bei wiederholter Anwendung der Taylorschen Entwicklung erhält man aus (1) sowohl die Glieder $l_1{}^2 l_2{}^2 l_3{}^2$ als auch die Glieder $2\,l_1 l_2 \cos\alpha$, $2\,l_2 l_3 \cos\beta$, $2\,l_3 l_1 \cos\gamma$ als lineare Funktionen der Korrektionen $\Delta\xi \Delta\eta \Delta\zeta$. Setzt man diese Funktionen in (2) ein, so ergeben sich drei lineare Bestimmungsgleichungen für die unbekannten Korrektionen. Weitere Einzelheiten sind aus der angeführten Quelle zu ersehen.

$\beta)$ *Ermittlung der Neigung, Kantung und Aufnahmerichtung.*[7] Nachdem

---

[1] Vgl. S. 172, Anm. 6.

[2] Vgl. S. 172, Anm. 7.

[3] Vgl. S. 172, Anm. 8.

[4] Vgl. S. 172, Anm. 9.

[5] Vgl. S. 172, Anm. 10.

[6] Vgl. S. 172, Anm. 12.

[7] An dieser Stelle sei noch auf ein von F. v. Dalwigk, Sitzungsber. d. bayr. Akademie d. Wiss., München 1919, angegebenes Verfahren hingewiesen, das nach Ermittlung der Standortkoordinaten gestattet, ohne Kenntnis der Neigung und Verkantung der Aufnahme die Richtungen nach beliebigen abgebildeten Objektpunkten zu konstruieren. Das Verfahren ist durch Einführung des Bildmeßtheodolits praktisch überholt.

bereits K. Förg[1] an Hand einfacher geometrischer Betrachtungen die angegebenen Elemente der äußeren Orientierung gefunden hatte, haben dann R. Hugershoff,[2] P. Werkmeister[3] und O. Eggert[4] mit Hilfe von sphärisch-trigonometrischen Entwicklungen, teilweise unter Benutzung von Näherungswerten der gesuchten Größen, die gleiche Aufgabe gelöst. Ein von F. I. Müller[5] beschriebenes Verfahren zeigt große Ähnlichkeit mit der Förgschen Methode. Eine besonders schöne Lösung fand E. Libitzky,[6] indem er zunächst die Richtungscosinus der optischen Achse der Kammer bestimmte.

Allen diesen rechnerischen Methoden praktisch vorzuziehen ist das von R. Hugershoff[7] eingeführte optisch-mechanische Verfahren, bei dem das Meßbild im Bildmeßtheodolit so lange geneigt und verkantet wird, bis die drei Bildpunkte unter den aus den Standortskoordinaten berechneten Tiefenwinkeln erscheinen. Bei genügender Beachtung des Umstandes, daß bei nahe der Hauptvertikalen liegenden Bildpunkten ein Kantungsfehler wenig Einfluß auf die Neigung der Bildstrahlen hat, kommt man sehr rasch zu den gesuchten Orientierungselementen.

d) Rechnerisches räumliches Rückwärtseinschneiden nach Richtungen. Im Gegensatz zum Rückwärtseinschneiden nach Winkeln gestattet das Rückwärtseinschneiden nach Richtungen, wenigstens in seiner zweckmäßigsten Form, die unmittelbare und gleichzeitige Bestimmung sämtlicher sechs Orientierungselemente. Das Richtungsverfahren ist also aus diesem Grunde dem Winkelverfahren im allgemeinen vorzuziehen. Außerdem besteht die Möglichkeit, das Rückwärtseinschneiden nach Richtungen, worauf zuerst O. v. Gruber[8] hinwies, grundsätzlich sowohl für Schrägaufnahmen als auch für Senkrechtaufnahmen anzuwenden.[9] In der phototopographischen Praxis hat sich das rechnerische Richtungsverfahren allerdings ebensowenig eingebürgert, wie sich das Winkelverfahren darin behaupten konnte; beide Verfahren sind hier durch die der Einzelorientierung überlegene, für Senkrecht- und Steilaufnahmen besonders wichtige gemeinsame Orientierung zusammengehöriger Bildpaare verdrängt worden, die in den früher beschriebenen Auswertegeräten auf optisch-mechanischem Wege vorgenommen wird (vgl. S. 183).

Mit Rücksicht darauf, daß das Richtungsverfahren auch die für die topographische Praxis zwar unwirtschaftliche, theoretisch aber interessante rechnerische Durchführung dieser paarweisen Bildorientierung gestattet,[10] soll es

---

[1] Vgl. S. 172, Anm. 3.

[2] R. Hugershoff und H. Cranz, Grundlag. d. Photogramm. usw.

[3] P. Werkmeister, Öst. ZS. f. Verm. 20, 1922, S. 16ff.

[4] O. Eggert, ZS. f. Verm. 54, 1925, S. 203.

[5] Vgl. S. 172, Anm. 7.

[6] Vgl. S. 172, Anm. 9.

[7] R. Hugershoff und H. Cranz, Grundlag. d. Photogramm. usw., S. 67.

[8] O. v. Gruber, ZS. f. Verm. 53, 1924, S. 288, und: Einfache und Doppelpunkteinschaltung im Raum, Jena 1924. Zur Verwendung bei Senkrechtaufnahmen ist einfach eine Koordinatenvertauschung vorzunehmen, wobei die aus Seiten- und Höhenachse des Kartierungsgerätes gebildete Ebene als Horizontalebene, die Abstandsachse aber als Höhenachse angenommen wird, während zugleich die Verkantung des Meßbildes zum Winkel seiner Markenlinien gegen die Schnittlinie des Meßbildes mit der aus Seiten- und Abstandsachse gebildeten Ebene wird. Die Verkantung hat hier also den Charakter einer azimutalen Orientierung.

[9] Diese Möglichkeit kann freilich praktisch zur Orientierung von Einzelaufnahmen im allgemeinen nicht ausgenützt werden, da sich bei Senkrechtaufnahmen der Standort meist nahe dem gefährlichen Zylinder (S. 172) befindet.

[10] O. v. Gruber, ZS. f. Verm. 53, 1924, S. 288.

an Hand eines Beispieles ausführlicher dargestellt werden. Das Verfahren geht von Näherungswerten aus und zwar im allgemeinen für sämtliche der sechs Orientierungselemente; aus den drei Bildern der für die Orientierung ausreichenden drei Festpunkte werden dann gewöhnlich die drei horizontalen und drei vertikalen Richtungen nach diesen Punkten, entweder mittels der zu messenden Bildpunktkoordinaten oder unmittelbar durch Beobachtung im Bildmeßtheodolit, bestimmt. Jede dieser Richtungsmessungen gestattet in Verbindung mit den gegebenen Festpunktkoordinaten und den sechs mit ihren Korrektionen versehenen genäherten Orientierungselementen die Aufstellung von sechs Bestimmungsgleichungen[1] für diese Korrektionen. Die verschiedenen veröffentlichten Verfahren unterscheiden sich durch die Art der Richtungsgewinnung und der Aufstellung der Bestimmungsgleichungen.[2] Der Begründer der Methode FR. PFEIFFER[3] verwendet die aus den Bildpunktkoordinaten bestimmten Horizontalrichtungen und Aufrißprojektionen der Vertikalwinkel, während O. v. GRUBER direkte Beziehungen zwischen Festpunkt- und Bildpunktkoordinaten herstellt.[4] A. SCHLÖZER[5] führte als erster[6] das Verfahren mit unmittelbar im Bildmeßtheodolit beobachteten Richtungen vollständig durch.

Eigene Wege geht H. MARCHAND[7] auch insofern, als er die Richtungen der Bildstrahlen gegen die Kammerachse mißt; damit wird das Verfahren allerdings wenig übersichtlich und es entfällt der Vorteil der gleichzeitigen Bestimmung aller sechs Orientierungselemente.

Neben seinem eben erwähnten Richtungsverfahren mit den Bildpunktkoordinaten als Ausgangswerten hat O. v. GRUBER gleichzeitig[8] eine Methode zum Rückwärtseinschneiden nach im Bildmeßtheodolit gemessenen Richtungswinkeln angegeben, die sich von der SCHLÖZERschen Methode durch den Aufbau der Bestimmungsgleichungen vorteilhaft unterscheidet und die als zweckmäßigstes aller Richtungsverfahren bezeichnet werden muß (Methode der Punktprojektionen). O. v. GRUBER berechnet aus den gegebenen Näherungswerten der Standortkoordinaten mitsamt ihren (zunächst unbekannten) Korrektionen,

---

[1] Einfaches räumliches Rückwärtseinschneiden; bei Benutzung von mehr als drei (n) Festpunkten ergeben sich (hier) 2 n „Fehlergleichungen", deren Weiterbehandlung nach der Methode der kleinsten Quadrate zu „ausgeglichenen" Orientierungselementen und deren mittleren Fehlern führt. Diesem „mehrfachen" Rückwärtseinschneiden ist in der Literatur wiederholt eine größere Bedeutung beigelegt worden als ihm in der Praxis zukommt. Beispiele für das mehrfache Rückwärtseinschneiden geben S. FINSTERWALDER und W. SCHEUFELE, Sitzungsber. d. bayer. Akad. d. Wiss., München 1903, R. HUGERSHOFF und H. CRANZ, Grundlagen usw., Stuttgart 1919, und A. SCHLÖZER, ZS. f. Verm. 53, 1924, S. 1ff. An dieser Stelle mögen auch die fehlertheoretischen Untersuchungen von R. HUGERSHOFF (a. a. O.) und P. SAMEL und N. SCHOLLMEYER, ZS. f. Verm. 50, 1921, S. 97, über den Rückwärtseinschnitt erwähnt werden.

[2] Vgl. hierzu O. v. GRUBER, ZS. f. Verm. 53, 1924, S. 281.

[3] FR. PFEIFFER, Sitzungsber. d. Heidelberg. Akad. 1919, 15. Abh.

[4] O. v. GRUBER, Einfache und Doppelpunkteinschaltung im Raum. Jena 1924.

[5] A. SCHLÖZER, ZS. f. Verm. 53, 1924, S. 1 und S. 98, vgl. hierzu auch ebenda S. 286.

[6] Bereits vorher (1919 bzw. 1921) hatten C. PULFRICH und T. FISCHER einen Versuch zu einem solchen Verfahren veröffentlicht. Die darin enthaltenen Fehler wurden richtig gestellt von O. EGGERT (Rückwärtseinschneiden im Raum, ZS. f. Verm. 49 1920). Einen Ausbau des FISCHERschen Versuches schlug FR. MANEK vor: Int. Arch. f. Photogramm. 6, 1923, S. 130.

[7] H. MARCHAND, Die Orientierung von Senkrechtaufnahmen i. d. Photogrammetrie, Stuttgart 1922.

[8] Vgl. S. 174, Anm. 8.

den aus dem (genähert orientierten) Meßbild entnommenen Richtungen nebst Korrektionen und den Höhenkoordinaten der Festpunkte, die Abszissen und Ordinaten der letzteren. Er erhält also die sechs Lagekoordinaten der drei Festpunkte, die den gegebenen Lagekoordinaten gleich sein müssen; es ergeben sich somit sechs Bestimmungsgleichungen für die sechs unbekannten Korrektionen.

Im einzelnen kann man diese Methode in folgender Weise darstellen. An Hand der Abb. 211 läßt sich leicht die folgende Gleichung zunächst für die Abszisse $x_i$ eines gegebenen Festpunktes $P_i$ ableiten, nämlich

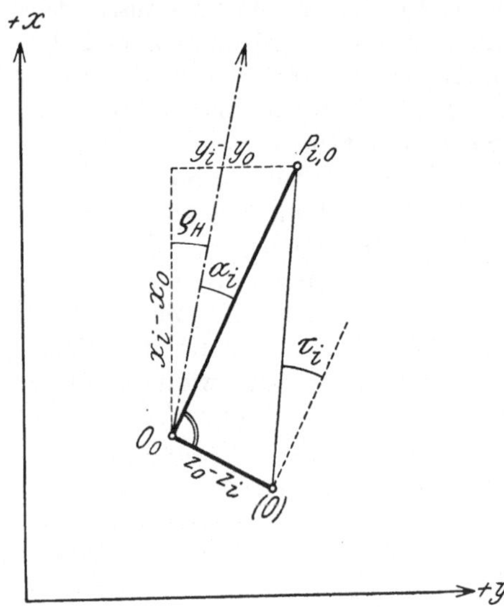


Abb. 211. Rückwärtseinschneiden mit Richtungen

$$x_i = x_0 + \frac{z_0 - z_i}{\operatorname{tg} \tau_i} \cdot \cos (\varrho_H + \alpha_i) \quad (1)$$

Setzt man an Stelle der unbekannten Werte der Standortkoordinaten $x_0\,y_0\,z_0$, der Aufnahmerichtung $\varrho_H$, der horizontalen und vertikalen Richtungen $a_i$ bzw. $\tau_i$ nach dem Festpunkt Näherungswerte[1] und die zugehörigen (unbekannten) Korrektionen derselben, nämlich

$$x_0 = [x_0] + \varDelta x$$
$$y_0 = [y_0] + \varDelta y$$
$$z_0 = [z_0] + \varDelta z$$
$$\varrho_H = [\varrho_H] + \varDelta \varrho$$
$$a_i = [a_i] + \varDelta a$$
$$\tau_i = [\tau_i] + \varDelta \tau$$

so ergibt sich aus (1) — mit Beschränkung auf die Glieder I. Ordnung — die folgende Beziehung

$$\varDelta x + \frac{\cos ([\varrho_H] + [a_i])}{\operatorname{tg} [\tau_i]} \cdot \varDelta z - \frac{[z_0] - z_i}{\operatorname{tg} [\tau_i]} \cdot \sin ([\varrho_H] + [a_i]) \cdot \varDelta \varrho - \frac{[z_0] - z_i}{\operatorname{tg} [\tau_i]} \cdot$$
$$\cdot \sin ([\varrho_H] + [a_i]) \cdot \varDelta a - \frac{[z_0] - z_i}{\sin^2 [\tau_i]} \cdot \cos ([\varrho_H] + [a_i]) \cdot \varDelta \tau + [x_0] + \frac{[z_0] - z_i}{\operatorname{tg} [\tau_i]} \cdot$$
$$\cdot \cos ([\varrho_H] + [a_i]) - x_i = 0$$

Aus der Abb. 211 lassen sich zweckmäßige Umformungen der Koeffizienten ableiten, mit denen die vorige Beziehung die folgende Form annimmt

$$\varDelta x + \frac{x_i - [x_0]}{[z_0] - z_i} \cdot \varDelta z - (y_i - [y_0]) \cdot \varDelta \varrho - (y_i - [y_0]) \cdot \varDelta a - \frac{2\,(x_i - [x_0])}{\sin 2\,[\tau_i]} \cdot \varDelta \tau +$$
$$+ [x_0] + \frac{[z_0] - z_i}{\operatorname{tg} [\tau_i]} \cdot \cos ([\varrho_H] + [a_i]) - x_i == 0 \qquad (1')$$

Ihr entsprechend läßt sich für die Ordinate $y_i$ des Festpunktes $P_i$ angeben

$$\varDelta y + \frac{y_i - [y_0]}{[z_0] - z_i} \cdot \varDelta z + (x_i - [x_0])\,\varDelta \varrho + (x_i - [x_0])\,\varDelta a - \frac{2\,(y_i - [y_0])}{\sin 2\,[\tau_i]} \cdot \varDelta \tau +$$
$$+ [y_0] + \frac{[z_0] - z_i}{\operatorname{tg} [\tau_i]} \cdot \sin ([\varrho_H] + [a_i]) - y_i = 0 \qquad (2')$$

---

[1] Für die Richtungen sind diese Näherungswerte die im Bildmeßtheodolit bei angenommener Neigung und Verkantung gemachten Beobachtungen.

Bezeichnet man die Koeffizienten der Abszissengleichung mit $a'\,b'\,c'$, die der Ordinatengleichung mit $a''\,b''\,c''$ und die entsprechenden Absolutglieder mit $l'$ bzw. $l''$, so erhält man

$$\varDelta x + a'\,\varDelta z + b'\,\varDelta \varrho + b'\,\varDelta a + c'\,\varDelta \tau + l' = 0 \qquad (1'')$$

$$\varDelta y + a''\,\varDelta z + b''\,\varDelta \varrho + b''\,\varDelta a + c''\,\varDelta \tau + l'' = 0 \qquad (2'')$$

Nun sind sowohl $\varDelta a$ als auch $\varDelta \tau$ abhängig von den unbekannten Korrektionen $\varDelta \nu$ und $\varDelta \varkappa$ einer angenommenen Neigung $[\nu]$ bzw. Kantung $[\varkappa]$; in genügender Annäherung kann man setzen

$$\left.\begin{aligned} \varDelta a &= m.\varDelta \nu + n.\varDelta \varkappa \\ \varDelta \tau &= p.\varDelta \nu + q.\varDelta \varkappa \end{aligned}\right\} \qquad (3)$$

Die Verbindung von (3) mit (1'') und (2'') gibt zwei Gleichungen mit sechs Unbekannten, die also aus den für drei gegebene Punkte aufzustellenden sechs Gleichungen berechnet werden können. Die Koeffizienten $m$ und $n$ bzw. $p$ und $q$ sind natürlich Funktionen von $\nu$, $a_i$ und $\tau_i$; sie abzuleiten[1] ist nicht nötig, da wir ihrer rechnerischen Ermittlung die unmittelbare Beobachtung im Bildmeßtheodolit vorziehen, mit dem wir ja doch die Richtungen $[a_i]$ und $[\tau_i]$ beobachten müssen. Werden nämlich die Korrektionen $\varDelta \nu$ und $\varDelta \varkappa$ in Bogenminuten ausgedrückt, so sind $m$ und $n$ bzw. $p$ und $q$ die entsprechenden Änderungen der horizontalen Richtungen $a_i$ bzw. der vertikalen Richtungen $\tau_i$ für eine Änderung der Neigung und Verkantung um je eine Bogenminute.

Beispiel. Gegebene Koordinaten in Metern

| Festpkt. | $x$ | $y$ | $z$ |
|---|---|---|---|
| | m | m | m |
| 1 | — 80 858,5 | — 47 374,5 | + 603,1 |
| 2 | — 80 910,0 | — 49 143,5 | + 640,1 |
| 3 | — 78 577,0 | — 49 323,5 | + 678,3 |

Angenommene Näherungswerte

$$[x_0] = -\,83\,800 \text{ m}$$
$$[y_0] = -\,47\,100 \text{ m}$$
$$[z_0] = +\,2\,550 \text{ m}$$
$$[\varrho_H] = 340^0$$
$$[\nu] = 30^0$$
$$[\varkappa] = 0^0$$

Die Beobachtungsergebnisse im Bildmeßtheodolit sind:

| Pkt. Nr. | | Angenommene Kantung $[\varkappa] = 0^0$ | | Einfluß einer Neigungsänderung von $1'$ | Kantung $\varkappa = +1^0$ Neigung $\nu = 31^0$ | Einfluß einer Kantungsänderung von $1'$ |
|---|---|---|---|---|---|---|
| | | Neigung $[\nu] = 30^0$ | Neigung $[\nu] = 31^0$ | | | |
| 1 | $[a_1]$ | $14^0\,22',6$ | $14^0\,26',0$ | $m = +\,0',057$ | $14^0\,30',4$ | $n = +\,0',073$ |
| | $[\tau_1]$ | $33^0\,27',2$ | $34^0\,24',0$ | $p = +\,0',95$ | $34^0\,11',7$ | $q = -\,0',21$ |
| 2 | $[a_2]$ | $-\,15^0\,43',2$ | $-\,15^0\,52',0$ | $m = +\,0',15$ | $-\,15^0\,54',2$ | $n = +\,0',037$ |
| | $[\tau_2]$ | $28^0\,50',9$ | $29^0\,48',7$ | $p = +\,0',96$ | $30^0\,02',6$ | $q = +\,0',23$ |
| 3 | $[a_3]$ | $-\,3^0\,41',4$ | $-\,3^0\,41',0$ | $m = -\,0',007$ | $-\,3^0\,52',0$ | $n = +\,0',183$ |
| | $[\tau_3]$ | $18^0\,33',2$ | $19^0\,38',9$ | $p = +\,1',012$ | $19^0\,38',3$ | $q = +\,0',073$ |

---

[1] Vgl. z. B. A. Schlözer, a. a. O.

Mit diesen Werten ergeben sich zunächst folgende sechs Gleichungen

$$\left.\begin{array}{l}
\Delta x + 1{,}51.\,\Delta z +\;\;\; 274.\,\Delta \varrho -\;\; 6060.\,\Delta v + 1363.\,\Delta \varkappa -\;\;\;\; 9{,}2 = 0 \\
\Delta y - 0{,}14.\,\Delta z + 2942.\,\Delta \varrho +\;\;\; 735.\,\Delta v +\;\; 89.\,\Delta \varkappa -\;\; 14{,}2 = 0 \\
\Delta x + 1{,}51.\,\Delta z + 2044.\,\Delta \varrho -\;\; 6258.\,\Delta v - 1497.\,\Delta \varkappa -\;\; 75{,}1 = 0 \\
\Delta y - 1{,}07.\,\Delta z + 2890.\,\Delta \varrho +\;\; 5075.\,\Delta v + 1219.\,\Delta \varkappa +\;\; 19{,}3 = 0 \\
\Delta x + 2{,}79.\,\Delta z + 2224.\,\Delta \varrho - 17538.\,\Delta v -\;\; 857.\,\Delta \varkappa - 116{,}3 = 0 \\
\Delta y - 1{,}19.\,\Delta z + 5223.\,\Delta \varrho +\;\; 7425.\,\Delta v + 1494.\,\Delta \varkappa -\;\; 17{,}1 = 0
\end{array}\right\} \text{(I)}$$

Durch Elimination von $\Delta x$ und $\Delta y$ finden sich hieraus die vier Gleichungen

$$\left.\begin{array}{l}
\qquad\qquad\; - 1770.\,\Delta \varrho +\;\;\; 198.\,\Delta v + 2860.\,\Delta \varkappa +\;\; 65{,}9 = 0 \\
- 1{,}28.\,\Delta z - 1950.\,\Delta \varrho + 11478.\,\Delta v + 2220.\,\Delta \varkappa + 107{,}1 = 0 \\
+ 0{,}93.\,\Delta z +\;\;\; 52.\,\Delta \varrho -\;\; 4340.\,\Delta v - 1130.\,\Delta \varkappa -\;\; 33{,}5 = 0 \\
+ 1{,}05.\,\Delta z - 2281.\,\Delta \varrho -\;\; 6690.\,\Delta v - 1405.\,\Delta \varkappa +\;\;\; 2{,}9 = 0
\end{array}\right\} \text{(II)}$$

deren Auflösung ergibt

$$\begin{aligned}
\Delta z &= + 8{,}5 \\
\Delta \varrho &= + 0{,}020 \;(= + 1^0\,09') \\
\Delta v &= - 0{,}003 \;(= - 0^0\,10') \\
\Delta \varkappa &= - 0{,}010 \;(= - 0^0\,34')
\end{aligned}$$

Durch Einsetzen dieser Werte in zwei der Gleichungen des Systems (I) erhält man

$$\begin{aligned}
\Delta x &= - 13{,}1 \text{ m} \\
\Delta y &= - 40{,}7 \text{ m}
\end{aligned}$$

und schließlich die endgültigen[1] Werte der gesuchten Orientierungselemente

$$\begin{aligned}
x_0 &= - 83\,800 - 13{,}1 & &= - 83\,813{,}1 \text{ m} \\
y_0 &= - 47\,100 - 40{,}7 & &= - 47\,140{,}7 \text{ m} \\
z_0 &= +\;\; 2550 +\;\; 8{,}5 & &= +\;\; 2558{,}5 \text{ m} \\
\varrho_H &= \quad\;\; 340^0 + 1^0\,09' & &= 341^0\,09' \\
v &= \quad\;\; 30^0 - 0^0\,10' & &= 29^0\,50' \\
\varkappa &= \quad\;\;\;\; 0^0 - 0^0\,34' & &= - 0^0\,34'
\end{aligned}$$

e) Optisch-mechanische Orientierung in Auswertegeräten. Das Verfahren beruht im wesentlichen darauf, daß man die in Auswertegeräten unmittelbar (Entzerrungsgeräte, Doppelprojektoren) oder mittelbar (mechanische Auswertegeräte) erzeugten orthogonalen Projektionen der gegebenen Festpunkte mit deren Kartenlage vergleicht und die Orientierung des Projektors bzw. Bildhalters zur Projektionsebene systematisch so ändert, daß die auftretenden Lagedifferenzen entsprechender Punkte zum Verschwinden gebracht werden. Das zuerst bei der Bildentzerrung, und zwar von Th. Scheimpflug angewandte Verfahren wurde von diesem als „Methode der optischen Koinzidenz"[2] bezeichnet. Ausführliche Darstellungen des speziell bei Entzerrungsgeräten zweckmäßigen Arbeitsganges zur Herbeiführung dieser Koinzidenz gaben S. Finsterwalder[3] und O. v. Gruber[4][5], der das Verfahren „Methode der Punktprojektionen" nannte. O. v. Gruber[6] und R. Hugershoff[7] veröffent-

---

[1] Eine nochmalige Durchrechnung des Beispiels mit diesen Werten als Näherung ergibt keine wesentliche Änderung der Resultate.

[2] Th. Scheimpflug, Die Herstell. v. Karten u. Plänen auf photogr. Wege, Wien 1907, u. a. a. O.

[3] S. Finsterwalder, Sitzungsber. d. bayer. Akad. d. Wiss., München 1915, S. 67.

[4] O. v. Gruber, ZS. f. I. 42, 1922, S. 161.

[5] O. v. Gruber, Int. Arch. f. Photogramm. 6, 1923, S. 112.

[6] Vgl. Anm. 5 auf dieser Seite.

[7] R. Hugershoff, Int. Arch. f. Photogramm. 6, 1923, S. 89.

lichten dann gleichzeitig derartige Verfahren für die Orientierung von Einzelbildern im Stereoplanigraphen bzw. Autokartographen.

Die optisch-mechanische Orientierung, die wegen der verhältnismäßig
geringen dafür erforderlichen Zeit allen rechnerischen Orientierungsverfahren
überlegen ist, kann wie das Rückwärtseinschneiden nach Richtungen ebensowohl
für Schrägaufnahmen als auch für Steil- und Senkrechtaufnahmen verwandt
werden. Bei letzteren ist aber auch sie wegen der Nähe des Standortes am gefährlichen Zylinder mit Unsicherheiten behaftet, die allerdings auf die Lagegenauigkeit bei Entzerrungen ohne Einfluß sind.

Das zweckmäßigste, von O. v. GRUBER zuerst veröffentlichte, hier mit
einigen Abänderungen wiedergegebene Einpaßverfahren besteht in der Hauptsache darin, daß man die Bilder der gegebenen (drei) Festpunkte $ABC$ bei verschiedenen Werten der Orientierungselemente in die Kartenebene orthogonal
projiziert, wobei jedesmal (falls Doppelprojektoren oder mechanische Kartierungsgeräte verwendet werden) die Höhenmeßeinrich-
tung, entsprechend den jeweiligen Festpunkthöhen,
einzustellen ist. Man kartiert zunächst die drei
Punkte unter den angenommenen Näherungswerten
$(z)\,(v)\,(\varkappa)$ der Flughöhe, Neigung und Verkantung
und erhält so das Dreieck $(A)\,(B)\,(C)$. Dann
projiziert man unter Beibehaltung von $(z)$ und
$(\varkappa)$, aber mit $(v) + \varDelta\,v$, wonach sich das Dreieck
$A_v\,B_v\,C_v$ ergibt. Endlich erfolgt die Projektion
mit den ursprünglichen Werten $(z)$ und $(v)$ aber
unter der Kantung $(\varkappa) + \varDelta\,\varkappa$; das Ergebnis ist
das Dreieck $A_\varkappa\,B_\varkappa\,C_\varkappa$. Hierauf vergrößert oder
verkleinert man (durch Parallelverschieben der
Seiten $B_i\,C_i$) die Dreiecke so, daß

$$(A)\,(B) = A_v\,B_v = A_\varkappa\,B_\varkappa = A_0\,B_0$$

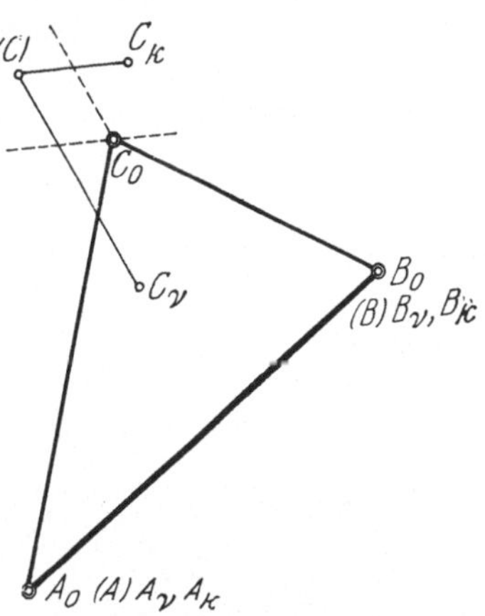

Abb. 212.   Optisch-mechanische
Orientierung eines Einzelbildes
(Koinzidenzverfahren)

also gleich der Grundrißprojektion der entsprechenden Festpunktsdreiecksseite wird. Denkt man
sich alle vier Dreiecke so übereinander gelegt, daß sich die Seiten $A_i\,B_i$
decken, so ergibt sich die in Abb. 212 dargestellte Punktgruppierung,
in der $(C)\,C_v$ nach Größe und Richtung den Einfluß einer Neigungsänderung
um $\varDelta\,v$ und $(C)\,C_\varkappa$ den Einfluß einer Kantungsänderung um $\varDelta\,\varkappa$ auf die orthogonale Projektion darstellt. Falls diese Änderung beispielsweise je $1^0$ betrug,
ist aus der Abbildung sofort abzulesen, daß die angenommene Näherung $(v)$
um 20′ und $(\varkappa)$ um 30′, und zwar (hier) im Sinne der Einstellung von $\varDelta\,v$ und $\varDelta\,\varkappa$
zu ändern sind. Nach Einstellung dieser Änderungen wiederholt man die Kar-
tierung des Festpunktdreiecks und ändert dabei den Kartenmaßstab [d. h. die
angenommene Flughöhe $(z)$] so lange, bis die Seite $AB$ die vorgeschriebene Länge
$A_0\,B_0$ hat.

Das Verfahren führt sehr rasch zu guten Näherungswerten. Längere Zeit
erfordert lediglich die letzte Feinorientierung. Der von verschiedenen Seiten
gemachte und immer wiederholte Vorschlag zum Bau von Sonderinstrumenten
zur Beschaffung von Näherungswerten der Orientierungselemente, um die eigentlichen Auswertegeräte zu „entlasten“, ist deshalb gegenstandslos.

Der Orientierungsvorgang von Senkrecht- oder Steilaufnahmen in Ent-
zerrungsgeräten ist wenigstens bei solchen, in denen der Projektionstisch um zwei
Achsen geneigt werden kann (Haupt- und Querneigung), völlig der gleiche.
Wegen der hier sehr einfachen Maßstabsänderung wird man aber jetzt die Fest-

punktsfiguren nicht getrennt zeichnen und nachträglich proportional vergrößern oder verkleinern, sondern wird nach jeder Änderung der Haupt- bzw. Querneigung des Projektionstisches die Figurenseite $A_i B_i$ sogleich auf die vorgeschriebene Größe bringen.

## B. Paarweise Bildorientierung[1]

Es gibt auch hier rechnerische und optisch-mechanische Verfahren. Die letzteren sind den rechnerischen Verfahren, soweit diese nicht überhaupt praktisch unbrauchbar sind, vom wirtschaftlichen Standpunkt aus unbedingt überlegen, da sie rascher zum Ziele führen und dabei eine völlig ausreichende Genauigkeit gewähren.

Eine Genauigkeitssteigerung durch vorhergehende, vielleicht sogar mit Anwendung der Ausgleichsrechnung vorgenommene Berechnung und nachträgliche Einlegung der Meßbilder in ein Kartierungsgerät ist nicht möglich, da sich die berechneten Orientierungselemente im Kartierungsgerät nicht mit Sicherheit wieder herstellen lassen.

Bei beiden Verfahren kann die gegenseitige Orientierung und die absolute Orientierung (mit Bezug auf Horizont, Maßstab und gegebenenfalls Meridian) entweder getrennt oder gemeinsam vorgenommen werden. Die selbständige gegenseitige Orientierung stützt sich ausschließlich auf den Bildinhalt, macht also keinen Gebrauch von den Abbildungen gegebener Festpunkte,[2] die für die nachfolgende absolute Orientierung (ebenso wie für die gemeinsame Durchführung von relativer und absoluter Orientierung) natürlich nötig sind.

**46. Rechnerische Methoden.** a) Kernpunktverfahren und seine Ergänzung durch die gnomonische Projektion.[3] Bei diesem Verfahren werden relative und absolute Orientierung getrennt vorgenommen. Denkt man sich die beiden die gleichen Objekte darstellenden Meßbilder $B'\,B''$ von den Standpunkten $I$ und $II$ aus (Abb. 213) gleichzeitig gemacht, so schneiden sich die

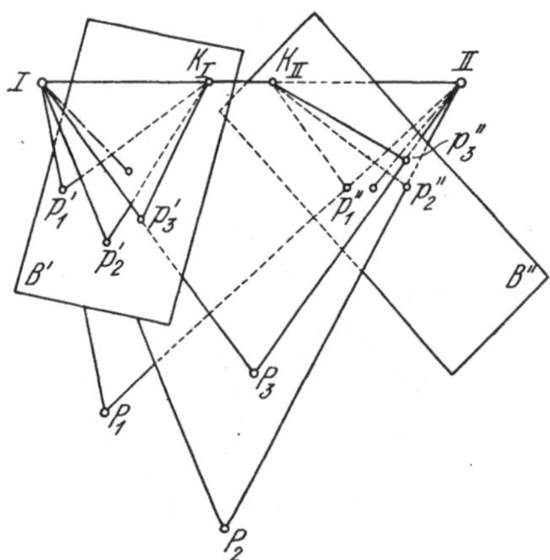

Abb. 213. Kernebenenbüschel

---

[1] O. v. Gruber hat hierfür die Bezeichnung „Doppelpunkteinschaltung im Raum" gewählt in Anlehnung an eine bekannte Aufgabe der Vermessungskunde; da in der Phototopographie die Standpunkte aber nur mittelbare Bedeutung haben, so erscheint die hier gebrauchte Bezeichnung zweckentsprechender.

[2] Paarweise rechnerische Bildorientierungen dieser Art, aber mit vorausgesetzter Kenntnis der Orientierung zum Meridian und zum Lot bzw. nur zu letzterem haben angegeben S. Finsterwalder, Sitzungsber. d. bayer. Akad. d. Wiss., München 1904; K. Fuchs, ZS. f. Verm. 34, 1905, S. 449; K. Fuchs, Int. Arch. f. Photogramm. 1, 1908, S. 107.

Diese für die terrestrische Photogrammetrie unter Umständen wichtigen Relativorientierungen ergeben natürlich sogleich auch die Orientierung zum Horizont.

[3] S. Finsterwalder, Abh. d. bayer. Akad. d. Wiss., München 1903; H. v. Sanden, Die Bestimmung der Kernpunkte i. d. Photogramm., Göttingen 1908; H. Riesner, Die Darstell. eines Objekts aus drei photogr. Aufnahmen usw., München 1911; S. Finsterwalder, Int. Arch. f. Photogramm. 6, 1923, S. 22; Chr. Schmidt, Über die gegenseit. Orient. v. Flugaufnahmen mittels gnomonischer Projektion, Stuttgart 1928.

bilderzeugenden Strahlen paarweise in den ihnen entsprechenden Objektpunkten $P_1\,P_2\,P_3$ ...... Die durch jene Bildstrahlenpaare definierten Ebenen („Kernebenen", vgl. S. 39 und Abb. 50) enthalten außer dem betreffenden Geländepunkt die beiden Zentren der Perspektive, also die Standpunkte und damit auch die Aufnahmebasis („Kernachse"). Die verlängerte Basis schneidet jede Bildebene in den „Kernpunkten" $K_I\,K_{II}$. Kennt man diese, so sind auch die Spuren der Kernebenen in den Bildebenen (z. B. $K_I\,p'_1\,K_I\,p'_2$ ...... und entsprechend $K_{II}\,p''_1,\ K_{II}\,p''_2$ ......) gegeben, aus denen sich mit Hilfe der bekannten Lage der perspektivischen Zentren zu den entsprechenden Bildebenen die Winkel zwischen den einzelnen Kernebenen berechnen lassen. Jede Aufnahme ergibt also je ein Kernebenenbüschel, die beide wegen der notwendigen Gleichheit der entsprechenden Kernebenenwinkel auf beiden Standpunkten kongruent sind. Bringt man beide Büschel zur Deckung, so ist die relative Orientierung der beiden Aufnahmen hergestellt. Man findet dann die einzelnen Geländepunkte durch Vorwärtsabschneiden in der dem betreffenden Geländepunkt zukommenden Kernebene.

Eine direkte Bestimmung der Kernpunkte auf rechnerischem Wege ist praktisch nicht möglich. Man ist darum gezwungen, sich zunächst mit Hilfe von Näherungswerten der Standortskoordinaten (vgl. S. 167) Näherungswerte für die Bildkoordinaten der Kernpunkte zu verschaffen. Aus letzteren lassen sich in Verbindung mit ihren (vier) Korrektionen Näherungswerte für die Kernebenenwinkel berechnen. Auf Grund der Bedingung, daß entsprechende Kernebenenwinkel auf beiden Standpunkten gleich sein müssen, ergeben sich dann Bestimmungsgleichungen für die vier unbekannten Korrektionen der Kernpunktlagen. Da mindestens vier solche Gleichungen erforderlich sind, wird die Identifizierung von mindestens fünf Objektpunkten auf beiden Bildern nötig. Die entsprechenden Rechnungen sind außerordentlich umfangreich.

Die Gesamtheit aller vorwärts eingeschnittenen Punkte ergibt ein Modell des Objekts von zunächst unbekanntem Maßstab und unbekannter Orientierung zum Horizont bzw. Meridian. Um diese fehlende absolute Orientierung herbeizuführen, ist das Modell außer einer Maßstabsänderung offenbar drei Drehungen um verschiedene Achsen und drei Verschiebungen in verschiedenen Richtungen zu unterziehen. Für diese sieben Arbeitsgänge genügt die Kenntnis der sechs Raumkoordinaten zweier Objektpunkte und der Höhe eines dritten Punktes.

Die rechnerische Durchführung dieser „Haufenmethode",[1] womöglich noch unter Benutzung von mehr als den vorgeschriebenen Festpunkten ist für die Praxis der topographischen Photogrammetrie eine ebensolche Unmöglichkeit wie die rechnerische Durchführung der oben kurz geschilderten Relativ-Orientierung.

Die angegebene Methode der gegenseitigen Orientierung, die übrigens in dem wichtigen Fall von (angenähert) in der gleichen Ebene liegenden Bildern versagt, wird übersichtlicher und auch für diesen Spezialfall (aber selbstverständlich nur theoretisch) brauchbar, wenn man eine (im allgemeinen wagrechte) Hilfsebene (Ebene des Gnomon) benutzt und die Durchstoßpunkte sowohl der Basis (Kernachse) als auch der Bildstrahlen durch jene Ebene betrachtet, nachdem man zunächst das Strahlenbündel der zweiten Aufnahme parallel mit sich selbst und längs der Basis so verschoben hat, daß der zweite Standpunkt mit dem ersten (Spitze des Gnomon) zur Deckung kommt. Man nennt diese Durchstoßpunkte „gnomonische Projektionen".

---

[1] Vgl. hierzu auch S. Finsterwalder, Sitzungsber. d. bayer. Akad. d. Wiss., Math.-phys. Kl. 1915, S. 199 bis 209 und O. v. Gruber, ZS. f. Verm. 53, 1924, S. 164.

In Abb. 214 (oberer Teil) ist der Aufriß zweier Bildstrahlenbündel dargestellt, wie sie etwa aus zwei Steilaufnahmen hervorgehen. $I'$ und $II''$ sind die Aufrißprojektionen der beiden Standpunkte, $m\!-\!n$ die Spur der Hilfsebene in der Aufrißebene. $N_*$ ist die gnomonische Projektion der Lotlinie (Gnomonfußpunkt) durch den Standpunkt $I$ (bzw. $II$ nach seiner Verschiebung), also der Nadirpunkt beider Aufnahmen, $K_*$ der „gnomonische Kernpunkt". $A_{I*}\, A_{II*}$, $B_{I*}\, B_{II*} \ldots$ sind die gnomonischen Projektionen der Bildstrahlen nach den Objektpunkten $AB \ldots$ Die Gesamtheit aller dieser gnomonisch projizierten Bildstrahlen eines Gegenstandes oder seines richtig orientierten Bildes stellt also ein Bild des Gegenstandes vom gleichen Standpunkt aus, aber auf eine wagrechte Ebene projiziert, dar; die erhaltene Punktgruppe entspricht somit ganz jener Punktgruppe, wie sie beim (winkeltreuen) Entzerrungsverfahren erhalten wird, mit $IN_*$ (Länge des Gnomon) als Abstand des Projektionsobjektivs von der Projektionsfläche. Da einander entsprechende Bildstrahlen eine Kernebene definieren, so stellen (die Bildstrahlen vom zweiten Standpunkt aus

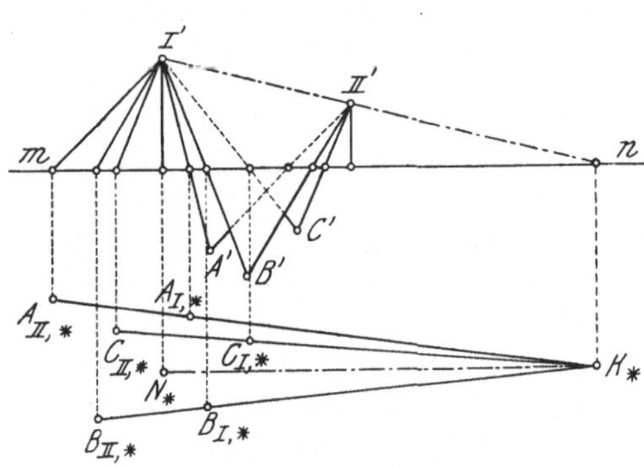

Abb. 214. Gnomonische Projektion, Spezialfall (Senkrechtaufnahmen)

sind ja nur parallel mit sich selbst verschoben, also in ihrer Kernebene verblieben) die Verbindungslinien der Durchstoßpunkte entsprechender Bildstrahlen durch die Hilfsebene die Spuren dieser Kernebenen in der Hilfsebene dar und alle diese Spuren müssen durch den „gnomonischen Kernpunkt" $K_*$ gehen. Ist diese Bedingung erfüllt, so haben die beiden Bildstrahlenbündel die richtige gegenseitige Orientierung,[1] so daß die Bestimmung der Modellpunkte wieder nach dem Verfahren des Vorwärtsabschneidens erfolgen kann. Die Gesamtheit der so erhaltenen Modellpunkte ist dann nach dem oben angedeuteten Verfahren auf den vorgeschriebenen Maßstab zu bringen und gegen Horizont bzw. Meridian zu orientieren. Das von Chr. Schmidt a. a. O. gegebene Beispiel beweist, daß auch diese Lösung der paarweisen Bildorientierung nur theoretischen Wert besitzt.

b) Richtungsverfahren. Eine praktische Möglichkeit, die wegen ihrer weitgehenden Unabhängigkeit vom „gefährlichen Ort" wichtige paarweise Bildorientierung auf rechnerischem Wege durchzuführen, ergibt sich aus der gleichzeitigen Anwendung des für die Orientierung einzelner Aufnahmen benutzten bereits ausführlich dargestellten Rückwärtseinschneidens nach Richtungen (S. 176) auf zwei zusammengehörige Bilder.[2] Man verschafft sich also Näherungswerte für die (insgesamt 12) Orientierungselemente beider Aufnahmen und beobachtet im Bildmeßtheodolit die je zwei horizontalen und vertikalen, insgesamt also 12 Richtungen nach drei im gemeinsamen Bildfeld beider Aufnahmen identifizierten und ihrer Raumlage nach gegebenen Objektpunkten. Es ergeben sich damit sechs Paare von linearen Bestimmungsgleichungen nach

---

[1] Der gnomonische Kernpunkt ist natürlich zunächst nur näherungsweise feststellbar. Seine endgültige Lage findet man durch entsprechende rechnerische, sich äußerst kompliziert auswirkende Drehungen des einen Strahlenbündels um die Spitze des Gnomon.

[2] O. v. Gruber, Über d. räuml. Rückwärtseinschnitt. ZS. f. Verm. 53, 1924, S. 288.

Art der Systeme 1' und 2' von S. 176. Aus je zwei Paaren werden zunächst die Korrektionen der Lagekoordinaten beider Standorte eliminiert, so daß acht Bestimmungsgleichungen übrig bleiben; nach deren in der üblichen Weise durchgeführten Auflösung ergeben sich auch die vier Korrektionen der Lagekoordinaten.

Bei diesem übersichtlichen und verhältnismäßig einfachen Verfahren erfolgt also im Gegensatz zum Kernpunktverfahren die relative und absolute Orientierung gleichzeitig.

**47. Optisch-mechanische Methoden.** a) Koinzidenzverfahren. Die auf S. 179 für die Orientierung von Einzelaufnahmen angegebene optisch-mechanische Methode läßt sich auch für die paarweise Bildorientierung verwenden. Man orientiert zunächst jedes Meßbild für sich, indem man (bei Schrägaufnahmen) Neigung, Verkantung und Flughöhe bis zur völligen Koinzidenz des aus dem Bilde kartierten (für beide Bilder natürlich zweckmäßig gemeinsamen) Festpunktdreiecks mit seiner gegebenen orthogonalen Projektion ändert. Da bei dieser Art der Einpassung die azimutale Orientierung keine Rolle spielt, fehlen nach Durchführung der Orientierung der Einzelbilder außer der Horizontal-

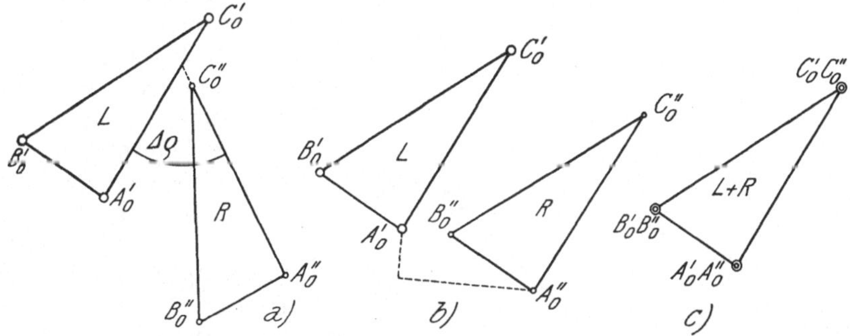

Abb. 215. Optisch-mechanische Orientierung eines Bildpaares

projektion der Basis die Horizontalwinkel zwischen der letzteren und den Aufnahmerichtungen. Man findet diese Orientierungselemente in Anlehnung an eine von R. Hugershoff[1] vorgeschlagene Methode, indem man den aus beiden Einpaßprozessen hervorgegangenen, auf gemeinsamer Zeichenfläche aufgetragenen Grundrißprojektionen des Festpunktdreieckes (Abb. 215a) den gegenseitigen Verschwenkungswinkel $\Delta \varrho$ entnimmt, um den nun der eine Bildträger gegen den entsprechenden Lenker zu verschwenken ist. Eine Neuauftragung ergibt dann beispielsweise die Punktgruppierung der Abb. 215b. Man mißt jetzt die Koordinatendifferenz, zum Beispiel der Eckpunkte $A_0{}'$ und $A_0{}''$, und verändert um diese Werte die zufällig vorhandenen Einstellungen des $b_x$- bzw. $b_y$-Schlittens des Basissystems. Hiernach werden bei erneutem Aufsetzen des Bleistiftes auf die Punkte $ABC$ und entsprechender Einstellung der Höhenmeßeinrichtung die angegebenen Punkte gleichzeitig im linken und rechten Okular an den Meßmarken, diese also im Kontakt mit dem jetzt erzielten Raummodell erscheinen (Abb. 215c). Etwa noch auftretende Vertikalparallaxen oder Abstandsfehler, als Reste von Orientierungsfehlern, bedingt durch die bisherige monokulare und darum nicht allzu exakte Einzelorientierung, werden durch Feinkorrektion der Orientierungselemente beseitigt. Sinn und Größe dieser Korrektionen ergeben sich meist unmittelbar aus der Anschauung.

Von dem geschilderten Verfahren wird mit besonderem Vorteil bei Schräg-

---

[1] R. Hugershoff, Int. Arch. f. Photogramm. 6, 1923, S. 89.

aufnahmen Gebrauch gemacht;[1] hier wird ihm in der Praxis im allgemeinen vor der im folgenden angegebenen Methode der Vorzug gegeben, die ihrerseits für Steil- und Senkrechtaufnahmen Ausgezeichnetes leistet.

b) **Parallaxenverfahren.** Diese wichtige Methode gehört, wie das unter 46a) beschriebene Kernpunktverfahren zu jener Gruppe, bei der zunächst die gegenseitige Orientierung der Meßbilder erfolgt, worauf das so erhaltene Modell nachträglich auf die vorgeschriebene Größe und in die vorgeschriebene Lage zur Erdoberfläche gebracht wird. Das Verfahren geht dementsprechend ebenfalls von der Überlegung aus, daß sich zugeordnete Strahlen im Raum schneiden müssen,[2] benutzt aber weder die Winkel der von zusammengehörigen Zielstrahlen gebildeten Ebenen (Kernebenen), noch deren Spuren in einer Hilfsebene (gnomonische Projektionsebene), sondern verwendet im wesentlichen **zwei** Hilfsebenen.

α) *Gegenseitige Orientierung.* Eine von diesen Ebenen, die Grundebene ($xy$-Ebene), wird im allgemeinen, aber nicht notwendig, durch die Aufnahmebasis gelegt. Die zweite, die Schirmebene ($xz$-Ebene), steht winkelrecht zur Grundebene; sie wird, vgl. Abb. 216, durch den Schnittpunkt $R_0$ der Orthogonalprojektionen der beiden betrachteten Bildstrahlen $IR$ bzw. $IIR$ gelegt. Schneiden sich diese Strahlen wegen fehlender Relativorientierung nicht, so werden sie die Schirmebene in zwei getrennten, übereinander liegenden Punkten $R_I$ bzw. $R_{II}$ durchstoßen, deren Höhenkoordinatendifferenz $\Delta z$ („Vertikalparallaxe", künftig als VP bezeichnet) eine Funktion der wirksamen Orientierungsfehler ist.

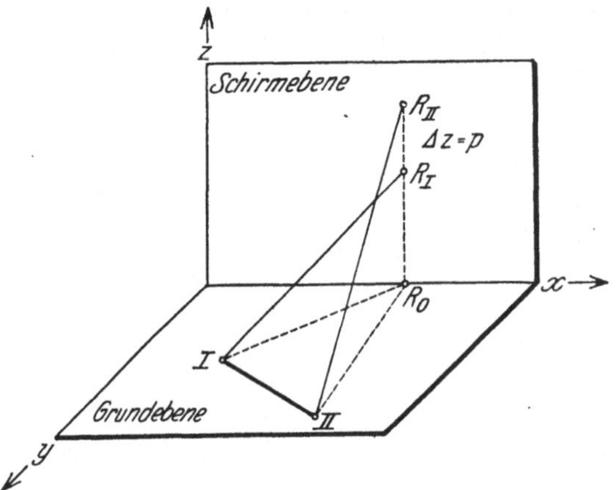


Abb. 216.    Vertikalparallaxen in der Schirmebene

Das Verdienst, diese Vertikalparallaxen als Grundlage für die Relativorientierung zweier Aufnahmen, und zwar auch solcher aus der Luft, eingeführt zu haben, gebührt K. FUCHS.[3] Eine ausführliche theoretische, auf die besonderen Verhältnisse des Stereoplanigraphen zugeschnittene Darstellung des Verfahrens hat O. v. GRUBER[4] veröffentlicht.

Mit Rücksicht auf die besondere Bedeutung des Parallaxenverfahrens in seiner Anwendung auf (ungefähr) senkrechte Aufnahmen aus (nahezu) gleicher

---

[1] Das Verfahren ist — grundsätzlich wenigstens — auch auf Steil- und Senkrechtaufnahmen anwendbar; bei ihm wäre die gegenseitige azimutale Orientierung natürlich nicht durch Verschwenkung, sondern durch Verkantung einer der beiden Aufnahmen herbeizuführen (vgl. S. 174, Anm. 8).

[2] Diese Bedingung legt übrigens auch H. v. SANDEN der Aufstellung eines theoretisch interessanten Rechenverfahrens zugrunde. ZS. f. Math. u. Phys. 59, 1911; vgl. auch E. KRUPPA, Sitzungsber. d. Wiener Akad. d. Wiss. 121, 1912.

[3] K. FUCHS, ZS. f. Verm. 36, 1907, S. 73, und insbesondere: Derselbe, Int. Arch. f. Photogramm. 1, 1908, S. 201 und 2, 1909, S. 112. Der Verfasser deutet hier auch völlig klar an — wohl in Kenntnis des SCHEIMPFLUGschen Doppelprojektors — wie die von ihm berechneten Korrektionsgrößen praktisch zu verwerten sind, nämlich durch Drehung des „starren (Bildstrahlen-) Bündels, das sich im Pole $O'$ der zweiten Kammer wie in einem Kugelgelenk frei drehen kann". Merkwürdigerweise wurde dieser bloß mechanische Prozeß neuerdings in Deutschland patentiert.

[4] O. v. GRUBER, Einf. u. Doppelpunkteinschaltung im Raum. Jena 1924.

Höhe (Streifenaufnahme mittels einfachen Reihenbildners, vgl. S. 151) sei der optisch-mechanische Orientierungsvorgang für diese Art der Aufnahmen im Einzelnen veranschaulicht.[1] Als Grundebene wird hier die Vertikalebene durch (zunächst) beide Standpunkte, als Schirmebene die Kartenebene (bzw. eine zu ihr parallele) Ebene verwendet. Bei der Mehrzahl der mechanischen Kartierungsgeräte mit subjektiver Modellgewinnung (stereoskopische Kartierungsgeräte) werden dabei Aufnahmen mit vertikaler Kammerachse so in die Bildträger eingelegt, daß die ursprünglich horizontalen Bildebenen vertikal sind; die an sich vertikale Grundebene wird demnach zum Apparatehorizont ($x\,y$-Ebene), die Schirmebene bzw. die Kartenebene aber zur Aufrißebene ($x\,z$-Ebene) des Apparates. Objektpunkte, Standpunkte und Bildpunkte bzw. Meßbilder stellen nun durch Vermittlung der in den Objektpunkten sich schneidenden Bildstrahlenpaare ein starres Ganzes dar, das man im Raum, etwa um den linken Standpunkt, beliebig drehen kann, ohne daß die Relativorientierung gestört wird; aus praktischen Gründen denkt man sich das ganze Strahlengebilde so gedreht, daß das linke Meßbild genau vertikal und dessen in die Basisrichtung zeigende Markenverbindungslinie genau horizontal wird, also in der Grundebene liegt.[2] Das linke Meßbild wird nun dieser Annahme entsprechend in den linken Bildträger eingelegt. Die gleiche Lage erhält zunächst auch das rechte Meßbild. Erhält man bereits jetzt, gegebenenfalls nach Verschiebung des Schlittens für die Basiskomponente $b_x$ in Richtung der $x$-Achse (vgl. z. B. S. 99), ein einwandfreies stereoskopisches Modell, läßt sich also durch entsprechende Betätigung der drei Antriebsorgane des Kartierungsgerätes die Raummarke mit jedem beliebigen Modellpunkt störungsfrei in optischen Kontakt bringen, so haben beide Aufnahmen die richtige Relativorientierung; sie waren also beide streng achsparallel, hatten keine Flughöhenunterschiede und unterlagen keiner Abtrift und keiner gegenseitigen azimutalen Verdrehung. Das aber wird im allgemeinen niemals der Fall sein. Man kann deshalb durch eine $b_x$-Änderung gewöhnlich nur erreichen, daß ein an der linken Meßmarke eingestellter Bildpunkt im rechten Okular über oder unter der rechten Meßmarke erscheint. Diese Bildhöhendifferenz ist das Bild der Vertikalparallaxe $p$ in der Kartenebene (vgl. Abb. 216), die, wie oben angedeutet wurde, eine Funktion der fünf möglichen Orientierungsfehler des zweiten Meßbildes relativ zum ersten ist. Diese Orientierungsfehler sind:

$\Delta\varkappa$ azimutale Verdrehung (Verkantungsdifferenz);

$\Delta b_y$ Basiskomponente in Richtung der $y$-Achse (Flughöhendifferenz);

$\Delta\nu$ Querneigung (Kippungsdifferenz);

$\Delta\varrho$ Längs- oder Hauptneigung (Verschwenkungsdifferenz);

$\Delta b_z$ Basiskomponente in Richtung der $z$-Achse (in der Hauptsache Abtrift), deren Anteil an der jeweilig auftretenden VP von der Lage des betreffenden Punktes zur Grundebene und, wie sich zeigen wird, zur Vertikalebene durch den linken bzw. rechten Standpunkt ($y\,z$-Ebene) abhängt.

Für die an irgendeinem Modellpunkt beobachtete VP wird also ganz allgemein gelten

$$p = f\,(\Delta\varkappa,\ \Delta b_y,\ \Delta\nu,\ \Delta\varrho,\ \Delta b_z) \tag{I}$$

---

[1] Die praktische Möglichkeit einer derartigen Orientierung wurde noch 1917 bezweifelt; vgl. S. Finsterwalder, Alte u. neue Hilfsm. d. Landesvermessung, München 1917, S. 19.

[2] Bei dieser Anordnung geht jetzt im allgemeinen die Grundebene nur noch durch den einen (linken) Standpunkt, da ja infolge einer etwaigen Verdrehung der Markenlinie zur Längsachse des Flugzeuges, dessen eigenen seitlichen Richtungsänderungen und des Einflusses der Abtrift diese Markenlinie normalerweise nicht mehr in der Vertikalebene durch die Flugrichtung (Basis) liegt (vgl. hier S. 189, Anm. 1).

Denkt man sich diese Funktion in eine Reihe entwickelt, so ergibt sich die totale $VP$ näherungsweise als Summe der Glieder I. Ordnung

$$p = f_0\,(\varDelta\,\varkappa) + f_0\,(\varDelta\,b_y) + f_0\,(\varDelta\,\nu) + f_0\,(\varDelta\,\varrho) + f_0\,(\varDelta\,b_z) \tag{II}$$

oder

$$p = p_\varkappa + p_y + p_\nu + p_\varrho + p_z \tag{II$'$}$$

Die Teilfunktionen werden dadurch erhalten, daß man jede Fehlerquelle einzeln und als allein wirksam betrachtet.

1. Vertikalparallaxe als Funktion einer Verkantungsdifferenz $\varDelta\,\varkappa$. Abb. 217 zeigt (in der Projektion auf die Kartenebene) die tatsächliche azimutale Orien-

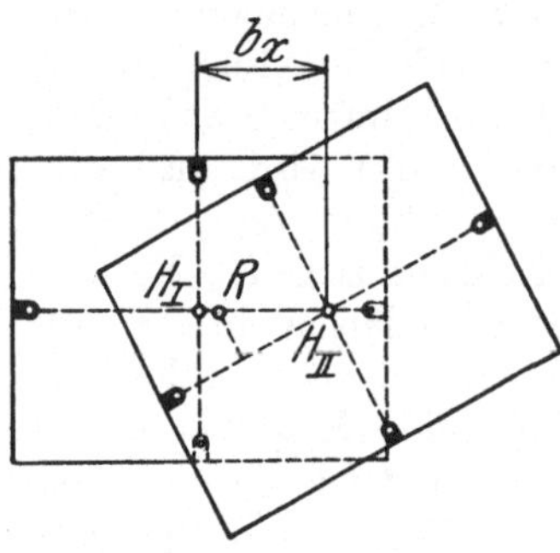


Abb. 217. Azimutale Orientierung zweier Senkrechtaufnahmen (Relative: Verkantung)

tierung des rechten Bildes zum linken, Abb. 218 die vorläufige Orientierung im Kartierungsgerät. Man erkennt, daß ein im linken Okular eingestellter, in der Grundebene liegender Objektpunkt $R$ im rechten Okular gegen die entsprechende Zielmarke eine Vertikalparallaxe $p_\varkappa$ aufweist, für die unmittelbar aus der Abb. 218 abzulesen ist

genähert also

$$p_\varkappa = x\cdot\mathrm{tg}\,\varkappa$$
$$p_\varkappa = \varDelta\,\varkappa\cdot x$$

oder mit Bezug auf den Nadirpunkt der ersten (linken) Aufnahme als Koordinatenursprung

$$p_\varkappa = \varDelta\,\varkappa\cdot(b_x - x) \tag{1}$$

Der Einfluß eines Verkantungsfehlers ist an allen Punkten der Kartenebene, mit Ausnahme der Hauptpunktprojektion (des Nadirpunktes) der zu orientierenden Aufnahme, wirksam, am stärksten auf Punkten in der Grundebene; hier wächst er proportional der auf den Nadirpunkt des rechten Bildes bezogenen Abszisse, erreicht sein Maximum also in der Nähe des Nadirpunktes der linken Aufnahme ($x \leqq 0$, bezogen auf den linken Standpunkt).

2. Vertikalparallaxe als Funktion einer Flughöhendifferenz $\varDelta\,b_y$. Man denkt sich durch den (linken) Standpunkt $I$ eine vertikale Seitenrißebene ($yz$-Ebene) gelegt, deren Spur in der Karten

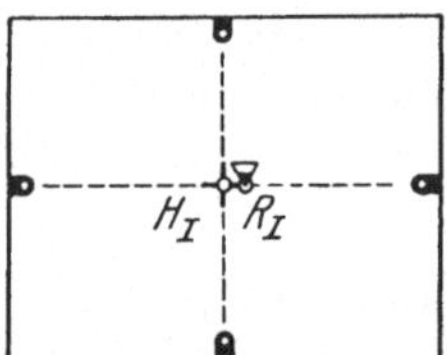


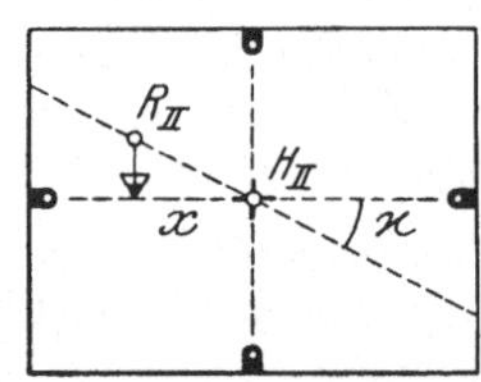


Abb. 218. Vertikalparallaxe infolge Verkantungsdifferenz

ebene $z$ sei (Abb. 219). $I\,R$ sei ein in der Seitenrißebene gelegener Bildstrahl; mit ihm fällt die Seitenrißprojektion des entsprechenden Bildstrahles $II\,R$ zusammen, wenn beide Aufnahmen gleiche Flughöhe hatten. Verändert man jetzt die Flughöhe der Aufnahme vom (rechten) Standpunkt $II$ um $+\,\varDelta\,b_y$, so durchstößt der Bildstrahl $II\,R$ die Kartenebene im Punkte $R_{II}$. Für die Vertikalparallaxe $R_I R_{II} = p_y$ folgt somit aus der Figur

$$p_y = \varDelta\,b_y\cdot\frac{z}{y} \tag{2}$$

Der von der Punktabszisse unabhängige Einfluß eines Höhenfehlers verschwindet also für Objektpunkte in der Grundebene ($z = 0$); er wächst mit zunehmender Punktordinate $z$ und ändert mit dieser das Vorzeichen.

3. Vertikalparallaxe als Funktion einer Kippungsdifferenz $\varDelta\,\nu$. Neigt man die als achsparallel zur ersten (linken) Aufnahme gedáchte zweite Aufnahme

um den Winkel $\Delta v$ und betrachtet dabei wieder einen in der Seitenrißebene gelegenen Objektpunkt $R$, so ergibt sich an Hand der Abb. 220 für die Vertikalparallaxe $R_I R_{II} = p_v$ zunächst die Beziehung

$$p_v = \frac{m}{\cos \tau}$$

aus der mit

$$m = s \cdot \Delta v$$
$$\cos \tau = y : s$$

folgt

$$p_v = \frac{s^2 \cdot \Delta v}{y}$$

Da nun

$$s^2 = y^2 + z^2$$

so hat man schließlich

$$p_v = \Delta v \cdot \left( y + \frac{z^2}{y} \right) \tag{3}$$

Der ebenfalls von der Punktabszisse unabhängige Einfluß einer Kippungs-

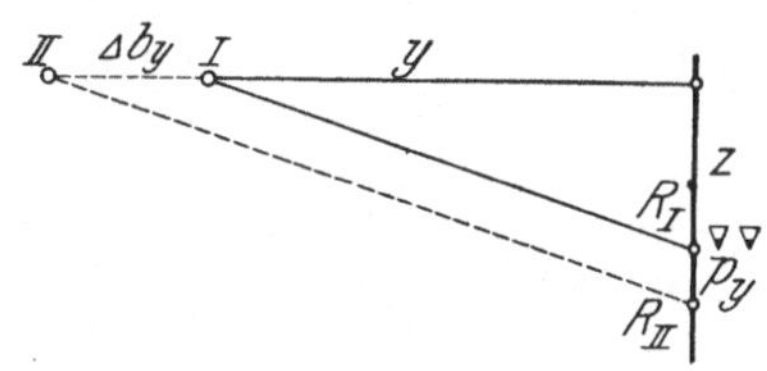

Abb. 219. Vertikalparallaxe infolge Flughöhendifferenz

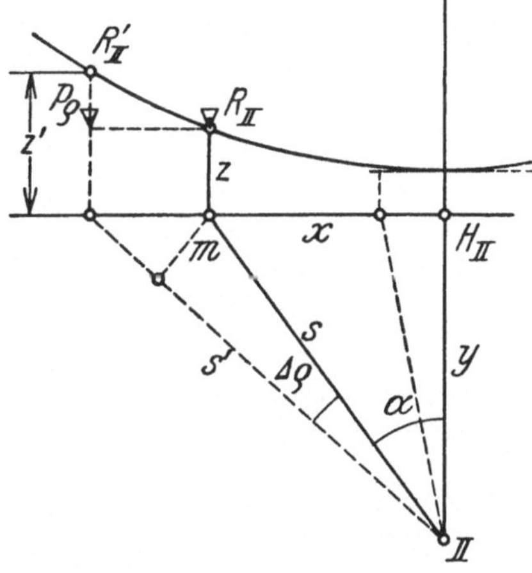

Abb. 221. Vertikalparallaxe infolge Längsneigungsdifferenz

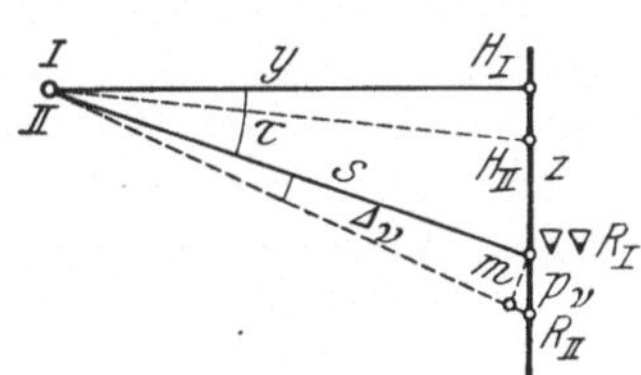

Abb. 220. Vertikalparallaxe infolge Querneigungsdifferenz

differenz ist auf allen Punkten des Bildfeldes und im gleichen Sinne wirksam; er wächst mit dem Quadrate der Punktordinate.

4. Vertikalparallaxe als Funktion einer Verschwenkungsdifferenz $\Delta \varrho$. Verschwenkt man die als achsparallel zur ersten (linken) Aufnahme also lotrecht gedachte zweite Aufnahme um den Winkel $\Delta \varrho$, so wird der Durchstoßpunkt $R_{II}$ eines von $II$ ausgehenden Bildstrahles durch die Kartenebene eine neue Lage $R'_{II}$ einnehmen. Die hierdurch bedingte Änderung der Punktordinate $z$ entspricht der durch $\Delta \varrho$ bewirkten VP. Zur Veranschaulichung der Verhältnisse denken wir uns die beiden Lagen des Bildstrahles $II\ R_{II}$ in die Grundebene projiziert und diese Ebene in die Kartenebene umgelegt (Abb. 221). Die Lagekoordinaten des (richtigen) Kartenpunktes $R_{II}$ seien $x$ und $z$, der Horizontalwinkel des Bildstrahles $II\ R_{II}$ gegen das Aufnahmelot $II\ H_{II}$ sei $\alpha$. Der Neigungswinkel des Bildstrahles gegen die Grundebene sei $\tau$. Für die Vertikalparallaxe $p_\varrho$ gilt zunächst

$$p_\varrho = z' - z.$$

Da nun bei der Verschwenkung des Strahles $II\ R_{II}$ sein Neigungswinkel gegen die Grundebene unverändert blieb, so gilt

$$\operatorname{tg} \tau = \frac{z}{s} = \frac{z'}{s'}$$

woraus folgt

$$z' = \frac{s'}{s} \cdot z.$$

Für $s'$ ergibt sich genügend genau

$$s' = s + m \cdot \operatorname{tg} \alpha = s + s \cdot \Delta \varrho \cdot \operatorname{tg} \alpha = s \left( 1 + \Delta \varrho \, \frac{x}{y} \right).$$

Damit wird

$$z' = \left( 1 + \Delta \varrho \cdot \frac{x}{y} \right) z = z + \Delta \varrho \, \frac{x \cdot z}{y}$$

und schließlich

$$p_\varrho = \Delta \varrho \cdot \frac{x \cdot z}{y}$$

oder mit Bezug auf den Nadirpunkt der linken Aufnahme als Koordinatenursprung

$$p_\varrho = \Delta \varrho \cdot \frac{(b_x - x)\, z}{y} \tag{4}$$

Ein Verschwenkungsfehler ist also — ähnlich wie ein Höhenfehler — unwirksam für Objektpunkte in der Grundebene ($z = 0$), außerdem aber noch für alle Punkte in der Vertikalebene (Seitenrißebene) durch den zweiten Standpunkt ($x = b_x$). Seine maximale Größe, und zwar mit entgegengesetztem Vorzeichen, erreicht der Verschwenkungsfehler in der linken oberen und unteren Ecke des Bildfeldes, da hier $(b_x - x) \cdot z$ seinen Höchstwert annimmt.

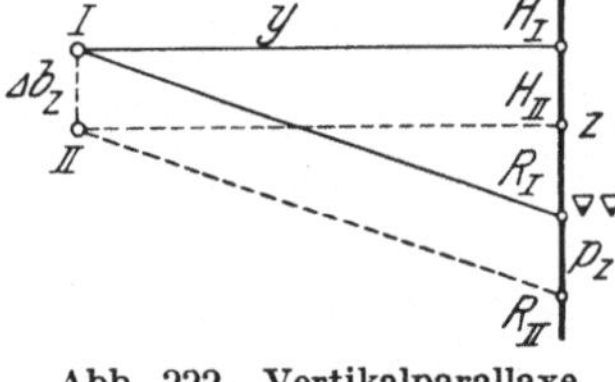

Abb. 222. Vertikalparallaxe infolge Abtrift

5. **Vertikalparallaxe als Funktion einer Verlagerung des Standpunktes gegen die Grundebene** $\Delta b_z$. Verschiebt man die wiederum als achsparallel zur ersten (linken) Aufnahme gedachte zweite Aufnahme quer zur Flugrichtung — im Kartierungsgerät also vertikal — so ergibt sich aus der Seitenrißprojektion (Abb. 222) zweier zusammengehöriger Bildstrahlen $I\,R_I$ bzw. $II\,R_{II}$ unmittelbar

$$p_z = \Delta b_z \tag{5}$$

Ein derartiger Orientierungsfehler beeinflußt also alle Kartenpunkte in völlig gleicher Weise.

Setzt man jetzt die aus den Gleichungen (1) bis (5) hervorgegangenen Werte für die Teilparallaxen in die Gleichung (II′) ein, so ergibt sich für die unter Einwirkung sämtlicher Orientierungsfehler an einem beliebigen Punkt auftretende Totalparallaxe $p$

$$p = \Delta \varkappa \cdot (b_x - x) + \Delta b_y \cdot \frac{z}{y} + \Delta \nu \cdot \left( y + \frac{z^2}{y} \right) + \Delta \varrho \cdot (b_x - x) \cdot \frac{z}{y} + \Delta b_z \tag{III}$$

An Stelle der an sich natürlich möglichen rechnerischen Ermittlung der Korrektionen (durch Messung der totalen VP an fünf geeignet gewählten Punkten des Gesichtsfeldes ergeben sich fünf Bestimmungsgleichungen für die unbekannten Korrektionen) soll die optisch-mechanische Ermittlung treten. Hierzu benutzt man die oben gemachte Feststellung, daß sich die Fehlereinflüsse am meisten an Objektpunkten auswirken, die entweder in der Grundebene oder in den (vertikalen) Seitenrißebenen durch die beiden Standpunkte liegen. Zu Beginn der Arbeit bringt man das Bild eines Objektpunktes in der Nähe des Bildhauptpunktes des rechten Meßbildes durch Verschiebung des rechten Basisendpunktes in der $x$-Richtung in eine Vertikale mit dem entsprechenden Bildpunkt des linken Meßbildes und beseitigt die auftretende VP, wenn nötig, entweder durch Kippung des rechten Bildträgers oder durch eine Verschiebung $\Delta b_z$ des rechten

Basisendpunktes in der $z$-Richtung.[1] Dann sucht man einen Objektpunkt in der Nähe des Nadirpunktes der linken Aufnahme und beseitigt die hier auftretende VP restlos durch entsprechende Verkantung der rechten Platte. Die azimutale Relativorientierung ist hiermit endgültig gefunden.

Da für die Totalparallaxe am Nadirpunkt der rechten Aufnahme ($x = b_x$) nach Gleichung (III) allgemein gilt

$$p = \varDelta v \cdot y + \varDelta b_z \tag{a}$$

jetzt aber infolge der oben angegebenen Maßnahmen $p = 0$ ist, so folgt die Beziehung

$$\varDelta b_z = - \varDelta v \cdot y \tag{b}$$

Für einen Punkt in der Seitenrißebene durch den rechten Standpunkt ($x = b_x$) mit möglichst großer positiver Ordinate $z_0$ gilt allgemein nach Gleichung (III)

$$p_o = \varDelta b_y \cdot \frac{z_0}{y} + \varDelta v \cdot \left( y + \frac{z_0{}^2}{y} \right) + \varDelta b_z$$

und in Verbindung mit (b)

$$p_o = \varDelta b_y \cdot \frac{z_0}{y} + \varDelta v \cdot \left( y + \frac{z_0{}^2}{y} \right) - \varDelta v \cdot y$$

oder

$$p_o = \varDelta b_y \cdot \frac{z_0}{y} + \varDelta v \cdot \frac{z_0{}^2}{y} \tag{c}$$

Die Beseitigung dieser VP kann sowohl durch Höhen ($\varDelta b_y$)- als auch durch Neigungsänderung ($\varDelta v$) vorgenommen werden. Wir wählen das erstere Verfahren; wenn also

$$p_o = \varDelta b_y \cdot \frac{z_0}{y} + \varDelta v \cdot \frac{z_0{}^2}{y} = 0 \tag{d}$$

werden soll, so muß gelten

$$\varDelta b_y = - \varDelta v \cdot z_0 \tag{e}$$

Man sucht nun einen weiteren Punkt in der Seitenrißebene durch den rechten Standpunkt aber mit der Ordinate $z_u = - z_0$, auf. Für diesen Punkt gilt nach (III) ganz allgemein

$$p_u = \varDelta b_y \cdot \frac{z_u}{y} + \varDelta v \cdot \left( y + \frac{z_u{}^2}{y} \right) + \varDelta b_z$$

im vorliegenden Falle also und unter Berücksichtigung der Beziehungen (b) und (e)

$$p_u = + \varDelta v \cdot z_0 \cdot \frac{z_0}{y} + \varDelta v \cdot \left( y + \frac{z_0{}^2}{y} \right) - \varDelta v \cdot y$$

oder

$$p_u = 2 \cdot \varDelta v \cdot \frac{z_0{}^2}{y} \tag{f}$$

Die diesmal auftretende VP ist eine Funktion von $\varDelta v$ allein, dieser Orientierungsfehler kann also jetzt endgültig beseitigt werden. Der linearen Größe der im

---

[1] Es wird hierbei vorausgesetzt, daß das linke Meßbild keine eigene Verkantung erfahren soll. Es liegt nun, wenigstens bei Orientierung einzelner Bildpaare, natürlich kein Zwang vor, die erste (linke) Platte unverkantet in das Kartierungsgerät einzulegen; man kann ihr vielmehr jede beliebige und insbesondere eine solche Verkantung geben, daß die Grundebene durch beide Standpunkte geht, die Korrektion $\varDelta b_z$, der Abstand des rechten Standpunktes von der Grundebene, also entfällt. Einen Näherungswert für die dem linken Meßbild in diesem Falle zu gebende Verkantung findet man durch Messung des Winkels zwischen Markenlinie und Verbindungslinie der Bildmittelpunkte, nachdem man zwei Bildabzüge zur Deckung gebracht hat. Man verkantet dann die beiden Meßbilder gegenseitig und so lange, bis sowohl in der Nähe des linken als auch des rechten Nadirpunktes keine VP mehr auftritt.

Bilde gesehenen VP entspricht ein Gesichtswinkel $\omega$, der aber nicht identisch ist mit der Neigungskorrektion $\varDelta v$. Die Beziehung zwischen beiden ergibt sich an Hand der Abb. 223. Es ist

$$\operatorname{tg} \omega = \frac{n}{S} = \frac{p_u \cdot \cos \tau}{y} \cdot \cos \tau$$

oder näherungsweise

$$p_u = \frac{y}{\cos^2 \tau} \cdot \omega$$

Hieraus folgt in Verbindung mit (f)

$$\varDelta v = \omega \cdot \left(\frac{y}{z_0}\right)^2 \cdot \frac{1}{2 \cos^2 \tau} \tag{g}$$

Der Faktor von $\omega$ hat im Durchschnitt den Wert von ungefähr 5; mit ihm ist also der am Kartierungsgerät zu messende Winkel $\omega$ zu multiplizieren, um die Neigungskorrektion $\varDelta v$ zu erhalten.

Wird diese Korrektion angebracht, so zeigt sich im Punkte $x = b_x$, $z = 0$ (also nahe dem Nadirpunkt der rechten Aufnahme), entsprechend der Beziehung (a) eine Vertikalparallaxe $p'$, für die gilt

$$p' = \varDelta b_z \tag{h}$$

Nach ihrer Beseitigung verbleibt im Punkte $x = b_x$, $z = z_0$ entsprechend der Beziehung (c)

$$p_o = \frac{z_0}{y} \cdot \varDelta b_y \tag{i}$$

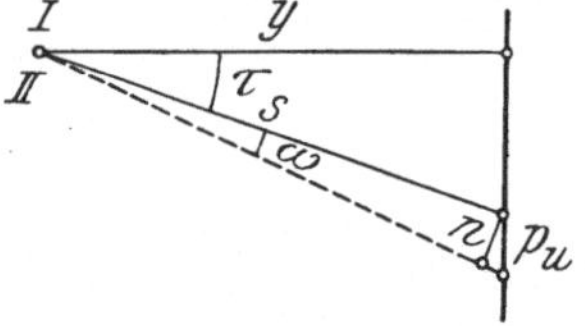

Abb. 223. Ermittlung der Querneigung aus $p_u$

welche VP nun ebenfalls endgültig zu beseitigen ist.[1]

Damit sind alle Punkte in der Haupthorizontalen und in der Hauptvertikalen im zweiten Standpunkt frei von Vertikalparallaxen; als letzter der zu eliminierenden Orientierungsfehler bleibt die Längsneigungs- (Verschwenkungs-) Korrektion

$$p_\varrho = \frac{(b_x - x) \cdot z}{y} \cdot \varDelta \varrho,$$

die ihr Maximum in der Hauptvertikalen der linken Aufnahme ($x \leqq 0$), und zwar in den Bildfeldecken erreicht; die hier sichtbare restliche VP wird im allgemeinen durch horizontale Verschwenkung des rechten Bildträgers gegen den mit ihm verbundenen Lenker erzielt.

Der ersten Durchführung des Verfahrens muß unter Umständen eine Wiederholung folgen, falls sich noch kleine Reste von Vertikalparallaxen zeigen, entsprechend dem Umstand, daß die dem Orientierungsvorgang zugrunde liegenden Beziehungen nicht völlig streng sind.

----

[1] Bei der Herstellung der Orientierung gemäß den Gleichungen (a) bis (i) darf selbstverständlich der Abstand $y$ der Schirm- bzw. Kartenebene nicht verändert werden. Will man also zur unmittelbaren Vergleichung den auf seine VP zu untersuchenden im linken Okular an der Meßmarke stehenden Bildpunkt im rechten Okular in die Vertikale durch die rechte Meßmarke bringen (vgl. Abb. 216), so darf das nur durch proportionale Änderung der eingestellten Basiskomponenten (d. h. durch Parallelverschiebung des rechten Bildstrahlenbündels längs der Raumbasis) geschehen. Das ist besonders zu beachten, wenn das Gelände in Richtung der rechten Bildvertikalen größere Höhenunterschiede aufweist. In gewissen Fällen (nämlich bei Bildpaaren mit quer zur Flugrichtung geneigten Achsen, mit Nadirdistanzen zwischen etwa $10^0$ und $80^0$), könnte man allerdings, wie an Hand der Beziehungen (2), (3) und (4) leicht zu erkennen ist, die Relativorientierung zweckmäßig auch durch systematische Änderung von $z$ und $y$ erzielen.

Die unvollständige Beseitigung der VP erzeugt Deformationen des Modells. So bewirkt beispielsweise ein Verschwenkungsfehler eine Biegung in der Flugrichtung, ein Kippungsfehler eine hyperboloidische Deformation. Nun kann man aber unter Umständen beobachten, daß auch bei restloser Beseitigung der VP die Modelloberfläche Deformationen aufweist. Diese sind darauf zurückzuführen, daß die auftretenden und zunächst auch eliminierten VP aus zwei Komponenten gebildet werden, deren eine (zu beseitigende) wir die Orientierungskomponente, und deren zweite (übrig bleibende) wir die Deformationskomponente nennen. Die letztere ist die Folge einer mangelhaften Apparatejustierung, einer ungleichmäßigen Veränderung (Schrumpfung) des Aufnahmematerials und eines Unterschiedes in den Verzeichnungsfehlern von Kammer- und Bildträgerobjektiven. Eine Trennung beider Komponenten kann praktisch nur mittelbar geschehen, nämlich durch Heranziehung der Abmessungen am (orientierten) Modell.

*β) Maßstabsbestimmung und Horizontierung des optischen Modells.* Die Maßstabsbestimmung geschieht durch Vergleich einer (möglichst großen) Raumstrecke $S'$ des optischen Modells mit der entsprechenden Strecke $S$ des Objektes. Man kartiert zu diesem Zweck zwei im Modell identifizierte Festpunkte $1'$ und $2'$ und liest an der Höhenmeßeinrichtung die Höhen $H'_1$ und $H'_2$ (in mm) ab. Aus dem Abstand $S'_0$ der Festpunktprojektionen (in mm) und der Differenz $H'_1 - H'_2 = d'$ der beiden gemessenen Höhen findet man zunächst

$$S' = \sqrt{S'^2_0 + d'^2}$$

oder meist genügend genau

$$S' = S'_0 + \frac{d'^2}{2 S'_0} \tag{1}$$

Weiter ergibt sich aus den Differenzen $\Delta x$ und $\Delta y$ der Lagekoordinaten der Festpunkte (in m) die Länge der wahren Horizontalprojektion der Raumstrecke

$$S_0 = \sqrt{\Delta x^2 + \Delta y^2}$$

und mit der Differenz $d$ der wahren Höhe $H_1$ und $H_2$ dieser Punkte die Raumstrecke selbst (in m)

$$S = \sqrt{S_0^2 + d^2}$$

oder meist genügend genau

$$S = S_0 + \frac{d^2}{2 S_0} \tag{2}$$

Somit ist das Maßstabsverhältnis $1 : m'$ des vorliegenden Modells

$$\frac{1}{m'} = \frac{S'}{1000\,S}$$

Soll das Modell auf einen bestimmten Maßstab $1 : m$ gebracht werden, so muß die Modellstrecke $S'$ mit Hilfe eines Reduktionsfaktors $r$ auf eine bestimmte Größe gebracht werden. Der Faktor folgt aus der Beziehung

$$\frac{1}{m} = \frac{r \cdot S'}{1000\,S}$$

Es ist also

$$r = \frac{1000\,S}{m \cdot S'} \tag{3}$$

Mit diesem Faktor werden alle drei am Kartierungsgerät abzulesenden Basiskomponenten multipliziert und dann erneut eingestellt. Damit wird das aus drei bekannten[1] Festpunkten gebildete, im Maßstab $1 : m$ verjüngte Dreieck z. B. der Punkte 1, 2 und 3 dem entsprechenden Dreieck $1'$, $2'$ und $3'$ im Modell kongruent.

---

[1] Von dem dritten Festpunkt braucht, wie auf S. 181 gezeigt wurde, nur die Höhe bekannt zu sein.

Zur Bestimmung der Modellneigung und der Richtung dieser Neigung denkt man sich das verjüngte Objektdreieck so verschoben und gedreht, daß z. B. die Punkte 1 und 1' sich decken und entsprechende Dreiecksseiten die gleiche azimutale Orientierung haben. In dieser Lage entspricht die Schnittgerade beider Festpunktebenen derjenigen Achse, um die das Modell bis zur richtigen Lage zum Horizont zu neigen ist. Der Neigungswinkel ist gleich dem Winkel zwischen beiden Ebenen. Da diese in beliebiger Richtung auftretende Neigung in den Kartierungsgeräten im allgemeinen durch Neigung des Modells um zwei feste Achsen, nämlich um eine Parallele zur $x$-Achse und um eine Parallele zur $z$-Achse zu beseitigen ist, so interessieren weniger der totale Neigungswinkel als vielmehr seine Projektionen auf die $yz$-Ebene (Modellkippung $\delta_v$), bzw. die $xy$-Ebene (Modellverschwenkung $\delta_\varrho$).

Man stellt hierzu zunächst folgende Tabelle auf:

| Fest-punkte Nr. | Objekthöhen | | | Modellhöhen | | Höhen-abweichung mm |
|---|---|---|---|---|---|---|
| | Original m | auf Punkt 1 reduziert m | im Maßstab 1 : m mm | Original mm | auf Punkt 1' reduziert mm | |
| 1 | $H_1$ | 0 | 0 | $H_1'$ | 0 | 0 |
| 2 | $H_2$ | $H_2 - H_1 = \Delta_2$ | $\dfrac{1000}{m} \cdot \Delta_2 = \delta_2$ | $H_2'$ | $H_2' - H_1' = \delta'_2$ | $\delta_2 - \delta'_2 = h_2$ |
| 3 | $H_3$ | $H_3 - H_1 = \Delta_3$ | $\dfrac{1000}{m} \cdot \Delta_3 = \delta_3$ | $H_3'$ | $H_3' - H_1' = \delta_3$ | $\delta_3 - \delta_3' = h_3$ |

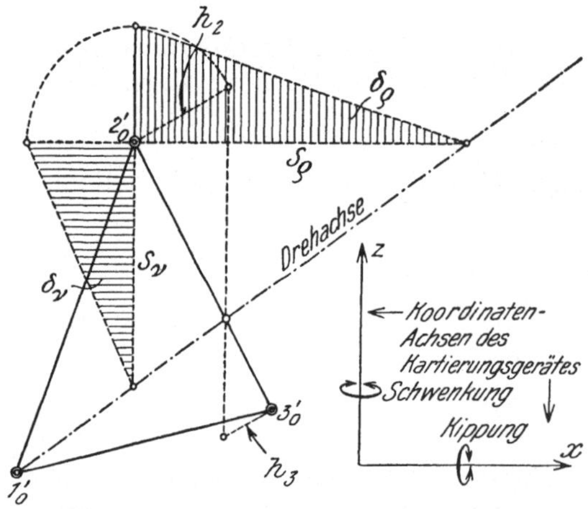


Abb. 224. Horizontierung des optischen Modells

Mit den Zahlen der letzten Spalte findet man an Hand der im Auswertegerät kartierten Projektion $1'_0 2'_0 3'_0$ des Modelldreiecks $1'2'3'$ die Drehachse im allgemeinen genügend genau durch die in der Abb. 224 angedeutete Konstruktion. Legt man dann durch einen der Dreieckspunkte (z. B. $2'_0$) Vertikalebenen parallel zu den Koordinatenachsen des Kartierungsgerätes, so enthalten diese die gesuchten Komponenten $\delta_\nu$ und $\delta_\varrho$, wobei

$$\operatorname{tg} \delta_\nu = \frac{h_2}{S_\nu}$$

und

$$\operatorname{tg} \delta_\varrho = \frac{h_2}{S_\varrho}.$$

Um diese Winkel, die sich im allgemeinen am einfachsten mit dem Rechenschieber ermitteln lassen, sind zunächst beide Bildträger zu kippen,[1] bzw. zu ver-

---

[1] Hinsichtlich der Kippung ist dieses Verfahren nur dann exakt, wenn die Kammerachsen keine Verschwenkung hatten, die Kippung der Bildträger also tatsächlich wie vorgeschrieben, um die $x$-Achse erfolgt, mit der die Kippachsen der Bildträger im Falle nicht verschwenkter Aufnahmen zusammenfallen. Die andernfalls sich ergebende Deformation des optischen Modells ist bei Senkrechtaufnahmen so gering, daß sie bei der Wiederholung des Orientierungsverfahrens mit beseitigt werden kann. Bei stark konvergenten Aufnahmen ist vor der Kippung die Projektion $\delta'_\nu$ des Kippungswinkel $\delta_\nu$ auf die $yz$-Ebene nach der Formel

$$\delta'_\nu = \delta_\nu \cdot \cos \varrho$$

zu berechnen, worin $\varrho$ die Verschwenkung des betreffenden Bildträgers ist.

schwenken.[1] Die entsprechende, außerdem notwendige Kippung und Verschwenkung der Raumbasis, die an sich durch Berechnung und Einstellung der Projektionen der gedrehten Basis[2] auf die Koordinatenachsen herbeizuführen wäre, wird bei Steil- und Senkrechtaufnahmen praktisch und zweckmäßig indirekt vorgenommen, indem man nach Kippung und Verschwenkung der Bildträger den Einpaßvorgang wiederholt und so das Modell — vorzugsweise durch Änderung von $b_y$ und $b_z$ — wieder gewinnt. Der gesamte Einpaßvorgang dauert, einschließlich der Wiederholung bis zur exakten maßstabsgerechten Herstellung des Modells, selten länger als zwei Stunden.[3]

Die geschilderte Methode ist ohne weiteres auch anwendbar auf ungefähr wagrechte Aufnahmen steiler, das ganze Bildfeld ausfüllender Berghänge, also auch auf Flugaufnahmen in breiten Hochgebirgstälern. Bei Schrägaufnahmen mit Neigungen zwischen $10^0$ und $80^0$ (vgl. auch S. 190, Anm. 1) kann die Methode ebenfalls Verwendung finden; hier wird man die Bildpaare zunächst wie Senkrechtaufnahmen behandeln, also mit vertikaler Bildebene in das Kartierungsgerät einlegen und gegenseitig orientieren. Die absolute Orientierung erfolgt durch eine gemeinsame Verkantung und eine größere gemeinsame Kippung des Modells. Hier müssen nun die durch die räumliche Drehung bedingten neuen Basiskomponenten genau berechnet[4] und sorgfältig eingestellt werden, da nach der Drehung eine einfache Möglichkeit zur Eliminierung der auftretenden Restparallaxen nicht mehr besteht. Infolgedessen verliert hier das Verfahren wesentlich an Bedeutung und wird, wie schon erwähnt, zweckmäßig durch das Koinzidenzverfahren ersetzt.

## C. Orientierung von Bildgruppen: Aerotriangulation

Zur Überdeckung eines bestimmten Gebietes mit Flugaufnahmen ist für einen vorgeschriebenen Bildmaßstab eine bestimmte Anzahl von Bildpaaren nötig (s. S. 224), die beispielsweise bei doppelt so großem Bildmaßstab viermal größer werden. Entsprechend wächst auch, falls die Bildpaare getrennt und unabhängig voneinander zum Horizont (bzw. Meridian) orientiert werden, die Zahl der erforderlichen Festpunkte.

Die recht beträchtlichen Kosten und der Zeitaufwand für eine gesonderte Festlegung aller dieser Punkte oder auch nur, falls das vorhandene Punktnetz genügend dicht sein sollte, für die nachträglichen Anschlußmessungen benachbarter in den Bildern identifizierbarer Punkte können zwar dem phototopographischen Verfahren seine Überlegenheit über die üblichen Verfahren (wenigstens bei mittleren und kleinen Maßstäben) nicht nehmen, wirken sich aber doch in verschiedener Beziehung sehr ungünstig aus, so insbesondere bei der Aufnahme schwer zugänglicher Gebiete.

---

[1] Über den Drehsinn, in dem die entsprechenden Einstellungen der Bildträger vorzunehmen sind, ist man sich im allgemeinen ohneweiters klar; für den Beobachter am Aerokartographen gilt die einfache Regel: Neigung in Richtung der Steigung, Schwenkung in Richtung der Senkung des Modells.

[2] O. v. GRUBER, Einfache und Doppelpunkteinschaltung im Raum, S. 50.

[3] Auch hier ist darauf hinzuweisen, daß die vorherige Beschaffung von Näherungen für die Orientierung, sei es durch Maßnahmen bei der Aufnahme (Libellenabbildung, Kreiselorientierung) oder durch rechnerische, graphische oder mechanische Verfahren, zwecklos ist bzw. in keinem Verhältnis zu den aufgewendeten Kosten steht. Das Zeitraubende bei der Einpassung ist immer nur die Feinorientierung, die durch jene Behelfsmittel nicht überflüssig wird.

[4] Die Berechnung ist trotz der dafür angegebenen graphischen Hilfsmittel sehr umständlich; vgl. hierzu O. LACMANN, ZS. f. Verm. 57, 1928, S. 497.

Die wirtschaftliche Bedeutung und die Anwendbarkeit der Luftphotogrammetrie wird darum eine wesentliche Steigerung erfahren durch Entwicklung von Methoden, die eine engmaschige Triangulation entbehrlich machen.

Eine völlige Unabhängigkeit von Festpunkten auf der Erde ist — wenigstens bei dem jetzigen Stand der Technik — praktisch nicht möglich. Trotzdem hat es an Vorschlägen nach dieser Richtung nicht gefehlt. Einige Erfinder versuchten, die Aufnahmebasis starr auszubilden und ihre Orientierung zum Lot und Meridian automatisch direkt oder indirekt zu bestimmen. Hierher gehört der wohl für die meisten vorbildlich gewesene Versuch Thieles, zwei Ballonkammern starr miteinander zu verbinden (vgl. S. 149) und bei gleichzeitiger Auslösung ihrer Verschlüsse den Stand eines Federbarometers, einer Libelle und einer Bussole mitabzubilden. Später wurde vorgeschlagen, die beiden Kammern im Bug, bzw. Heck eines Luftschiffes oder in die Enden der Tragdecks von Flugzeugen[1] einzubauen und bei der Aufnahme u. a. auch den Stand der Sonne photographisch festzulegen (s. auch S. 106). Um den Nachteil der im Verhältnis zur praktisch erforderlichen Flughöhe stets kleinen starren Basis zu vermeiden, schlug dann zuerst A. Klingatsch[2] die gleichzeitige Verwendung von zwei Flugzeugen mit Doppelkammern vor, bei deren drahtloser Verschlußauslösung sowohl das Gelände als auch die Lage des gegnerischen Flugzeuges festgelegt werden sollte. Den gleichen Gedanken ließ sich später H. Boykow[3] patentieren, der sich in der Folgezeit auch mit der Konstruktion entsprechender Aufnahmeapparate befaßte. Ein ähnliches Verfahren wurde schließlich noch von L. E. W. van Albada[4] angegeben.

Die Überbrückung festpunktloser Räume wird praktisch möglich, wenn man an den aus dem Bildinhalt eines Paares konstruierten Geländeabschnitt ein benachbartes Bild oder Bildpaar anschließt und das Verfahren bis zu einer gewissen, durch Fehleranhäufung bedingten Grenze fortsetzt, also an Stelle der getrennten und unabhängigen Orientierung einzelner Bildpaare die gemeinsame Orientierung ganzer Bildgruppen bzw. Bildpaargruppen verwendet.

An den zur Zeit existierenden, hinsichtlich ihrer praktischen Bedeutung freilich nicht gleichwertigen diesbezüglichen Methoden unterscheiden wir zwei Gruppen, die beide im allgemeinen von der Orientierung eines Anfangsbildpaares nach gegebenen Festpunkten ausgehen. Bei der einen Gruppe werden über den durch Rückwärtseinschneiden gewonnenen Standpunkt des Folgebildes oder Folgebildpaares hinweg durch Vorwärtseinschneiden neue Festpunkte bestimmt, die wiederum zur Standortsbestimmung weiterer Bilder durch Rückwärtseinschneiden dienen (wechselweises Rückwärts- und Vorwärtseinschneiden, Einschneidemethoden), für die zweite Gruppe ist kennzeichnend, daß die zweckmäßig in Streifenform aufeinanderfolgenden Einzelbilder an das jeweils vorhergehende absolut orientierte Bild relativ (meist[5] nach dem Parallaxen-

---

[1] Vgl. H. Krutzsch, D. R. P. Nr. 424509.

[2] A. Klingatsch, Int. Arch. f. Photogramm. 5, 1919, S. 253, Januarheft.

[3] Lufttopographisches Verfahren. D. R. P. Anmeldung (Aktenzeich. O. 11146) vom 29. Aug. 1919.

[4] L. E. W. van Albada, Phot. Korr. 64, 1928, S. 231.

[5] Hierher gehört in gewissem Sinne auch ein von S. Finsterwalder (Alte und neue Hilfsmittel der Landesvermessung, München 1917) vorgeschlagenes, praktisch allerdings nicht in Betracht kommendes rechnerisches Verfahren, bei dem in fortgesetzter Anwendung des Kernpunktverfahrens (S. 180) und unter Zuhilfenahme von Richtungen nach der Sonne ein orientiertes Modell aus einer größeren Bildgruppe gewonnen und an Hand von (mindestens) zwei Festpunkten auf den vorgeschriebenen Maßstab gebracht wird.

verfahren) ausgeschlossen werden. Die Überbrückung erfolgt hier also durch Aneinanderreihen von (orientierten) Modellabschnitten (Modell- oder Raum-bildmethoden).

Das Einschneiden (erste Gruppe) geschieht entweder räumlich (nach Schräg-aufnahmen) oder eben (nach Senkrechtaufnahmen oder transformierten Schräg-aufnahmen), wobei im letzteren Falle natürlich nur die Horizontalprojektion der Neupunkte erhalten wird (Nadirpunkttriangulation nach SCHEIMPFLUG).

Bei der zweiten Gruppe erfolgt die Relativorientierung der Folgebilder entweder gegen das zuvor rechnerisch orientierte Teilbild einer divergenten Doppelaufnahme (Koppelreihe) oder unmittelbar und rein optisch gegen eine vorhergehende vertikale Einzelaufnahme (Normalreihe).

**48. Räumliches Einschneiden.** Das Verfahren ist eine spezielle Anwendung der Meßtischphotogrammetrie (vgl. S. 44 und insbesondere Abb. 60). Auf Grund eines Schrägbildpaares, das mit Hilfe von Festpunkten im Vordergrund der Einzelbilder orientiert wurde, lassen sich weitere Punkte im Hintergrund bestimmen, die ihrerseits wieder zur Orientierung von weiteren Schrägbildpaaren Verwendung finden können. Die Orientierung wird dabei wesentlich erleichtert und das Verfahren wird ergiebiger, wenn man, nach dem Vorschlag von J. TH. SACONEY[1] eine Doppelkammer benutzt, die aus einer langbrennweitigen Horizontalkammer und einer kurzbrennweitigen Vertikalkammer besteht und deren Verschlüsse gleichzeitig ausgelöst werden.

Das Verfahren kann wertvoll sein zur Überbrückung von Meeresarmen; auch für gewisse militärische Aufgaben ist es vorteilhaft. Für eine Netzverdich-tung ganz im allgemeinen ist es wegen der beträchtlichen flugtechnischen Schwierigkeiten[2] und der sehr ungünstigen Fehlerfortpflanzung nicht geeignet: die aus den Schrägaufnahmen gewonnenen Neupunkte sind in den Folgebildern nur ungenau zu identifizieren. Ein umfangreicher Versuch zur Erprobung des Verfahrens wurde 1921 im Auftrag der hydrographischen Abteilung des holländi-schen Marineministeriums von R. HUGERSHOFF durchgeführt.[3] Infolge der dabei vorgeschriebenen — praktisch nicht zutreffenden — Annahme, daß das Versuchsgelände völlig eben sei, wurden nur Einzelbilder, nicht Bildpaare be-nutzt und aus ihnen mit dem Autokartographen bei monokularer Beobachtung (S. 93) die Situationslinien gezeichnet.

**49. Nadirpunkttriangulation nach Scheimpflug.[4]** Das Prinzip des Verfahrens wurde bereits auf S. 38 und S. 149 dargestellt. Kurz zusammengefaßt setzt seine nur zur Horizontalprojektion der neu bestimmten Punkte führende Anwendung zunächst voraus, daß die zweckmäßig streifenförmig angeordneten Aufnahmen sich in der Flugrichtung um mehr als 50% überdecken, so daß auf jeder Auf-nahme diejenigen Geländepunkte abgebildet sind, die dem Nadirpunkt der vorhergehenden und der folgenden Aufnahme entsprechen. Weiterhin wird vorausgesetzt, daß die Bilder genügend genau senkrecht aufgenommen wurden. Abb. 225 zeigt drei aufeinanderfolgende zunächst genau wagrecht gedachte Bilder, in denen die drei (hier mit den Hauptpunkten identischen) Nadirpunkte

---

[1] Vgl. u. a. TH. SCHEIMPFLUG, Int. Arch. f. Photogramm. 2, 1909, S. 34. Trotz dieser Vorveröffentlichung hat M. GASSER auf das Verfahren später ein Patent er-halten (D. R. P. Nr. 304 367).

[2] E. R. KRAHMER, Allg. Verm.-Nachr. 40, 1928, S. 361.

[3] N. LUYMES, Mededeeling over de in Nederland gehouden proeven met Phot. ut Vliegteugen, Haag 1922.

[4] Vgl. S. 38, Anm. 1. Eine gute Darstellung der Ausgestaltung des Verfahrens für die topographische Praxis (in Verbindung mit barom. Höhenmessungen) gibt M. HOTINE, Simple methods of surveying from Air Photographs, London 1927.

$I_0$ $II_0$ $III_0$ und die Bilder der Nadirpunkte der jeweilig benachbarten Aufnahmen, außerdem aber die Abbildungen zweier Objektpunkte $A$ und $B$ besonders hervorgehoben sind, die auf allen drei Bildern zur Darstellung kommen, d. h. in dem dreifach überdeckten Geländestreifen liegen. Die Richtungen (Radianten) von den Nadirpunkten nach den gegnerischen Standpunkten bzw. den identifizierten Objektpunkten entsprechen gemäß der Voraussetzung drei Sätzen von horizontalen Richtungen, die, etwa auf Pauspapier übertragen und entsprechend gegeneinander orientiert, ein rautenähnliches Fünfeck (Abb. 226) ergeben, durch das die gegenseitige Lage der drei Standpunkte und der beiden Neupunkte bis auf den Maßstab bestimmt ist. Dabei ist bemerkenswert, daß das Fünfeck eine überschüssige Messung enthält; beispielsweise könnte zur Festlegung der Figur der Strahl 10 wegfallen. Vereinigt man weitere Flugbilder, so ergibt sich (durch die in Abb. 225 schon angedeuteten weiteren horizontalen Rich-

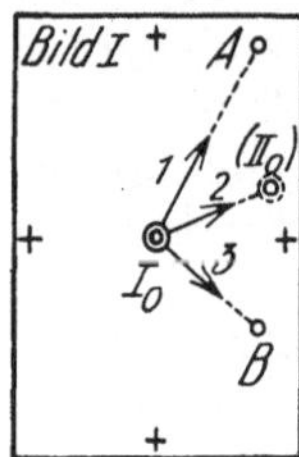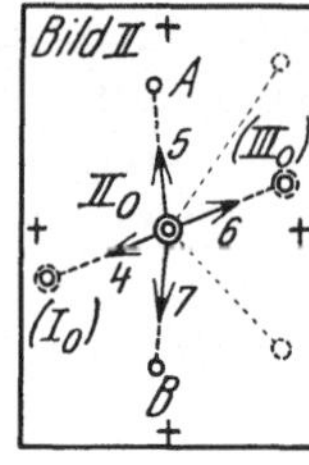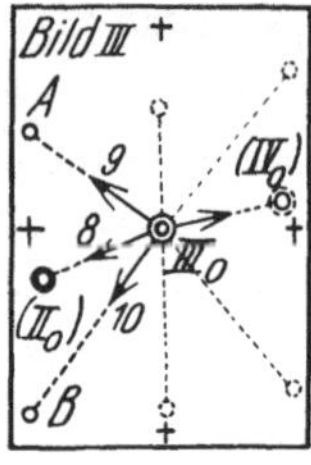

Abb. 225. Nadirpunkttriangulation. Drei Folgebilder

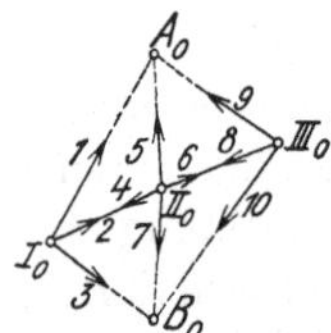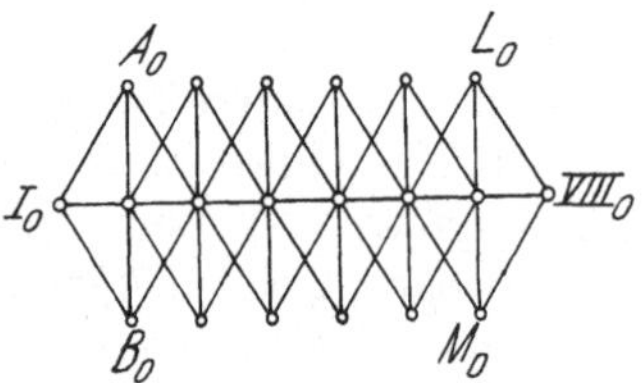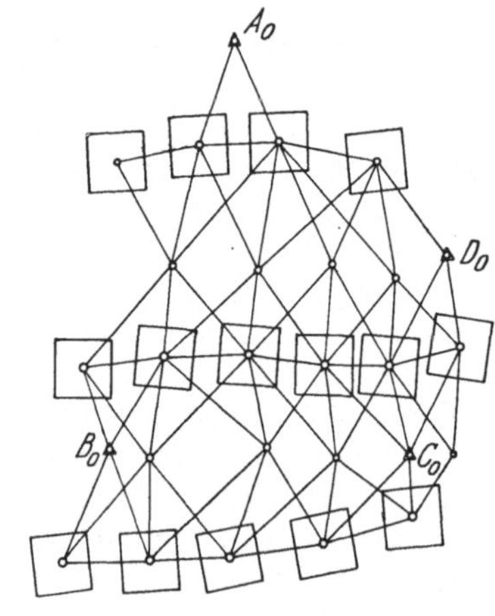

Abb. 226. Allgemeines Fünfeck (Raute) aus drei Folgebildern

Abb. 227. Rautenkette (schematisch)

Abb. 228. Allgemeines Dreiecksnetz mit Anschlußpunkten

tungen) eine Kette von Rauten, bzw. Dreiecken (Abb. 227), die auf Grund der vorhandenen Überbestimmungen erforderlichenfalls einer Ausgleichung[1] unterzogen werden kann. Die Entwicklung eines Dreiecksnetzes aus mehreren nahezu parallelen Streifenaufnahmen zeigt[2] schematisch Abb. 228, in der auch angedeutet ist, daß durch Einbeziehung der gegebenen triangulierten Punkte $ABCD$ neben einer Maßstabsbestimmung weitere Möglichkeiten zu einer Ausgleichung der auftretenden Fehler gegeben sind.

Diese Fehler (vgl. auch S. 216) liegen zunächst darin, daß die in der Praxis als Scheitel der Richtungsbüschel benutzten Hauptpunkte (demzufolge das benutzte Verfahren auch Hauptpunkttriangulation genannt wird) wegen der unvermeidlichen Abweichung der Aufnahmerichtung von der Vertikalen nicht mit dem Nadirpunkt zusammenfallen. Die zu erwartenden Richtungsfehler,[3] die außer von der Kammerneigung auch von den Höhenunterschieden des Geländes abhängen, sind jedoch gering und betragen durchschnittlich etwa 2′ bis

---

[1] Eine sehr gute Darstellung hierzu gibt J. Koppmair, Allg. Verm.-Nachr. 12, 1929, S. 33.

[2] Nach O. v. Gruber, Bildmess. u. Luftbildwes. 3, 1928, S. 141.

[3] Cl. Aschenbrenner, Mitt. d. Photogrammetrie G. m. b. H. München 2, 1926, Nr. 5; P. Werkmeister, vgl. S. 38, Anm. 3; J. Koppmair, a. a. O.; R. E. Rhen, Bildmess. u. Luftbildwes. 4, 1929, S. 86.

3′. Weitere Fehler des Verfahrens — und zwar von der gleichen Größenordnung — resultieren aus der im allgemeinen angewandten graphischen Entnahme und Auftragung der Richtungen.

Es liegt nun wenigstens theoretisch nahe, die aus der unbekannten Nadirpunktslage sich ergebenden Fehler dadurch zu verringern, daß man gleichzeitig mit der Aufnahme die Blase einer Libelle abbildet; hierbei hat O. v. GRUBER[1] gezeigt, daß es vorteilhafter ist, an Stelle des Nadirpunktes selbst einen zwischen Nadirpunkt und Hauptpunkt gelegenen Punkt, den „Fokalpunkt" $S$, als Zentrum der Richtungsmessung zu wählen, dessen Abstand $HS$ vom Hauptpunkt sich ergibt aus

$$H S = f \cdot \operatorname{tg} \frac{v}{2}$$

mit $f$ als Kammerbildweite und $v$ als der aus dem Blasenausschlag der Libelle folgenden Nadirdistanz der Aufnahmerichtung. Gelingt es, letztere trotz der bekannten, allen Libellenneigungsmessern im Flugzeug anhaftenden Mängel mit der von

Abb. 229. Radialtriangulator der Fa. CARL ZEISS in Jena

v. GRUBER vorausgesetzten Genauigkeit von $\pm 1^0$ zu ermitteln, so kann es sich verlohnen, die gegenseitige azimutale Orientierung der Aufnahmen und die Richtungsentnahme aus ihnen mit größerer Genauigkeit durchzuführen, falls nämlich eine exakte Netzberechnung beabsichtigt ist und diese mit dem praktischen Ziel im Einklang steht. Die Aufgabe einer genauen Orientierung und Richtungsentnahme erfüllt der von der Firma C. ZEISS hergestellte „Radialtriangulator"[2] (Abb. 229), in dem aufeinanderfolgende Bilder unter Drehung um den Punkt $S$ und unter Zuhilfenahme des binokularen Sehens azimutal zueinander orientiert werden (vgl. S. 186). Die Orientierung ist dann vollzogen, wenn sich längs der Verbindungslinie der beiden Drehpunkte keinerlei Vertikalparallaxen mehr zeigen. Um diese deutlich in Erscheinung treten zu lassen, werden sie durch optische Drehung der Bilder um $90^0$ in Horizontalparallaxen (vgl. S. 92) verwandelt; sie werden damit also als Tiefenunterschiede wahrnehmbar.

---

[1] O. v. GRUBER, Bildmess. u. Luftbildwes. 3, 1928, S. 141. Übrigens wird auch hier (wie auch bei J. KOPPMAIR, a. a. O.) die Begründung des Nadirpunktverfahrens irrtümlich S. FINSTERWALDER zugeschrieben. Vgl. auch M. HOTINE, a. a. O. S. 58.

[2] O. v. GRUBER, a. a. O., vgl. auch O. v. GRUBER, Vermessungstechn. Rundsch. 6, 1929, S. 2.

Das zuerst in den Vereinigten Staaten von Nordamerika praktisch und in großem Maßstab angewendete Verfahren,[1] wobei auch Mehrfachkammern (S. 149) benutzt werden, deren geneigte Bilder auf die nahezu wagrechte Ebene des Mittelbildes umphotographiert werden, wird dort allmählich zugunsten solcher Verfahren aufgegeben, die für die Neupunkte nicht nur die Lagekoordinaten, sondern auch die Höhen liefern, welch letztere in bewegtem Gelände ja selbst für genauere Entzerrungen (S. 23), besonders aber für eine topographische Ausarbeitung der Bilder nicht entbehrt werden können. Soll diese Ausarbeitung in geeigneten Universalgeräten vorgenommen werden, so ergibt die Benutzung der letzteren das allein zweckmäßige Verfahren der Netzverdichtung (vgl. Normalreihen, S. 200).

Von wirtschaftlicher Bedeutung ist das Scheimpflug-Verfahren aber zweifellos für ganz flache Gebiete;[2] hier gibt das mit ihm geschaffene Punktnetz eine gute Grundlage für die nachfolgende Bildentzerrung.

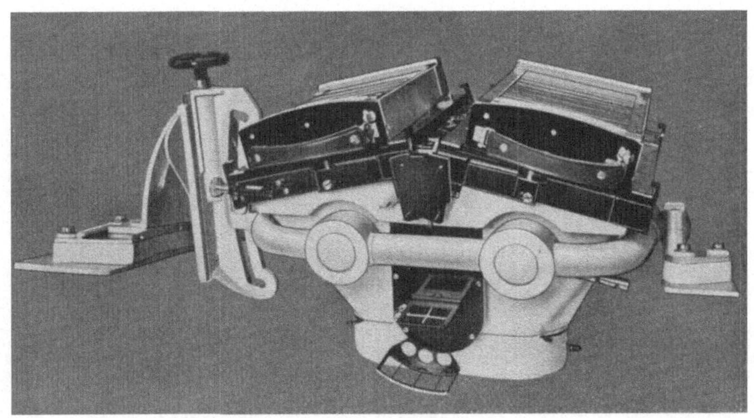

Abb. 230. Koppelkammer der Aerotopograph G. m. b. H. in Dresden

**50. Koppelreihen.** Zu einer Bestimmung der Raumkoordinaten neuer Netzpunkte innerhalb eines festpunktlosen Raumes kommt man auf rationelle Weise nur durch Ausnutzung des Umstandes, daß durch fortlaufend in Streifenform aufgenommene Meßbilder ein zusammenhängendes Raummodell gegeben ist, dessen Herstellung in einfacher Weise auf optisch-mechanischem Wege möglich ist. Ein diesbezügliches Verfahren, das man als Methode der Koppelreihen bezeichnen kann, wurde in allen wesentlichen Einzelheiten zuerst von H. Weidinger[3] beschrieben. Das Verfahren setzt die Benutzung von zwei starr miteinander verbundenen Meßkammern voraus (Abb. 230),[4] deren gegen-

---

[1] Vgl. z. B. Aerial photographic mapping, War Department, Training regulation 190—27, Washington, Jan. 1925.

[2] Steht ein geeignetes Universalgerät zur Verfügung, so wird dieses auch in diesem Falle mit Vorteil benutzt: das Punktnetz wird hier in fortlaufender räumlicher, also nicht nur azimutaler Anpassung der Flugbilder (s. S. 184), unmittelbar und mit großer Genauigkeit gefunden.

[3] Mitt. d. Photogrammetrie G. m. b. H. in München, 3, 1927.

[4] Die für Handgebrauch bestimmte Kammer wurde von den Firmen G. Heyde bzw. Aerotopograph G. m. b. H. in Dresden für R. Bosshardt gebaut. Über eine dem vorliegenden Zwecke dienende, von der Firma Carl Zeiss konstruierte automatische Filmkammer s. S. 155.

seitige Lage genau bekannt sein muß (S. 164) und deren Verschlüsse mit großer Genauigkeit gleichzeitig ausgelöst werden. Die durch beide Kammerachsen definierte Ebene liegt dabei in der Flugrichtung und steht im allgemeinen vertikal. Der Winkel $\alpha$ zwischen beiden Kammerachsen ist etwas kleiner als der Öffnungswinkel $\omega$ der einzelnen Kammern in Richtung ihrer Achsebene. Die Doppelaufnahmen erfolgen in gleichen, von der Fluggeschwindigkeit und der Flughöhe abhängigen Intervallen, die so bemessen sind, daß die von einem Standpunkt in der Flugrichtung gemachte Aufnahme $v$ (Abb. 231) sich mit der in der entgegengesetzten Richtung gemachten Aufnahme $r$ vom nachfolgenden Standpunkt aus völlig überdeckt. Man erhält so eine Reihe von Modellabschnitten, die sich in den Anschlußstreifen $AS$ überdecken, deren Breite von der Differenz der Winkel $\omega$ und $\alpha$ abhängt. Die Ausarbeitung geht so vor sich, daß man zunächst die Aufnahmen $v$ und $r$ der Standpunkte I und II relativ zueinander (S. 184) orientiert und dann mit Hilfe der gegebenen Festpunkte $ABC$ auf den vorgeschriebenen Maßstab und in die vorgeschriebene Neigung zum Horizont bringt. Da hiernach die absolute Orientierung der Aufnahme $II_r$ bekannt ist, so läßt sich mit Hilfe der bekannten gegenseitigen Orientierung beider Kammern

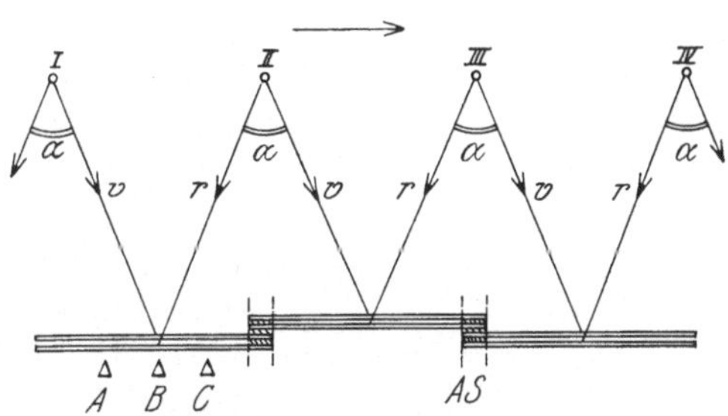

Abb. 231.  Koppelreihen-Schema

die absolute Orientierung auch der Aufnahme $II_v$ berechnen. Die letztere Aufnahme wird nun mit den so gefundenen Daten in das Auswertegerät eingelegt, wonach an sie das Meßbild $III_r$ optisch angepaßt wird. Hält man dabei die für den Standpunkt II gefundene Flughöhe fest, so ist das aus den Aufnahmen $II_v$ und $III_r$ gebildete Modell nicht nur zum Horizont und zum vorhergehenden Modellabschnitt orientiert, sondern es besitzt auch den vorgeschriebenen Maßstab. Zur Kontrolle des letzteren wird man bereits kartierte Punkte heranziehen, die im Anschlußstreifen $AS$ des Bildpaares $I_v$—$II_r$ liegen. Aus der bei diesem Vorgang gefundenen absoluten Orientierung des Meßbildes $III_r$ kann man — wiederum durch eine rechnerische Zwischenhandlung, — die absolute Orientierung des Meßbildes $III_v$ ermitteln usw., bis man schließlich zu einem Bildpaar gelangt, das weitere gegebene Festpunkte enthält, die zur Kontrolle des Arbeitsergebnisses bzw. zu einer Ausgleichung der auftretenden Fehler dienen können.

Das zunächst Bestechende dieses Verfahrens besteht darin, daß zur optischen Relativorientierung eine sehr große Bildfläche mit gleichzeitig — für monokulares Vorwärtseinschneiden markanter Punkte jedenfalls — sehr günstigem Verhältnis von Basislänge zur Flughöhe zur Verfügung steht. Die Verwendung der auf S. 155 beschriebenen ZEISSschen Doppelkammer ergibt eine Basis, die nahezu ebenso groß ist wie die Flughöhe. Bei der Hervorhebung dieser Vorzüge[1] werden aber fast stets die großen Nachteile übersehen, die aus der, für eine völlige Bildüberdeckung und gleichzeitig großes Basisverhältnis selbstverständlich notwendigen, starken Konvergenz $\alpha$ der Aufnahmen folgen, die bei der erwähnten Doppelkammer 40° beträgt. Eine derartige Konvergenz der Zielstrahlen verhindert aber allein schon wegen Überanstrengung des Beobachters eine exakte stereoskopische Messung — ganz gleichgültig, um welche Art des Auswertegerätes es sich handelt (vgl. S. 98, Anm. 2). Das abnorm vergrößerte

---

[1] O. v. GRUBER, Bildmess. u. Luftbildwes. 3, 1928, S. 141.

Basisverhältnis, für das in der terrestrischen Stereophotogrammetrie ein Wert von etwa 1 : 10 schon als völlig ausreichend erkannt wurde, bringt also keine Steigerung der Genauigkeit; dagegen ist eine empfindliche Genauigkeitsminderung als Folge des zwischengeschalteten, dabei zeitraubenden Rechnungsvorganges zu erwarten, der unter anderem die Konstanz der gegenseitigen Orientierung der Kammern voraussetzt und die Einstellung von berechneten Daten nötig macht, bei der die Feinheiten der vorausgegangenen optischen Orientierung im allgemeinen verloren gehen werden.

Zu den besonders zu beachtenden Nachteilen konvergenter und damit gegen die Vertikale geneigter Aufnahmen gehören die erschwerte oder verhinderte Einsicht in Bodenfalten, Waldschneisen usw. und die praktische Unmöglichkeit, solche Aufnahmen in nicht völlig ebenem Gelände für das Entzerrungsverfahren zu verwenden. Im übrigen sei darauf hingewiesen, daß der komplizierte Mechanismus, der Raumbedarf und das Gewicht einer Doppelkammer auch flugtechnische Schwierigkeiten mit sich bringen. Praktische Ergebnisse einer Triangulation mit Koppelreihen sind bisher noch nicht veröffentlicht worden.

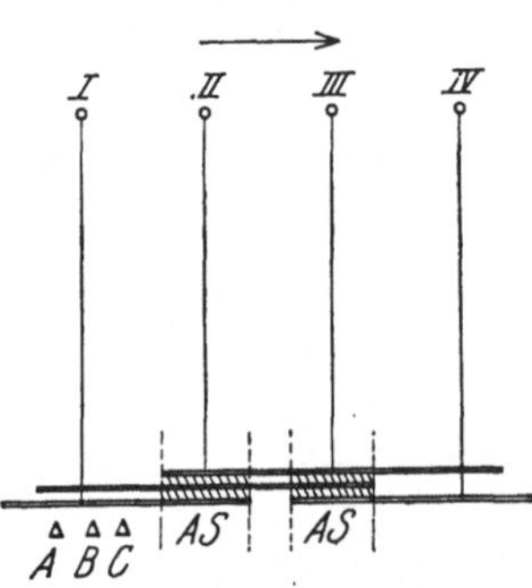


Abb. 232. Normalreihen-Schema

**51. Normalreihen.** Sämtliche eben geschilderte Nachteile des Verfahrens, einen festpunktlosen Raum durch aneinander gereihte Modellabschnitte zu überbrücken, entfallen, wenn man an Stelle der konvergenten Doppelaufnahmen nahezu achsparallele Einzelaufnahmen, im einfachsten Falle also (genäherte) Senkrechtaufnahmen verwendet. Die Herstellung derartiger „Normalreihen" geschieht zweckmäßig mit einem einfachen automatischen Reihenbildner (S. 151), dessen Geschwindigkeitsregler (S. 236) so eingestellt wird, daß die aufeinander folgenden Einzelbilder sich um etwa 60% überdecken. Diesem Überdeckungsverhältnis entspricht ein mit dem Öffnungswinkel $\omega$ der Meßkammer wachsendes Basisverhältnis von durchschnittlich 1 : 3 und die für die stereoskopische Messung sehr günstige Zielstrahlenkonvergenz von etwa 18⁰ (Abb. 232). Auch hier werden die Aufnahmen I und II zunächst gegenseitig orientiert, worauf das daraus sich ergebende Modell mit Hilfe dreier Festpunkte $ABC$ auf den vorgeschriebenen Maßstab gebracht und horizontiert wird. Im Anschluß an das jetzt absolut orientierte Meßbild II ergibt sich unmittelbar die absolute Orientierung der Aufnahme im Standpunkt III durch rein optische Anpassung. Das aus den Meßbildern II und III resultierende und nun bereits orientierte Modell hat auch den vorgeschriebenen Maßstab, wenn bei der Relativanpassung die mechanisch gefundene Flughöhe des Standpunktes II festgehalten wurde. Zur Kontrolle des Maßstabs wird man natürlich auch hier Punkte heranziehen, die im Anschlußstreifen $AS$ des bereits hergestellten Modells aus den Aufnahmen I und II liegen. Das Verfahren kann über eine gewisse Strecke fortgesetzt werden; mehrere im letzten Aufnahmepaar dieser Reihe abgebildete Festpunkte ermöglichen dann auch hier eine Arbeitskontrolle bzw. Fehlerausgleichung.

Ein Nachteil dieses Verfahrens gegenüber dem Verfahren der Koppelreihen besteht scheinbar darin, daß bei ihm zur Überbrückung einer bestimmten Strecke (bei ungefähr gleicher Anzahl der Aufnahmen) etwa doppelt soviel Modellabschnitte aneinander zu reihen sind. Ein wirtschaftlicher Nachteil etwa durch Verlängerung der Arbeitsdauer wird durch diesen Umstand nicht bedingt, da die rein optische Anpassung mindestens doppelt so schnell durchzuführen ist wie die optische Anpassung einschließlich der beim Koppelverfahren notwendigen zwischengeschalteten Orientierungsberechnung. Wohl steht aber zu befürchten, daß jetzt durch die vergrößerte Zahl der Anreihungen wegen der bei jeder derselben möglichen Fehler ein wesentlich größerer Abschlußfehler auftritt als beim Koppelverfahren. Bei letzterem resultieren die Fehler der Anreihung hauptsächlich daraus, daß die aus Ablesungen an den Kreisen des Kartierungsgerätes berechneten Orientierungsdaten der zweiten Koppelaufnahme erneut eingestellt werden müssen; es ist praktisch unmöglich, daß eine so erzielte indirekte Orientierung noch die gleichen Feinheiten aufweist, wie sie bei der unmittelbaren optischen Anpassung der ersten Koppelaufnahme erhalten wurden. Ähnliche Fehler treten zunächst auch bei Normalreihen auf; hier ist nämlich die absolut orientierte Platte z. B. II, die etwa im rechten Bildträger des Kartierungsgerätes liegen soll, vor der Anpassung des Bildes III in den anderen (linken) Bildträger einzulegen, da ja die Folgebilder im Kartierungsgerät zur Erzeugung des optischen Modells in der gleichen Lage zu einander angeordnet werden müssen, die sie bei der Aufnahme hatten. Diese Bildumlegung (die durch eine Verkantung um $180^0$ ersetzt werden kann, vgl. unten, Anm. 2), erfordert aber eine Ablesung der gefundenen Orientierungsdaten und eine Wiedereinstellung derselben, bedingt also ebenfalls eine Vernichtung der Orientierungsfeinheiten. Hier hat nun R. Hugershoff[1] eine optische Einrichtung zur Umkehrung des Stereoeffektes angegeben (vgl. auch S. 85 und S. 103), die in Verbindung mit einer entsprechenden Verstellbarkeit des $b_x$-Schlittens des Kartierungsgerätes gestattet, das absolut orientierte Meßbild, z. B. II, unberührt[2] in seinem Bildträger zu lassen und das nun standortsverkehrt eingelegte Folgebild z. B. III, direkt, also ohne jede Zwischenschaltung von Ablesungen und Einstellungen, an das orientierte Bild anzupassen. Hierdurch wird neben einer weiteren Beschleunigung des Arbeitsganges eine derartige Verminderung der Anreihungsfehler erzielt, daß die Vergrößerung der Modellzahl bedeutungslos wird. Diese zunächst theoretischen Erwägungen werden vollauf durch die Praxis (s. S. 215) bestätigt.

Daß das Verfahren hinsichtlich der Lage der neu bestimmten Punkte sehr gute Resultate ergeben muß, folgt schon aus den über die Genauigkeit des Nadirpunktverfahrens angestellten Betrachtungen; hier kommt hinzu, daß das Verfahren der Normalreihen eine Verfeinerung der Nadirpunkttriangulation insofern darstellt, als die Lagekoordinaten nicht aus nur teilweise (nämlich azimutal), sondern aus vollkommen orientierten Bildern entnommen werden. Auch hinsichtlich der sehr wichtigen Höhen der Neupunkte sind gute Ergebnisse ohneweiters zu erwarten und auch zu erzielen, wenn das Kartierungsgerät einwandfrei justiert und das Ausgangsbildpaar sorgfältig orientiert wurde und wenn die auf S. 191 gemachten Bemerkungen bezüglich der Deformationskomponenten der Vertikalparallaxen beachtet werden. Die verhältnismäßig große Breite des Anschlußstreifens $AS$ (Abb. 232) — etwa 33% des stereoskopischen Feldes gegen 14% beim Koppelreihenverfahren mit $40^0$ Konvergenz — ermöglicht die Elimination dieser Komponenten in weitgehendem

---

[1] R. Hugershoff, Der Aerokartograph, eine neue Ausführungsform d. Autokartographen. Vorträge, geh. bei der 2. Hauptversamml. der Int. Ges. f. Photogramm., Berlin 1927.

[2] Die Bemerkung O. v. Grubers (a. a. O., S. 144): „beim Stereoplanigraph wird der gleiche Effekt erzielt, indem das Bild 2 um $180^0$ verkantet und Haupt- und Querneigung entgegengesetzt eingestellt werden", ist natürlich nur in optischer, nicht aber in auswertetechnischer Beziehung zutreffend; durch Neueinstellung der abgelesenen Daten werden selbstverständlich auch hier die Orientierungsfeinheiten zerstört.

Abb. 233. Beispiel einer Aerotriangulation nach dem Normalreihen-Verfahren (Elbestrecke Dresden-Meißen)

Maße.[1] Nach den bisherigen Erfahrungen können etwa zehn Bilder (denen je nach dem vom Kartenmaßstab abhängigen Bildmaßstab verschieden große Streifenlängen entsprechen) aneinander gereiht und gleichzeitig kartiert werden, da die bei der angegebenen Bildzahl auftretenden Schlußfehler meist nur die Folge einer geringen und nur in der Lagezeichnung sich auswirkenden Maßstabsänderung sind, die bei der Reproduktion mechanisch eliminiert wird.

Bei längeren Bildreihen können unter Umständen (meist als Folge der Deformationsparallaxen, S. 191), Höhenfehler mit systematischem Charakter bemerkbar werden, entsprechend vor allem einer allmählichen Zunahme der Längsneigungs-(Verschwenkungs-)fehler der Folgebilder. Die mechanische Eliminierung bzw. Ausgleichung dieser Fehler und gegebenenfalls eine nachfolgende entsprechende Neuorientierung der Bilder ist theoretisch möglich. Praktisch vorteilhafter ist es aber im allgemeinen, das Auftreten solcher Fehler zu verhindern durch Messung nur der Höhe einzelner, weit auseinander liegender, gut identifizierter Geländepunkte durch ein flüchtiges (geometrisches oder barometrisches) Nivellement; vgl. hierzu auch S. 231.

Abb. 233 ist ein Bildplan aus Aufnahmen einer Versuchsreihe zwischen Dresden und Meißen.[2] Auf der mit zehn Bildern überbrückten 4,3 km langen Strecke zeigten sich keinerlei meßbare Höhenabweichungen (vgl. S. 216) des optischen Modells gegenüber dem als Kontrollbasis benutzten Stromspiegel.[3]

## VIII. Genauigkeit des Verfahrens

Die bereits auf S. 49 gemachten allgemeinen theoretischen Bemerkungen über die Genauigkeit des photogrammetrischen Vorwärtseinschneidens bedürfen noch einiger weiteren Ausführungen.

---

[1] Der von P. Gast, ZS. f. Verm. 58, 1929, S. 614, ausgesprochene Satz „An dieser Klippe (dem gefährlichen Zylinder) scheitert der Versuch, festpunktlose Räume durch sich überlappende Senkrechtaufnahmen zu überbrücken", ist weder theoretisch noch praktisch haltbar.

[2] Aufnahmen mittels des Reihenbildners, Abb. 186, S. 152, ausgeführt im September 1929 von der Luftbildabteilung der Junkers-Werke.

[3] Über ein sehr gutes Ergebnis einer Aerotriangulation nach dem gleichen Verfahren (Streckenlänge 15 km) berichtet die U. S. A. Geological Survey; vgl. auch The Military Eng., 21, 1929, S. 468.

Wir beziehen hierzu die Raumlage der photogrammetrisch bestimmten Objektpunkte auf ein rechtwinkliges Koordinatensystem, dessen Ursprung im Mittelpunkt der Aufnahmebasis liegt (vgl. Abb. 237, S. 204) und dessen $y$-Achse (Abstandsachse) horizontal und winkelrecht zur Horizontalprojektion der Basis ist. Die Horizontalprojektion selbst dient als $x$-Achse (Seitenachse), während die Lotrichtung im Ursprung als $z$-Achse (Höhenachse) verwendet wird.[1] Dann denken wir uns die Raumpunktlage zunächst unter der Annahme völlig fehlerfreier Richtungsmessungen bestimmt und leiten nun die Koordinatendifferenzen $\Delta y$, $\Delta x$, $\Delta z$ ab, die sich ergeben, wenn die bestimmenden Richtungen mit Fehlern behaftet sind. Kennt man diese Fehler, so lassen sich aus ihnen die Koordinatenfehler der Raumpunkte berechnen. Dieses auf fehlertheoretischen Betrachtungen aufgebaute Verfahren ist wichtig zur Ermittlung der zu erwartenden Genauigkeit; es ist aber nur ein Schätzungsverfahren, da ja die tatsächlich auftretenden Richtungsfehler sich im allgemeinen nur auf Grund besonderer Messungen und meist nur unvollständig ermitteln lassen. Die tatsächliche Genauigkeit ergibt sich entweder mittelbar durch Überbestimmung oder unmittelbar durch Vergleichung der Koordinaten von Raumpunkten, die photogrammetrisch und außerdem durch praktisch fehlerfreie anderweitige Beobachtungen festgelegt wurden.

## A. Theorie der Objektpunktfehler

**52. Koordinatenfehler als Funktion der Punktlage und der Fehler der bestimmenden Richtungen.** Es ist zweckmäßig, sich vorzustellen, daß die Festlegung der Raumpunkte nach der in der Tachymetrie gebräuchlichen Art, nämlich mittels Polarkoordinaten, erfolgte: die Bestimmungsstücke sind dann die Entfernung $E$ des betrachteten Raumpunktes vom Koordinatenursprung, der Horizontalwinkel $\alpha$ dieser Strecke gegen die Richtung der $y$-Achse und ihr Neigungswinkel $\tau$ gegen die horizontale $xy$-Ebene; die Entfernung $E$ ist dabei das Ergebnis eines Vorwärtseinschnittes. Entsprechend dieser Vorstellung setzt sich jede der erwähnten Koordinatendifferenzen zusammen aus mehreren Komponenten, die von den Fehlern $\Delta E$, $\Delta \alpha$ und $\Delta \tau$ der entsprechenden drei Bestimmungsstücke abhängen. Darin ist $\Delta E$ im wesentlichen (vgl. S. 50) eine Funktion des Fehlers $\Delta \gamma$ der Richtungsdifferenz der den betrachteten Objektpunkt vorwärts einschneidenden Bildstrahlen. Die Herleitung der Fehlerkomponenten erfolgt zweckmäßig getrennt. Abb. 234 zeigt im Grund- und Aufriß den Einfluß eines ausschließlich

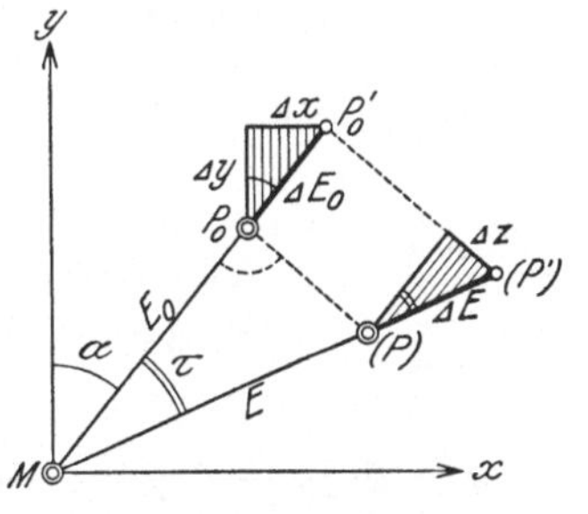

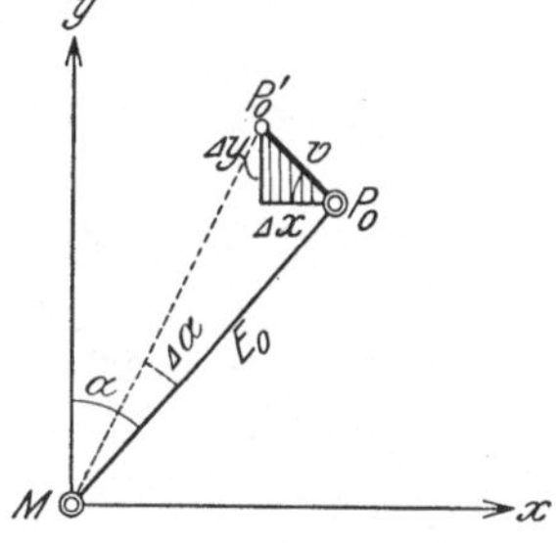

Abb. 234. Einfluß eines Entfernungsfehlers

Abb. 235. Einfluß eines Fehlers der Horizontalrichtung

---

[1] Die folgenden Betrachtungen gelten unmittelbar für wagrechte und schräge Aufnahmen; sie gelten aber — nach einer entsprechenden Koordinatenvertauschung, s. S. 174, Anm. 8 — auch für Steil- und Senkrechtaufnahmen. Vgl. hierzu noch R. Graf, Schweiz. ZS. f. Verm. 26, 1928, S. 250.

wirksamen Entfernungsfehlers $\varDelta E$. An Hand der Abb. 234 ergibt sich

$$\left.\begin{array}{l} \varDelta y_E = \varDelta E_0 \cdot \cos \alpha \\ \varDelta x_E = \varDelta E_0 \cdot \sin \alpha \\ \varDelta z_E = \varDelta E_0 \cdot \operatorname{tg} \tau \end{array}\right\} \quad (1)$$

Aus Abb. 235 ersieht man die Einwirkung einer durch einen Fehler $\varDelta \alpha$ der horizontalen Richtung bewirkten Querverschiebung $v$ auf die Koordinaten $y$ und $x$. Es ist

$$\left.\begin{array}{l} \varDelta y_a = v \cdot \sin \alpha = E_0 \cdot \sin \alpha \cdot \varDelta \alpha \\ \varDelta x_a = v \cdot \cos \alpha = E_0 \cdot \cos \alpha \cdot \varDelta \alpha \end{array}\right\} \quad (2)$$

In Abb. 236 ist der Zusammenhang eines Fehlers $\varDelta \tau$ des Neigungswinkels $\tau$ mit den Fehlern der Raumpunkt-koordinaten ebenfalls im Grund- und

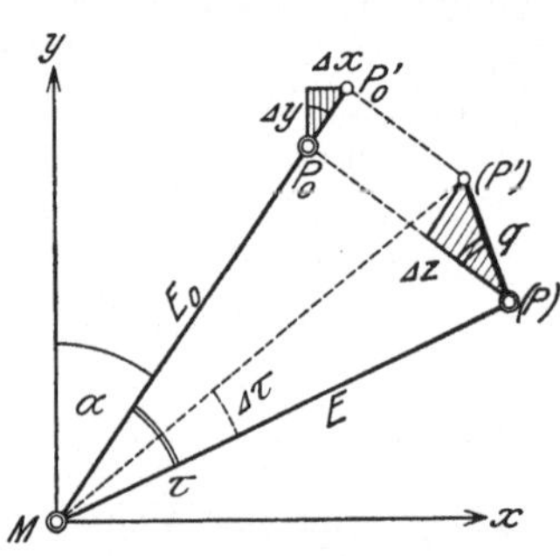

Abb. 236. Einfluß eines Fehlers
in der Vertikalrichtung

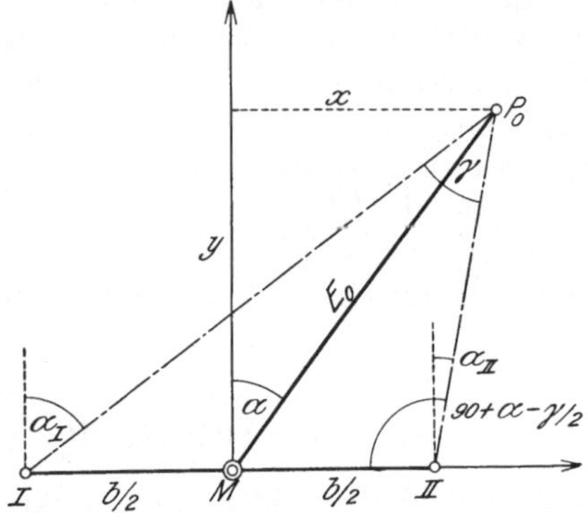

Abb. 237. Ableitung des Entfernungsfehlers

Aufriß dargestellt. Der Vertikalwinkelfehler bewirkt eine Querverschiebung $q$ des Punktes $P$ im vertikalen Sinne, aus der folgt

$$\left.\begin{array}{ll} \varDelta y_\tau = q \cdot \sin \tau \cdot \cos \alpha = \dfrac{E_0}{\cos \tau} \cdot \sin \tau \cdot \cos \alpha \cdot \varDelta \tau = E_0 \cdot \operatorname{tg} \tau \cdot \cos \alpha \cdot \varDelta \tau \\[2mm] \varDelta x_\tau = q \cdot \sin \tau \cdot \sin \alpha = \dfrac{E_0}{\cos \tau} \cdot \sin \tau \cdot \sin \alpha \cdot \varDelta \tau = E_0 \cdot \operatorname{tg} \tau \cdot \sin \alpha \cdot \varDelta \tau \\[2mm] \varDelta z_\tau = q \cdot \cos \tau \qquad = \dfrac{E_0}{\cos \tau} \cdot \cos \tau \cdot \varDelta \tau \qquad = E_0 \cdot \varDelta \tau \end{array}\right\} \quad (3)$$

Da nun

$$\left.\begin{array}{l} \varDelta y = \varDelta y_E + \varDelta y_a + \varDelta y_\tau \\ \varDelta x = \varDelta x_E + \varDelta x_a + \varDelta x_\tau \\ \varDelta z = \varDelta z_E \qquad\quad + \varDelta z_\tau \end{array}\right\} \quad (4)$$

so ergibt sich — mit Berücksichtigung der zwischen den Bestimmungselementen $E$, $\alpha$ und $\tau$ des Punktes $P$ und seinen Raumkoordinaten $y$, $x$ und $z$ bestehenden Beziehungen — aus den Systemen (1) bis (4)

$$\left.\begin{array}{l} \varDelta y = \dfrac{y}{E_0} \cdot \varDelta E_0 + x \cdot \varDelta \alpha + \dfrac{z \cdot y}{E_0} \cdot \varDelta \tau \\[3mm] \varDelta x = \dfrac{x}{E_0} \cdot \varDelta E_0 + y \cdot \varDelta \alpha + \dfrac{z \cdot x}{E_0} \cdot \varDelta \tau \\[3mm] \varDelta z = \dfrac{z}{E_0} \cdot \varDelta E_0 \qquad\qquad + E_0 \cdot \varDelta \tau \end{array}\right\} \quad (5)$$

worin

$$E_0 = \sqrt{y^2 + x^2}.$$

Zur Ableitung des Entfernungsfehlers $\Delta E_0$ benützt man (Abb. 237) die Beziehung

$$E_0 \doteq \frac{b}{2} \cdot \frac{\sin\left(90^0 + a - \frac{\gamma}{2}\right)}{\sin\frac{\gamma}{2}} \tag{a}$$

oder

$$E_0 \doteq \frac{b \cdot \cos a}{\gamma}, \tag{b}$$

woraus zunächst folgt

$$\Delta E_0 \doteq - \frac{b \cdot \cos a}{\gamma^2} \cdot \Delta\gamma \tag{c}$$

Damit ergibt sich in Verbindung mit (b)

$$\Delta E_0 \doteq - \frac{E_0{}^2}{b \cdot \cos a} \cdot \Delta\gamma \tag{d}$$

Setzt man diesen Wert unter Berücksichtigung der Beziehung

$$\cos a = y : E_0$$

in das System (5) ein, so erhält man

$$\left.\begin{aligned}
\Delta y &= - \frac{E_0{}^2}{b} \cdot \Delta\gamma && + x \cdot \Delta a + \frac{y \cdot z}{E_0} \cdot \Delta\tau \\
\Delta x &= - \frac{E_0{}^2}{b} \cdot \frac{x}{y} \cdot \Delta\gamma + y \cdot \Delta a + \frac{x \cdot z}{E_0} \cdot \Delta\tau \\
\Delta z &= - \frac{E_0{}^2}{b} \cdot \frac{z}{y} \cdot \Delta\gamma && + E_0 \cdot \Delta\tau
\end{aligned}\right\} \tag{6}\,{}^{[1]}$$

worin $\Delta\gamma$ offenbar die Differenz der Richtungsfehler $\Delta a_I$ und $\Delta a_{II}$ der beobachteten horizontalen Richtung $IP_0$ und $IIP_0$ ist, während $\Delta a$ den Verschwenkungs-(Orientierungs-)fehler des Mittelstrahles $MP_0$ $\left(\text{genähert } \frac{\Delta a_I + \Delta a_{II}}{2}\right)$ darstellt. Ähnlich ist $\Delta\tau$ als Mittel der Neigungsfehler der beiden bestimmenden Zielstrahlen aufzufassen; es ist also $\Delta\tau$ ebenfalls eine Art Orientierungsfehler. Die im System (6) nicht berücksichtigte Differenz der Neigungsfehler ist, wie die Faktoren $\frac{y \cdot z}{E_0}$ bzw. $\frac{x \cdot z}{E_0}$ zeigen, ebenso wie ein (kleiner) Fehler $\Delta\tau$ praktisch im allgemeinen ohne Einfluß auf die Horizontalprojektion der Objektpunkte; sie führt dagegen (vgl. auch Abb. 216) zu zwei verschiedenen Höhen des Objektpunktes, deren Differenz

$$z_I - z_{II} \doteq E_0 \left(\Delta\tau_I - \Delta\tau_{II}\right)$$

einen (teilweisen) Aufschluß über die erzielte Genauigkeit gibt, vgl. S. 210.[2]

Durch das System (6) sind also mit Berücksichtigung der eben gemachten Bemerkungen praktisch alle Fehlereinflüsse erfaßt bis auf einen Fehler in der

---

[1] Diese Fehlergleichungen gelten ganz allgemein, also auch für den Normalfall der Stereophotogrammetrie, s. S. 54; die hierfür — meist unter Vernachlässigung der Fehler $\Delta a$ und $\Delta\tau$ — aufgestellten Formeln (vgl. z. B. H. Lüscher, Photogrammetrie, Leipzig und Berlin 1920) lassen sich leicht aus den oben aufgestellten Gleichungen ableiten.

[2] Im übrigen ist zu beachten, daß die praktische Anwendung des Systems (6) die Kenntnis der Fehler nach Größe und Vorzeichen voraussetzt. Sind die Fehler, wie meist in der Praxis, sog. „mittlere" Fehler mit unbestimmtem Vorzeichen, so ergeben sich die Quadrate der mittleren Koordinatenfehler als Summe der Quadrate der einzelnen Glieder des oben angegebenen Systems. Vergleiche hierzu W. Jordan und O. Eggert, Hdb. d. Vermessungskde., Bd. 2, Stuttgart 1914.

Basislänge und im Höhenunterschied der Standpunkte. Da diese Einflüsse das rekonstruierte Objekt im ganzen (hinsichtlich des Maßstabes) verändern bzw. in allen Objektpunkten die gleiche (konstante) Abweichung erzeugen, sind sie vom praktischen Standpunkt aus von nebensächlicher Bedeutung: es genügt nämlich im Prinzip die Kenntnis der relativen räumlichen Lage zweier Kontrollpunkte, um diese Einflüsse zu eliminieren. Dementsprechend haben auch Untersuchungen über die Genauigkeit der Standpunktbestimmung (S. 175, Anm. 1) im wesentlichen nur theoretisches Interesse.

**53. Die Komponenten der Richtungsfehler $\varDelta \alpha$ und $\varDelta \tau$.** Der Fehler einer Richtungsmessung ergibt sich aus der Zusammenwirkung einer Anzahl von Komponenten,[1] die man in vier Gruppen zusammenfassen kann, nämlich in Beobachtungs-, Identifizierungs-, Orientierungs- und Übertragungsfehler.

a) **Beobachtungsfehler** sind die Folge einer Unsicherheit in der „Einstellung", d. h. in der Herbeiführung der Koinzidenz zwischen einem festen Punkt (im allgemeinen einer Zielmarke) und einem Punkte des Meßbildes; sie gehören im wesentlichen zu den „zufälligen" Fehlern, die ebensowohl positiv als negativ sein können. Die Einstellung der Bildpunkte erfolgt selten unmittelbar (graphische Koordinatenmessung an Bildabzügen), meist wird sie an den optisch erzeugten und vergrößerten Reproduktionen des Meßbildes vorgenommen, wobei notwendig ein Luftbild unter Zuhilfenahme einer Lupe (Mikroskop- oder Fernrohrbeobachtung) oder eine Projektion auf eine reelle Schirmebene mit oder ohne optische Hilfsmittel (Doppelprojektion mit direkter oder subjektiver Bildvereinigung) betrachtet wird.

Die Größe des Beobachtungsfehlers hängt zunächst und selbstverständlich von der Güte des Originalbildes und von der Fähigkeit des Beobachters ab. Der Beobachtungsfehler sinkt mit wachsender Bildweite der Aufnahmekammer; er sinkt ferner bei wachsender Vergrößerung der Reproduktion, aber nur so lange als die Reproduktionsschärfe, die beim Doppelprojektionsverfahren schon aus theoretischen Gründen (Nichteinhaltung des sogenannten „Linsengesetzes") mangelhaft ist, unter dem Einfluß des mitvergrößerten Emulsionskornes (S. 119) nicht leidet. Eine etwa fünffache Vergrößerung ist zur Zeit die günstigste Vergrößerung; unterhalb derselben wächst der Beobachtungsfehler langsam, oberhalb derselben rasch.[2] Eine Ausnahme bilden nur durch Form und Kontraste scharf markierte Bildpunkte; vgl. aber hierzu die spätere Betrachtung über Orientierungsfehler.

Der reine Beobachtungsfehler einer einzelnen einmal gemessenen Richtung bei Messungen an Papierabzügen[3] und 180 mm Bildweite der Aufnahmekammer beträgt etwa 1′ bis 2′; bei Mikroskop- oder Fernrohrbeobachtung[4] sinkt er auf 15″ bis 20″.

b) **Identifizierungsfehler** sind als Komponenten der Richtungsfehler im allgemeinen nur in der Meßtischphotogrammetrie wirksam, bei der infolge

---

[1] Da die Komponenten teilweise zufällige Fehler sind, teilweise aber systematischen Charakter tragen, kann ihre Vereinigung nicht durch einfache Addition erfolgen. Über Einzelheiten hierzu muß auf die Fachliteratur verwiesen werden; vgl. W. Jordan und O. Eggert, Hdb. d. Vermessungskde., Bd. 2.

[2] Bei einzelnen Doppelprojektoren ergeben sich aus konstruktiven Gründen wesentlich stärkere Vergrößerungen des Originalbildes (z. B. Reproduktionsmaßstab 1 : 1000 bei einem Bildmaßstab 1 : 10000); hier kommt der Punktlage selbstverständlich eine wesentlich größere Unsicherheit zu als sie bei einer Karte im Maßstab 1 : 1000 zulässig wäre.

[3] Vgl. z. B. A. v. Hübl, Mitt. d. Militärgeogr. Inst. Wien 19, 1899, S. 131.

[4] R. Hugershoff und H. Cranz, Grundl. d. Photogramm. a. Luftfahrzeug. S. 46.

der starken Konvergenz der Aufnahmerichtungen die Objektpunkte von wesentlich verschiedenen Seiten zur Abbildung kommen. Dementsprechend hängt die nicht allgemein angebbare Größe — sie kann unter Umständen mehrere Bogenminuten betragen — der Identifizierungsfehler ab von Form, Hintergrund und Beleuchtung der Objektpunkte. In der terrestrischen Meßtischphotogrammetrie spielen erklärlicherweise auch die Beleuchtungsdifferenzen eine wesentliche Rolle, die durch die Änderung des Sonnenstandes während des Standpunktwechsels bedingt sind. Wegen der Zunahme der Konvergenz der Bestimmungsstrahlen im Vordergrunde des Bildfeldes besteht eine Abhängigkeit der Identifizierungsfehler vom Abstand der Objektpunkte von der Basis; die Komponente nimmt ab mit wachsendem Punktabstand. Dieser Umstand steht im Gegensatz zu der bei der Ableitung der Koordinatenfehler (vgl. S. 205) zunächst mit Recht gemachten Voraussetzung der Unabhängigkeit des Richtungsfehlers von der Punktentfernung; infolgedessen wachsen vor allem in der Meßtischphotogrammetrie häufig die Koordinatenfehler, insbesondere die Fehler in $\Delta y$ und $\Delta z$, nicht in dem theoretisch zu erwartenden Maße.[1]

c) **Orientierungsfehler** sind diejenigen Richtungsabweichungen der Bildstrahlen gegen die entsprechenden Objektstrahlen (gerade Verbindungslinien der Objektpunkte mit dem vorderen Hauptpunkt des Kammerobjektivs im Augenblick der Aufnahme), deren Ursachen in gesetzmäßiger Weise das gesamte Strahlenbüschel beeinflussen. Dabei kann letzteres dem Objektstrahlenbüschel kongruent bleiben (Büscheldrehung, eigentliche Orientierungsfehler) oder nicht (Büscheldeformation). Der Definition entsprechend handelt es sich also im wesentlichen um systematische Fehler mit Resten von unregelmäßigem Charakter.

$\alpha$) Büscheldrehungen, ausschließlich eine Folge mangelhafter äußerer Orientierung,[2] können um drei Achsen erfolgen: Kammerachse (Verkantung), Horizontalachse winkelrecht zur Kammerachse (Neigung) und Vertikalachse (Verschwenkung). Eine Verschwenkung wirkt im gleichen Sinne und in gleicher Größe auf sämtliche Horizontalrichtungen und ist ohne Einfluß auf die Vertikalrichtungen. Verkantung und Neigung beeinflussen beide Richtungen (S. 177).

$\beta$) Büscheldeformationen ändern im allgemeinen ebenfalls beide Richtungen. Wir unterscheiden **symmetrische** Deformationen (Verzeichnungsfehler des Aufnahmeobjektives (S. 108), Verzeichnungsfehlerdifferenzen (letztere bei Kartierungen in Universalgeräten), Bildweitenfehler (S. 158), Schrumpfungen des Aufnahmematerials (S. 116),[3] Krümmung des Emulsionsträgers (S. 115), Strahlenbrechung (S. 67) bei Senkrechtaufnahmen) und **asymmetrische** Deformationen (Hauptpunktsverlagerung, Bildneigung gegen die Kammerachse, Strahlenbrechung bei Schrägaufnahmen, Relativbewegung von Kammer und Objekt während der Dauer der Verschlußöffnung, Relativbewegung einzelner Objektpunkte gegeneinander während des Standpunktwechsels).

Die letzterwähnten Fehlerursachen sind sehr schädlich. So erzeugt eine Verwacklung besonders bei markanten, hell beleuchteten Objektpunkten eine

---

[1] S. Finsterwalder, ZS. f. Verm. 25, 1896, S. 225; A. v. Hübl, Mitt. d. Militärgeogr. Inst. Wien 19, 1899, S. 129; F. Scheck, Einfache u. stereoskop. Bildmess. im reinen Felsgebiet, München 1912; K. Schneider, Ergebn. stereophotogramm. Aufn. in d. Schweiz, Brugg 1926, S. 65.

[2] Bedingt durch Koordinatenfehler der Festpunkte und durch Identifizierungs- oder Beobachtungsfehler bei Einstellung derselben.

[3] Schichtverziehungen an Glasplatten dürften kaum in Erscheinung treten; die auf solche zurückgeführten Fehler (K. Domansky, Int. Arch. f. Photogramm. 6, 1923, S. 105), sind wahrscheinlich Verzeichnungsfehler.

Bildverbreiterung, die sich als Abstandsfehler auswirkt. Abb. 238 gibt hiefür
ein in der Reproduktion allerdings nicht mehr sehr deutliches Beispiel: im Originalbildpaar scheint die mit der Umgebung völlig gleich hohe Straße fast 16 m
über dieser Umgebung zu liegen. Ebenso erscheinen künstliche Signale (z. B.
weißgestrichene Bretterkreuze) oft meterhoch außerhalb der Geländefläche
schwebend. Messungen an windbewegten, einzelstehenden Bäumen ergaben
bei Senkrechtaufnahmen oft beträchtliche Höhenfehler; die Fläche eines Flußlaufes, auf dem Dampfer starke Uferwellen erzeugen, scheint ebenfalls oft gegen
das Ufergelände in vertikalem Sinne verschoben. Diese Beobachtungen liefern
wertvolle Fingerzeige für die Auswahl der Festpunkte: grell beleuchtete markante
Objekte und Spitzen einzelner Bäume sind ungeeignet; die auch aus anderen
Gründen unzweckmäßige künstliche Signalisierung von Bodenpunkten ist zu
vermeiden.

Im allgemeinen wird der gesamte, auf Orientierungsfehler zurückzuführende
Anteil am Richtungsfehler ebenfalls leicht auf mehrere Bogenminuten anwachsen,

Abb. 238. Durch Verwacklung hervorgerufene Bildverbreiterung wirkt sich als Abstandsfehler aus.
Man beachte, wie die mit der Umgebung gleich hohe Straße gehoben erscheint.

falls es sich um die Einzelorientierung eines Meßbildes handelt; bei der gemeinsamen Orientierung eines Bildpaares (S. 184) dagegen beträgt der Fehleranteil
erfahrungsgemäß kaum mehr als eine Minute.

d) Übertragungsfehler sind die durch den Rekonstruktionsvorgang erzeugten Fehleranteile; sie entfallen also bei rein rechnerischer Bestimmung der
Objektpunktkoordinaten und treten beim Verfahren der Doppelprojektion nur
in geringem Maße — als Fehler der Höhenmeßeinrichtung — auf. Die Übertragungsfehler gliedern sich in systematische Fehler, hervorgerufen durch Justierungsfehler[1] des Kartierungsgerätes im weiteren Sinne[2], und in zufällige Fehler,
die im wesentlichen aus nicht zügigen Führungen bzw. toten Gängen der Konstruktionselemente folgen. Bei den modernen Universalgeräten kann bei sorgfältiger Anwendung der verfeinerten Justierungsmethoden entsprechend dem
hohen Stand der Feinmechanik auch der Übertragungsfehler im Durchschnitt
unterhalb von etwa 1′ bis 2′ gehalten werden.

---

[1] Vgl. z. B. H. Lüscher, ZS. f. I. 39, 1919, S. 2.

[2] Solche Fehler können auch durch Temperatureinflüsse hervorgerufen werden.
Vgl. hierzu A. v. Hübl, Mitt. d. Militärgeogr. Inst. Wien 23, 1903, S. 188, und
H. Kraus, Int. Arch. f. Photogramm. 4, 1913, S. 26.

**54. Der Fehler $\varDelta\gamma$ einer Richtungsdifferenz.** Entsprechend der auf S. 205 gegebenen Definition des Fehlers $\varDelta\gamma$ einer Richtungsdifferenz $a_I - a_{II}$ gilt zunächst

$$\varDelta\gamma = \varDelta a_I - \varDelta a_{II} \tag{1}$$

Die Richtungsfehler $\varDelta a$ setzen sich, wie eben im einzelnen gezeigt wurde, aus zufälligen (unregelmäßigen) Komponenten $\pm u',\, \pm u'' \ldots\ldots$ und aus systematischen (regelmäßigen), mit bestimmtem angebbarem Vorzeichen behafteten Komponenten $r',\, r'' \ldots\ldots$ zusammen. Somit folgt aus (1)

$$\varDelta\gamma = (\pm u'_I \pm u'_{II}) + (\pm u''_I \pm u''_{II}) + \ldots$$
$$+ (r'_I - r'_{II}) + (r''_I - r''_{II}) + \ldots \tag{2}$$

Damit erhält man[1]

$$\varDelta\gamma = \pm \sqrt{u'^2_I + u'^2_{II} + u''^2_I + u''^2_{II} + \ldots + (r'_I - r'_{II})^2 + (r''_I - r''_{II})^2 + \ldots} \tag{3}$$

oder in allgemeiner Form

$$\varDelta\gamma = \pm \sqrt{\Sigma u^2 + \Sigma (r_I - r_{II})^2} \tag{4}$$

Die Mehrzahl der systematischen Fehleranteile $r$, insbesondere aber die aus Deformationen des Bildstrahlenbüschels hervorgegangenen Anteile, sind an der gleichen Stelle zweier zusammengehöriger Aufnahmen nach Größe und Vorzeichen nahezu gleich. Infolgedessen wird bei Aufnahmen mit kleinem Basisverhältnis, also bei solchen mit schwacher Konvergenz der Zielstrahlen, das Glied $\Sigma (r_I - r_{II})^2$ nahezu verschwinden, während bei starker Konvergenz, bei der identische Bildpunkte große Lageverschiedenheiten in beiden Meßbildern aufweisen, das die Anteile $r$ enthaltende Glied beträchtliche Werte annehmen kann, vor allem auch im Hinblick auf die im wesentlichen nur hier auftretenden Identifizierungsfehler. Es ergibt sich also näherungsweise für **stark** konvergente Aufnahmen

$$\varDelta\gamma = \pm \sqrt{\Sigma u^2 + \Sigma (r_I - r_{II})^2} \tag{4}$$

für **schwach** konvergente Aufnahmen

$$\varDelta\gamma = \pm \sqrt{\Sigma u^2} \tag{5}$$

Die Tatsache, daß bei letzteren der Fehler einer Richtungsdifferenz wesentlich kleiner ist als bei ersteren, bewirkt allerdings, wie bereits auf S. 50 ausgeführt wurde und wie das Gleichungssystem (6) auf S. 205 eingehend zeigt, nur dann eine Genauigkeitssteigerung in der Bestimmung der Objektpunktkoordinaten, wenn bei den schwach konvergenten Aufnahmen mit ihrem entsprechend kleineren Basisverhältnis gleichzeitig auch das Glied $\Sigma u^2$ eine wesentliche Reduktion erfährt. Das aber ist (vgl. S. 52) der Fall bei **binokularer** Beobachtung der Richtungen $a_I$ und $a_{II}$ und der damit verbundenen **unmittelbaren** Messung der Richtungsdifferenz $\gamma$. Während bei monokularer, getrennter Beobachtung beider Richtungen der unregelmäßige Anteil bei einer Kammerbildweite von etwa 180 mm auch im günstigsten Falle nicht kleiner als $\pm 35''$ ist, beträgt er unter gleichen Verhältnissen bei binokularer Beobachtung eines Modellpunktes[2] nur etwa $\pm 10''$.

---

[1] Vgl. z. B. W. Jordan und O. Eggert, Hdb. d. Vermessungskde., Bd. 1, Stuttgart 1914.

[2] Der Fehler ist allerdings größer bei der **kontinuierlichen** Abtastung des Raummodells (autom. Schichtenzeichnung in Kartierungsgeräten); er wächst hier im wesentlichen mit der Geschwindigkeit der Zeichnung und in Abhängigkeit von der speziellen Befähigung des Beobachters.

## B. Ergebnisse praktischer Untersuchungen

**55. Ableitung der Objektpunktfehler aus überschüssigen Messungen.** Da sich beim photogrammetrischen Vorwärtseinschneiden eines Objektpunktes von 2, bzw. $n$ Standpunkten aus für die Höhe des beobachteten Objektpunktes eine (S. 37) bzw. $n-1$ Überbestimmungen ergeben, liegt es nahe, die hierbei auftretenden Beobachtungsdifferenzen zu einer Genauigkeitsprüfung zu benutzen.

Derartige Untersuchungen wurden zuerst von C. Koppe[1] an einer Aufnahme des Roßtrappefelsens im Harz und dann an Hand eines sehr umfassenden Materials nach Aufnahmen des Vernagtferners im Ötschtal von S. Finsterwalder[2] durchgeführt. Ersterer erhielt ($f = 238$ mm, durchschnittliches Basisverhältnis 1 : 1, durchschnittliche Punktentfernung 450 m) als mittleren Fehler einer einmal gemessenen Höhe $\pm$ 1,05 m, letzterer ($f = 162$ mm, teilweise wesentlich ungünstigere Basisverhältnisse, durchschnittliche Zielweite 2000 m) $\pm$ 1,96 m. Die mit Rücksicht auf das angewandte graphische Rekonstruktionsverfahren überaus günstigen Ergebnisse wurden im wesentlichen bestätigt durch die Untersuchungen A. v. Hübls[3] und F. Schecks.[4]

Das Ergebnis einer ersten Anwendung dieser Art Untersuchungsmethode auf das Vorwärtseinschneiden nach Luftmeßbildern veröffentlichte R. Hugershoff:[5] er fand aus zwei Aufnahmen ($f = 165$ mm, durchschnittliche Konvergenz der Zielstrahlen 7°, durchschnittliche Länge derselben 3000 m) als mittleren Fehler $\Delta z$ einer einmal bestimmten Höhe $\pm$ 3,5 m und mit Hinzunahme eines dritten Bildes mit etwa 60° Konvergenz gegen die Aufnahmerichtungen der beiden ersten Bilder $\Delta z = \pm$ 1,7 m. Im Gegensatz zu den angeführten früheren terrestrischen Versuchen, bei denen die Lagegenauigkeit nicht oder nur schätzungsweise angegeben wurde, konnten hier erstmalig die mittleren Fehler der Lagekoordinaten $\Delta x$ und $\Delta y$ ($\pm$ 1,2 m bzw. $\pm$ 2,2 m) bestimmt werden.

Die — übrigens praktisch nur für die Meßtischphotogrammetrie brauchbare — Methode, die Genauigkeit des Verfahrens aus den inneren Widersprüchen der Messungen abzuleiten, ist zwar sehr bequem, läßt aber systematische Einflüsse nur unvollkommen oder gar nicht erkennen.

**56. Ableitung der Objektpunktfehler aus Vergleichsmessungen.** Die Wirkung aller Fehlerquellen kann nur durch Vergleichung der photogrammetrischen Rekonstruktion mit den Ergebnissen von Messungen höherer Genauigkeit aufgedeckt werden. Die Vergleichung erfolgt im allgemeinen in der Weise, daß man für eine Reihe von Objektpunkten, deren Lage und Höhe besonders sorgfältig im Gelände gemessen wurde und die auf den entsprechenden Meßbildern wieder zu erkennen sind, die Differenzen zwischen den exakten und den photogrammetrisch ermittelten Raumkoordinaten feststellt. Aus diesen Differenzen werden die mittleren Koordinatenfehler abgeleitet, durch welche die tatsächliche Genauigkeit der photogrammetrischen Rekonstruktion ausreichend gekennzeichnet ist.

Eine Fehlerquelle dieses Prüfverfahrens liegt in der unter Umständen

---

[1] C. Koppe, Die Photogrammetrie od. Bildmeßkunst. Weimar 1889.

[2] S. Finsterwalder, ZS. f. Verm. 25, 1896, S. 225.

[3] A. v. Hübl, Mitt. d. Militärgeogr. Inst. Wien, 19, 1899, S. 127.

[4] F. Scheck, Einfache u. stereoskop. Bildmessung im reinen Felsgebiet, München 1912.

[5] R. Hugershoff und H. Cranz, Grundlag. d. Photogramm. aus Luftfahrzeugen, Stuttgart 1919. Eine Schätzung der mit Verwendung des Kernpunktverfahrens erzielten Genauigkeit ($\pm$ 2 m mittl. „Punktfehler") gab S. Finsterwalder (Eine Grundaufgabe d. Photogramm., München 1903).

mangelhaften Identifikation der Kontrollpunkte; eine künstliche Signalisierung derselben sichert zwar die Identität, kann aber andere Nachteile (S. 208) zur Folge haben. Handelt es sich um die Prüfung von Kartierungen mit stereoskopischen Auswertegeräten, so soll die Einstellung der Kontrollpunkte am Raummodell zur Einschränkung der Identifizierungsfehler von demjenigen vorgenommen werden, der die Geländemessungen ausgeführt hat.

Durchgreifender und darum besser als die Prüfung durch Punktvergleichung ist die Untersuchung eines fertig vorliegenden Lage- und Schichtenplanes, schon mit Rücksicht darauf, daß die bei kontinuierlicher Zeichnung erzielbare Genauigkeit nicht ohne weiteres mit der Genauigkeit identisch ist, die sich bei punktweiser Einstellung ergibt (S. 209, Fußnote 2). Die Prüfung geschieht hierbei durch Vergleichung von geeignet gewählten Kartenprofilen mit exakt aufgenommenen Geländeprofilen, wobei die Endpunkte der letzteren nach Koordinaten bestimmt und auf Grund derselben in die Karten eingetragen wurden.

a) Terrestrische Stereophotogrammetrie. Genauigkeitsprüfungen durch Vergleichsmessungen wurden an punktweise stereophotogrammetrisch gewonnenen Karten schon 1907 von E. Doležal[1] und 1914 von K. Korzer[2] veröffentlicht. Letzterer fand beim Kartierungsmaßstab 1 : 12500

mittl. Lagefehler  $\pm$ 2,5 m

mittl. Höhenfehler $\pm$ 0,5 m

und beim Kartierungsmaßstab 1 : 25000 das Doppelte dieser Werte. Nähere Angaben über Basisverhältnisse, Zielweiten usw. sind hier nicht gemacht; sie fehlen auch bei der a. a. O. veröffentlichten Bemerkung über die Genauigkeit des Stereoautographen M. 1911, wo Korzer den mittl. Höhenfehler der Kartierung in 1 : 25000 als innerhalb $\pm$ 3 m liegend und den Lagefehler als etwa $\pm$ 1 m angibt. Auch die Mehrzahl der späteren Untersuchungen zeigt diesen Mangel. P. Werkmeister[3] prüfte einen nach Aufnahmen mit einer Bildweite von 190 mm autographisch hergestellten Plan 1 : 10000 durch Profilmessungen und unmittelbare Kartierung der mit 5 m Abstand gezeichneten Schichtlinien. Es ergab sich ein mittl. Höhenfehler von $\pm$ 0,81 m, der wesentlich geringer ist als der mittl. Höhenfehler ($\pm$ 1,36 m) badischer Kartenblätter gleichen Maßstabes, die auf tachymetrischem Wege hergestellt waren. F. Nowatzky[4] untersuchte einen Schichtenplan 1 : 2000, für den sich im Durchschnitt ein mittl. Höhenfehler von $\pm$ 0,2 m ergab.

Nowatzky — und neuerdings wieder K. Schneider, s. unten — versuchten den mittl. Höhenfehler $\Delta z$ eines Punktes als eine Funktion

$$\Delta z = \pm (c + k . \operatorname{tg} \alpha)$$

der Geländeneigung $\alpha$ in der Umgebung des Punktes darzustellen, entsprechend einer von C. Koppe[5] für den mittl. Höhenfehler tachymetrischer Messungen eingeführten Beziehung. Das verwendete Zahlenmaterial kann diese übrigens auch schwer zu begründende Abhängigkeit nicht beweisen; viel wahrscheinlicher ist — entsprechend der Beziehung (6) S. 205 — die Abhängigkeit des mittl. Höhenfehlers eines Punktes vom Neigungswinkel $\tau$ des ihn bestimmenden Zielstrahles.

Über ähnliche ausgezeichnete Ergebnisse hinsichtlich der Genauigkeit der Höhen und der Schichtendarstellung berichtet E. Demmer,[6] der an der Schichten-

---

[1] E. Doležal, Öst. ZS. f. Verm. 5, 1907, S. 264.

[2] K. Korzer, Mitt. d. Militärgeogr. Inst. Wien, 33, 1914, S. 157.

[3] P. Werkmeister, Öst. ZS. f. Verm. 19, 1921, S. 65.

[4] F. Nowatzky, Jahresber. d. Reichsamts f. Landesaufn., Berlin 1922/24.

[5] C. Koppe, ZS. f. Verm. 31, 1902, S. 412.

[6] E. Demmer, Öst. ZS. f. Verm. 23, 1925, S. 90.

darstellung bei einem Kartierungsmaßstab 1 : 1000 einen mittl. Höhenfehler von $\pm$ 0,11 m feststellte,

In der Schweiz fanden K. Schneider[1] mit Benutzung des Stereoautographen für Kartierungen im Maßstab 1 : 5000 und 1 : 10000 einen durchschnittlichen mittl. Höhenfehler von etwa $\pm$ 1,0 m und J. Baltensperger[2] für die gleichen Maßstäbe sowohl mit dem Stereoautographen als auch mit dem Autographen $\pm$ 0,80 m. Der benutzten Meßkammer ($f = 190$ mm, bzw. 165 mm) waren bei vorgeschriebenem Basisverhältnis von etwa 1 : 10 die maximalen Zielweiten angepaßt; sie betrugen für die erstere Kammer und den Maßstab 1 : 10000 10 km. Der Lagefehler war nach Baltensperger 0—2,5 m. Genauere Angaben über die Wildschen Geräte veröffentlichte K. Schneider a. a. O. Darnach beträgt bei einer Kartierung im Maßstab 1 : 10000, einer mittl. Punktentfernung von 6 km und einem Basisverhältnis von nicht unter 1 : 10 der mittl. Lagefehler $\pm$ 3 m und der mittl. Höhenfehler $\pm$ 0,80 m.

b) Stereoskopische[3] Luftbildmessung. Eine mit dem ersten Universalgerät, dem Autokartographen, hergestellte Schichtlinienkarte 1 : 10000 wurde bereits 1921 unter Leitung von C. Treitschke einer amtlichen Prüfung unterzogen.[4] Die untersuchten Schrägaufnahmen ($f = 165$ mm, Neigung 30°, Basis 400 m, mittlere Punktentfernung 4000 m, relative Flughöhe 1800 m) ergaben als mittl. Punktfehler einer einmal bestimmten Höhe $\pm$ 1,22 m. Bei einer 1923 von der gleichen Behörde unter wesentlich günstigeren Aufnahmeverhältnissen (Basis 873 m, mittlere Punktentfernung 4500 m) durchgeführten zweiten Vergleichsmessung[5] wurde als mittl. Höhenfehler $\pm$ 0,37 m gefunden. Dieses günstige, heute nichts Ungewöhnliches darstellende Ergebnis begegnete zur damaligen Zeit lebhaftem Zweifel.[6] Die Photogrammetrie G. m. b. H. in München stellte mit Benutzung eines zur punktweisen Auswertung von Schrägaufnahmen eingerichteten Stereoautographen und auf Grund von signalisierten Bodenpunkten Genauigkeitsuntersuchungen an; die unter Mitwirkung des Bayerischen Landesvermessungsamts gefundenen mittl. Fehler der Objektpunktkoordinaten waren[7] bzw. $\pm$ 0,26 m, $\pm$ 0,24 m und $\pm$ 0,36 m.

Eine erste amtliche Vergleichsmessung[8] (ohne nähere Angaben) einer mit Hilfe des Stereoplanigraphen hergestellten Schichtlinienkarte 1 : 5000 ergab als mittl. Höhenfehler der Schichtlinien $\pm$ 2,5 m.

Von weiteren Vergleichsmessungen seien die von J. Baltensperger[9] und

---

[1] K. Schneider, Ergebnisse stereophotogramm. Aufnahmen i. d. Schweiz., Brugg 1926.

[2] J. Baltensperger, Die Phot. als Aufnahmeverfahren d. schweiz. Grundbuchverm., Brugg 1926.

[3] Hinsichtlich des Doppelprojektionsverfahrens sind eingehende Genauigkeitsuntersuchungen bisher nicht veröffentlicht worden. Einige Angaben über den Doppelprojektor Gasserscher Konstruktion bringt E. Doležal, Int. Arch. f. Photogramm., 6, 1923, S. 301. Bezügl. des Nistri-Gerätes vgl. die kurzen Angaben in Sc. et Ind. Phot., Paris 1926, Nr. 10, S. 473.

[4] Reichsamt f. Landesaufn. Sachsen, Über d. Genauigkeit von Schichtlinienplänen aus Luftmeßb.; Ergebn. einer Vergleichungsmessung zwischen Meßtischtachymetrie u. d. Hugershoffschen Autokartographie, Dresden 1921. Vgl. Abb. 112.

[5] H. H. Kritzinger, ZS. f. Verm. 54, 1925, S. 421.

[6] O. v. Gruber, ZS. f. I. 46, 1926, S. 255 bis 262; R. Hugershoff, ZS. f. I. 46, 1926, S. 439 bis 444.

[7] A. Schlötzer, Der Bauing. 5, 1924, S. 809.

[8] Konsortium Luftbild G. m. b. H., Die photograph. Geländevermessung, München 1924.

[9] Vgl. Anm. 2 auf dieser Seite.

K. SCHNEIDER[1] (Eidgen. Landestopographie in Bern) erwähnt. Beide untersuchten zunächst einige mit dem Stereoplanigraphen ausgearbeitete Plattenpaare von (teilweise konvergenten) Senkrechtaufnahmen. Ersterer fand ($f = 180$ mm, mittlere relative Flughöhe etwa 3000 m, Basisverhältnis 1 : 2 bis 2 : 3)

$$\text{mittl. Lagefehler} \quad \pm\, 0{,}70 \text{ m}$$
$$\text{mittl. Höhenfehler} \pm\, 0{,}85 \text{ m.}$$

Nach K. SCHNEIDER war (Basis 1600 m, relative Flughöhe 2500 m)

$$\text{mittl. Lagefehler} \quad \pm\, 1{,}60 \text{ m}$$
$$\text{mittl. Höhenfehler} \pm\, 0{,}99 \text{ m.}$$

Weiterhin prüfte K. SCHNEIDER die Ausarbeitung von Schrägaufnahmen sowohl im Autokartographen als auch im Stereoplanigraphen. Das Ergebnis war:

Autokartograph     ($f = 165$ mm, Neigung 30⁰, relative Flughöhe 1200 m, Basis 422 m, mittlere Punktentfernung 2100 m)

$$\text{mittl. Lagefehler} \quad \pm\, 4{,}03 \text{ m}$$
$$\text{mittl. Höhenfehler} \pm\, 1{,}09 \text{ m;}$$

Stereoplanigraph ($f = 180$ mm, Neigung 35⁰, relative Flughöhe 2900 m, Basis etwa 1930 m, mittlere Punktentfernung etwa 4000 m)

$$\text{mittl. Lagefehler} \quad \pm\, 3{,}08 \text{ m}$$
$$\text{mittl. Höhenfehler} \pm\, 1{,}26 \text{ m.}$$

K. SCHNEIDER hat dann auch eingehende Untersuchungen der Genauigkeit des WILDschen Autographen bei Ausarbeitung von Luftmeßbildern angestellt.[2] Er untersuchte vier Plattenpaare von konvergenten Senkrechtaufnahmen ($f = 165$ mm, Konvergenz etwa 14⁰, mittlere relative Flughöhe 2000 m, Basisverhältnis 1 : 3 bis 1 : 5), zu deren Orientierung die hohe Zahl von 19 Festpunkten verwendet wurde. Als Resultat fand sich für die punktweise Bestimmung

$$\text{mittl. Lagefehler} \quad \pm\, 3 \text{ m}$$
$$\text{mittl. Höhenfehler} \pm\, 0{,}51 \text{ m.}$$

Während bei allen bisher beschriebenen Vergleichsmessungen Glasplatten (bei einigen der Vergleichsmessungen, insbesondere bei der letzterwähnten Untersuchung der WILDschen Instrumente sogar Spiegelglasplatten) als Emulsionsträger Verwendung fanden, wurden bei der neuesten in vieler Beziehung gründlichsten Genauigkeitsuntersuchung (und zugleich auch Prüfung der Wirtschaftlichkeit), durch das Reichsamt für Landesaufnahme in Berlin zum ersten Male Filme als Aufnahmematerial benutzt. Die unter Leitung von FR. SEIDEL[3] mit dem Autokartographen und dem Stereoplanigraphen durchgeführte Untersuchung erstreckte sich über ein Gebiet von etwa 30 qkm außerordentlich kleinförmigem, und darum topographisch schwierigstem Dünengelände (Abb. 239). Die etwa 80 in Streifenform aufgenommenen Meßbildpaare (Senkrechtaufnahmen, $f = 180$ mm, relative Flughöhe 900 bis 1000 m, Basisverhältnis etwa 1 : 3) wurden von der HANSA LUFTBILD G. m. b. H. ausgeführt, der Film wurde von der Firma GOERZ, PHOTOCHEMISCHE WERKE, Berlin-Zehlendorf, geliefert.

---

[1] Vgl. S. 212, Anm. 1.

[2] K. SCHNEIDER, Schweiz. ZS. f. Verm. 9, 1928, S. 195.

[3] FR. SEIDEL, Mitt. d. Reichsamtes f. Landesaufn., Sonderheft 7, Berlin 1928.

Eine kurze Zusammenfassung des Gesamtergebnisses zeigt nebenstehende Übersichtstabelle[1] (siehe S. 215).

Mit dem hier erreichten, in Zukunft wohl kaum noch zu verringernden mittl. Fehler der kontinuierlichen Schichtenzeichnung sind die Grenzen angegeben,

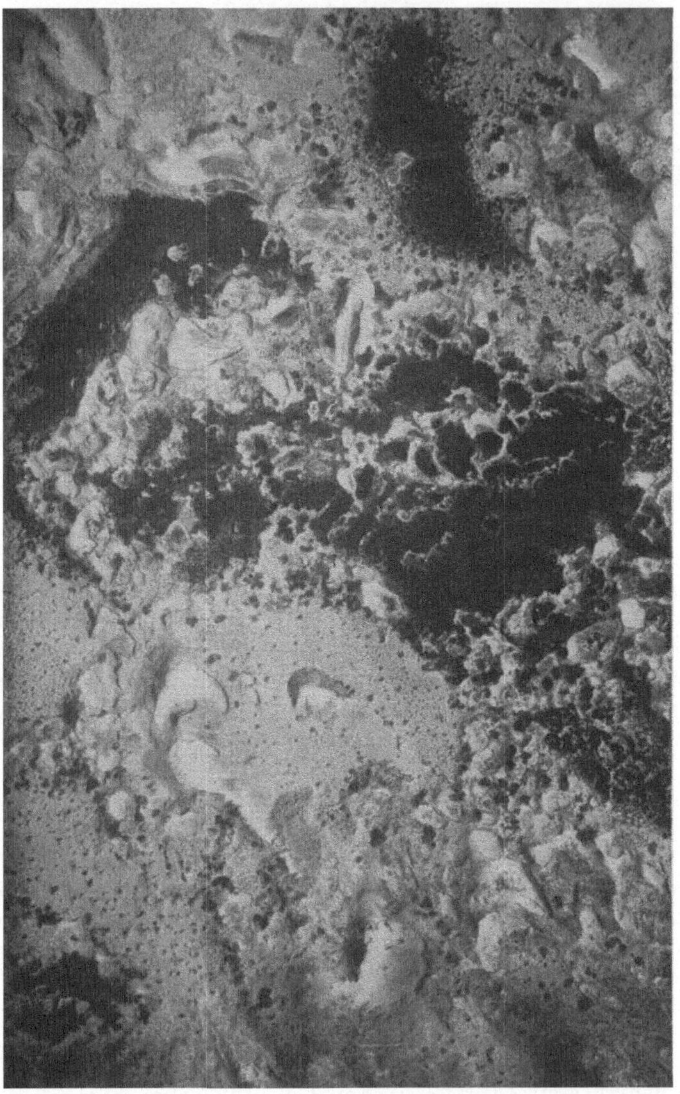

Abb. 239. Eine der Meßbildaufnahmen des Dünengeländes bei Amrum

die dem exakten luftphotogrammetrischen Verfahren gesetzt sind: es ist im wesentlichen ein topographisches Verfahren; die Herstellung von Plänen mit Schichtenabständen von weniger als einem Meter ist im allgemeinen den terrestrischen oder kombinierten Aufnahmemethoden (S. 24) vorbehalten.

---

[1] Hinsichtlich der Höhenfehler ist auch hier (vgl. S. 211) zu bemerken, daß eine Abhängigkeit von der Geländeneigung nicht überzeugend festzustellen war; Fr. Seidel sagt selbst, daß „die Güte der aus Luftlichtbildern ermittelten Höhenlinien nahezu unabhängig vom Gelände" sei.

|  | Autokartograph | | Stereoplanigraph | |
| --- | --- | --- | --- | --- |
|  | mittl. Lage-<br>fehler ± m | mittl. Höhen-<br>fehler ± m | mittl. Lage-<br>fehler ± m | mittl. Höhen-<br>fehler ± m |
| Exakt bestimmte, mit Sicherheit identifizierte Bodenpunkte .. | 0,88 | 0,15 | 0,56 | 0,16 |
| Terrestrisch-photogramm. bestimmte Bodenpunkte ..... | — | 0,18 | — | 0,19 |
| Schichtliniendarstellung bei einer mittleren Geländeneigung von 22,5° .... | — | 0,45 | — | 0,44 |

c) **Aerotriangulation.** Ein besonderes Verdienst hat sich Fr. Seidel dadurch erworben, daß er als erster — im Auftrag des Reichsamtes für Landesaufnahme in Berlin — die exakte Untersuchung eines Aerotriangulationsverfahrens, und zwar des von R. Hugershoff eingeführten Normalreihenverfahrens, vornahm und veröffentlichte.[1] Die Untersuchung erstreckte sich auf 11 Bilder einer der Amrumreihen (Grundkarte 1 : 5000 von Amrum; s. oben); die Länge der entsprechenden Strecke beträgt 4 km. In der folgenden Tabelle sind zunächst die unmittelbaren Ergebnisse (a. a. O., S. 93) nochmals zusammengestellt.

Tabelle 2. Abweichungen gegen den Sollwert

| Pkt. | $\Delta x$ | $\Delta y$ | $\Delta z$ | Pkt. | $\Delta x$ | $\Delta y$ | $\Delta z$ |
| --- | --- | --- | --- | --- | --- | --- | --- |
| 1 | — 1,32 | + 1,19 | — 0,20 | 13 | + 1,48 | — 1,59 | — 0,09 |
| 2 | — 1,03 | + 0,56 | — 0,01 | 14 | + 5,35 | — 1,71 | + 0,11 |
| 3 | ± 0 | ± 0 | ± 0 | 15 | + 5,78 | — 0,25 | — 0,39 |
| 4 | ± 0 | ± 0 | — 0,38 | 16 | + 7,36 | — 3,87 | + 0,42 |
| 5 | — 0,51 | + 0,47 | + 0,25 | 17 | + 7,73 | — 1,59 | — 0,11 |
| 6 | + 0,18 | — 0,28 | + 0,54 | 18 | + 3,96 | + 0,03 | — 0,05 |
| 7 | + 2,85 | — 0,04 | — 0,31 | 19 | + 2,75 | + 0,90 | — 0,07 |
| 8 | + 1,70 | + 0,64 | — 0,49 | 20 | + 6,98 | — 0,80 | + 0,13 |
| 9 | + 2,20 | — 2,54 | — 0,61 | 21 | + 4,66 | + 1,22 | + 0,65 |
| 10 | + 2,05 | — 3,42 | — 0,30 | 22 | + 7,01 | — 1,50 | — 0,53 |
| 11 | + 3,62 | — 2,79 | + 0,14 | 23 | + 8,13 | + 1,13 | + 0,67 |
| 12 | + 3,31 | — 1,41 | — 0,38 | | | | |

Die Punkte 1 bis 4 dienten als Ausgangsfestpunkte für die Bildorientierung; ihre Bestimmung sowie die der 19 Kontrollpunkte kann als fehlerfrei gelten. Um aus diesen unmittelbaren Messungsergebnissen, die an sich schon die mit dem Normalreihenverfahren erzielbare hohe Genauigkeit erkennen lassen, die mittl. Koordinatenfehler der verglichenen Punkte abzuleiten, sind die Beobachtungsdifferenzen selbstverständlich zuvor von systematischen Einflüssen zu befreien. Solche Einflüsse sind bei den $x$-Werten besonders stark in Erscheinung getreten; man erkennt leicht, daß es sich hier — der Flug erfolgte im wesentlichen in der Richtung der $x$-Achse — um Maßstabsfehler handelt, die für die Praxis insofern ohne Bedeutung sind, als sie bei der Reproduktion der Karte in einfacher Weise mechanisch zu eliminieren sind.

Bringt man die Lagekoordinaten in ähnlicher Weise wie das bei Polygonzügen in der Vermessungskunde gebräuchlich ist, auf den durch die Endpunkte des Zuges vorgeschriebenen Maßstab und eliminiert noch einen geringen kon-

---

[1] Fr. Seidel, Jahresber. d. Reichsamts f. Landesaufn. Berlin 1929/30, Nr. 2, S. 90 bis 94.

stanten Fehleranteil (— 0,04 m) an den beobachteten Höhenunterschieden, so ergeben sich die folgenden reduzierten Koordinatendifferenzen.

Tabelle 3. Unregelmäßige Abweichungen gegen den Sollwert

| Pkt. | $\Delta x$ | $\Delta y$ | $\Delta z$ | Pkt. | $\Delta x$ | $\Delta y$ | $\Delta z$ |
|---|---|---|---|---|---|---|---|
| 1 | — 0,42 | + 0,95 | — 0,16 | 13 | + 0,52 | — 2,17 | — 0,05 |
| 2 | — 0,52 | + 0,42 | + 0,03 | 14 | + 1,75 | + 0,68 | + 0,16 |
| 3 | — 0,11 | — 0,02 | + 0,05 | 15 | + 1,28 | — 0,80 | — 0,35 |
| 4 | — 0,04 | + 0,02 | — 0,33 | 16 | + 2,88 | — 0,50 | + 0,53 |
| 5 | — 1,25 | + 0,62 | + 0,29 | 17 | + 2,40 | — 2,90 | — 0,07 |
| 6 | — 0,76 | — 0,08 | + 0,58 | 18 | — 1,84 | + 1,30 | — 0,01 |
| 7 | + 0,20 | + 0,98 | — 0,26 | 19 | — 2,92 | + 2,06 | — 0,02 |
| 8 | + 0,89 | + 0,38 | — 0,45 | 20 | — 1,68 | + 2,53 | + 0,18 |
| 9 | — 0,62 | — 1,09 | — 0,56 | 21 | + 0,29 | + 0,65 | + 0,69 |
| 10 | + 0,05 | — 2,13 | — 0,26 | 21 | — 0,34 | + 0,08 | — 0,48 |
| 11 | — 0,73 | — 2,95 | + 0,19 | 23 | + 0,51 | + 2,68 | + 0,71 |
| 12 | + 0,23 | — 0,72 | — 0,42 | Fehlersumme | — 0,01 | — 0,01 | — 0,01 |

Aus diesen Abweichungen ergeben sich

$$\Delta x = \pm 1,3 \text{ m}$$
$$\Delta y = \pm 1,5 \text{ m}$$
$$\Delta z = \pm 0,4 \text{ m.}$$

Eine ähnliche, 1929 von R. Hugershoff durchgeführte Untersuchung an der auf S. 202 erwähnten Elbe-Reihe (10 Senkrechtaufnahmen auf Agfa-Film, $f = 135$ mm, mittlere relative Flughöhe 1200 m, Basisverhältnis 1 : 3, Gesamtstrecke 4,3 km) ergab für den mittl. Höhenfehler $\pm 1,1$ m, in guter Übereinstimmung mit der „inneren" Genauigkeit der Höhen, die aus überschüssigen Höhenmessungen an Punkten innerhalb der dreifach überdeckten Gebietsteile abgeleitet wurde und die $\pm 1,2$ m betrug.

Vergleichsmessungen hinsichtlich der Ergebnisse der Nadirpunkttriangulation sind nicht bekannt geworden. Dagegen hat J. Koppmair (vgl. S. 196) aus der Ausgleichung einer Rautenkette, die sich aus einer Bildreihe von 12 Meßbildern ergab, den mittl. Fehler einer bestimmenden Richtung zu $\pm 18,6'$ ermittelt, durch den die innere Genauigkeit des Verfahrens einigermaßen gekennzeichnet ist.

d) Entzerrungen, bzw. Luftbildkarten und Luftbildskizzen. Über die bei sorgfältiger Arbeit[1] und Wahl der Projektionsebene in mittlerer Höhe (S. 22) erzielbare Genauigkeit des Entzerrungsverfahrens berichtet K. Schneider.[2] Er findet für den Planmaßstab 1 : 10000 ($f = 250$ m, relative Flughöhe 3400 m, Nadirdistanz der Aufnahmeachsen $1^0$ bis $6^0$) einen mittl. Lagefehler von $\pm 3$ m, bei maximalen Abweichungen bis zu 5 m. A. Schlötzer[3] gibt für den Kartenmaßstab 1 : 20000 als mittl. Lagefehler $\pm 16$ m an; die von ihm untersuchten, aus einfachen Aufnahmen unmittelbar zusammengestellten „Luftbildskizzen" im Maßstab 1 : 10000 wiesen einen mittl. Lagefehler von $\pm 52$ m auf.

---

[1] Hierher gehören Vorkehrungen zur Erzielung der Maßhaltigkeit der naß behandelten Entzerrungen, wie Aufkopieren eines Koordinatennetzes und Aufkleben auf feste Unterlagen, z. B. auf Aluminiumplatten; vgl. auch S. 24 Anm. 1.

[2] K. Schneider, Versuche über Entzerrung von Fliegerbild. u. bisherige Versuchsergebn., Brugg, 1926.

[3] A. Schlötzer, Der Bauing. 5, 1924.

# IX. Technik der Luftbildaufnahme

Ein wichtiger Zweig des „Luftbildwesens", d. h. der zusammenfassenden Darstellung aller Verfahren und Hilfsmittel zur Gewinnung und Verwertung von Luftbildern,[1] ist die Technik der Bildaufnahme, und zwar insofern, als die Wirtschaftlichkeit der aerophotogrammetrischen Arbeitsergebnisse nicht nur von der Leistungsfähigkeit der Aufnahme- und Auswertegeräte, sondern auch in hohem Maße von der zweckentsprechenden Anordnung und rationellen Durchführung der Bildflüge abhängt.

## A. Allgemeines

**57. Arten der Aufnahmen und die aus ihnen abgeleiteten Produkte.** Außer Einzelaufnahmen (vorwiegend einzelnen Schrägaufnahmen), die meist als reine Ansichts- oder Übersichtsaufnahmen unmittelbar z. B. dem Unterricht, bisweilen auch der militärischen Erkundung einzelner Objekte und deren Nachtragung in vorhandene Karten (S. 12) dienen, liefern die Bildflüge in der Hauptsache Streifenaufnahmen. Aus parallel nebeneinander angeordneten Bildstreifen ergeben sich die Flächenaufnahmen. Sowohl Streifen- als Flächenaufnahmen setzen sich im allgemeinen aus Senkrecht- bzw. Steilaufnahmen, seltener aus Schrägaufnahmen, zusammen. Dabei unterscheidet man je nach dem Grad der gegenseitigen Überdeckung der im Streifen aufeinanderfolgenden Bilder entweder Einfachaufnahmen (Überdeckung nur soweit, daß Lücken vermieden werden) oder Stereoaufnahmen (Überdeckung 60% bis 100%).

Die aus Einfachaufnahmen zusammengesetzten Streifen-, bzw. Flächenaufnahmen bilden die Grundlage für Luftbildskizzen[2] (meist unmittelbare mosaikartige Zusammenstellung der Aufnahmen, Abb. 268) oder Luftbildpläne[3] (Zusammenstellung der zuvor auf einheitlichen Maßstab gebrachten und auf eine gemeinsame Horizontalebene umgebildeten oder entzerrten [S. 17] Aufnahmen, Abb. 269). Auf die Verwendung von Stereoaufnahmen gründet sich die Herstellung topographischer Karten (Abb. 270).

**58. Flugzeuge[4] und andere Kammerträger.** Das zur Zeit zweckmäßigste Hilfsmittel zum Hochbringen des Aufnahmegerätes ist zweifellos das Flugzeug,[5] dessen hohe Geschwindigkeit allerdings an den Aufnehmenden hinsichtlich Aufmerksamkeit und Geschicklichkeit nicht geringe Anforderungen stellt. Diese Anforderungen sind weniger durch die Vornahme der Aufnahmen selbst bedingt,

---

[1] Einen ausgezeichneten Überblick über den derzeitigen Stand des Luftbildwesens gaben die Sonderausstellung der Int. Ges. f. Photogramm. in Berlin (vgl. E. Ewald, ZS. f. Flugtechnik u. Motorluftschiffahrt, Berlin 1927, Heft 8), und die Luftbildausstellung auf der Int. Luftfahrtausstellung ebenda (Ausstellungsheft der „Luftwacht", Berlin 1928).

[2] B. M. Jones und J. C. Griffiths, Aerial surveying by rapid methods, Cambridge 1925.

[3] Fr. H. Moffit, The Geogr. Rev., New York, 10, 1920,; E. L. Jones, The Journ. of the Franklin Inst., New York 1922; Cl. Winchester und F. L. Willis, Aerial photography, a comprehensive survey of its practice and development, Boston, Mass. U. S. A. 1928; H. Löschner, Mitt. d. Hauptvers. deutsch. Ing. i. d. Tschechoslowakei, 1929.

[4] W. Basse, Allg. Verm.-Nachr. 39, 1927, S. 577; K. Slawik, Allg. Verm.-Nachr. 40, 1928, S. 97; M. J. Ungewitter, Bildmess. u. Luftbildwes. 3, 1928, S. 49; B. Weist, Luftwacht 1929, S. 255.

[5] Einzelheiten über seine Konstruktion, über die Technik des Fliegens usw. vgl. Moedebecks Taschenb. f. Flugtechniker u. Luftschiffer, herausgeg. v. R. Süring u. K. Wegener, Berlin 1923.

für die heute automatische und durchaus betriebssichere Reihenbildner (S. 151) zur Verfügung stehen, als vielmehr durch die Überwachung der Einhaltung streng vorgeschriebener Flugbahnen, also der speziellen Orientierung (S. 228), die der Pilot nicht übernehmen kann. Eine Gewähr für die einwandfreie Aufnahme eines größeren Gebietes ist im allgemeinen nur dann gegeben, wenn außer Piloten und Photographen ein besonderer Beobachter am Fluge teilnimmt, der den beiden erstgenannten die entsprechenden Anweisungen gibt.

Infolge des Motorlärms ist eine unmittelbare mündliche Verständigung im allgemeinen ausgeschlossen; einfache Winke mit der Hand kommen selbstverständlich nur dann in Frage, wenn sich Pilot und Beobachter, bzw. Photograph in unmittelbarer Nachbarschaft befinden. Ist das nicht der Fall, so benutzt man entweder einfache Sprechtrichter und festanliegende Hörmuscheln, die durch Schläuche verbunden sind (z. B. das Aviophon der Firma Aera in Paris) oder man verwendet zwei vor dem Piloten und dem Beobachter angebrachte identische Kommandoscheiben mit geeigneten Angaben; über diese Scheiben drehen sich Zeiger, die gleichzeitig und gleichmäßig entweder mechanisch durch geeignete Hebel und Wellen oder pneumatisch betätigt werden. Das Schema eines pneumatischen „Kommandoapparates" zeigt Abb. 240. Der durch die außenbords angebrachte Venturi-Röhre fließende Luftstrom erzeugt in den elastischen, durch einen Schlauch verbundenen Büchsen $B_1$ und $B_2$ einen Unterdruck. Die hierdurch bewirkte Formänderung der Büchsen versetzt unter Vermittlung von Hebeln und Zahnrädern die Kommandozeiger $Z_1$ und

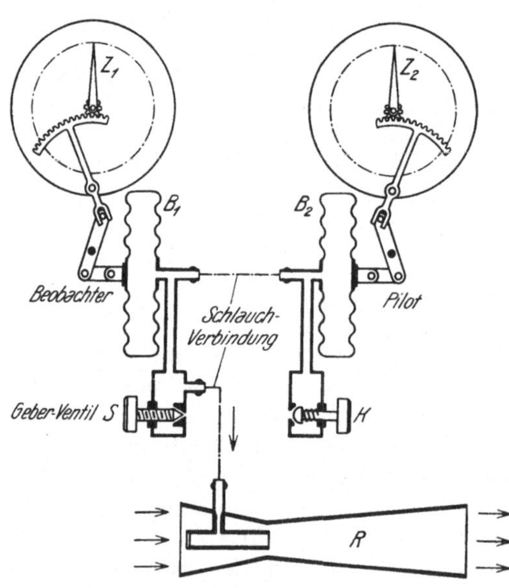


Abb. 240. Pneumatischer Kommandoapparat

$Z_2$ in Drehung. Sind dabei die beiden in die Schlauchverbindung eingeschalteten Ventile $S$ und $K$ geschlossen, so geben die Zeiger den maximalen Ausschlag. Durch Drehen der Ventilschraube $S$, die dabei der Außenluft allmählich Zutritt gibt, kann der Beobachter den Unterdruck in den Büchsen so regeln, daß die Zeiger auf die gewünschte Angabe weisen. Der beim Piloten befindliche Zugknopf $K$ ist im allgemeinen unter der Einwirkung einer Druckfeder geschlossen. Durch kurzes Anheben dieses Knopfes erhält die Außenluft vollen Zutritt, so daß beide Zeiger während der Dauer des Anhebens in ihre Ausgangsstellen zurückgehen („Verstanden"-Zeichen).

Ein für Vermessungszwecke geeignetes Flugzeug muß also zunächst und ganz allgemein die erforderliche Geräumigkeit besitzen und dem Beobachter eine möglichst freie Sicht nach allen Seiten, vor allem aber nach vorn und unten, gewähren. Weiter müssen sowohl die Konstruktion des Rumpfes und des Fahrwerkes als auch die Anlage der Steuerorgane (Stoßstangen und Kabel) die Anbringung eines Bodenloches mit genügend großem Gesichtsfeldwinkel für Senkrechtaufnahmen zulassen; für Schrägaufnahmen wird selbstverständlich beiderseits ein entsprechend großes, weder durch Tragdecks noch durch Streben eingeschränktes Gesichtsfeld gebraucht.

Die weiteren Anforderungen, die sich auf die Leistungsfähigkeit des Flugzeuges beziehen, sind abhängig von den speziellen Aufgaben und der Örtlichkeit. Sie betreffen zunächst die zu fordernde größte Steighöhe (Gipfelhöhe), die, außer von der Höhenlage des Aufnahmegebietes, von dem gewünschten Bildmaßstab (S. 223) und der Bildweite der 'Kammer bestimmt wird (S. 110), in erst zu erschließenden Ländern also wesentlich größer sein wird als in Kulturländern, in denen im allgemeinen nur ein Verlangen nach großmaßstäblichen Karten besteht. In Kulturländern spielt auch die Zeitdauer, während welcher das Flugzeug sich in der Luft halten kann (in Flugkilometer umgerechnet: Flugbereich oder Aktionsradius), eine geringe Rolle, wogegen der Flugbereich in Neuländern mit nur wenigen Flugstützpunkten von entscheidender Bedeutung ist. Für deutsche Verhältnisse genügen beispielsweise Flugzeuge, die bei einer längsten Flugdauer von vier Stunden eine Steighöhe von etwa 3000 m erreichen. Wirtschaftliche Gründe verlangen eine möglichst hohe Steiggeschwindigkeit; klimatische Verhältnisse und beschränkte Unterbringungsmöglichkeit stellen an das Bau-

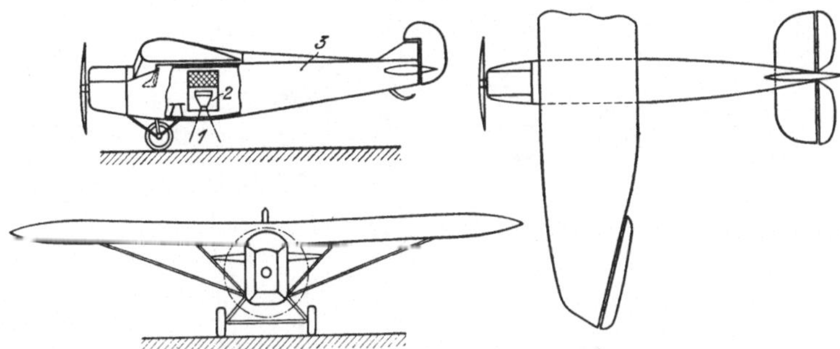

Abb. 241. Focke-Wulf A. 21 (Maßstab 1:325), Stahlrohrrumpf, Sperrholzflügel. 1 Bodenöffnung, 2 Seitenöffnung mit Jalousie, 3 Dunkelkammer

material bestimmte Anforderungen: in tropischen und wenig erschlossenen Gebieten wird das Ganzmetallflugzeug vorzuziehen sein.

Spezielle Vermessungsflugzeuge gibt es zur Zeit noch nicht. Für die vorliegenden Aufgaben universell geeignet sind freitragende Hochdecker, bei denen der Beobachter vor oder neben dem Piloten sitzt. Mit mehr oder weniger Beschränkungen sind aber auch andere Typen verwendbar. Von den für Luftaufnahmen in Gebrauch befindlichen deutschen Konstruktionen seien (in alphabetischer Reihenfolge) erwähnt:

Focke-Wulf A. 21 (Abb. 241), Hersteller Focke-Wulf Flugzeugbau A.-G. in Bremen;

Heinkel H. D. (Abb. 242), Hersteller Flugzeugwerke Ernst Heinkel G. m. b. H. in Warnemünde;

Junkers W. 33 (Abb. 243), Hersteller Junkers-Flugzeugwerk A.-G., Dessau;

Messerschmitt M. 18 (Abb. 244), Hersteller Bayerische Flugzeugwerke A.-G., Augsburg.

Für Großflächenaufnahmen kommt neben dem Flugzeug wenigstens theoretisch auch das Lenkluftschiff[1] in Betracht. Es bietet gegenüber dem ersteren nicht nur durch seine im allgemeinen ruhigere Lage und größere Geräu-

---

[1] Über das tragische Ende G. Kammerers am 20. Juni 1914 bei den wohl ersten photogrammetrischen Versuchen in einem Lenkluftschiff (System Krting) berichtet E. Doležal, Int. Arch. f. Photogramm. 5, 1915, S. 2.

migkeit, sondern vor allem durch seine in weiten Grenzen regulierbare Geschwindigkeit beachtenswerte technische Vorteile. Der letztere Umstand ist von Bedeutung bei Fahrten in geringer Höhe; hier kann man übrigens, bei Verwendung

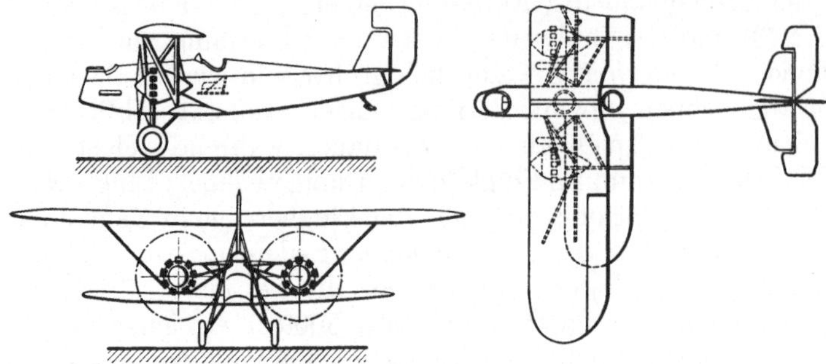

Abb. 242. Heinkel H. D. 20 (Maßstab 1:250), Stahlrohrrumpf, teilweise Stoffbespannung. Beobachterkanzel

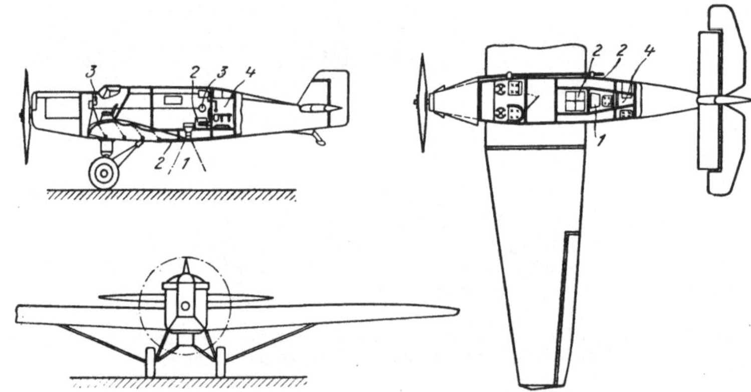

Abb. 243. Junkers W. 33 (Maßstab 1:240), Ganzmetall. 1 Reihenbildner, 2 Beobachtungsfenster, 3 Verständigungsgerät, 4 Dunkelkammer

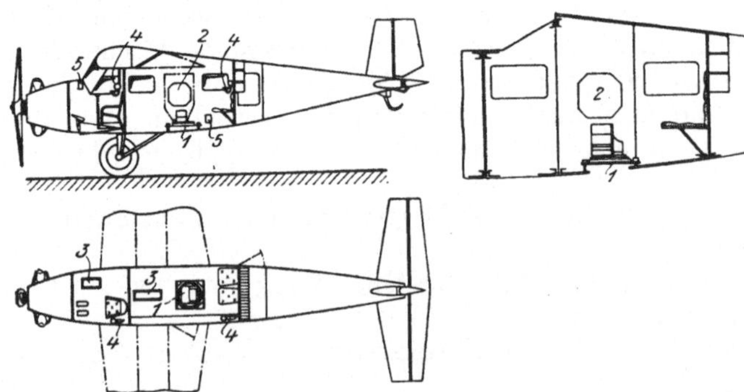

Abb. 244. Messerschmitt M. 18 (Maßstab 1:270), Ganzmetall. 1 Reihenbildner, 2 Öffnung für Schrägaufnahmen. 3 Suchöffnungen mit Visierlinie, 4 und 5 Verständigungsgeräte

je einer Kammer im Bug und Heck (S. 194), aufeinander folgende Meßbildpaare gleichzeitig aufnehmen, was, falls die Fahrthöhe das drei- bis fünffache des Kammerabstandes nicht überschreitet, bei Aufnahmen von ganz oder teilweise bewegten Objekten wertvoll sein kann.

Den angedeuteten Vorteilen stehen nicht unwesentliche insbesondere wirtschaftliche Nachteile gegenüber, so z. B. der hohe Preis der Fahrzeuge und

die Forderung von Stützpunkten mit im allgemeinen kostspieligen Sondereinrichtungen. Wenn auch Aktionsradius und Betriebssicherheit der modernen
ZEPPELIN-Schiffe gestatten, mit einem Ankerplatz weit außerhalb des Arbeitsgebietes auszukommen, so werden doch hier die Kosten der Anfahrt die Renta-
bilität des Ergebnisses im allgemeinen in Frage stellen. Anders freilich liegen die
Verhältnisse, wenn das Lenkluftschiff der wirtschaftlichen Erschließung von
Neuländern indirekt durch allgemeine geographische Forschungen dienen soll;
hier wird es zweifellos eine ausgezeichnete Basis für die topographische Darstellung des überfahrenen Gebietes liefern. Versuche in dieser Richtung werden
durch die aerogeodätische Kommission der „INTERNATIONALEN GESELLSCHAFT
ZUR ERSCHLIESSUNG DER ARKTIS MIT LUFTFAHRZEUGEN" vorbereitet.

Der Freiballon, dessen Benutzung wertvollste Anregungen zur Entwicklung der Methoden der allgemeinen Photogrammetrie gegeben hat, kommt
praktisch für die kartographische Aufnahme eines vorgeschriebenen Gebietes
selbstverständlich nicht in Frage. Dagegen hat der bemannte Fesselballon[1]
als Kammerträger für militärische, insbesondere artilleristische Aufgaben[2] wertvolle Dienste geleistet. Er kann hier unter Umständen zur kartographischen
Festlegung von einzelnen wichtigen Zielpunkten und von Veränderungen im
Gelände benutzt werden. Stereoskopische Bildpaare lassen sich dabei durch
Aufnahmen aus verschiedenen Höhen gewinnen. Zur mechanischen Ausarbeitung
solcher Aufnahmen mit (im wesentlichen) vertikaler Basis vgl. S. 92.

An dieser Stelle mag auch auf die Versuche hingewiesen werden, eine Kammer
mit einem Preßluft-Katapult in eine bestimmte Höhe zu heben; während des
Herabgleitens der an einem Fallschirm befestigten Kammer erfolgt die Belichtung. Der hierfür erforderlichen, von N. MAUL angegebenen und (nicht
ganz zutreffend) als „Raketenapparat" bezeichneten Vorrichtung[3] kommt
wohl, ebenso wie den Versuchen, Aufnahmen durch Brieftauben[4] vornehmen
zu lassen, kaum eine ernsthafte Bedeutung zu.

Ebenso wie der bemannte Fesselballon können zur Erkundung bzw. Aufnahme engbegrenzter Gebiete auch unbemannte Fesselballone und Drachen
Verwendung finden; beide Hilfsmittel eignen sich wegen ihrer geringen An-
schaffungs-, Transport- und Betriebskosten unter Umständen gut als behelfs-
mäßige Kammerträger auf Forschungsreisen,[5] z. B. für archäologische Expedi-
tionen: Es ist erwiesen, daß auf Senkrechtaufnahmen die Begrenzung ver-
schütteter künstlicher Anlagen, die bei der einfachen Begehung des Arbeitsgebietes oft verborgen bleiben, deutlich in Erscheinung treten.

Über praktische Erfahrungen mit unbemannten Fesselballonen berichtet
eingehend A. RANZA.[6] Umfangreiche Versuche mit Drachen hat vor allem
R. THIELE[7] durchgeführt; auch die Versuche von TH. SCHEIMPFLUG[8] sind er-

---

[1] Über konstruktive Einzelheiten vgl. z. B. R. SÜRING, Der Kugelballon, in
MOEDEBECKS Taschenbuch, Berlin 1923.

[2] Vgl. z. B. E. EWALD, Photographie, ebenda (s. Anm. 1).

[3] TH. SCHEIMPFLUG, Int. Arch. f. Photogramm. 1, 1908, S. 213; vgl. auch ebenda
5, 1915, S. 68.

[4] Vgl. Arch. f. Photogramm. 1, 1909, S. 297 u. 304, ferner Phot. Korresp. 52,
1915, S. 12.

[5] I. TSCHAMLER, Int. Arch. f. Photogramm. 3, 1912, S. 116.

[6] Fototopografia e fotogrammetria aera, Rom 1907; vgl. dazu das Referat von
TH. SCHEIMPFLUG, Int. Arch. f. Photogramm. 1, 1908, S. 75. Eine Haltevorrichtung für
Fesselballone beschreibt H. WILD, D. R. P. Anmeldung vom 31. Okt. 1921, Kl. 42 c/9.

[7] R. THIELE, EDERS Jahrb. f. Phot. u. Reprod., Halle a. S. 1902; Int. Arch. f.
Photogramm. 1, 1908, ebenda; vgl. auch E. DOLEŽAL, ebenda 4, 1913, S. 2.

[8] TH. SCHEIMPFLUG, Phot. Korr. 40, 1903, S. 659.

wähnenswert. Letzterer gab eine klare Übersicht über die verschiedenen Drachen-
konstruktionen;[1] die technische Seite der Bildaufnahme vom Drachen aus fand
eine vorzügliche Darstellung durch J. Th. Saconey.[2] Eine spezielle Drachen-
kammer wurde von E. Wenz angegeben.[3]

**59. Bemerkungen zur Organisation.** Die praktische Durchführung aero-
photogrammetrischer Aufgaben ist zunächst an das Vorhandensein einer Bodenorganisation gebunden. Diese umfaßt neben der Erkundung von Hilfs- und
Notlandeplätzen die Herstellung und Unterhaltung von Flugstützpunkten, die
für Start und Landung geeignet sein und entsprechende Unterkunftsmöglich-
keiten für Flugzeuge, Personal und Material, außerdem aber Reparaturwerk-
stätten und Dunkelkammer besitzen müssen. Je weiter die Flugstützpunkte
von einander und von allgemeinen Verkehrsplätzen entfernt liegen, umso not-
wendiger werden unabhängige Funkeinrichtungen und Hilfsmittel zur selbständigen Beobachtung und Messung atmosphärischer Vorgänge. Von besonderer Wich-
tigkeit sind Vorkehrungen zur Versorgung der Stützpunkte mit Wasser, Betriebs-
stoff und Ersatzmaterial. Große Entfernungen zwischen den Flugstützpunkten
erfordern starke im Bildflugbetrieb wenig rentable Flugzeuge von entsprechend
großem Aktionsradius.

Eine derartige in Kulturländern mit regelmäßigem Luftverkehr bereits
vorhandene Bodenorganisation ist in Neuländern erst zu schaffen; im Hinblick
auf ihre Kostspieligkeit wird sie sich im allgemeinen nur im Zusammenhang
mit der Organisation der allgemeinen verkehrstechnischen und wissenschaftlichen Erschließung des betreffenden Gebietes durchführen lassen.

Für ausgedehnte und insbesondere von Flugstützpunkten weit entfernte
Arbeitsgebiete ist ferner das Vorhandensein eines organisierten Wetter-
dienstes[4] eine wertvolle Hilfe, die allerdings wegen der in Ländern von mitt-
lerer geographischer Breite im allgemeinen unsicheren Prognosen häufig versagt.
Die Möglichkeit von Fehlprognosen — eine rationelle Luftbildmessung ist selbst-
verständlich an das Vorhandensein einer klaren Sicht und einen bei hochstehender
Sonne wolkenlosen Himmel gebunden[5] — erschwert in solchen Ländern die
Vorausberechnung der Kosten einer Aufnahme in hohem Maße.

Es liegt in der Natur der eine großzügige Organisation und das Vorhandensein wertvoller Geräte voraussetzenden Luftbildmessung, daß sie mit der gewissen Aussicht auf Wirtschaftlichkeit nur von Behörden und von solchen
Privatgesellschaften betrieben werden kann, denen durch amtliche Auf-
träge die notwendige Nachhaltigkeit des Unternehmens gesichert ist. In Deutschland wird durch die photogrammetrische Abteilung des Reichsamtes für Landesaufnahme in Berlin die Luftbildmessung praktisch ausgeübt; auch Stadtver-
messungsämter, an ihrer Spitze das Vermessungsamt von Hamburg, bedienen
sich ihrer mit wachsendem Erfolg. Einen ausführlichen Tätigkeitsbericht der
letzteren Behörde enthält die von der „Deutschen Gesellschaft für Photogrammetrie" bearbeitete Abhandlung „Luftbildwesen" des Ausstellungsheftes
der „Luftwacht" (Berlin 1928). Hier finden sich auch wertvolle Darstellungen
bisher durchgeführten Arbeiten der zur Zeit tätigen Privatgesellschaften, näm-

---

[1] Th. Scheimpflug, Erhaltung der Stabilität, wichtigste Formen und Ver-
wendungsarten der Drachen, in Hoernes, Buch d. Fluges, Wien 1903. Vgl. auch
Moedebecks Taschenbuch f. Flugtechn. u. Luftschiffer, 4. Aufl., S. 111 u. 685.

[2] J. Th. Saconey, Int. Arch. f. Photogramm. 2, 1911, S. 188.

[3] E. Wenz, Int. Arch. f. Photogramm. 2, 1911, S. 216.

[4] K. Wegener, Prakt. Wetterkunde und Aerologie, in Moedebecks Taschenb.
f. Flugtechn. u. Luftschiffer, Berlin 1923.

[5] Vgl. besonders W. Basse, Allg. Verm.-Nachr. 39, 1927, S. 577 ff.

lich der Aerokartographischen Institut A.-G. in Breslau, der Hansa Luftbild G. m. b. H. in Berlin, der Junkers Luftbildzentrale in Dessau-Leipzig
und der Photogrammetrie G. m. b. H. in München.

An gleicher Stelle und weiterhin in der „Luftwacht" 1929, S. 109 gibt
H. Lüscher eine ausgezeichnete Übersicht über die Luftbildmessung im Ausland, die übrigens inzwischen eine starke Weiterentwicklung genommen hat.

So sei hier nachgetragen, daß in den Vereinigten Staaten die Aerotopograph Corporation of America gegründet wurde, die sich unter Leitung von
H. C. Birdseye, des verdienten Chefs der photogrammetrischen Abteilung
der U. S. A. Geological Survey, vor allem mit der Herstellung von Schich-
tenkarten befaßt und die in Washington mit drei Aerokartographen arbeitet.
Ferner bedient sich das Ministerium für Handel und Gewerbe in Bukarest
eines Autokartographen zur Herstellung des Minenkatasters.

## B. Vorbereitung und Durchführung des Bildfluges

**60. Aufnahmedispositionen und wirtschaftliche Erwägungen.** Die erste Überlegung betrifft die Wahl der Flughöhe $H$. Sie ergibt sich aus dem geforderten
Bildmaßstab 1 : $b$ bei einer Bildweite $f$ der zu benutzenden Kammer zu

$$H = f \cdot b \tag{1}$$

wobei, wie zunächst auch bei allen folgenden Beziehungen, Senkrechtaufnahmen
vorausgesetzt sind, die heute in der Praxis fast ausschließlich verwendet werden.
Der Bildmaßstab 1 : $b$ ist selbstverständlich abhängig vom Maßstab 1 : $k$ der
beabsichtigten Kartierung. Es gilt

$$b = k \cdot n \; (n \geq 1) \tag{2}$$

Da die von einer Aufnahme überdeckte Fläche $Q$ bei einem nutzbaren
Flächeninhalt $i$ des Bildes

$$Q = i \cdot \frac{H^2}{f^2}$$

mit dem Quadrat der Flughöhe wächst, wird man $H$ so groß wählen, als es die
Bildgüte im weitesten Sinne im Hinblick auf die verlangte Genauigkeit des
Resultates noch zuläßt. Erfahrungsgemäß gilt

$$\left. \begin{array}{l} n = 1 \text{ bei hoher Anforderung} \\ n = 2 \text{ bei mittlerer Anforderung} \\ n = 3 \text{ bei geringer Anforderung} \end{array} \right\} \tag{3}$$

Außer dem Bild- und Kartenmaßstab ist noch der Maschinenmaßstab zu
berücksichtigen, d. h. der Maßstab, in dem das Ausmeßgerät die Karte unmittelbar liefert. Sollen Karten- und Maschinenmaßstab, wie das im allgemeinen
erwünscht ist, identisch sein, so muß bei Wahl der Flughöhe der Arbeitsbereich
(Größe der Zeichenfläche, Einstellungs- und Verschiebungsmöglichkeiten des
Basisschlittens) des benutzten Kartierungsgerätes berücksichtigt werden.[1] Die
Rücksichtnahme kann unterbleiben, wenn die Kartierungsgeräte in Verbindung
mit einem Koordinatographen (S. 102) und geeigneten Wechselgetrieben benutzt
werden.

Nach Feststellung der Flughöhe ist, falls nicht Einzel- oder Einzelstreifen-
aufnahmen, sondern, wie zumeist, Flächenaufnahmen verlangt werden, der
Flugbahnabstand $A$ zu berechnen, der bei unmittelbarer, also überdeckungs-

---

[1] Vgl. z. B. Fr. Manek, Int. Arch. f. Photogramm. 6, 1923, S. 134; ferner
Derselbe, ebenda 5, 1919, S. 285.

loser Aneinanderreihung der Streifen gleich der ins Gelände projizierten, quer
zur Flugrichtung liegenden (nutzbaren) Formatseite $s_q$ ist:

$$A = s_q \cdot \frac{H}{f}$$

oder bei der aus Sicherheitsgründen selbstverständlich zu fordernden Querüberdeckung von $q\%$

$$A = s_q \cdot \frac{H}{f} \cdot \frac{100-q}{100} \qquad (4)$$

Die Berechnung der Abstände aufeinanderfolgender Aufnahmen innerhalb
der Streifen, d. h. der Basislänge $B$ bzw. der für ihre Zurücklegung erforderlichen Zeit, kommt heute praktisch kaum noch in Frage, da bei Verwendung
von Reihenbildnern die Belichtung der Folgebilder zwangläufig geschieht, wobei
die Arbeitsgeschwindigkeit entsprechend der Flugzeuggeschwindigkeit über
Grund geregelt werden kann (Überdeckungsregler, S. 236). Aber auch für moderne
Handkammern, die in Aufhängestellen benutzt werden, können Hilfseinrichtungen
geliefert werden, die optisch-mechanisch die Einhaltung einer vorgeschriebenen
Überdeckung ermöglichen (S. 145 und S. 237). Da die Basis bei einer Längsüberdeckung $l$ von 100% offenbar Null, bei 0% aber gleich der ins Gelände projizierten (nutzbaren) Formatseite $s_l$ ist, so ist leicht zu erkennen, daß

$$B = s_l \cdot \frac{H}{f} \cdot \frac{100-l}{100}, \qquad (5)$$

so daß sich für das Intervall $t$ (in Sekunden) zwischen aufeinanderfolgenden
Aufnahmen bei einer Grundgeschwindigkeit (S. 236) $V$ (in m/sec) ergibt

$$t = \frac{B}{V}. \qquad (6)$$

Zur Vorbereitung eines Bildfluges gehört auch die Berechnung der Anzahl $Z$ der erforderlichen Aufnahmen für die zu überdeckende Fläche $F$, eine
Zahl, die überdies eine der wichtigsten Grundlagen für die Berechnung der Selbst-
kosten der nachfolgenden Kartierung ist. Bezeichnet man die von einer Aufnahme überdeckte nutzbare Fläche mit $Q$, so gilt

$$Z = \frac{F}{Q}. \qquad (7)$$

Es ist leicht einzusehen, daß $Q$ dem aus der Aufnahmebasis $B$ und dem
Flugbahnabstand $A$ gebildeten Rechteck entspricht; es gilt also gemäß (4)
und (5)

$$Q = \frac{s_l \cdot s_q}{f^2} \cdot \frac{100-l}{100} \cdot \frac{100-q}{100} \cdot H^2. \qquad (8)$$

In dieser Gleichung ist, da man im allgemeinen mit derselben Kammer arbeiten
und auch immer die gleichen als zweckmäßig und ausreichend erkannten Überdeckungsverhältnisse wählen wird, der Faktor von $H^2$ eine Betriebskonstante,
die z. B. für den Reihenbildner $f = 13,5$ cm $s_l = s_q = 11$ cm (S. 153) und für
$l = 60$ und $q = 20$ den Wert 0,21 annimmt. Demnach beträgt für $H = 3000$ m
die nutzbare Fläche einer Aufnahme 1,9 km², womit sich bei gegebener Fläche $F$
die erforderliche Aufnahmezahl durch eine einfache Division ergibt.

Zur Erleichterung der Anwendung der bisher abgeleiteten Beziehungen
(1), (4), (5) und (8) dient das in Abb. 245 dargestellte, von H. Gruner entworfene
Diagramm,[1] dessen Gebrauch sich ohne weiteres an Hand der dort angeführten

---

[1] Ähnliche Hilfsmittel wurden angegeben von H. Dock, Planung von Vermessungs-
flügen f. Senkrechtaufnahmen, Prag 1927, und O. Lacmann, ZS. f. Verm. 57, 1928, S. 497.

Beispiele ergibt. Die diesem Diagramm zugrunde gelegte Längsüberdeckung von 60% wird dann wesentlich geringer sein dürfen, wenn die Aufnahmen nur

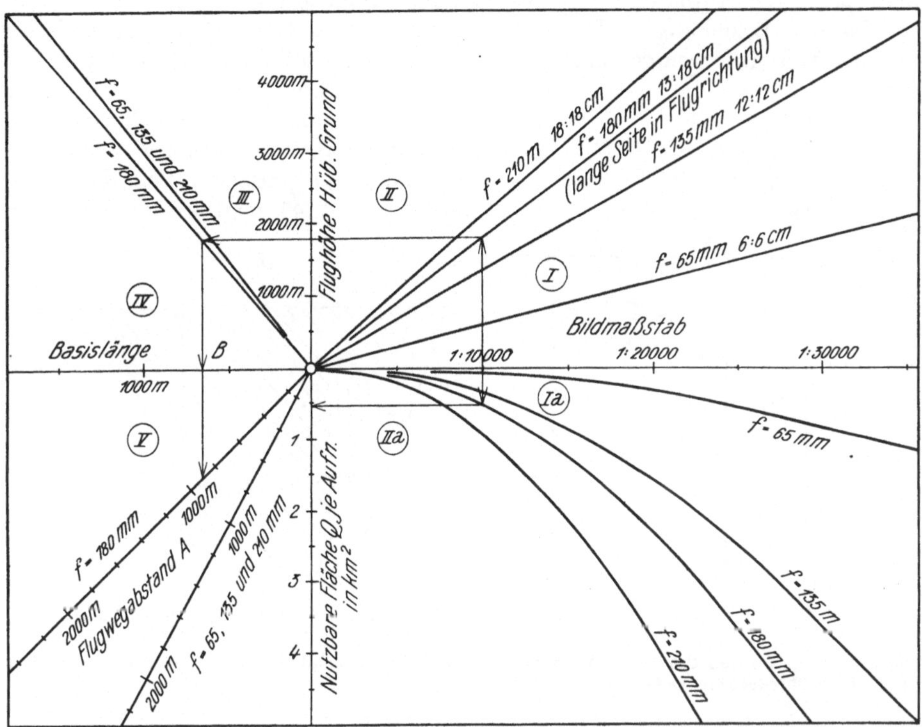


Abb. 245. Diagramm zur Ermittlung der Flugdaten für Raumbild-Senkrechtaufnahmen. 1. Beispiel: Bei dem vorgeschriebenen Bildmaßstab 1:10000 und der Kammerbildweite 180 mm (I) ergeben sich als Flughöhe (II) 1800 m, als Basislänge (III und IV) 660 m und als Flugabstand (V) 880 m. 2. Beispiel: Beim Bildmaßstab 1:10000 und der Kammerbildweite 180 mm (1a) ergeben sich als nutzbare Fläche bei einer Querüberdeckung von 20% (IIa) 0,55 qkm je Aufnahme

der Herstellung eines Bildplanes (S. 217) dienen sollen. Aber auch dann wird man die aus Sicherheitsgründen erforderliche Längsüberdeckung von 10% bis 20% wesentlich größer wählen müssen, wenn die geforderte Genauigkeit mit Rücksicht auf die Höhengliederung des Geländes (S. 22) nur dadurch erreicht werden kann, daß man sich auf die Ausarbeitung der mittleren Teile der Bilder beschränkt. Die richtige Wahl der Überdeckung wird hierbei durch ein von H. Dock a. a. O. veröffentlichtes, in Abb. 246 wiedergegebenes Diagramm wesentlich erleichtert. Es stellt Fehlerzonen in einer Aufnahme

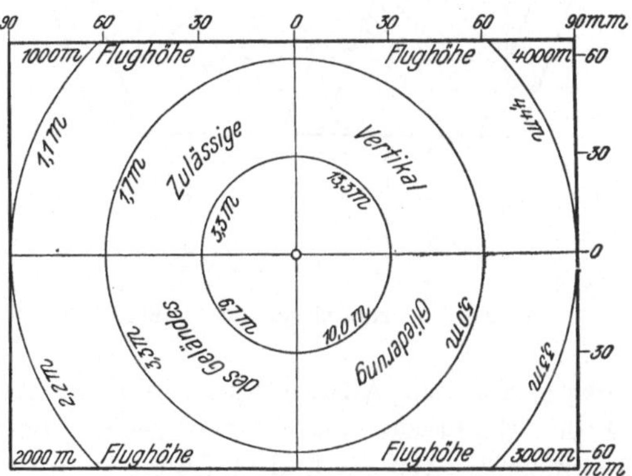


Abb. 246. Begrenzung des für das Entzerrungsverfahren ausnutzbaren Bildfeldes bei nicht ebenem Gelände

nes Diagramm wesentlich erleichtert. Es stellt Fehlerzonen in einer Aufnahme ($f = 180$ mm, Format 13:18 cm) dar, unter der Annahme, daß der von Höhendifferenzen erzeugte Lagefehler 0,1 mm nicht überschreiten soll. So sieht man z. B. (linker unterer Quadrant), daß bei einer Flughöhe von 2000 m und 7 m

Höhendifferenz nur der hauptpunktnahe Teil, bei 3,3 m Höhendifferenz das Bild nur bis einschließlich der Mittelzone und erst bei Höhendifferenzen unter 2,2 m die Aufnahme voll ausgenutzt werden kann.

Die den Beziehungen (1) bis (8) entsprechenden Gleichungen für Schrägaufnahmen sind weniger einfach; mit Rücksicht auf die heute geringere Bedeutung solcher Aufnahmen sollen die für sie geltenden Aufnahmedispositionen nur auf (praktisch übrigens völlig ausreichendem) graphischem Wege dargestellt werden. Abb. 247 zeigt die Konstruktion[1]

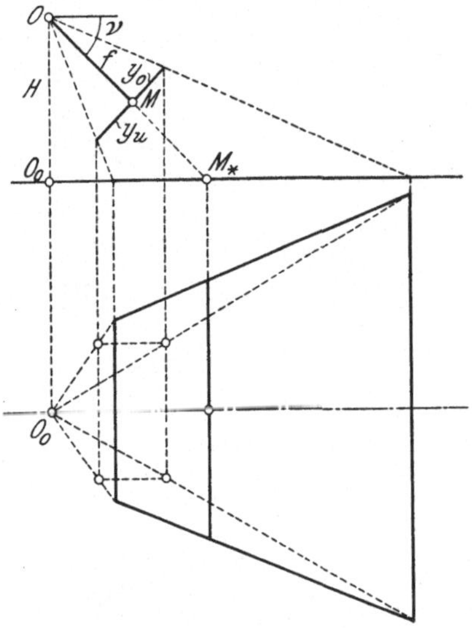

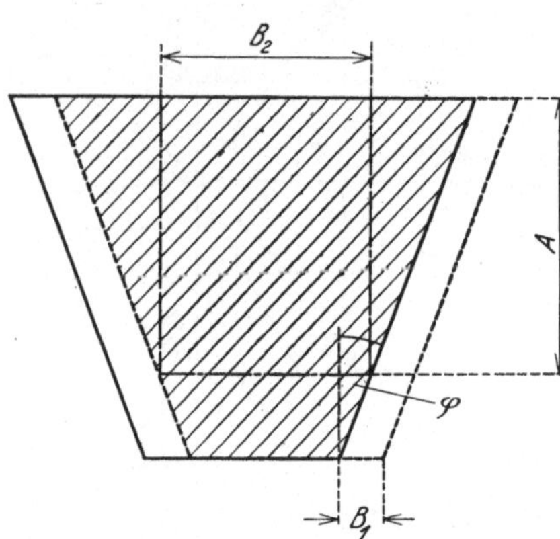

Abb. 247. Konstruktion des von einer Schrägaufnahme überdeckten Geländeabschnittes

Abb. 248. Geländeüberdeckung durch ein Schrägbildpaar

des von einer Schrägaufnahme überdeckten Gebietes; als „mittlerer" Bildmaßstab $1 : b_m$ gilt hier der Maßstab in der Haupthorizontalen; es ist

$$1 : b_m = f . \sin v : H.$$

In Abb. 248 ist das von einem Bildpaar überdeckte Gelände wiedergegeben; die Basis $B_1$ ist so zu wählen, daß $B_1 : OM_*$ (Abb. 247) etwa 1 : 3 ist. In das doppelt überdeckte Gebiet ist das Rechteck mit maximalem Flächeninhalt zu konstruieren.[2] Die Grundseite $B_2$ dieses Rechtecks ergibt den Abstand benachbarter Aufnahmepaare (Abb. 249). Die Höhe $A$ des Rechtecks bestimmt dagegen den Abstand benachbarter Flugbahnen (Abb. 250). Aus $B_2$ und $A$ findet sich, wie leicht ersichtlich, die Anzahl der $Z$ erforderlichen Bildpaare.

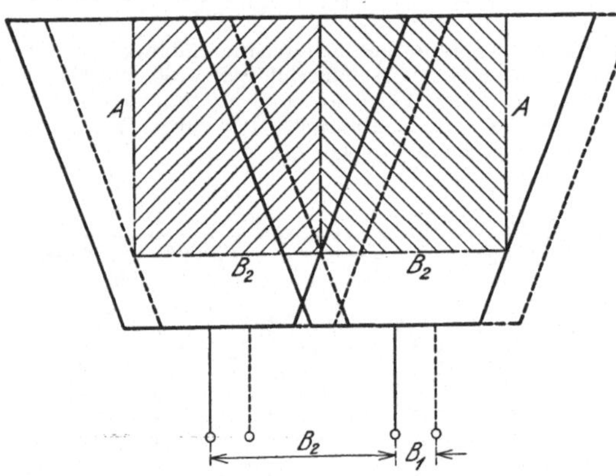

Abb. 249. Anreihung von Schrägbildpaaren

---

[1] Hierbei ist $y_o < y_u$ wegen der meist mangelhaften Bildqualität in der Ferne zu wählen.

[2] Auf die Ableitung einer Formel für die Seiten dieses Rechtecks — etwa als Funktion der parallelen Seiten, der Höhe und des Konvergenzwinkels $\varphi$ des Trapezes — kann hier verzichtet werden; in der Praxis genügt schon mit Rücksicht auf die Aufnahmeschwierigkeiten eine Konstruktion nach Augenmaß.

Es wurde bereits kurz darauf hingewiesen, daß die Anzahl der zur Erfüllung eines bestimmten Bildauftrages erforderlichen Einzelaufnahmen nicht
nur für die Flugplanung, sondern auch für die Veranschlagung der Gestehungskosten des Endzieles, der Karte, von Bedeutung ist. Dabei wird der durch die
Flugkosten bedingte Anteil an diesen Kosten um so höher sein, je weniger Aufnahmen während eines Fluges auszuführen waren. Für das Verhältnis der
Anzahl der aufzunehmenden Bilder zur Dauer des hierzu erforderlichen Fluges
hat W. BASSE[1] die Bezeichnung „Wirkungsgrad des Fluges" eingeführt.
Er ist offenbar bei Einzelaufnahmen und Streifenaufnahmen stark gekrümmter
Objekte (Flußläufe), da nur im Geradeausflug Meßbildaufnahmen gemacht
werden können, am geringsten, bei Flächenaufnahmen am größten. Der Wirkungsgrad wächst hier mit zunehmender Größe der Fläche und abnehmender
Entfernung des Aufnahmegebietes vom Flugstützpunkt. Bei Flächenaufnahmen
kommt es aber nicht nur auf die Größe, sondern auch auf die Gestalt des
aufzunehmenden Gebietes an. Wirtschaftlich am günstigsten ist offenbar eine
rechteckige, dem Vorgang der Flächenaufnahme durch Aneinanderreihen von
Streifen am besten angepaßte Form. Je unregelmäßiger die Begrenzung des

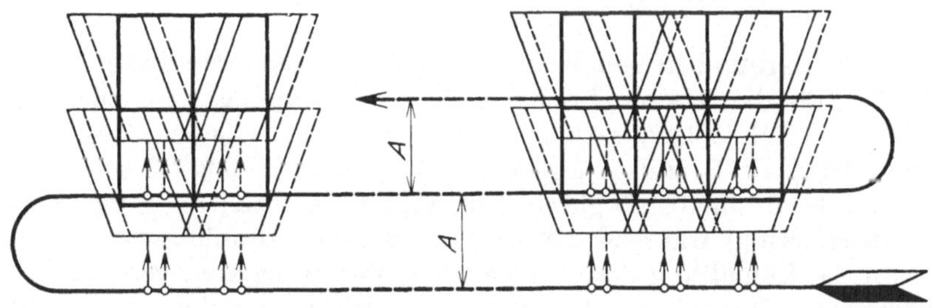

Abb. 250. Flächenaufnahme mittels Schrägaufnahmen zur Raumbildmessung

Aufnahmegebietes ist, um so größer wird praktisch das tatsächlich aufgenommene
Gebiet gegenüber demjenigen sein, das aufgenommen werden soll. Das Verhältnis des letzteren zum ersteren nennt W. BASSE a. a. O. den „Wirkungsgrad des Auftrages". Er ist bei der Kostenveranschlagung ebenso in Betracht
zu ziehen wie der erwähnte Umstand, daß — besonders hinsichtlich der nachfolgenden Ausarbeitung — die Gestehungskosten fast proportional der Anzahl
der erforderlichen Aufnahmen wachsen. Die Zahl [siehe Gleichung (7)] wächst
mit abnehmender Größe der bei einer Einzelaufnahme ausnutzbaren Fläche;
das Verhältnis der letzteren zu der von einem Einzelbild voll überdeckten Fläche
bezeichnet W. BASSE als den „Wirkungsgrad der Aufnahme", der bei
stereoskopischen Schrägaufnahmen am kleinsten und bei den sogenannten Einfachaufnahmen am größten ist, hier aber (vgl. Abb. 246) mit zunehmender
Höhengliederung des Geländes sinkt.

Mit Rücksicht auf die angedeutete Abhängigkeit der Kostenfaktoren einer
Luftbildmessung[2] von der jeweiligen Sachlage können hier allgemein gültige
Zahlen selbstverständlich nicht gegeben werden. Immerhin sei erwähnt, daß

---

[1] W. BASSE, Allg. Verm.-Nachr. 39, 1927, S. 577; vgl. hierzu auch K. SLAWIK,
ebenda 40, 1928, S. 97.

[2] Kostenvoranschläge für terrestrisch-photogrammetrische Arbeiten sind wesentlich schwieriger aufzustellen, vgl. hierzu O. LACMANN, Zentralbl. d. Bauverwalt. 1922,
S. 589; K. DOMANSKY, Int. Arch. f. Photogramm. 6, 1923, S. 202; FR. MANEK,
ebenda 6, 1923, S. 144.

nach M. J. Ungewitter[1] allein die Kosten der Abschreibung, Versicherung und Verzinsung von drei Flugzeugen — wenigstens in Deutschland mit seinen ungünstigen Wetterverhältnissen — einen Flugkostenanteil von etwa 30 Reichsmark je Quadratkilometer, Karte in 1 : 5000, bewirken.

Für die Gesamtkosten der Ausarbeitung eines größeren zusammenhängenden Gebietes — wohl ohne die Kosten der Reinzeichnung — gibt Zumpfort[2] folgende ungefähre Preise je Quadratkilometer in Reichsmark an:

| Luftbildskizze | Luftbildplan | | Luftbildkarte | | Karte mit Höhenschichten und Luftbildplan |
| | ohne | mit | ohne | mit | |
| | Überlappung | | Höhenschichten | | |
| RM | RM | RM | RM | RM | RM |
| 20—35 | 40—50 | Maßstab 1 : 10 000<br>55—70 | 180—250 | 250—350 | 300—450 |
| 50—70 | 65—75 | Maßstab 1 : 5 000<br>80—100 | 400—500 | 500—700 | 600—800 |

Nach Fr. Seidel betrugen bei der topographischen Grundkarte 1 : 5000 von Amrum (S. 213) die Kosten einschließlich Reinzeichnung und aller Kontrollmessungen 838 RM je Quadratkilometer. Sowohl den Zahlen Zumpforts als auch den Angaben Seidels liegt der (wirtschaftlich ungünstigste) Fall zugrunde, daß der Bildmaßstab gleich dem Kartenmaßstab ($n = 1$, vgl. S. 223) ist.

**61. Orientierung während des Fluges.** Bei der Durchführung eines Bildfluges wird die Einhaltung der oben festgestellten Flugdaten, also zunächst der vorgeschriebenen relativen Flughöhe gefordert. Letztere entspricht, falls das aufzunehmende Gelände nicht ein allgemeines starkes Gefälle zeigt, einer bestimmten, an einem Federbarometer (über Sonderkonstruktionen siehe S. 231) leicht abzulesenden absoluten Höhe; ihre Festhaltung kann dem vorher unterrichteten Piloten ohne Kontrolle durch den Beobachter überlassen werden, ebenso auch im allgemeinen die Einhaltung einer im Gelände scharf vorgezeichneten speziellen Flugbahn (Streckenaufnahme eines Flußlaufes), unter der Voraussetzung, daß auch der Pilot eine gute Sicht nach unten und voraus hat. Dagegen ist es dem Piloten praktisch nicht möglich, die für Flächenaufnahmen notwendigen parallelen Flugbahnen von vorgeschriebenem Abstand ohne Mithilfe des Beobachters einzuhalten.

Rein flugtechnisch bereitet übrigens schon der Geradeausflug auf ein markantes, im Horizont gelegenes Ziel Schwierigkeiten; selbst bei völlig ruhiger Luft ist hier dem durch Bauart und Antriebsmittel bedingten Bestreben des Flugzeuges, seine Bahn zu verlassen,[3] durch entsprechendes Ruderhalten entgegenzuwirken. Tritt Seitenwind auf, so wird sich das Flugzeug dem Fernpunkt in einer Kurve nähern, wenn nicht gleichzeitig aus Grundbeobachtungen die „Abtrift" festgestellt und berücksichtigt wird (Zielfernrohr von H. Boykow, S. 236). Fehlt der ferne Zielpunkt, so werden zwar Richtungsänderungen der Längsachse des Flugzeuges am Ausschlag des Steuerkompaß (S. 233) erkannt,

---

[1] M. J. Ungewitter, Bildmess. u. Luftbildwes. 3, 1928, S. 49.

[2] L. Zumpfort, „Briefe" d. Landesplanungsverbandes Düsseldorf, 1926, Nr. 6. Vgl. hierzu auch H. Lörke, Bildmess. u. Luftbildwes. 1, 1926, S. 16.

[3] Über d. Einfluß einer Querneigung auf die Flugbahn bei Zielflügen vgl. B. M. Jones, Aerial Surveying, S. 12.

nicht aber Richtungsänderungen der Flugbahn, wie sie durch Seitenwind erzeugt werden. Die Abtrift bewirkt auch, daß — wenigstens bei Hin- und Rückflügen — die Flugbahnen auf gleichem bzw. um 180⁰ verschiedenem Kompaßkurs konvergieren oder divergieren.

Die Orientierung des Flugzeuges nach parallelen gleichabständigen Bahnen ist verhältnismäßig leicht, wenn bereits eine Karte des aufzunehmenden Gebietes vorliegt. Man umrandet dann die zu kartierende Fläche und zeichnet (Abb. 251)[1] das Bahnsystem darüber, und zwar unter Verwendung des aus der Beziehung (4) berechneten oder dem Diagramm Abb. 245 entnommenen Abstandes $A$. Die Einhaltung dieser vorgezeichneten Bahnen setzt ihre Auffindung während des Fluges voraus; das ist um so leichter möglich, je mehr Punkte der

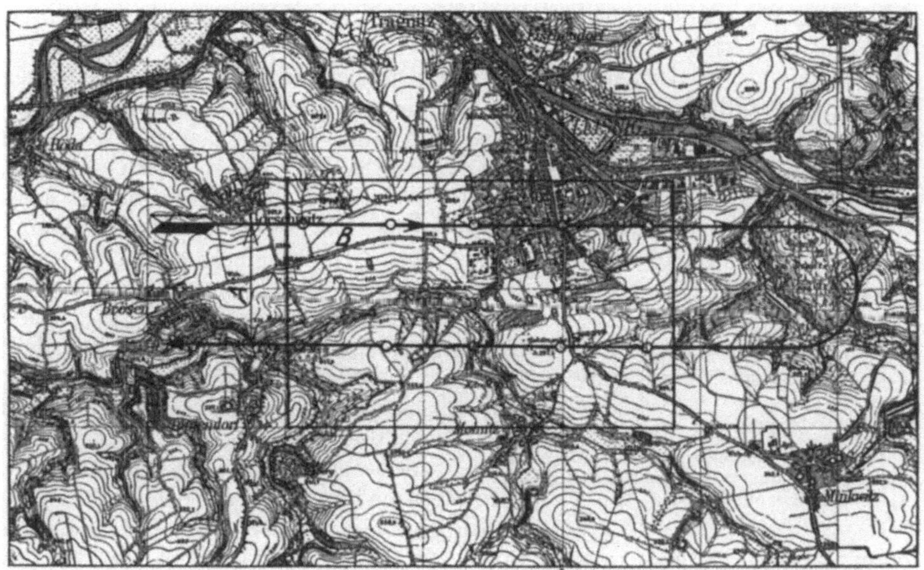

Abb. 251. Entwurf des Flugplanes in einer Übersichtskarte. H = 1800 m, A = 880 m, B = 660 m
(vgl. Abb. 245)

Kartenbahn sich vom Flugzeug aus mit den entsprechenden Geländepunkten identifizieren lassen, je abwechslungsreicher also das Gelände vor allem hinsichtlich der Situationseinzelheiten ist. Die Schwierigkeit der Identifizierung wächst mit der Zunahme der scheinbaren Geschwindigkeit, also mit abnehmender Flughöhe.

Der Pilot wird, falls er sich wegen mangelnder Sicht nicht selbst an dieser direkten Orientierung beteiligen kann, den aus der Karte zu entnehmenden und um die Mißweisung verbesserten Kompaßkurs steuern. Der Beobachter gibt die vor allem durch Abtrift notwendig werdenden Korrekturen; um diese auf ein Mindestmaß einzuschränken, wird man das Bahnsystem nicht beliebig über das Aufnahmegebiet, sondern, was nur kurz vor dem Start geschehen kann, in die Richtung des herrschenden Windes legen.

Fehlt eine brauchbare Karte, so ist eine Flächenaufnahme nur mit Hilfe besonderer Instrumente möglich. Zwar können unter Voraussetzung einer konstanten Windrichtung und bei Verlegung der Flugbahnen in diese Richtung

---

[1] Der Flugplan entspricht dem in den Abb. 268 bis 271 dargestellten Beispiel.

parallele Flugbahnen eingehalten werden; ihr Abstand läßt sich aber mit den bisher erwähnten Instrumenten nicht regeln.

Es ist vorgeschlagen worden, die vorliegende Aufgabe mittels eines bildsucherartigen Zielgerätes zu lösen, das an der Bordwand angebracht wird und Zielungen quer zur Flugrichtung gestattet. Die Zielrichtung ist gegen die Vertikale um einen Winkel $\omega$ geneigt, der etwas kleiner ist als der Öffnungswinkel des Kammerbildfeldes (Abb. 252). Damit werden die Richtpunkte für den Nachbarstreifen während des Fluges bestimmt und dem Gedächtnis eingeprägt. Der zweite Streifen wird so geflogen, daß die Merkpunkte $P$ des ersten Streifens senkrecht unter dem Flugzeug liegen, während man „gleichzeitig am Sucherrand neue Merkpunkte für den dritten Streifen aussucht."[1]

Es bedarf keines Beweises, daß ein solches Gerät, das zuerst von E. MAUVE in Paris als „Viseur-derivomètre" in den Handel gebracht wurde, kaum praktischen Wert besitzt, jedenfalls aber in einförmigem Gelände völlig versagen muß.

Eine allen praktischen Anforderungen genügende über jedem beliebigen Gelände verwendbare Vorrichtung zur Erzielung des vorgeschriebenen Bahnabstandes muß offenbar den über Grund zurückgelegten Weg unmittelbar anzeigen, ähnlich wie etwa das Tachometer eines Kraftwagens. Ein solcher Grundgeschwindigkeits-[2] bzw. Grundwegmesser (S. 238) wurde erst in letzter Zeit von R. HUGERSHOFF (AEROTOPOGRAPH G. m. b. H., Fabrikation G. HEYDE, G. m. b. H., beide in Dresden) angegeben.

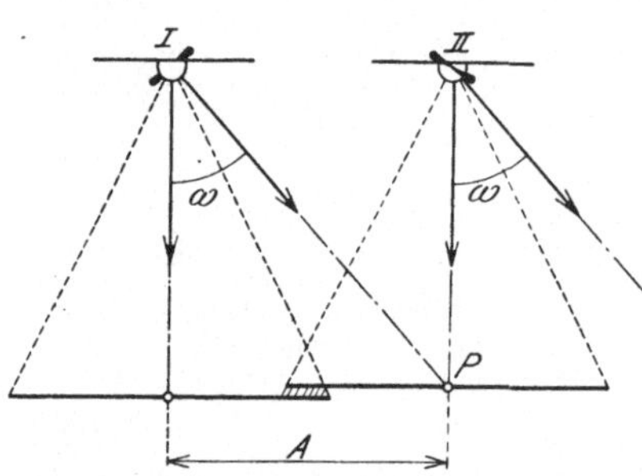

Abb. 252. Wirkungsweise der Zielgeräte des Systems MAUVE zur Einhaltung des Flugbahnabstandes

Bisher waren nur indirekte Verfahren zur Lösung dieses Problems bekannt (graphische oder rechnerische Bestimmung der Grundgeschwindigkeit entweder aus Beobachtungen der Abtrift bei verschiedenen Kompaßkursen [Methode von G. COUTINHO oder Navigraph von LE PRIEUR, Firma AERA in Paris] oder aus Beobachtungen der scheinbaren Geschwindigkeit über Grund und der Flughöhe in Verbindung mit besonderen Zeitmessungen [z. B. Cinémo-Dérivomètre nach DUGIT und BADIN, Firma AERA; ähnliche Geräte bauen die PIONEER INSTRUMENT Co. in New York und H. HUGHES & SON. Ltd. in London; der „Kurs- und Geschwindigkeitssucher" von H. BOYKOW[3] beruht auf dem gleichen Prinzip]).

Alle diese indirekten Methoden kommen wegen ihrer Umständlichkeit bei Bildflügen nicht in Betracht.

Der neue Grundgeschwindigkeitsmesser nach R. HUGERSHOFF gestattet, die Abstände benachbarter Flugbahnen unmittelbar zu messen: beim Einsetzen der Kursänderung um 90° — nach Beendigung einer Streifenaufnahme — liest man das Zählwerk des Wegmessers ab und gibt das Zeichen zum Einschwenken

---

[1] W. BASSE, a. a. O.

[2] Die im Handel befindlichen Vorrichtungen zur Messung der Flugzeuggeschwindigkeit relativ zum Wind (Staudruckmesser, wie das „Luft-Logg" der PIONEER-INSTRUMENT Co., New York, oder Windräder mit Tourenzähler) werden oft fälschlich als „Grundgeschwindigkeitsmesser" bezeichnet.

[3] Probleme der terrestr. Navigation im Luftfahrzeug in Arb. z. Luftnavigierung, herausgeg. v. Navig.-Ausschuß der Wissenschaftl. Ges. f. Luftfahrt, München und Berlin 1927.

in den neuen Streifen, sobald das Zählwerk die Zurücklegung des vorgeschriebenen Abstandes anzeigt. An die Stelle der Ablesung des Abstandes kann die Aufzeichnung der gesamten Flugbahn treten, wenn man den ebenfalls von R. HUGERSHOFF angegebenen „Flugwegzeichner" (S. 239) benutzt.

Über die Hilfsmittel zur Einhaltung der vorgeschriebenen Längsüberdeckung der Folgebilder innerhalb eines Streifens — die Benutzung einer Stoppuhr in Verbindung mit einer bisher nur schätzungsweise möglichen Bestimmung der Grundgeschwindigkeit ist auch bei Verwendung von Handkammern veraltet — siehe S. 237 ff.

**62. Höhenmessung.** Die Erreichung einer vorgeschriebenen mittleren relativen und damit auch einer bestimmten, aus der Summe der Meereshöhe des Geländes und der relativen Höhe sich ergebenden absoluten Flughöhe wird im allgemeinen mittels Federbarometers festgestellt, dessen Skala für die vorliegende Aufgabe meist unmittelbar nach Metern über dem Meere beziffert ist. Da aus meteorologischen Gründen der Luftdruck in der gleichen absoluten Höhe beträchtlichen Schwankungen unterworfen ist, die sich in Höhenfehlern von oft mehr als hundert Metern auswirken können, so stellt man die drehbar angeordnete Höhenteilung vor dem Start so ein, daß der Zeiger die Meereshöhe des Startplatzes angibt.

Für die auf S. 198 ff geschilderten, von Festpunkten im Gelände ausgehenden Methoden zur Orientierung von Einzelaufnahmen und Bildpaaren ist eine genaue Kenntnis der absoluten Aufnahmehöhe nicht erforderlich, wohl aber kann bei der Durchführung einer Aerotriangulation die Kenntnis

Abb. 253. Federbarometer mit Kompensation der Erschütterungs- und Beschleunigungseinflüsse (Firma C. P. GOERZ)

dieser Höhe ein wertvolles Hilfsmittel zur Sicherung des Ergebnisses und zur Steigerung der Reichweite des Verfahrens sein. Die Voraussetzung hierfür ist allerdings zunächst die konstruktive Anpassung des Federbarometers an die besonderen Verhältnisse während des Fluges.[1] Ein Federbarometer ist im Flugzeug außer starken Temperaturänderungen, die sich in bekannter Weise fast vollkommen kompensieren lassen, in besonderem Maße einerseits dem Einfluß starker Erschütterungen bzw. störender Beschleunigungen und anderseits dem Einfluß elastischer Nachwirkungen unterworfen. Die ersteren lassen sich in der in Abb. 253 schematisch angedeuteten, von der Firma C. P. GOERZ eingeführten Weise dadurch ausschalten, daß die Übertragungshebel $h$ in bezug auf ihre Drehpunkte symmetrisch ausgebildet sind und daß die ebenfalls symmetrisch liegenden Druckdosen $B$ von verschiedenen Seiten angreifen. Diese Konstruktion zeigt übrigens bei der Verwendung im Flugzeug nur geringe Nachwirkungserscheinungen; sie folgt also rasch den auftretenden Druckschwankungen. Eine fast restlose Beseitigung der Nachwirkung gewährleistet eine von K. BENNEWITZ angegebene und ebenfalls von der Firma C. P. GOERZ verwendete Konstruktion (Abb. 254). Die beiden in entgegengesetzter Richtung wirkenden Druckdosen $B_1$ und $B_2$ sind durch Verwendung geeigneten Materials und zweck-

---

[1] W. MEISSNER, Entfernungs- und Höhenmessung in d. Luftfahrt. Braunschweig 1922; E. EVERLING und H. KOPPE, ZS. d. Ver. deutsch. Ing. 66, 1922, S. 322.

mäßige Abmessungen auf nahezu gleiche lineare Größe der Nachwirkung gebracht. Zur Eliminierung des Restes wird der Drehpunkt $P$ des Hebels $h$ so verschoben (und dann festgestellt), daß die beiden Arme dieses Hebels sich wie die Dosenwege infolge der Nachwirkungsreste verhalten. Dementsprechend erfährt der Drehpunkt $P$ durch die elastische Nachwirkung keine Verlagerung, wohl aber tritt eine solche Verlagerung — und damit eine Drehung des Zeigers $Z$ — durch Luftdruckänderung ein, die sich an $B_2$ stärker auswirkt als an $B_1$.

Wichtiger noch als die genaue Feststellung der absoluten Aufnahmehöhe wäre für die Triangulation die Einhaltung einer bestimmten Aufnahmehöhe oder mindestens die Möglichkeit zur exakten Feststellung ihrer Änderung von Aufnahme zu Aufnahme. Ein geeignetes Gerät hierfür ist das in der Flugtechnik bereits bewährte Statoskop,[1] das in seiner einfachsten Form im wesentlichen ein Federbarometer ist, in dessen Druckdose die Außenluft durch eine verschließbare Öffnung eintreten kann. Verschließt man die Öffnung in einer bestimmten Höhe, so wird, da Außen- und Innendruck zunächst gleich sind, der Zeiger in seiner Nullstellung so lange verharren, als die gerade

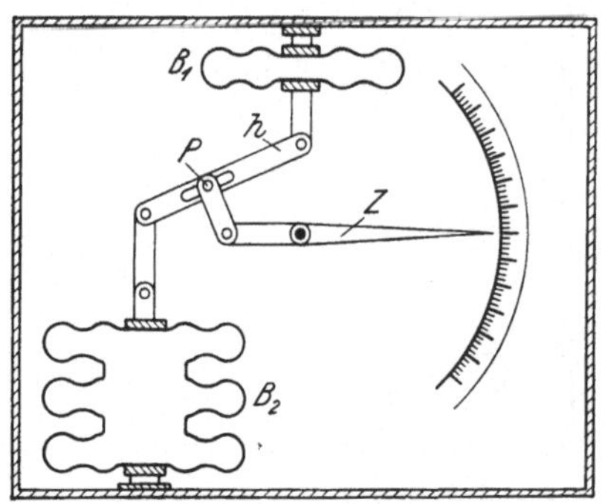
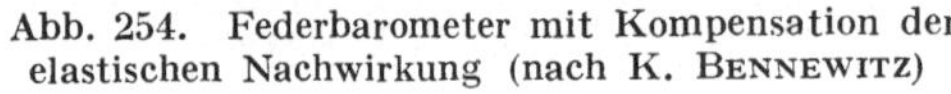
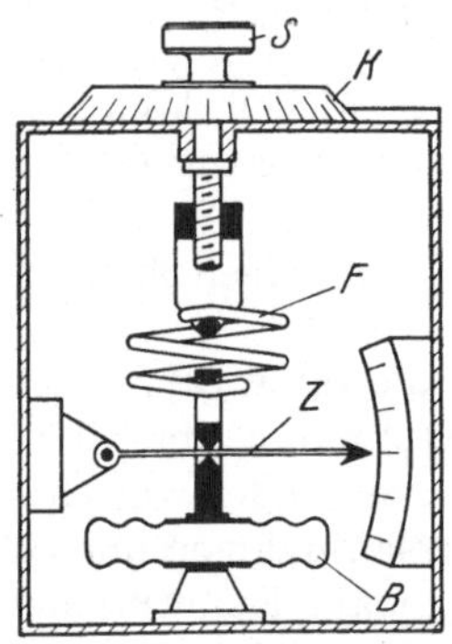

Abb. 254.  Federbarometer mit Kompensation der elastischen Nachwirkung (nach K. Bennewitz)
Abb. 255. Konstruktionsschema eines Statoskops (Askania-Werke)

erreichte Druckschicht nicht verlassen wird; jedes Steigen oder Fallen bewirkt eine entsprechende Zeigerdrehung. Aus bestimmten physikalischen Gründen ist die in Abb. 255 schematisch dargestellte, allerdings kompliziertere Konstruktion (Askania-Werke in Berlin-Friedenau) vorzuziehen. Eine Spannfeder $F$ hebt die Druckdose $B$ so, daß ein auf letzterer ruhender Zeiger $Z$ auf den Nullpunkt einer Skala einspielt. Jede Luftdruckänderung bewirkt einen Ausschlag des Zeigers, der durch Drehung der Schraube $S$, die die Federspannung ändert, wieder in seine Nullstellung gebracht werden kann. Die jeweilige Schraubenstellung ist offenbar ein Maß für den Luftdruck, der an dem Teilkreis $K$ abzulesen ist. Bringt man also nach Erreichung einer vorgeschriebenen Höhe den Zeiger in die Nullstellung, so ermöglicht die Beobachtung des Zeigers die Einhaltung[2]

---

[1] Ein Variometer ist ein Federbarometer, dessen Druckdose dauernd (und zwar durch eine Kapillare) mit der Außenluft in Verbindung steht. Hier wird eine Höhenänderung ebenfalls durch einen Zeigerausschlag angegeben, dessen Größe aber von der Geschwindigkeit der Druck- bzw. Höhenänderung abhängt. Das Instrument kommt, da es auf allmähliche Höhenänderungen nicht anspricht, für den vorliegenden Zweck nicht in Frage.

[2] Dabei ist vorausgesetzt, daß der allgemeine Luftdruck keiner zeitlichen oder lokalen Änderung unterliegt; die Elimination dieser Änderungen könnte in der üblichen Weise durch Verwendung je eines Barographen im Flugzeug und inmitten des Arbeitsgebietes erfolgen.

der vorgeschriebenen Höhe oder aber die Messung der eintretenden Flughöhendifferenzen, und zwar mit großer Genauigkeit, da die Hubbewegungen der Dose in starker Vergrößerung in Erscheinung treten.

In Verbindung mit genauen Messungen der absoluten Höhe könnte auch die unmittelbare und exakte Bestimmung relativer Höhen unter Umständen bei der aerophotogrammetrischen Erschließung von Neuländern wesentliche Hilfe leisten. Relative Höhenmessungen sind zur Bestimmung der Fluggeschwindigkeit über Grund jedenfalls erforderlich. Von den verschiedenen theoretisch möglichen Verfahren[1] zur direkten Bestimmung der relativen Flughöhe ist zurzeit nur die Echo-Lotung, und zwar mit dem von A. BEHM (Kiel) angegebenen „Luftlot" praktisch erprobt.[2] Seine Konstruktion ist schematisch in Abb. 256 wiedergegeben. Eine um eine horizontale Achse drehbare Schwungscheibe $S$ trägt eine Nase $N$, die von dem Elektromagneten $M_1$ (Stromkreis $I$) angezogen wird, wobei sich die Blattfeder $F$ spannt. In dieser Stellung wird ein von der Lichtquelle $L$ beleuchteter Spalt über den auf der Schwungscheibe

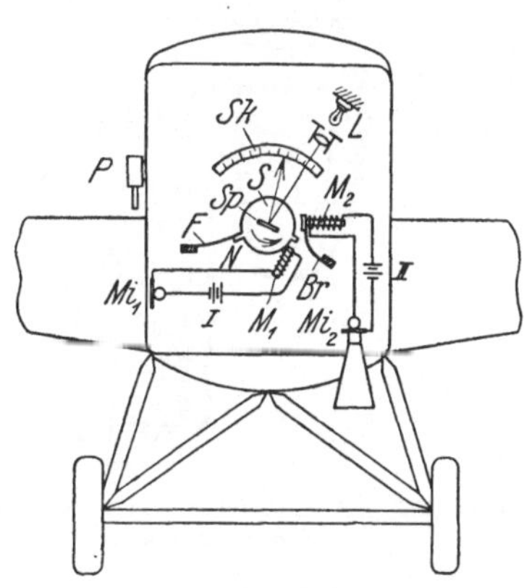


Abb. 256. Konstruktionsschema des „Luftlotes" nach A. BEHM

befestigten Spiegel $Sp$ auf dem Nullpunkt einer Skala $Sk$ abgebildet. Ein bei $P$ gelöster Schuß wirkt auf das in den Stromkreis $I$ eingeschaltete Abgangsmikrophon $Mi_1$ und schwächt damit den Strom, so daß $M_1$ die Nase $N$ freigibt und das Schwungrad unter der Einwirkung von $F$ zum Laufen kommt. Dabei wandert das Spaltbild entlang der Skala bis zum Eintreffen des Echos, das die Weiterdrehung der Schwungscheibe durch die federnde Bremse $Br$ hemmt. Die Auslösung der Bremse geschieht in ähnlicher Weise wie die Ingangsetzung der Schwungscheibe: die Bremse liegt im allgemeinen am Elektromagneten $M_2$ mit dem Stromkreis $II$, in den das Empfangsmikrophon $Mi_2$ eingeschaltet ist. Die Bremse wird durch die vom Echo bewirkte Stromschwächung freigegeben.[3] Der vom Spaltbild zurückgelegte Weg ist bei konstanter Schallgeschwindigkeit proportional der Höhe über Grund, nach der die Skala unmittelbar beziffert ist. Die Genauigkeit des BEHMschen Gerätes ist sehr groß; sie kann mit $1^0/_{00}$ der Flughöhe veranschlagt werden.

**63. Richtungsweisung und Abtriftbestimmung.** Das wichtigste Gerät zur Aufsuchung und vor allem zur Einhaltung einer vorgeschriebenen Richtung zunächst der Längsachse des Flugzeuges ist der Kompaß. Am gebräuchlichsten ist zurzeit noch der Magnetkompaß. Im Flugzeug[4] soll ein Kompaß mit kleiner Nadel verwendet werden, die von den in der Nähe befindlichen Eisenmassen weniger beeinflußt wird; diese Eisenmassen müssen zudem durch kleine Hilfsmagneten kompensiert werden. Die Schwingungsdauer der Nadel soll möglichst gering sein; durch geeignete Aufhängung der Nadel in einer Flüssig-

---

[1] H. KOPPE, Die Höhenmessung in der Luftnavigation in Arb. z. Luftnavigierung, München und Berlin 1927.

[2] E. SCHREIBER, Prüfung und Abnahme von Echoloten, Bericht F. 15/5 der deutsch. Versuchsanstalt f. Luftfahrt, Berlin 1929.

[3] Über weitere technische Einzelheiten, wie z. B. die Ausschaltung des Empfangsmikrophones beim Abgang des Schalles, vgl. A. BEHM, Ann. d. Hydrographie 50, 1922, S. 289. Eine andere Art des Ablesung beschreibt H. KOPPE a. a. O.

[4] K. WEGENER, Die Führung d. Flugzeuges in MOEDEBECKS Taschenb. f. Flugtechniker u. Luftschiffer, Berlin 1923.

keit (meist Glycerin) wird bewirkt, daß die Eigenschwingungen rasch verklingen. Der Kompaß ist fest zu montieren; eine cardanische Aufhängung bringt die Nadel zum Pendeln; auch ist zu beachten, daß die Nadel in scharfen Kurven ihre Richtkraft verliert. Geeignete Instrumente liefern in Deutschland die Firma W. Ludolph A.-G. in Bremerhaven und die Askania-Werke in Berlin.

Erleichtert wird die Kurshaltung bei Verwendung eines Fernkompasses, bei dem der eigentliche Kompaß weitab von störenden Eisenmassen etwa im Schwanze des Flugzeugs untergebracht ist; vor dem Piloten befindet sich ein Richtungszeiger, dessen Ausschläge genau denen der Magnetnadel gegen einen vorgeschriebenen Kurs entsprechen. Die Verbindung von Kompaß und Zeiger geschieht bei einer von den Askania-Werken gelieferten Konstruktion pneumatisch, indem eine auf der Magnetnadel angebrachte und von ihr gedrehte exzentrische Scheibe zwei Luftströme beeinflußt, die saugend, bzw. drückend auf eine den Zeiger betätigende Membran wirken.

Dem Magnetkompaß in verschiedener Beziehung überlegen ist der Erdinduktionskompaß der Pioneer Instrument Co. in New York. Seine Wirkungsweise beruht auf dem Einfluß des magnetischen Erdfeldes auf einen im Flugzeug eingebauten Generator. Der Einfluß ändert sich mit veränderter Lage des Generators und damit des Flugzeugs zu den Kraftlinien der Erdfeldes; die dadurch erzeugten Stromschwankungen sind eine Funktion des jeweils gesteuerten magnetischen Azimuts, das nun an einem entsprechend bezifferten Galvanometer unmittelbar abgelesen werden kann. Man erkennt, daß hier auf einfachste Weise eine Fernübertragung, und zwar gleichzeitig zum Piloten und zum Beobachter möglich ist.

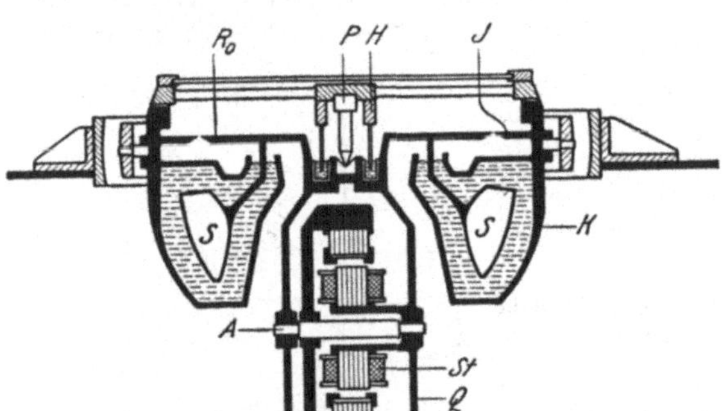

Abb. 257. Schematischer Vertikalschnitt durch einen Einkreiselkompaß nach Anschütz

In Gebieten mit unbekannter oder lokal stark veränderlicher magnetischer Mißweisung kann die Verwendung eines Kreiselkompasses[1] vorteilhaft werden. Ein solcher besteht in seiner einfachsten Form (Einkreiselkompaß nach N. Anschütz, Abb. 257) aus zwei Teilen, dem Hängesystem und dem Schwimmsystem. Das erstere ist im wesentlichen eine ringförmige, oben teilweise geschlossene und cardanisch aufgehängte Rinne, der „Kompaßkessel" $K$. Dem mit Quecksilber gefüllten Kessel ist eine Glasplatte aufgesetzt, in deren Zentrum sich die Pinne $P$, bzw. die Hülse $H$ befindet. Das Schwimmsystem besteht aus dem ringförmigen Schwimmer $S$, der Kompaßrose $Ro$ und der aus Nickelstahl gefertigten Kreiselkappe $Q$. Die schwimmende Rose wird durch die Pinne $P$ zentriert; die Ablesung ihrer Teilung erfolgt am Index $J$, dem „Steuerstrich". Der eigentliche Kreisel oder „Rotor" $R$, der um die horizontale Achse $A$ rotiert, besteht aus einem Nickelstahlschwungring und darin eingepreßten Kupferstäben; er stellt den Kurzschlußanker eines Drehstrommotors von 20000 Umdrehungen in der Minute dar. Der Kreisel wird durch den in der Kreiselkappe $Q$ fest eingebauten „Stator" $St$ des Elektromotors in Bewegung gesetzt. Seine

---

[1] H. Meldau, Kleines Kreiselkompaß-Lexikon, Hamburg 1922.

Weicheisenkerne werden durch Wechselströme magnetisiert, die durch die Pinne $P$, die Hülse $H$ und die Kappe $Q$ eintreten.

Außer den die Richtungsänderungen und absoluten Richtungen anzeigenden Kompassen gibt es noch solche Instrumente, die nur Richtungsänderungen angeben, die sogenannten Wendezeiger. Sie beruhen meist darauf, daß in der Kurve die Windgeschwindigkeit an den beiden Flügelenden eine Differenz zeigt, die eine Funktion der Richtungsänderung ist. Die Windgeschwindigkeit, bzw. der Winddruck kann durch zwei Propeller oder Schalenkreuze (Fernübertragung durch Tachometer oder — bei Zwischenschaltung eines Generators — durch Voltmesser) oder durch zwei Staudruckmesser (Pitotröhren) bestimmt werden; im letzteren Falle erfolgt die Übertragung durch Schlauchleitungen auf zwei Manometer. In der Praxis werden meist Kreiselgeräte vorgezogen. Die in einer Vertikalebene winkelrecht zur Längsachse des Flugzeuges angeordnete und in dieser Ebene bewegliche Achse eines Kreisels ist beim Geradeausflug parallel zu den Tragdecks, in einer Kurve dagegen wird wegen der Schieflage des Flugzeuges die Kreiselachse mit den Tragdecks einen Winkel bilden, der ebenfalls die Richtungsänderungen richtig angibt, vorausgesetzt allerdings, daß das Flugzeug „richtig" liegt, was dann der Fall ist, wenn ein einfaches Pendel seine Nullage nicht verläßt.[1] Derartige Kreisel werden mit elektrischem Antrieb von F. DREXLER (Steuer-Zeiger) gebaut; windangetriebene Kreisel (turbinenartige Ausbildung des Kreiselkörpers) liefern u. a. die ASKANIA-WERKE in Berlin (Wende-Zeiger).

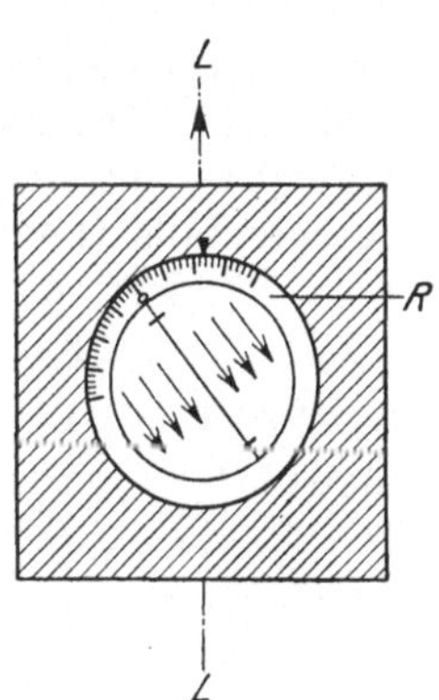

Abb. 258. Schema eines Abtriftmessers

Es wurde schon darauf hingewiesen, daß bei Hin- und Rückflügen die Einhaltung desselben Kompaßkurses, bzw. seines um $180^0$ verschiedenen Wertes nicht genügt, um parallele Flugbahnen zu erhalten, falls Seitenwind auftritt. Dabei werden die Flugbahnen sogar gekrümmte Linien, wenn die Windstärke und damit die Abtrift sich ändert. Die Abtrift muß also gemessen und durch entsprechende Änderung des Steuerkurses berücksichtigt werden. Ein Abtriftmesser besteht in seiner einfachsten Form aus einem Zielfaden $F$ (Abb. 258), der auf einem wagrechten, in seiner Ebene verdrehbaren Kreisring $R$ angebracht ist. Der Kreisring selbst wird in geeigneter Weise über einem Bodenloch im Rumpf befestigt. Beobachtet man von einem festen, senkrecht über $F$ liegenden Punkt aus durch den Kreisring hindurch die unter dem Flugzeug hinziehende Landschaft und dreht dabei den Kreisring so, daß der Zielfaden parallel zur Zugrichtung des Geländes wird, so läßt sich der augenblickliche Abtriftwinkel an einer Gradteilung des Kreisringes unmittelbar ablesen. An Stelle dieser einfachen Zieleinrichtung verwendet man zweckmäßiger einen kammerartigen Bildsucher, dessen Objektiv auf der drehbaren, mit einem System von parallelen Linien versehenen wagrechten Mattscheibe ein Bild der vorüberziehenden Landschaft entwirft. Hier ist die Beobachtung unabhängig von einer bestimmten Stellung des Auges.

Ein solcher Bildsucher ist zur Verhinderung einer diagonalen Überdeckung der Folgebilder notwendig auch an der Aufnahmekammer anzubringen (vgl. Abb. 174 und 186); die Ziellinien des Bildsuchers werden hier durch Drehung der Kammer mit der Zugrichtung in Übereinstimmung gebracht.

---

[1] E. EVERLING, Neigungsmesser und Wendezeiger für Flugzeuge, Arbeiten z. Luftnavigierung, Berlin 1927.

Zum gradlinigen Anfliegen eines fernen Zielpunktes bei beliebig wechselnder Stärke des Seitenwindes hat H. Boykow ein Zielfernrohr konstruiert, das in Abb. 259 durch einen schematischen Vertikalschnitt dargestellt ist. Die horizontale Zielachse $H$ des Fernrohres mit dem Objektiv $O_1$ und dem Okular $Ok$ kann um die vertikale Achse $V$ verschwenkt werden. In diese Achse ist das Objektiv $O_2$ eines Abtriftmessers eingebaut. Beide Objektive haben eine gemeinsame Bildebene $B$, so daß man bei zunächst zur Längsachse des Flugzeuges parallelem Fernrohr im oberen Teil des Gesichtsfeldes des Okulars einen Fernpunkt $Z$ einstellen, bzw. ansteuern kann und gleichzeitig im unteren Teil die senkrecht unter

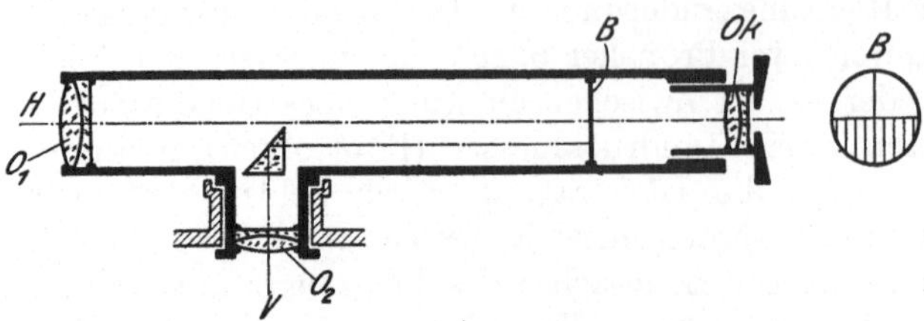

Abb. 259. Zielfernrohr nach H. Boykow zur Einhaltung einer vorgeschriebenen Flugbahn

dem Beobachter befindliche Landschaft erblickt (Lage $A$ in der nur schematischen Abb. 260). Die Landschaft wird sich parallel zu den in der unteren Gesichtsfeldhälfte angebrachten Linien bewegen, wenn keine Abtrift vorhanden ist. Anderenfalls (Lage $B$ in Abb. 260) dreht man das Fernrohr im horizontalen Sinne, bis die Zugrichtung parallel den Zielfäden wird, und bringt den Fernpunkt $Z$ durch entsprechende Kursänderung (Lage $C$ in Abb. 260) erneut an den mittleren Zielfaden.

**64. Geschwindigkeitsmessung und Überdeckungsregelung.** Die bisher bei Luftbildaufnahmen gelegentlich angewandte rechnerische Methode zur Bestimmung der Geschwindigkeit über Grund besteht darin, daß man unter Benutzung eines Abtriftmessers (Abb. 258) die

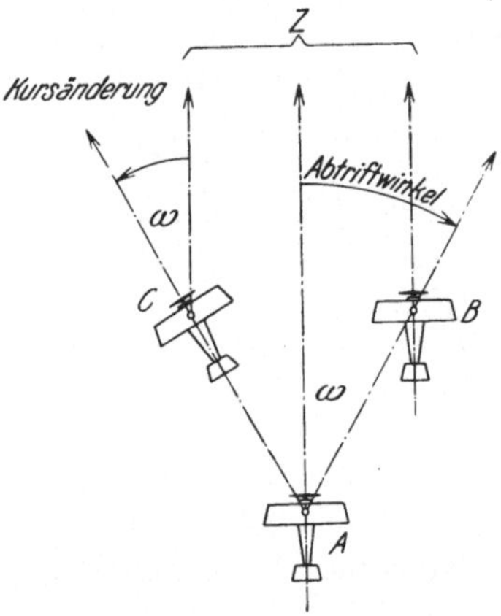



Abb. 260. Wirkungsweise des Boykowschen Zielfernrohres

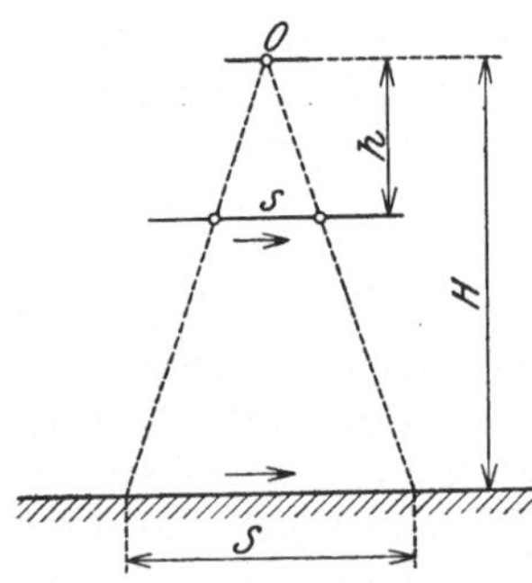



Abb. 261. Messung der Geschwindigkeit über Grund

Zeit $t^{sec}$ mißt, die ein beliebiger Geländepunkt braucht, um eine durch Querfäden abgegrenzte Strecke $s$ auf dem Zielfaden zu durchlaufen. Bezeichnet man den Abstand des Augpunktes $O$ (Abb. 261) vom Zielfaden mit $h$ und die Flughöhe über Grund mit $H$, so gilt für die vom Flugzeug in $t^{sec}$ überflogene Strecke $S$

$$S = s \cdot \frac{H}{h} \tag{1}$$

woraus für die Grundgeschwindigkeit $V$ folgt

$$V = s \cdot \frac{H}{h} \cdot \frac{1}{t}.$$

Macht man den Abstand $h$ veränderlich und regelt ihn nach Feststellung von $H$ (s. S. 231) so, daß z. B. $h = \dfrac{H}{10\,000}$, während $s = 0{,}1$ m sei, so erhält man

$$V = \frac{1\,000}{t}.$$

Es wurde schon auf S. 224 darauf hingewiesen, daß man heute die Grundgeschwindigkeit zur Überdeckungsreglung in der Flugrichtung nicht mehr verwendet, man benutzt hiezu vielmehr den oben erwähnten an der Kammer angebrachten Abtriftregler, auf dessen Zielfaden zwei Querstriche in einem solchen Abstand $b$ angebracht sind, daß dieser Abstand dem Bilde der Aufnahmebasis $B$ (Flugweg zwischen aufeinander folgenden Bildern bei $l\%$ Längsüberdeckung) entspricht. Beobachtet man im Augenblick der Belichtung der ersten Aufnahme einen zufällig am ersten Querstrich befindlichen Geländepunkt, so ist die Belichtung der zweiten Aufnahme dann auszuführen, wenn der gleiche Geländepunkt am zweiten Querstrich erscheint. Für die Meßstrecke $b$ gilt zunächst

$$b = B \cdot \frac{h}{H},$$

woraus in Verbindung mit Gleichung (5) von S. 224 folgt

$$b = s_l \frac{100 - l}{100} \cdot \frac{h}{f} \tag{2}$$

Diese optische an Handkammern verwendete Überdeckungsregelung ist unabhängig von der Flughöhe und erfordert keine Zeitmessung; sie hat außerdem den Vorteil, daß sie sich mit einer einfachen Abänderung zur mechanischen Regulierung der Aufnahmegeschwindigkeit von Reihenbildnern verwenden läßt. Die Abänderung besteht darin, daß man längs des Zielfadens (Abb. 258) eine Marke wandern läßt, und zwar mit der gleichen (scheinbaren) Geschwindigkeit, mit der das Gelände durch das Gesichtsfeld des Abtriftmessers zieht. Man hat dabei nur dafür zu sorgen, daß die Verschlußauslösung immer dann erfolgt, wenn die Marke die Strecke $b$ zurückgelegt hat. Statt einer einzigen Marke verwendet man zweckmäßig eine Reihe von fest miteinander verbundenen Marken. Derartige Überdeckungsregler wurden bereits vor 1918 in Verbindung mit dem E. MESSTERschen Reihenbildner benutzt. Die wandernden Marken hatten hier meist die Form von gleichabständigen, winkelrecht zum Zielfaden angeordneten Stäben. Die Firma CARL ZEISS verwendet gleichabständige Spitzen an der Peripherie einer Kreisscheibe, deren Durchmesser im Verhältnis zum Gesichtsfeld des Abtriftmessers so groß ist, daß die Abweichung der Spitzenbahn von der geraden Zugbahn des Geländes wenig in Erscheinung tritt. R. HUGERSHOFF läßt im Bildfeld des Sucherobjektivs einen Zylinder rotieren, auf dem eine Schraubenlinie von der Ganghöhe $b$ aufgetragen ist. Der Zylinder ist gekuppelt mit dem Antriebsmechanismus des Reihenbildners, dessen Geschwindigkeit so reguliert wird, daß sich Schraubenlinie und Gelände mit gleicher Geschwindigkeit durch das Sucherfeld bewegen. Nach je einer Umdrehung des Zylinders (Verschiebung eines beliebigen Punktes der Schraubenlinie um die Strecke $b$) erfolgt die Auslösung des Verschlusses.

Die Strecke $b$ [vgl. Gleichung (2) oben] ist abhängig vom Überdeckungsverhältnis. Sollen verschiedene Überdeckungsverhältnisse verwendet werden, so ist bei der MESSTERschen und der ZEISSschen Einrichtung die Einschaltung von besonderen Wechselgetrieben zwischen Überdeckungsregler und Reihenbildner erforderlich. Bei Schraubenreglern geschieht dies einfach durch Auswechslung des Schraubenzylinders oder durch Verwendung von Schrauben mit veränderlicher Ganghöhe. Eine Einrichtung der letzteren Art[1] ist in Abb. 262 zum Teil im Vertikalschnitt, zum Teil in der Draufsicht dargestellt. Das Objektiv $O$ mit der Brennweite $h$ der am Reihenbildner befestigten Sucherkammer $K$

---

[1] R. HUGERSHOFF, D. R. P. angem.

entwirft ein Bild des Geländes auf der Mattscheibe $M$, in deren Ebene die Achse des Zylinders $Z$ liegt. Letzterer ist durch das Kegelradgetriebe $G$ zwangläufig mit dem Antriebsmechanismus des Reihenbildners verbunden, wird also durch diesen in Rotation versetzt. An dieser Rotation nimmt eine Drahtspirale $Sp$ teil, von der ein Ende $a$ unmittelbar am Zylinder befestigt ist, während das andere Ende $e$ in einem Gleitring $R_1$ sitzt, der durch Nut und Feder mit dem Zylinder in Verbindung steht. Der Gleitring kann durch den Stellring $R_2$ verschoben und durch die Klemmschraube $S$ festgestellt werden. Jede Verschiebung von $R_2$ entspricht einer Änderung der Ganghöhe der Spirale und damit einer Änderung des Überdeckungsverhältnisses, dessen jeweilige Größe mittels des Index $J$ an der Teilung $T$ unmittelbar abgelesen werden kann. Der Reihenbildner ist dabei durch Drehung um seine (vertikale) optische Achse so einzustellen

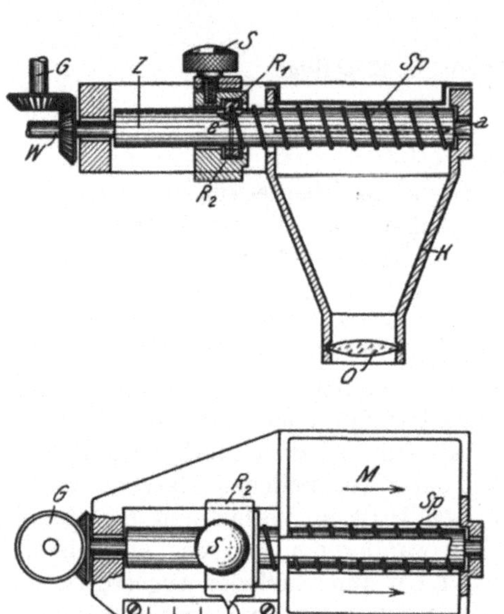

Abb. 262. Schematische Darstellung des Grundgeschwindigkeitsmessers nach R. Hugershoff

(Abb. 186), daß die Zugrichtung des Geländes parallel zu den Mantellinien des Zylinders $Z$ wird.

Die eben beschriebene Konstruktion bildet einen Bestandteil des von R. Hugershoff angegebenen mechanischen Grundgeschwindigkeitsmessers,[1] mit dem zum ersten Male die Aufgabe gelöst ist, am Zeiger eines — ähnlich dem an Kraftwagen verwendeten — Tachometers die Grundgeschwindigkeit und an einem Zählwerk die über Grund zurückgelegte Flugstrecke unmittelbar abzulesen. Zwischen der scheinbaren Geschwindigkeit $v$, mit der sich das Bild des Geländes durch das Sucherfeld des Abtriftmessers bzw. Überdeckungsreglers bewegt und der tatsächlichen Geschwindigkeit $V$ über Grund besteht, entsprechend der Gleichung (1) auf S. 236, die Beziehung

$$V = v \cdot \frac{H}{h} \tag{3}$$

Verbindet man also die Welle $W$ des Zylinders $Z$ (Abb. 262, oben) mit einem der gebräuchlichen Tachometer, so kann man beispielsweise für die Flughöhe $H = 1000$ m durch Zwischenschaltung einer geeigneten Übersetzung erreichen, daß das Tachometer unmittelbar die Geschwindigkeit über Grund anzeigt, da ja die Umdrehungsgeschwindigkeit der Zylinderwelle, die mit Hilfe der Schraubenlinie der scheinbaren Geschwindigkeit angepaßt wurde, dieser scheinbaren Geschwindigkeit proportional ist. Hat das Flugzeug in der doppelten Höhe über Grund die gleiche Grundgeschwindigkeit $V$, so wird hier die scheinbare Geschwindigkeit nur noch halb so groß sein. Die zur Einstellung der scheinbaren Geschwindigkeit dienende Schraubenlinie darf sich jetzt nur noch halb so schnell vorwärts bewegen als in $H = 1000$ m, wobei aber die Rotationsgeschwindigkeit der das Tachometer antreibenden Zylinderwelle unverändert beibehalten werden muß. Das kann auf zweifache Weise geschehen: durch Änderung der Ganghöhe der Schraubenlinie, die mit wachsender Flughöhe kleiner werden muß, oder durch Änderung des Abstandes $h$, im vorliegenden Falle also durch Verwendung

---

[1] R. Hugershoff, Bildmess. u. Luftbildwes. 3, 1929, S. 24 und D. R. P. angem.

von Objektiven mit verschiedener Brennweite, wobei bei größeren Flughöhen die größeren Brennweiten zu verwenden sind. Würde man also in dem oben angeführten Beispiel nach dem Aufstieg von $H = 1000$ auf $H = 2000$ m statt des in der ersten Höhe verwendeten Objektivs von der Brennweite $h$ ein solches von der Brennweite $2\,h$ benutzen, so würde das Geländebild dieselbe scheinbare Geschwindigkeit zeigen wie in der ersten Höhe. Aus praktischen Gründen haben bei der endgültigen Ausführungsform (Abb. 263) des Grundgeschwindigkeitsmessers (Fabrikation G. HEYDE G. m. b. H., Vertrieb AEROTOPOGRAPH G. m. b. H. in Dresden) beide Möglichkeiten zur gegenseitigen Anpassung von Marken- und Bildgeschwindigkeit bei wechselnder Flughöhe Verwendung gefunden. Der Sucherkammer können wahlweise vier Objektive vorgeschaltet werden, die den mittleren Flughöhen $H = 1000, 2000, 3000$ und $4000$ m entsprechen. Die Abweichungen von diesen Flughöhen (je $\pm 500$ m) werden durch Verstellung des Ringes $R_2$ (Abb. 262) berücksichtigt, dessen Index $J$ auf Teilungen $T$ gleitet, die gemäß der Flughöhendifferenz beziffert sind. Ein besonderer Vorzug des Gerätes liegt darin, daß die kontinuierliche Anpassung an die Höhenänderungen ohne Friktionsgetriebe, also völlig zwangläufig geschieht.

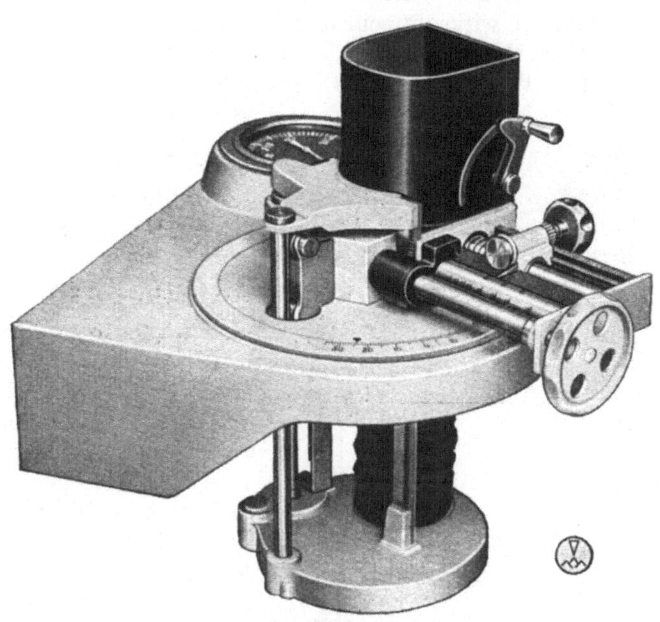

Abb. 263. Grundgeschwindigkeits- und Flugwegmesser nach R. HUGERSHOFF

**65. Flugwegzeichner.** Die Konstruktion eines den Flugweg mechanisch aufzeichnenden Gerätes setzt das Vorhandensein

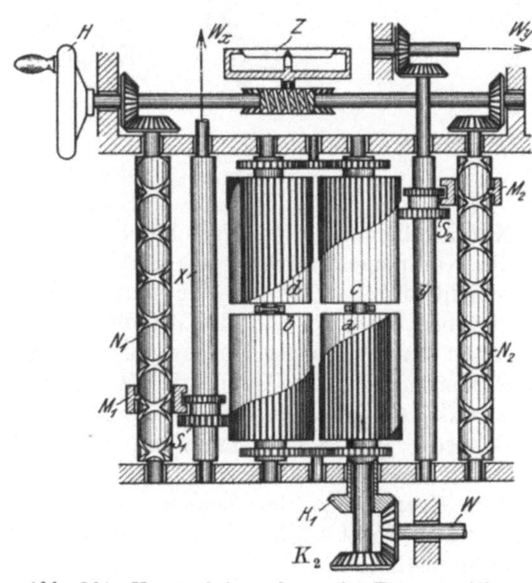

Abb. 264. Konstruktionsschema des Flugwegzeichners nach R. HUGERSHOFF

eines mechanisch wirksamen Grundgeschwindigkeitsmessers, und zwar eines solchen voraus, bei dem die Grundgeschwindigkeit als Rotationsgeschwindigkeit einer Welle ($W$ in Abb. 262) in Erscheinung tritt. R. HUGERSHOFF hat seinen eben

beschriebenen Grundgeschwindigkeitsmesser, der diese Forderung erfüllt, da‧
durch zu einem automatischen Wegzeichner ausgebaut, daß er die von der
Abtriebswelle $W$ entnommene Grundgeschwindigkeit $V$, die im astronomischen
Azimut $A$ wirksam sein mag, in ihre Komponenten in bezug auf den astronomischen Meridian und die Winkelrechte dazu zerlegt, also so, daß je eine
weitere Welle $W_x$ und $W_y$ (Abb. 264) die Rotationsgeschwindigkeit

$$V_x = V \cdot \cos A$$

bzw.

$$V_y = V \cdot \sin A$$

aufweist. Beide Wellen wirken mittels einer Kreuzschlittenführung gleichzeitig
auf einen Zeichenstift $St$ (Abb. 265), so daß der von ihm auf einer Zeichenfläche
beschriebene Weg mit der Geschwindigkeit

$$V = \sqrt{V_x{}^2 + V_y{}^2}$$

zurückgelegt wird. Die Wegaufzeichnung erfolgt dabei durch ein zwischenge-
schaltetes Wechselgetriebe wahlweise im Maß-
stab 1 : 5000 oder 1 : 50000.

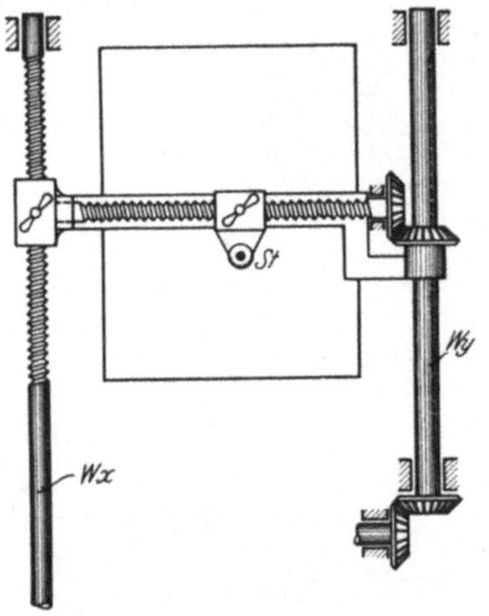

Von Interesse ist hier die Zerlegung der
Abtriebsgeschwindigkeit $V$ in ihre beiden Komponenten. Sie geschieht (Abb. 264) in folgender[1] Weise: Die Abtriebswelle $W$ wirkt mittels
des Kegelrades $K_1$ gleichzeitig auf die beiden
Staffelwalzen (vgl. die Filmwechselkassette nach
R. Hugershoff, Abb. 142) $a$ und $b$, und mittels des Kegelrades $K_2$ auf die Staffelwalzen $c$
und $d$. Das untere Walzenpaar dreht sich
rechtsläufig, wenn sich das obere Paar linksläufig dreht. Die Länge der einzelnen Staffeln
ist so bemessen, daß die Verbindungslinie ihrer
Endpunkte in der Abwicklung des Walzenman-
tels dem Schaubild der Sinus- bzw. Cosinus-
funktion von $0^0$ bis $90^0$ entspricht. Die Staffelwalzen übertragen nun ihre Rotationswege,
soweit dies durch das Vorhandensein von
Staffeln ermöglicht wird, mittels der auf den

Abb. 265. Zeichenvorrichtung zum
Flugwegzeichner

Nutenwellen $x$ und $y$ verschiebbaren Stirnräder $S_1$ und $S_2$ unmittelbar auf
die Komponentenwellen $W_x$ und $W_y$. Die Verschiebung der Stirnräder geschieht durch Rotation der Nutenwellen $N_1$ und $N_2$, die mit Gegenwinden
versehen sind, so daß die Mitnehmer $M_1$ und $M_2$ selbsttätig umkehren, wenn
sie an den Enden der Nutenwellen $N_1$ bzw. $N_2$ angekommen sind. Die letzteren
werden mittels des Handrades $H$ gleichzeitig angetrieben; mit diesem Antrieb
ist das Kompaßgehäuse (oder ein mit Index versehener Ring desselben) durch
Schnecke und Schneckenrad so gekuppelt, daß der bei einer Drehung des
Index um $180^0$ von den Mitnehmern $M_1$ bzw. $M_2$ zurückgelegte Weg gleich
der Gesamtlänge der beiden koaxialen Walzen $b$ und $d$ bzw. $a$ und $c$ ist.

Das Gerät ist im allgemeinen so justiert, daß sich der Mitnehmer $M_1$ am
unteren Rand der Walze $b$ und $M_2$ genau zwischen den Walzen $a$ und $c$ befinden,
wenn der Index des Kompaßgehäuses in die Längsachse des Flugzeuges zeigt.
Der Bleistift (Abb. 265) zeichnet jetzt eine Parallele zur $x$-Achse des Kreuzschlittens, die einer Nord-Südrichtung der Flugzeuglängsachse entspricht, wenn

---

[1] Bei der ersten Ausführung des Gerätes, vgl. R. Hugershoff, Bildmess. u.
Luftbildwes. 4, 1929, S. 24, wurde ein anderes Verfahren angewandt.

der Richtungszeiger $Z$ des Kompasses (im allgemeinen die Magnetnadel) auf den Index einspielt. Steuert nun der Pilot genau Ostkurs, so wird die Nadel um 90⁰ vom Index abweichen; dreht man diesen mittels des Handrades $H$ zurück, so daß er mit dem Richtungszeiger erneut koinzidiert, so gelangt $M_1$ auf die Spalte zwischen den Walzen $b$ und $d$, während $M_2$ an das untere Ende der Walze $a$ kommt. Demnach zeichnet der Bleistift jetzt eine zur ersten Bahnlinie Winkelrechte nach rechts; er zeichnet also den jetzt eingeschlagenen Ostkurs auf.

Bei Verwendung eines Magnetkompasses (S. 233) kann der Index gegenüber dem Kompaßgehäuse eine besondere Verdrehung entsprechend der herrschenden Mißweisung erfahren, so daß die aufgezeichnete Richtung immer dem astronomischen Azimut zunächst der Flugzeuglängsachse entspricht; außerdem aber wird der Indexring entsprechend der herrschenden Abtrift verdreht; das geschieht zwangläufig durch eine Kuppelung des Indexringes mit der Abtriftscheibe (Abb. 258) des Grundgeschwindigkeitsmessers. Infolgedessen

Abb. 266. Ansicht des Flugwegzeichners nach R. Hugershoff

entspricht die aufgezeichnete Linie dem astronomischen Azimut der Flugbahn.

Die jetzige Ausführungsform des Gerätes („Quo vadis", Fabrikation G. Heyde, G. m. b. H., Vertrieb Aerotopograph G. m. b. H. in Dresden) zeigt Abb. 266. Es besteht aus Geschwindigkeitsmesser mit Abtriftregler, Kompaß, Höhenmesser, Zeicheneinrichtung und regulierbarem Antriebsmotor. Die Anwendung für Luftbildaufnahmen (Flächenaufnahmen) besteht darin, daß man vor dem Fluge auf der Zeichenfläche die parallelen Flugbahnen nach Länge und Abstand im Kartierungsmaßstab des Wegzeichners aufträgt. Nach Erreichung der vorgeschriebenen Flughöhe sucht man zweckmäßig die günstigste Flugrichtung, d. h. (nahezu) die Richtung des herrschenden Windes, und zeichnet ein Stück der in dieser Richtung zufällig beflogenen Linie, die beispielsweise west-östlich verlaufen mag. Dann dreht man die auf einer Kreisscheibe ruhende Zeichenfläche, so daß die vorgezeichneten Parallelen ebenfalls west-östlich laufen und steuert das Arbeitsgebiet an geeigneter Stelle an. Kurz vor Erreichung der Grenze bringt man den Bleistift (dessen Führungsschlitten zu dem Zwecke von den Transportspindeln gelöst werden können) auf den Anfangspunkt der in Frage kommenden Bahnlinie und setzt den Reihenbildner in Tätigkeit. Der Photograph hat jetzt die Kammer entsprechend der (geringen) Abtrift zu drehen und durch Regulierung der Geschwindigkeit des Reihenbildnerantriebes die wandernden Marken auf die Laufgeschwindigkeit des Landschaftsbildes zu bringen. Der Beobachter reguliert ebenfalls die Geschwindigkeit der in die Zugrichtung gestellten Markenreihe und hält den Richtungszeiger in Koinzidenz mit dem Kompaßindex. Zeigt der Bleistift Abweichungen von der vorgeschriebenen Richtung, so erhält der Pilot die notwendigen Zeichen. Am Ende des ersten Streifens wird der Reihenbildner ausgeschaltet und der Pilot sucht jetzt in einer möglichst weiten Kurve die nächste Streifenlinie zu erreichen. Während dieses Kurvenfluges hat der Beobachter dauernd den Kompaßindex dem Richtungszeiger nachzuführen und Abtrifts- und Geschwindigkeitsänderungen durch die entsprechenden Stellschrauben zu kompensieren. Sobald der Bleistift anzeigt, daß die Flugbahn in die neue Streifenrichtung einmündet, erhält der Pilot das Zeichen zur Wiederaufnahme des alten bzw. um 180⁰ geänderten Kurses und der Photograph die Anweisung zur Einschaltung des Reihenbildners.

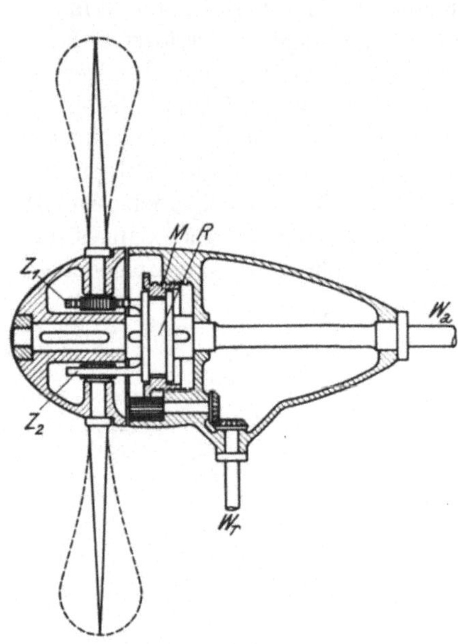


Abb. 267. Propeller mit veränderlicher Flügelverwindung

Als Antriebsmittel für die geschilderten Aufnahme- und Orientierungsgeräte werden vielfach Elektromotore benutzt, die ihren Arbeitsstrom meist von einem Generator mit Propellerantrieb, seltener aus Akkumulatoren beziehen. Am einfachsten ist im allgemeinen der direkte, also rein mechanische Antrieb (Abb. 266) mit Hilfe eines Propellers, dessen Tourenzahl durch Änderung der Flügelverwindung in weiten Grenzen geregelt werden kann. Die Verwindung erfolgt, wie es in Abb. 267 schematisch dargestellt ist, in leicht verständlicher Weise durch zwei geschränkte auf dem Ring $R$ sitzende Zahnstangen $Z_1$ und $Z_2$, die während des Betriebes verschoben werden können. Das geschieht durch Drehung der Reglerwelle $W_r$, die eine Mutter $M$ verschiebt. Letztere nimmt den Ring $R$ mit, der innerhalb der Mutter frei rotieren kann und dabei seine Drehbewegung mittels Nut und Feder auf die Abtriebswelle $W_a$ überträgt.

Abb. 268. Luftbildskizze (S. 217), hergestellt nach Aufnahmen aus einem JUNKERS W. 33 für die AEROKARTOGRAPHISCHES INSTITUT A.-G., Breslau. Man beachte die Wegversetzung z. B. in der SW.-Ecke, hervorgerufen durch Höhenunterschiede und Neigung der Einzelaufnahmen

Abb. 269. Luftbildplan (S. 217), hergestellt nach den in Abb. 268 wiedergegebenen Aufnahmen mit Entzerrungsgerät Abb. 24, S. 21, durch die AEROKARTOGRAPHISCHES INSTITUT A.-G., Breslau

Abb. 270. Lageplan, hergestellt (vgl. S. 23) nach dem Luftbildplan Abb. 269

Abb. 271. Lage- und Schichtenplan, hergestellt mit dem Aerokartographen (Abb. 120, S. 100) nach den in Abb. 268 und 269 wiedergegebenen Aufnahmen

# Namen- und Sachverzeichnis

Manzsche Buchdruckerei, Wien IX